建筑施工管理人员工作表格填写范例

安装工程质量员工作表格填写范例

王金芝　主编

中国建材工业出版社

图书在版编目(CIP)数据

安装工程质量员工作表格填写范例/王金芝主编
—北京:中国建材工业出版社,2010.7
(建筑施工管理人员工作表格填写范例)

ISBN 978-7-80227-771-7

Ⅰ.①安… Ⅱ.①王… Ⅲ.①建筑安装工程—工程质量—表格—范例 Ⅳ.①TU712

中国版本图书馆 CIP 数据核字(2010)第 081237 号

安装工程质量员工作表格填写范例
王金芝　主编

出版发行:中国建材工业出版社
地　　址:北京市西城区车公庄大街6号
邮　　编:100044
经　　销:全国各地新华书店
印　　刷:北京鑫正大印刷有限公司
开　　本:787mm×1092mm　1/16
印　　张:21.5
字　　数:578千字
版　　次:2010年7月第1版
印　　次:2010年7月第1次
书　　号:ISBN 978-7-80227-771-7
定　　价:43.00 **元**

本社网址:www.jccbs.com.cn　**网上书店**:www.kejibook.com
本书如出现印装质量问题,由我社发行部负责调换。电话:(010)88386906
对本书内容有任何疑问及建议,请与本书责编联系。邮箱:dayi51@sina.com

内容提要

本书主要介绍了安装工程施工质量检验工作流程及对安装工程质量员常用工作表格进行了示范性填写。本书主要内容包括建筑给水、排水及采暖工程，建筑电气工程，通风与空调工程，智能建筑工程，电梯工程等。

本书体例独特、内容新颖，具有很强的实用性，可供安装工程质量员工作时使用，还可供安装工程施工监理及其他施工管理人员工作时参考。

安装工程质量员工作表格填写范例

编　写　组

主　编：王金芝

副主编：练春艳　敖懿程

编　委：李良因　张青立　黄志安　卢晓雪
徐梅芳　陈有杰　郝素彬　吴增富
张彦宁　蒋　争　李春歌　闫文杰
高会芳　刘雪芹　杜翠霞　高航海
沈志娟

前　言

在建设工程中，从事建筑工程的管理人员（质量员、安全员、资料员、施工员、材料员、监理员、甲方代表、项目经理等）肩负着建筑工程施工现场管理及把好工程建设质量关的重责，他们既是工程项目的管理者，又是广大施工工人的领导者，对各分项工程的检验要点进行检查验收，实现对工程质量的动态控制。

建筑工程现场管理人员在工作过程中，往往会需要各种各样的表格来实现对工程的控制，这些表格直接关系到工程建设项目能否有序、高效率、高质量地完成。但现在有很多施工企业，乃至建设单位、监理单位的工程资料极不完善，对现行标准规范的了解还不够，很多项目管理人员缺乏必备的工程资料管理经验等。同时，广大有志于从事建筑行业的人士，很想在短时间内对工程施工的工作流程及常用工作表格的填写有全面了解，为此，我们组织有关方面的专家学者编写了《建筑施工管理人员工作表格填写范例》系列丛书。

本套丛书包括以下分册：

《建筑工程质量员工作表格填写范例》

《安装工程质量员工作表格填写范例》

《建筑工程施工员工作表格填写范例》

《安装工程施工员工作表格填写范例》

《建筑工程监理员工作表格填写范例》

《安装工程监理员工作表格填写范例》

《安全员工作表格填写范例》

《资料员工作表格填写范例》

《材料员工作表格填写范例》

《合同员工作表格填写范例》

《甲方代表工作表格填写范例》

《项目经理工作表格填写范例》

本丛书主要具有以下特色：

1. 丛书将各分项工程的工作表格进行总结归纳，一目了然，是一套拿来就能用的实用工具书。

2. 丛书主要对建筑工程施工管理人员的工作表格进行了实例编写，内容详细、全面，对指导建筑工程施工管理人员的工作具有很强的指导意义。

3. 工作表格填写内容和要求标准化，充分借鉴了近年来新颁布的或新修订的建筑工程法规、规范、标准，参考性很强。

丛书在编写过程中，得到了有关部门和专家的大力支持与帮助，在此表示谢意。限于编者的水平有限，书中错误及疏漏之处在所难免，恳请广大读者和专家批评指正。

丛书编写组

目　录

第一章　建筑给水、排水及采暖工程

第一节　室内给水系统工程

一、室内给水系统工程质量员工作流程

室内给水系统工程质量员工作流程见图 1-1。

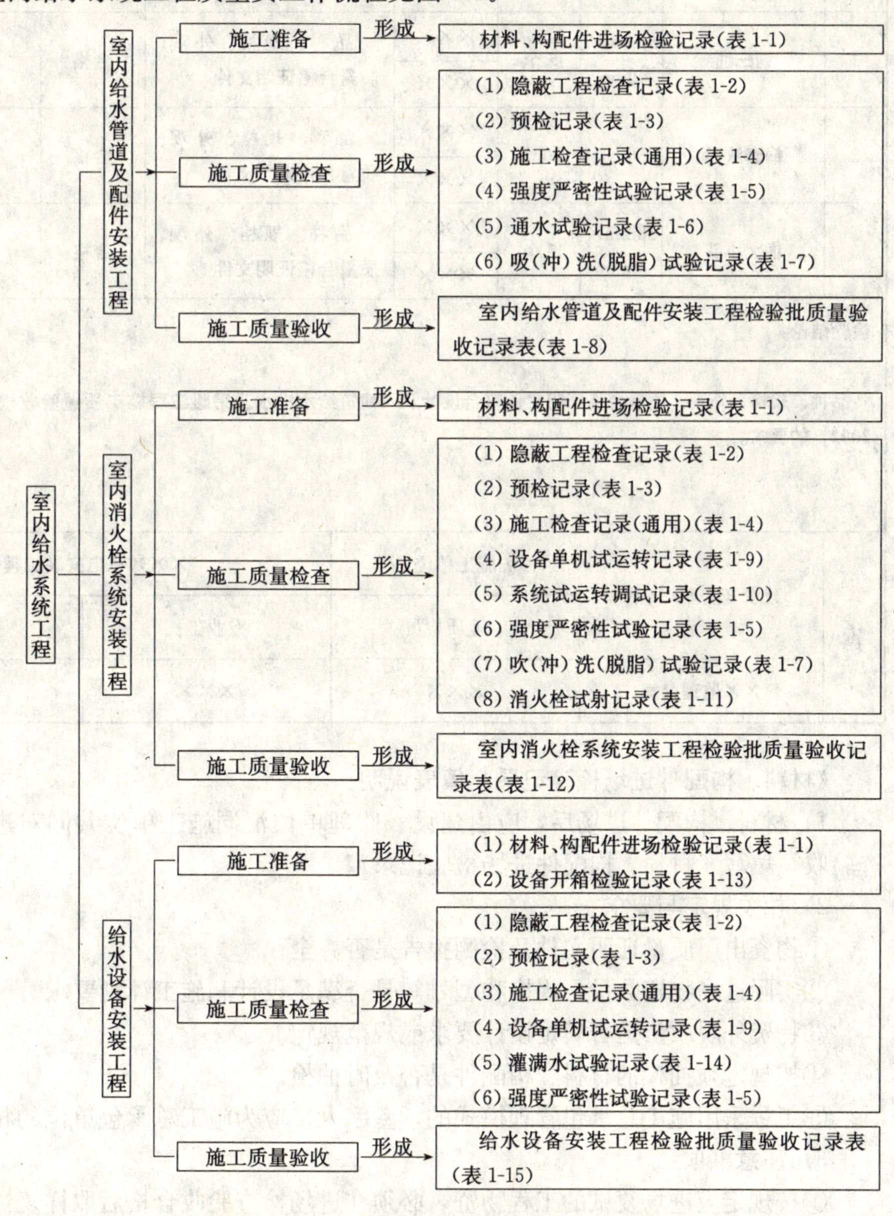

图 1-1　室内给水系统工程质量员工作流程

二、室内给水管道及配件安装工程表格填写范例

（1）材料、构配件进场检验记录。

表 1-1　　　　材料、构配件进场检验记录

编号：×××

<table>
<tr><td>工程名称</td><td colspan="4">×××工程</td><td>检验日期</td><td colspan="2">××年×月×日</td></tr>
<tr><td rowspan="2">序号</td><td rowspan="2">名称</td><td rowspan="2">规格型号</td><td rowspan="2">进场数量</td><td>生产厂家</td><td rowspan="2">检验项目</td><td rowspan="2">检验结果</td><td rowspan="2">备　注</td></tr>
<tr><td>合格证号</td></tr>
<tr><td rowspan="2">1</td><td rowspan="2">铜三通</td><td rowspan="2">80mm×40mm</td><td rowspan="2">5个</td><td>×××</td><td rowspan="2">品种、规格、外观、质量合格证明文件</td><td rowspan="2">合格</td><td rowspan="2"></td></tr>
<tr><td>×××</td></tr>
<tr><td rowspan="2">2</td><td rowspan="2">铜套法兰</td><td rowspan="2">50mm</td><td rowspan="2">20个</td><td>×××</td><td rowspan="2">品种、规格、外观、质量合格证明文件</td><td rowspan="2">合格</td><td rowspan="2"></td></tr>
<tr><td>×××</td></tr>
<tr><td rowspan="2">3</td><td rowspan="2">铜大小头</td><td rowspan="2">50mm×40mm</td><td rowspan="2">5个</td><td>×××</td><td rowspan="2">品种、规格、外观、质量合格证明文件</td><td rowspan="2">合格</td><td rowspan="2"></td></tr>
<tr><td>×××</td></tr>
<tr><td colspan="8">检验结论：
品种、规格、外观、质量合格证明文件符合设计及《建筑给水排水及采暖工程施工质量验收规范》（GB 50242—2002）的要求。</td></tr>
<tr><td rowspan="3">签字栏</td><td rowspan="2" colspan="2">建设（监理）单位</td><td colspan="2">施工单位</td><td colspan="3">×××机电安装工程公司</td></tr>
<tr><td colspan="2">专业质检员</td><td colspan="2">专业工长</td><td>检验员</td></tr>
<tr><td colspan="2">××监理公司</td><td colspan="2">×××</td><td colspan="2">×××</td><td>×××</td></tr>
</table>

《材料、构配件进场检验记录》填表说明：

1）材料、构配件进场后，应由建设、监理单位汇同施工单位共同对进场物资进行检查验收，填写《材料、构配件进场检验记录》。

2）相关规定与要求：

①物资出厂质量证明文件及检测报告是否齐全。

②实际进场物资数量、规格和型号等是否满足设计和施工计划要求。

③物资外观质量是否满足设计要求或规范规定。

④按规定须抽检的材料、构配件是否及时抽检。

⑤工程采用施工总承包管理模式的，签字人员应为施工总承包单位的相关人员。

3）注意事项：

①按规定应进场复试的工程物资，必须在进场检查验收合格后取样复试。

②表格内检验项目按《建筑给水排水及采暖工程施工质量验收规范》（GB 50242—

2002）第 3.2.1 条、第 3.2.2 条填写，为“品种、规格、外观、质量合格证明文件”。

③抽检比例也要依据《建筑给水排水及采暖工程施工质量验收规范》（GB 50242—2002）相关条目规定。

4）本表由施工单位填写并保存。

（2）隐蔽工程检查记录。

表 1-2　　　　　　　　　　　　隐蔽工程检查记录

编号：×××

<table>
<tr><td>工程名称</td><td colspan="4">××工程</td></tr>
<tr><td>隐检项目</td><td colspan="2">室内给水水平管安装</td><td>隐检日期</td><td>××年×月×日</td></tr>
<tr><td>隐检部位</td><td colspan="4">地下一层　㊱～㊷轴/Ⓒ～Ⓓ轴　轴线－7.000m　标高</td></tr>
<tr><td colspan="5">隐检依据：施工图图号 设-1 ，设计变更/洽商（编号 / ）及有关国家现行标准等。
主要材料名称及规格/型号：承插法兰式柔性接口给水铸铁管 DN 150</td></tr>
<tr><td colspan="5">隐检内容：
（1）管材为承插法兰式柔性接口给水铸铁管，管件为厂家配套产品。
（2）管道安装位置位于㊱～㊷轴/Ⓒ～Ⓓ轴，标高－7.000m，坡度为 0.01。
（3）管道连接作法为承插法兰式，质量良好；支架固定，间距 2m。
（4）已按设计要求及施工规范规定完成灌水试验，结果合格。
申报人：×××</td></tr>
<tr><td colspan="5">检查意见：
经查符合设计要求及《建筑给水排水及采暖工程施工质量验收规范》（GB 50242—2002）的规定。
检查结论：☑同意隐蔽　　□不同意，修改后进行复查</td></tr>
<tr><td colspan="5">复查结论：
复查人：　　　　复查日期：</td></tr>
<tr><td rowspan="3">签字栏</td><td rowspan="2">建设（监理）单位</td><td>施工单位</td><td colspan="2">×××机电安装工程公司</td></tr>
<tr><td>专业技术负责人</td><td>专业质检员</td><td>专业工长</td></tr>
<tr><td>×××监理公司</td><td>×××</td><td>×××</td><td>×××</td></tr>
</table>

《隐蔽工程检查记录》填表说明：

1）《隐蔽工程检查记录》为通用施工记录，适用于各专业。按规范规定须进行隐检的项目，施工单位应填报《隐蔽工程检查记录》。

2）相关规定与要求：

①直埋于地下或结构中，暗敷设于沟槽、管井、不进人吊顶内的给水、排水、雨水、采暖、消防管道和相关设备，以及有防水要求的套管：检查管材、管件、阀门、设备的材质与型号、安装位置、标高、坡度；防水套管的定位及尺寸；管道连接作法及质量；附件使用，支架固定，以及是否已按照设计要求及施工规范规定完成强度严密性、冲洗等试验。

②有绝热、防腐要求的给水、排水、采暖、消防、喷淋管道和相关设备：检查绝热方式、绝热材料的材质与规格、绝热管道与支吊架之间的防结露措施、防腐处理材料及做法等。

③埋地的采暖、热水管道，在保温层、保护层完成后，所在部位进行回填之前，应进行隐检：检查安装位置、标高、坡度；支架做法；保温层、保护层设置等。

3）注意事项：

①依据规程要求将隐检内容填写详实。

②隐检项目和预检项目在规程上已有不同界定，办理施工记录时应区分把握（即隐检和预检不用重复办理）。

③工程采用施工总承包管理模式的，签字人员应为施工总承包单位的相关人员。

④有防水要求的套管的隐蔽工程检查记录应在施工完成后，及时报监理验收；其他项目的隐蔽工程检查记录一般与检验批验收一同向监理报验，作为其附件。

4）本表由施工单位填报，建设单位、施工单位、城建档案馆各保存一份。

（3）预检记录。

表 1-3　　**预检记录**

编号：×××

工程名称	××工程	预检项目	给水立支管安装
预检部位	地下一层　㊱～㊷/Ⓒ～Ⓓ轴	检查日期	××年×月×日
依据：施工图纸施工图纸号 水施×× 、 设计变更/洽商（编号 / ）和有关规范、规程。 主要材料或设备：给水衬塑复合钢管 规格/型号：DN 20～DN 15			
隐检内容： （1）地下二层卫生间给水立支管采用给水衬塑复合钢管，管径为 DN 20～DN 15，采用螺纹连接。 （2）安装在地下二层顶板下，冷水立支管距墙尺寸为 60mm，标高－5.10～－7.30m。 （3）立管使用∟ 25×3 角钢，U 形卡固定，支管采用单管卡，间距 1.5m。 （4）各用口标高、位置应符合图纸要求。 （5）检查镀锌层破坏处的防腐及丝头外露防腐情况，均应做防腐处理。 （6）卡子及支架防腐情况，支吊架防腐无遗漏，无脱皮、起泡现象。 （7）阀门安装位置、方向正确。 申报人：×××			

（续）

<table>
<tr><td colspan="3">检查意见：

经检查，符合设计要求及《建筑给水排水及采暖工程施工质量验收规范》（GB 50242—2002）的规定。</td></tr>
<tr><td colspan="3">复查意见：

复查人：　　　　　　　　　　　　　　　　复查日期：</td></tr>
<tr><td>施工单位</td><td colspan="2">××机电安装工程公司</td></tr>
<tr><td>专业技术负责人</td><td>专业质检员</td><td>专业工长</td></tr>
<tr><td>×××</td><td>×××</td><td>×××</td></tr>
</table>

《预检记录》填表说明：

1）《预检记录》是对施工重要工序进行的预先质量控制检查记录，为通用施工记录，适用于各专业。

2）相关规定与要求：

①设备基础和预制构件安装：检查设备基础位置、混凝土强度、标高、几何尺寸、预留孔、预埋件等。

②管道预留孔洞：检查预留孔洞的尺寸、位置、标高等。

③管道预埋套管（预埋件）：检查预埋套管（预埋件）的规格、形式、尺寸、位置、标高等。

④机电各系统的明装管道（包括进人吊顶内）、设备安装：检查位置、标高、坡度、材质、防腐、接口方式、支架形式、固定方式等。

⑤机电表面器具（包括风口、卫生器具等）：检查位置、标高、规格、型号、外观效果等。

3）注意事项：

①依据规程要求将预检内容填写详实。

②预检项目和隐检项目在规程上已有不同规定，办理施工记录时应有所区分（即隐检和预检不用重复办理）。

③工程采用施工总承包管理模式的，签字人员应为施工总承包单位的相关人员。

④请注意示例中的喷洒系统执行《自动喷水灭火系统施工及验收规范》（GB 50261—2005），而包括消火栓系统在内的建筑给水排水及采暖系统的施工质量验收执行《建筑给水排水及采暖工程施工质量验收规范》（GB 50242—2002）。

⑤设备基础和预制构件安装、管道预留孔洞和管道预埋套管（预埋件）等项目的预检记录应在施工完成后，及时报监理验收；其他项目的预检记录一般与检验批验收一同向监理报验，作为其附件。

4）本表由施工单位填写并保存。

（4）施工检查记录（通用）。

表 1-4　　　　施工检查记录（通用）

编号：×××

<table>
<tr><td>工程名称</td><td>××工程</td><td>检查项目</td><td>给水立支管安装</td></tr>
<tr><td>检查部位</td><td>基础层①～⑫/Ⓐ～Ⓟ轴</td><td>检查日期</td><td>××年×月×日</td></tr>
<tr><td colspan="4">检查依据：
（1）施工图纸水施一08。
（2）《建筑给水排水及采暖工程施工质量验收规范》（GB 50242—2002）。</td></tr>
<tr><td colspan="4">检查内容：
（1）水暖工 13 人进行给水立管安装。
（2）检查时发现镀锌层破坏处及丝头外露处均未做防腐处理。</td></tr>
<tr><td colspan="4">检查结论：
基本符合设计图纸及《建筑给水排水及采暖工程施工质量验收规范》（GB 50242—2002）的规定。</td></tr>
<tr><td colspan="4">复查意见：
经检查整改已完成
复查人：×××　　　　复查日期：××年×月×日</td></tr>
<tr><td>施工单位</td><td colspan="3">××机电安装工程公司</td></tr>
<tr><td>专业技术负责人</td><td>专业质检员</td><td colspan="2">专业工长</td></tr>
<tr><td>×××</td><td>×××</td><td colspan="2">×××</td></tr>
</table>

《施工检查记录》填表说明：

1）按照现行规范要求应进行施工检查的重要工序，且本规程无相应施工记录表格的应填写《施工检查记录（通用）》，《施工检查记录（通用）》适用于各专业。

2）本表由施工单位填写并保存。

（5）强度严密性试验记录。

表 1-5　　　　强度严密性试验记录

编号：×××

<table>
<tr><td>工程名称</td><td>××工程</td><td>试验日期</td><td colspan="2">××年×月×日</td></tr>
<tr><td>试验项目</td><td>给水系统试压</td><td>试验部位</td><td colspan="2">地下室</td></tr>
<tr><td>材质</td><td>镀锌衬塑钢管</td><td>规格</td><td colspan="2">DN 70～DN 80</td></tr>
<tr><td colspan="5">试验要求：
室内给水管道的水压试验必须符合设计要求。当设计未注明时，各种材质的给水管道系统试验压力均为工作压力的 1.5 倍，但不得小于 0.6MPa。检验方法：金属及复合管给水管道系统在试验压力下观测 10min，压力降不应大于 0.02MPa，然后降到工作压力进行检查，应不渗不漏。</td></tr>
<tr><td colspan="5">试验记录：
给水系统工作压力为 0.8MPa，试验压力为 1.2MPa，在试验压力下观测 10min，压力降至 1.19MPa（压力降 0.01MPa），然后降到工作压力进行检查，管道及接口不渗不漏。</td></tr>
<tr><td colspan="5">试验结论：
试验结果符合设计要求及《建筑给水排水及采暖工程施工质量验收规范》（GB 50242—2002）的规定，同意进行下道工序。</td></tr>
<tr><td rowspan="3">签字栏</td><td rowspan="2">建设（监理）单位</td><td>施工单位</td><td colspan="2">×××机电安装工程公司</td></tr>
<tr><td>专业技术负责人</td><td>专业质检员</td><td>专业工长</td></tr>
<tr><td>×××监理公司</td><td>×××</td><td>×××</td><td>×××</td></tr>
</table>

《强度严密性试验记录》填表说明：

1）形成流程：室内外输送各种介质的承压管道、设备在安装完毕后，进行隐蔽之前，应进行强度严密性试验，并做记录。

2）相关规定与要求：

①室内给水管道的水压试验必须符合设计要求。当设计未注明时，各种材质的给水管道系统试验压力均为工作压力的1.5倍，但不得小于0.6MPa。检验方法：金属及复合管给水管道系统在试验压力下观测10min，压力降不应大于0.02MPa，然后降到工作压力进行检查，应不渗不漏；塑料管给水系统应在试验压力下稳压1h，压力降不得超过0.05MPa，然后在工作压力的1.15倍状态下稳压2h，压力降不得超过0.03MPa，同时检查各连接处不得渗漏。

②热水供应系统安装完毕，管道保温之前应进行水压试验。试验压力应符合设计要求。当设计未注明时，热水供应系统水压试验压力应为系统顶点的工作压力加0.1MPa，同时在系统顶点的试验压力不小于0.3MPa。检验方法：钢管或复合管道系统试验压力下10min内压力降不大于0.02MPa，然后降至工作压力检查，压力应不降，且不渗不漏；塑料管道系统在试验压力下稳压1h，压力降不得超过0.05MPa，然后在工作压力1.15倍状态下稳压2h，压力降不得超过0.03MPa，连接处不得渗漏。

③热交换器应以工作压力的1.5倍作水压试验。蒸汽部分应不低于蒸汽供汽压力加0.3MPa；热水部分应不低于0.4MPa。检验方法：试验压力下10min内压力不降，不渗不漏。

④低温热水地板辐射采暖系统安装，盘管隐蔽前必须进行水压试验，试验压力为工作压力的1.5倍，但不小于0.6MPa。检验方法：稳压1h内压力降不大于0.05MPa且不渗不漏。

⑤采暖系统安装完毕，管道保温之前应进行水压试验。试验压力应符合设计要求。当设计未注明时，应符合下列规定：

蒸汽、热水采暖系统，应以系统顶点工作压力加0.1MPa作水压试验，同时在系统顶点的试验压力不小于0.3MPa。

高温热水采暖系统，试验压力应为系统顶点工作压力加0.4MPa。

使用塑料管及复合管的热水采暖系统，应以系统顶点工作压力加0.2MPa作水压试验，同时在系统顶点的试验压力不小于0.4MPa。检验方法：使用钢管及复合管的采暖系统应在试验压力下10min内压力降不大于0.02MPa，降至工作压力后检查，不渗、不漏；使用塑料管的采暖系统应在试验压力下1h内压力降不大于0.05MPa，然后降压至工作压力的1.15倍，稳压2h，压力降不大于0.03MPa，同时各连接处不渗、不漏。

⑥室外给水管网必须进行水压试验，试验压力为工作压力的1.5倍，但不得小于0.6MPa。检验方法：管材为钢管、铸铁管时，试验压力下10min内压力降不应大于0.05MPa，然后降至工作压力进行检查，压力应保持不变，不渗不漏；管材为塑料管时，

试验压力下，稳压 1h 压力降不大于 0.05MPa，然后降至工作压力进行检查，压力应保持不变，不渗不漏。

⑦消防水泵接合器及室外消火栓安装系统必须进行水压试验，试验压力为工作压力的 1.5 倍，但不得小于 0.6MPa。检验方法：试验压力下，10min 内压力降不大于 0.05MPa，然后降至工作压力进行检查，压力保持不变，不渗不漏。

⑧锅炉的汽、水系统安装完毕后，必须进行水压试验。水压试验的压力应符合规范规定。检验方法：在试验压力下 10min 内压力降不超过 0.02MPa；然后降至工作压力进行检查，压力不降，不渗、不漏；观察检查，不得有残余变形，受压元件金属壁和焊缝上不得有水珠和水雾。

⑨锅炉分汽缸（分水器、集水器）安装前应进行水压试验，试验压力为工作压力的 1.5 倍，但不得小于 0.6MPa。检验方法：试验压力下 10min 内无压降、无渗漏。

⑩锅炉地下直埋油罐在埋地前应做气密性试验，试验压力降不应小于 0.03MPa。检验方法：试验压力下观察 30min 不渗、不漏，无压降。

⑪连接锅炉及辅助设备的工艺管道安装完毕后，必须进行系统的水压试验，试验压力为系统中最大工作压力的 1.5 倍。检验方法：在试验压力 10min 内压力降不超过 0.05MPa，然后降至工作压力进行检查，不渗不漏。

⑫自动喷水灭火系统当系统设计工作压力等于或小于 1.0MPa 时，水压强度试验压力应为设计工作压力的 1.5 倍，并不应低于 1.4MPa；当系统设计工作压力大于 1.0MPa 时，水压强度试验压力应为该工作压力加 0.4MPa。水压强度试验的测试点应设在系统管网的最低点。对管网注水时，应将管网内的空气排净，并应缓慢升压，达到试验压力后，稳压 30min，目测管网应无渗漏和无变形，且压力降不应大于 0.05MPa。

⑬自动喷水灭火系统水压严密性试验应在水压强度试验和管网冲洗合格后进行。试验压力应为设计工作压力，稳压 24h，应无渗漏。

⑭自动喷水灭火系统气压严密性试验的试验压力应为 0.28MPa，且稳压 24h，压力降不应大于 0.01MPa。

3）注意事项：

①以设计要求和规范规定为依据，适用条目要准确。

②单项试验和系统性试验，强度和严密性试验有不同要求，试验和验收时要特别留意；系统性试验、严密性试验的前提条件应充分满足，如自动喷水灭火系统水压严密性试验应在水压强度试验和管网冲洗合格后才能进行；而常见做法是先根据区段验收或隐检项目验收要求完成单项试验，系统形成后进行系统性试验，再根据系统特殊要求进行严密性试验。

③根据试验的实际情况填写实测数据，要准确，内容齐全，不得漏项。

④工程采用施工总承包管理模式的，签字人员应为施工总承包单位的相关人员。

4）本表由施工单位填写，建设单位、施工单位、城建档案馆各保存一份。

（6）通水试验记录。

表 1-6　　**通水试验记录**

编号：×××

<table>
<tr><td>工程名称</td><td colspan="2">××工程</td><td>试验日期</td><td colspan="2">××年×月×日</td></tr>
<tr><td>试验项目</td><td colspan="2">室内供水系统</td><td>试验部位</td><td colspan="2">一层</td></tr>
<tr><td>通水压力/MPa</td><td colspan="2">0.18</td><td>通水流量/（m^3/h）</td><td colspan="2">4.6</td></tr>
<tr><td colspan="6">试验系统简述：
一层供水系统由市政自来水直接供给，由地下二层导管供各立管，每户设全钢截止阀 1 个。设 8 个脸盘、8 个淋浴水嘴甩口。</td></tr>
<tr><td colspan="6">试验记录：
供水方式：正式水源
通水情况：
通水试验上午 10：00 开始，与排水系统通水试验同时进行，开启全部分户截止阀，打开全部给水水嘴，供水流量正常，各配水点出水畅通，阀门启闭灵活，至 12：00 结束。</td></tr>
<tr><td colspan="6">试验结论：
试验结果符合设计要求及《建筑给水排水及采暖工程施工质量验收规范》（GB 50242—2002）的规定，同意进行下道工序。</td></tr>
<tr><td rowspan="3">签字栏</td><td rowspan="2">建设（监理）单位</td><td>施工单位</td><td colspan="3">×××机电安装工程公司</td></tr>
<tr><td>专业技术负责人</td><td>专业质检员</td><td colspan="2">专业工长</td></tr>
<tr><td>×××监理公司</td><td>×××</td><td>×××</td><td colspan="2">×××</td></tr>
</table>

《通水试验记录》填表说明：

1）形成流程：室内外给水（冷、热）、中水及游泳池水系统，卫生洁具，地漏，地面清扫口及室内外排水系统应分系统（区、段）进行通水试验，并做记录。

2）相关规定与要求：

①给水系统交付使用前必须进行通水试验并做好记录。检验方法：观察和开启阀门、水嘴等放水。

②卫生器具交工前应做满水和通水试验。检验方法：满水后各连接件不渗不漏；通水试验给、排水畅通。

3）注意事项：

①以设计要求和规范规定为依据，适用条目要准确。

②根据试验的实际情况填写实测数据，要准确，内容齐全，不得漏项。

③通水试验为系统试验，一般在系统完成后统一进行。

④工程采用施工总承包管理模式的，签字人员应为施工总承包单位的相关人员。

⑤表格中通水流量（m^3/h）按卫生器具供水管径核算获得。

4）本表由施工单位填写并保存。

（7）吸（冲）洗（脱脂）试验记录。

表 1-7　　吹（冲）洗（脱脂）试验记录

编号：×××

<table>
<tr><td colspan="2">工程名称</td><td>××工程</td><td>试验日期</td><td colspan="2">××年×月×日</td></tr>
<tr><td colspan="2">试验项目</td><td>室内给水系统</td><td>试验部位</td><td colspan="2">低区一层至十层</td></tr>
<tr><td colspan="2">试验介质</td><td>自来水</td><td>试验方式</td><td colspan="2">通水冲洗</td></tr>
<tr><td colspan="6">试验记录：
从上午 8：00 开始低区一层至十层的给水管道进行冲洗，以进水口为冲洗点，各配水点为泄水点，以 1.5m/s 流速进行冲洗，到 9：00，各出水点的水质浊度、色度与入水口处冲洗水一致。</td></tr>
<tr><td colspan="6">试验结论：
试验结果符合设计要求及《建筑给水排水及采暖工程施工质量验收规范》（GB 50242—2002）的规定，同意进行下道工序。</td></tr>
<tr><td rowspan="3">签字栏</td><td rowspan="2">建设（监理）单位</td><td>施工单位</td><td colspan="3">×××机电安装工程公司</td></tr>
<tr><td>专业技术负责人</td><td>专业质检员</td><td colspan="2">专业工长</td></tr>
<tr><td>×××监理公司</td><td>×××</td><td>×××</td><td colspan="2">×××</td></tr>
</table>

《吹（冲）洗（脱脂）试验记录》填表说明：

1）形成流程：室内外给水（冷、热）、中水及游泳池水系统，采暖，空调，消防管道及设计有要求的管道应在使用前做冲洗试验；介质为气体的管道系统应按有关设计要求及规范规定做吹洗试验。设计有要求时还应做脱脂处理。

2）相关规定与要求：

①生活给水系统管道在交付使用前必须冲洗和消毒，并经有关部门取样检验，符合国家《生活饮用水标准》方可使用。检验方法：检查有关部门提供的检测报告。

②热水供应系统竣工后必须进行冲洗。检验方法：现场观察检查。

③采暖系统试压合格后，应对系统进行冲洗并清扫过滤器及除污器。检验方法：现场观察，直至排出水不含泥沙、铁屑等杂质，且水色不浑浊为合格。

④消防水泵接合器及室外消火栓安装系统消防管道在竣工前，必须对管道进行冲洗。检验方法：观察冲洗出水的浊度。

⑤供热管道试压合格后，应进行冲洗。检验方法：现场观察，以水色不浑浊为合格。

⑥自动喷水灭火系统管网冲洗的水流流速、流量不应小于系统设计的水流流速、流量；管网冲洗宜分区、分段进行；水平管网冲洗时其排水管位置应低于配水支管。管网冲洗应连续进行，当出水口处水的颜色、透明度与入水口处水的颜色、透明度基本一致时为合格。

3）注意事项：

①以设计要求和规范规定为依据，适用条目要准确。

②根据试验的实际情况填写实测数据，要准确，内容齐全，不得漏项。

③吹（冲）洗（脱脂）试验为系统试验，一般在系统完成后统一进行。

④工程采用施工总承包管理模式的，签字人员应为施工总承包单位的相关人员。

4）本表由施工单位填写并保存。

（8）室内给水管道及配件安装工程检验批质量验收记录表。

表 1-8　　室内给水管道及配件安装工程检验批质量验收记录表

GB 50242—2002

050101□□

<table>
<tr><td colspan="2">工程名称</td><td colspan="2">××工程</td><td colspan="2">分项工程名称</td><td colspan="5">室内给水管道及配件安装</td><td colspan="5">验收部位</td><td>×××</td></tr>
<tr><td colspan="2">施工单位</td><td colspan="4">×××建筑工程集团公司</td><td colspan="3">专业工长</td><td colspan="2">×××</td><td colspan="5">项目经理</td><td>×××</td></tr>
<tr><td colspan="2">施工执行标准名称及编号</td><td colspan="15">《建筑安装分项工程施工工艺规程》（QB ×××—2005）</td></tr>
<tr><td colspan="2">分包单位</td><td colspan="3">××机电安装工程公司</td><td>分包项目经理</td><td colspan="3">×××</td><td colspan="7">施工班组长</td><td>×××</td></tr>
<tr><td colspan="6">施工质量验收规范的规定</td><td colspan="10">施工单位检查评定记录</td><td>监理（建设）单位验收记录</td></tr>
<tr><td rowspan="4">主控项目</td><td>1</td><td colspan="3">给水管道　水压试验</td><td>设计要求</td><td colspan="10">✓</td><td rowspan="4">同意验收</td></tr>
<tr><td>2</td><td colspan="3">给水系统　通水试验</td><td>第 4.2.2 条</td><td colspan="10">/</td></tr>
<tr><td>3</td><td colspan="3">生活给水系统管道　冲洗和消毒</td><td>第 4.2.3 条</td><td colspan="10">/</td></tr>
<tr><td>4</td><td colspan="3">直埋金属给水管道　防腐</td><td>第 4.2.4 条</td><td colspan="10">/</td></tr>
<tr><td rowspan="20">一般项目</td><td>1</td><td colspan="3">给排水管铺设的平行、垂直净距</td><td>第 4.2.5 条</td><td colspan="10">✓</td><td rowspan="20">同意验收</td></tr>
<tr><td>2</td><td colspan="3">金属给水管道及管件焊接</td><td>第 4.2.6 条</td><td colspan="10">✓</td></tr>
<tr><td>3</td><td colspan="3">给水水平管道　坡度坡向</td><td>第 4.2.7 条</td><td colspan="10">✓</td></tr>
<tr><td>4</td><td colspan="3">管道支、吊架</td><td>第 4.2.9 条</td><td colspan="10">✓</td></tr>
<tr><td>5</td><td colspan="3">水表安装</td><td>第 4.2.10 条</td><td colspan="10">/</td></tr>
<tr><td rowspan="15">6</td><td rowspan="6">水平管道纵、横方向弯曲允许偏差</td><td rowspan="2">钢　管</td><td>每 m</td><td>1mm</td><td>0.2</td><td>0.5</td><td>0.5</td><td>0.4</td><td>0.3</td><td>0.7</td><td>0.7</td><td>0.8</td><td>1.0</td><td>0.6</td></tr>
<tr><td>全长 25m 以上</td><td>≯25mm</td><td>7</td><td>10</td><td>11</td><td>6</td><td>8</td><td>8</td><td>15</td><td>10</td><td>17</td><td></td></tr>
<tr><td rowspan="2">塑料管复合管</td><td>每 m</td><td>1.5mm</td><td></td><td></td><td></td><td></td><td></td><td></td><td></td><td></td><td></td><td></td></tr>
<tr><td>全长 25m 以上</td><td>≯25mm</td><td></td><td></td><td></td><td></td><td></td><td></td><td></td><td></td><td></td><td></td></tr>
<tr><td rowspan="2">铸铁管</td><td>每 m</td><td>2mm</td><td></td><td></td><td></td><td></td><td></td><td></td><td></td><td></td><td></td><td></td></tr>
<tr><td>全长 25m 以上</td><td>≯25mm</td><td></td><td></td><td></td><td></td><td></td><td></td><td></td><td></td><td></td><td></td></tr>
<tr><td rowspan="6">立管垂直度允许偏差</td><td rowspan="2">钢　管</td><td>每 m</td><td>3mm</td><td>3</td><td>3</td><td>2</td><td>2</td><td>3</td><td>1</td><td>1</td><td>2</td><td></td><td></td></tr>
<tr><td>5m 以上</td><td>≯8mm</td><td></td><td></td><td></td><td></td><td></td><td></td><td></td><td></td><td></td><td></td></tr>
<tr><td rowspan="2">塑料管复合管</td><td>每 m</td><td>2mm</td><td></td><td></td><td></td><td></td><td></td><td></td><td></td><td></td><td></td><td></td></tr>
<tr><td>5m 以上</td><td>≯8mm</td><td></td><td></td><td></td><td></td><td></td><td></td><td></td><td></td><td></td><td></td></tr>
<tr><td rowspan="2">铸铁管</td><td>每 m</td><td>3mm</td><td></td><td></td><td></td><td></td><td></td><td></td><td></td><td></td><td></td><td></td></tr>
<tr><td>5m 以上</td><td>≯10mm</td><td></td><td></td><td></td><td></td><td></td><td></td><td></td><td></td><td></td><td></td></tr>
<tr><td colspan="2">成排管段和成排阀门</td><td>在同一平面上的间距</td><td>3mm</td><td>3</td><td>3</td><td>2</td><td>3</td><td>3</td><td>3</td><td>2</td><td>3</td><td>2</td><td></td></tr>
<tr><td colspan="2">施工单位检查评定结果</td><td colspan="15">主控项目全部合格，一般项目满足规范规定要求，检查评定结果为合格。
项目专业质量检查员：×××　　　　××年×月×日</td></tr>
<tr><td colspan="2">监理（建设）单位验收结论</td><td colspan="15">同意验收
监理工程师：×××
（建设单位项目专业技术负责人）　　　　××年×月×日</td></tr>
</table>

《室内给水管道及配件安装工程检验批质量验收记录表》填表说明：

1）主控项目：

①给水、排水及采暖管道的水压试验必须符合设计要求。当设计未注明时，各种材质的给排水管道系统试验压力均为工作压力的 1.5 倍，但不得小于 0.6MPa。

金属及复合管给水管道系统在试验压力下观测 10min，压力降不应大于 0.02MPa，然后降到工作压力进行检查，应不渗不漏；塑料管给水系统应在试验压力下稳压 1h，压力降不得超过 0.05MPa，然后在工作压力的 1.15 倍状态下稳压 2h，压力降不得超过 0.03MPa，同时检查各连接处不得渗漏。检查试验记录。

②给水系统交付使用前必须进行通水试验并做记录。观察和开启阀门、水嘴等放水检查。可全部系统或分区（段）进行。

③生活给水系统管道在交付使用前必须冲洗和消毒，并经有关部门取样检验，符合国家《生活饮用水标准》方可使用。检查检测报告。

④室内直埋给水管道（塑料管道和复合管道除外）应做防腐处理。埋地管道防腐层材质和结构应符合设计要求。观察或局部解剖检查。

2）一般项目：

①给水引入管与排水排出管的水平净距不得小于 1m。室内给水与排水管道平行敷设时，两管间的最小水平净距不得小于 0.5m，交叉铺设时，垂直净距不得小于 0.15m。给水管应铺在排水管上面，若给水管必须铺在排水管的下面时，给水管应加套管，其长度不得小于排水管管径的 3 倍。全数尺量检查。

②管道及管件焊接的焊缝表面质量应符合下列要求：

a. 焊缝外形尺寸应符合图纸和工艺文件的规定，焊缝高度不得低于母材表面，焊缝与母材应圆滑过渡。

b. 焊缝及热影响区表面应无裂纹、未熔合、未焊透、夹渣、弧坑和气孔等缺陷，观察检查。

③给水水平管道应有 2‰～5‰的坡度坡向泄水装置。水平尺和尺量检查。

④管道的支、吊架安装应平整牢固，其间距应符合《建筑给水排水及采暖工程施工质量验收规范》（GB 50242—2002）第 3.3.8 条、第 3.3.9 条、第 3.3.10 条的规定。观察尺量及手板检查。

⑤水表应安装在便于检修、不受曝晒、污染和冻结的地方。安装螺翼式水表，表前与阀门应有不小于 8 倍水表接口直径的直线管段。表外壳距墙表面净距为 10～30mm；水表进水口中心标高按设计要求，允许偏差为±10mm。观察和尺量检查。

⑥给水管道和阀门安装的允许偏差。用水平尺、直尺、拉线和尺量检查。

三、室内消水栓系统安装工程表格填写范例

（1）设备单机试运转记录。

表 1-9　　设备单机试运转记录

编号：×××

<table>
<tr><td>工程名称</td><td colspan="2">××工程</td><td>试运转时间</td><td colspan="2">××年×月×日</td></tr>
<tr><td>设备部位图号</td><td>×××</td><td>设备名称</td><td>消防水泵</td><td>规格型号</td><td>×××</td></tr>
<tr><td>试验单位</td><td>×××公司</td><td>设备所在系统</td><td>消防系统</td><td>额定数据</td><td>N=×××kW
L=×××m³/h
H=×××m</td></tr>
<tr><td>序　号</td><td colspan="2">试验项目</td><td colspan="2">试验记录</td><td>试验结论</td></tr>
<tr><td>1</td><td colspan="2">试运转时间</td><td colspan="2">2h</td><td>正常</td></tr>
<tr><td>2</td><td colspan="2">水泵试运转的轴承温升</td><td colspan="2">符合设备说明书的规定</td><td>正常</td></tr>
<tr><td>3</td><td colspan="2">流量</td><td colspan="2">×××</td><td>正常</td></tr>
<tr><td>4</td><td colspan="2">扬程</td><td colspan="2">×××</td><td>正常</td></tr>
<tr><td>5</td><td colspan="2">功率</td><td colspan="2">×××</td><td>正常</td></tr>
<tr><td>6</td><td colspan="2">叶轮与泵壳不应相碰，进、出口部位的阀门应灵活</td><td colspan="2">符合要求</td><td>正常</td></tr>
<tr><td>7</td><td colspan="2"></td><td colspan="2"></td><td></td></tr>
<tr><td>8</td><td colspan="2"></td><td colspan="2"></td><td></td></tr>
<tr><td>9</td><td colspan="2"></td><td colspan="2"></td><td></td></tr>
<tr><td colspan="6">试运转结论：

设备运转正常、稳定、无异常现象发生，测试结果符合设计要求及《建筑给水排水及采暖工程施工质量验收规范》（GB 50242—2002）规定，同意进行下道工序。</td></tr>
</table>

<table>
<tr><td rowspan="3">签字栏</td><td rowspan="2">建设（监理）单位</td><td>施工单位</td><td colspan="2">×××机电安装工程公司</td></tr>
<tr><td>专业技术负责人</td><td>专业质检员</td><td>专业工长</td></tr>
<tr><td>×××</td><td>×××</td><td>×××</td><td>×××</td></tr>
</table>

《设备单机试运转记录》填表说明：

1）形成流程：给水系统设备、热水系统设备、机械排水系统设备、消防系统设备、采暖系统设备、水处理系统设备，应进行单机试运转，并做记录。

2）相关规定与要求：

①水泵试运转的轴承温升必须符合设备说明书的规定。检验方法：通电、操作和温度计测温检查。水泵试运转，叶轮与泵壳不应相碰，进、出口部位的阀门应灵活。

②锅炉风机试运转，轴承温升应符合下列规定：滑动轴承温度最高不得超过60℃。滚动轴承温度最高不得超过80℃。检验方法：用温度计检查。轴承径向单振幅应符合下列规定：风机转速小于1000r/min时，不应超过0.10mm；风机转速为1000～1450r/min时，不应超过0.08mm。检验方法：用测振仪表检查。

3）注意事项：

①以设计要求和规范规定为依据，适用条目要准确。参考规范包括：《机械设备安装工程施工及验收通用规范》(GB 50231—2009)、《制冷设备、空气分离设备安装工程施工及验收规范》(GB 50274—1998)、《压缩机、风机、泵安装工程施工及验收规范》(GB 50275—1998) 等。

②根据试运转的实际情况填写实测数据，要准确，内容齐全，不得漏项。设备单机试运转后应逐台填写记录，一台（组）设备填写一张表格。

③设备单机试运转是系统试运转调试的基础工作，一般情况下如设备的性能达不到设计要求，系统试运转调试也不会达到要求。

④工程采用施工总承包管理模式的，签字人员应为施工总承包单位的相关人员。

4）本表由施工单位填写，建设单位、施工单位、城建档案馆各保存一份。

（2）系统试运转调试记录。

表 1-10　　系统试运转调试记录

编号：×××

工程名称	××工程	试运转调试时间	××年×月×日
试运转调试项目	室内消火栓系统	试运转调试部位	地下一层至十层
试运转、调试内容： 低区室内消火栓系统冲洗完毕充水、加热，进行试运行和调试，通过观察、测量室温满足设计要求。			
试运转、调试结论： 低区室内消火栓系统系统试运转调试符合设计要求及《建筑给水排水及采暖工程施工质量验收规范》（GB 50242—2002）规定，同意进行下道工序。			

建设单位	监理单位	施工单位
×××	×××	×××

《系统试运转调试记录》填表说明：

1）形成流程：采暖系统、水处理系统等应进行系统试运转及调试，并做记录。

2）相关规定与要求：

①室内采暖系统冲洗完毕应充水、加热，进行试运行和调试。检验方法：观察、测量室温是否满足设计要求。

②供热管道冲洗完毕应通水、加热，进行试运行和调试。当不具备加热条件时，应延期进行。检验方法：测量各建筑物热力入口处供回水温度及压力。

3）注意事项：

①以设计要求和规范规定为依据，适用条目要准确。

②根据试运转调试的实际情况填写实测数据，要准确，内容齐全，不得漏项。

③工程采用施工总承包管理模式的，签字人员应为施工总承包单位的相关人员。

4）其他：

①附必要的试运转调试测试表。

②本表由施工单位填写，建设单位、施工单位、城建档案馆各保存一份。

（3）消火栓试射记录。

表 1-11　　消火栓试射记录

编号：×××

<table>
<tr><td>工程名称</td><td colspan="2">××工程</td><td>试射日期</td><td>××年×月×日</td></tr>
<tr><td>试射消火栓位置</td><td colspan="2">屋顶层、首层</td><td>启泵按钮</td><td>☑ 合格 □ 不合格</td></tr>
<tr><td>消火栓组件</td><td colspan="2">☑ 合格 □ 不合格</td><td>栓口安装</td><td>☑ 合格 □ 不合格</td></tr>
<tr><td>栓口水枪型号</td><td colspan="2">☑ 合格 □ 不合格</td><td>卷盘间距、组件</td><td>☑ 合格 □ 不合格</td></tr>
<tr><td>栓口静压/MPa</td><td colspan="2">×××</td><td>栓口动压/MPa</td><td>×××</td></tr>
<tr><td colspan="5">试验要求：
室内消火栓系统安装完成后应取屋顶层（或水箱间内）试验消火栓和在首层取二处消火栓做试射试验，达到设计要求为合格。检验方法：实地试射检查。</td></tr>
<tr><td colspan="5">试验情况记录：
取屋顶层（或水箱间内）试验消火栓和在首层取二处做试射试验。检验方法为实地试射检查，消火栓组件栓口安装完毕，启泵按钮，试射时栓口静压、栓口动压符合有关要求。</td></tr>
<tr><td colspan="5">试验结论：
试验结果符合设计要求及《建筑给水排水及采暖工程施工质量验收规范》（GB 50242—2002）规定，同意进行下道工序。</td></tr>
<tr><td rowspan="3">签字栏</td><td rowspan="2">建设（监理）单位</td><td>施工单位</td><td colspan="2">×××机电安装工程公司</td></tr>
<tr><td>专业技术负责人</td><td>专业质检员</td><td>专业工长</td></tr>
<tr><td>×××监理公司</td><td>×××</td><td>×××</td><td>×××</td></tr>
</table>

《消火栓试射记录》填表说明：

1）形成流程：室内消火栓系统在安装完成后，应按设计要求及规范规定进行消火栓试射试验，并做记录。

2）相关规定与要求：室内消火栓系统安装完成后应取屋顶层（或水箱间内）试验消火栓和在首层取两处消火栓做试射试验，达到设计要求为合格。检验方法：实地试射检查。

3）注意事项：

①以设计要求和规范规定为依据，适用条目要准确。

②试验前应对消火栓组件、栓口安装（含减压稳压装置）等进行系统检查。

③根据试验的实际情况填写实测数据（测试栓口动压、静压应填写实测数值，要符合

消防检测要求，不能超压或压力不足），要准确，内容齐全，不得漏项。

④消火栓试射为系统试验，一般在系统完成、消防水泵试运行合格后进行。

⑤工程采用施工总承包管理模式的，签字人员应为施工总承包单位的相关人员。

4）本表由施工单位填写，建设单位、施工单位、城建档案馆各保存一份。

（4）室内消火栓系统安装检验批质量验收记录表。

表 1-12　　室内消火栓系统安装检验批质量验收记录表

GB 50242—2002

050102□□

<table>
<tr><td colspan="2">工程名称</td><td>××工程</td><td>分项工程名称</td><td colspan="5">室内消火栓系统安装</td><td colspan="5">验收部位</td><td>×××</td></tr>
<tr><td colspan="2">施工单位</td><td colspan="2">×××建筑工程集团公司</td><td colspan="3">专业工长</td><td colspan="4">×××</td><td colspan="3">项目经理</td><td>×××</td></tr>
<tr><td colspan="2">施工执行标准名称及编号</td><td colspan="13">《建筑安装分项工程施工工艺规程》（QB ×××—2005）</td></tr>
<tr><td colspan="2">分包单位</td><td>××机电安装工程公司</td><td>分包项目经理</td><td colspan="5">×××</td><td colspan="5">施工班组长</td><td>×××</td></tr>
<tr><td colspan="4">施工质量验收规范的规定</td><td colspan="10">施工单位检查评定记录</td><td>监理（建设）单位验收记录</td></tr>
<tr><td>主控项目</td><td>1</td><td>室内消火栓试射试验</td><td>设计要求</td><td colspan="10">✓</td><td>同意验收</td></tr>
<tr><td rowspan="5">一般项目</td><td>1</td><td>室内消火栓水龙带在箱内安放</td><td>第 4.3.2 条</td><td colspan="10">✓</td><td rowspan="5">同意验收</td></tr>
<tr><td rowspan="4">2</td><td>栓口朝外，并不应安装在门轴侧</td><td>规范要求</td><td>✓</td><td>✓</td><td>✓</td><td>✓</td><td>✓</td><td>✓</td><td>✓</td><td>✓</td><td>✓</td><td>✓</td></tr>
<tr><td>栓口中心距地面 1.1m 允许偏差</td><td>±20mm</td><td>9</td><td>10</td><td>5</td><td>8</td><td>6</td><td>9</td><td>8</td><td>6</td><td>15</td><td>16</td></tr>
<tr><td>栓口中心距地面 1.1m 允许偏差</td><td>±5mm</td><td>2</td><td>1</td><td>4</td><td>5</td><td>5</td><td>3</td><td>4</td><td>1</td><td>1</td><td>5</td></tr>
<tr><td>消火栓箱体安装的垂直度允许偏差</td><td>3mm</td><td>1</td><td>1</td><td>2</td><td>1</td><td>3</td><td>2</td><td>2</td><td>1</td><td>3</td><td>3</td></tr>
<tr><td colspan="2">施工单位检查评定结果</td><td colspan="13">主控项目全部合格，一般项目满足规范规定要求，检查评定结果为合格。
项目专业质量检查员：×××　　××年×月×日</td></tr>
<tr><td colspan="2">监理（建设）单位验收结论</td><td colspan="13">同意验收
监理工程师：×××
（建设单位项目专业技术负责人）　　××年×月×日</td></tr>
</table>

《室内消火栓系统安装检验批质量验收记录表》填表说明：

1）主控项目：

室内消火栓系统安装完成后取屋顶层（或水箱间内）试验消火栓和首层的两处消火栓做试射试验，达到设计要求为合格。按系统实地试射检查。

2）一般项目：

①安装消火栓。水龙带与水枪和快速接头绑扎好后，应根据箱内构造将水龙带挂放在箱内的挂钉、托盘或支架上。观察检查。

②箱式消火栓的安装应符合下列规定：

a. 栓口应朝外，并不应安装在门轴侧。

b. 栓口中心距地面为 1.1m，允许偏差±20mm。

c. 阀门中心距箱侧面为 140mm，距箱后内表面为 100mm，允许偏差±5mm。

d. 消火栓箱体安装的垂直度允许偏差为 3mm。观察和尺量检查。

四、给水设备安装工程表格填写范例

（1）设备开箱检验记录。

表 1-13　　设备开箱检验记录

编号：×××

<table>
<tr><td colspan="2">设备名称</td><td colspan="2">轴流风机</td><td colspan="2">检查日期</td><td>××年×月×日</td></tr>
<tr><td colspan="2">规格型号</td><td colspan="2">×××</td><td colspan="2">总数量</td><td>×××台</td></tr>
<tr><td colspan="2">装箱单号</td><td colspan="2">×××</td><td colspan="2">检验数量</td><td>×××台</td></tr>
<tr><td rowspan="5">检验记录</td><td>包装情况</td><td colspan="5">包装完整良好，无损坏，标识明确</td></tr>
<tr><td>随机文件</td><td colspan="5">出厂合格证 1 份，装箱单 1 份，技术操作说明书 1 份</td></tr>
<tr><td>备件与附件</td><td colspan="5">配套法兰、螺栓、螺母等连接构件齐全</td></tr>
<tr><td>外观情况</td><td colspan="5">外观无破损、锈蚀现象</td></tr>
<tr><td>测试情况</td><td colspan="5">状况正常</td></tr>
<tr><td rowspan="4">检验结果</td><td colspan="6">缺、损附备件明细表</td></tr>
<tr><td>序号</td><td>名称</td><td>规格</td><td>单位</td><td>数量</td><td>备注</td></tr>
<tr><td></td><td></td><td></td><td></td><td></td><td></td></tr>
<tr><td></td><td></td><td></td><td></td><td></td><td></td></tr>
<tr><td colspan="7">结论：
检查包装、随箱文件齐全，外观及测试状况良好，同意验收。</td></tr>
<tr><td rowspan="2">签字栏</td><td colspan="2">建设（监理）单位</td><td colspan="2">施工单位</td><td colspan="2">供应单位</td></tr>
<tr><td colspan="2">×××</td><td colspan="2">×××</td><td colspan="2">×××</td></tr>
</table>

《设备开箱检验记录》填表说明：

1）资料流程：设备进场后，由施工单位、建设（监理）单位、供货单位共同开箱检验并做记录，填写《设备开箱检查检验记录》。

2）相关规定与要求：

①设备必须具有中文质量合格证明文件，规格、型号及性能检测报告应符合国家技术标准或设计要求，进场时应做检查验收。

②主要器具和设备必须有完整的安装使用说明书。

③在运输、保管和施工过程中，应采取有效措施防止损坏或腐蚀设备。

3）注意事项：

①对于检验结果出现的缺损附件、备件要列出明细，待供应单位更换后重新验收。

②测试情况的填写应依据专项施工及验收规范相关条目，如本表格的“轴流风机”可参照《压缩机、风机、泵安装工程施工及验收规范》（GB 50275—1998）。

4）本表由施工单位填写并保存。

（2）灌满水试验记录。

表 1-14　　灌满水试验记录

编号：×××

工程名称	×××工程	试验日期	××年×月×日
试验项目	室内给水系统	试验部位	地下二层人防生活水箱
材　　质	陶瓷	规　　格	1200mm×1000mm×1000mm
试验要求： 地下二层人防生活水箱为开式水箱，灌满水静置 24h，水箱无渗无漏，试验为合格。			
试验记录： 用盲板堵分别封堵水箱进水管口、出水管口、泄水管口、溢水管口，上午 9：00 从水箱顶检查口处往水箱内灌水，水满后静置 24h，到第 2 天上午 9：00 再进行检查，水箱无渗漏现象，外形尺寸无变化，各管道与水箱的连接处无渗漏现象。			
试验结论： 试验结果符合设计要求及《建筑给水排水及采暖工程施工质量验收规范》（GB 50242—2002）规定，同意进行下道工序。			

签字栏	建设（监理）单位	施工单位	×××建筑工程公司	
		专业技术负责人	专业质检员	专业工长
	×××监理公司	×××	×××	×××

《灌满水试验记录》填表说明：

1）形成流程：非承压管道系统和设备，包括开式水箱、卫生洁具、安装在室内的雨水管道等，在系统和设备安装完毕后，以及暗装、埋地、有绝热层的室内外排水管道进行隐蔽前，应进行灌（满）水试验，并做记录。

2）相关规定与要求：

①敞口箱、罐安装前应做满水试验；密闭箱、罐应以工作压力的 1.5 倍做水压试验，但不得小于 0.4MPa。检验方法：满水试验时满水后静置 24h 不渗不漏；水压试验在试验压力下 10min 内无压降，不渗不漏。

②隐蔽或埋地的排水管道在隐蔽前必须做灌水试验，其灌水高度应不低于底层卫生器具的上边缘或底层地面高度。检验方法：满水 15min 水面下降后，再灌满观察 5min，液面不降，管道及接口无渗漏为合格。

③安装在室内的雨水管道安装后应做灌水试验，灌水高度必须到每根立管上部的雨水斗。检验方法：灌水试验持续 1h，不渗不漏。

④室外排水管网安装管道埋设前必须做灌水试验和通水试验，排水应畅通，无堵塞，管接口无渗漏。检验方法：按排水检查井分段试验，试验水头应以试验段上游管顶加 1m，时间不少于 30min，逐段观察。

3）注意事项：

①以设计要求和规范规定为依据，适用条目要准确。

②根据试运转调试的实际情况填写实测数据，要准确，内容齐全，不得漏项。

③工程采用施工总承包管理模式的，签字人员应为施工总承包单位的相关人员。

4）本表由施工单位填写并保存。

（3）给水设备安装工程检验批质量验收记录表。

表 1-15　　给水设备安装工程检验批质量验收记录表

GB 50242—2002

050103□□

<table>
<tr><td colspan="2">工程名称</td><td>××工程</td><td>分项工程名称</td><td colspan="2">给水设备安装</td><td>验收部位</td><td>×××</td></tr>
<tr><td colspan="2">施工单位</td><td colspan="2">×××建筑工程集团公司</td><td>专业工长</td><td>×××</td><td>项目经理</td><td>×××</td></tr>
<tr><td colspan="2">施工执行标准名称及编号</td><td colspan="6">《建筑安装分项工程施工工艺规程》(QB ×××—2005)</td></tr>
<tr><td colspan="2">分包单位</td><td colspan="2">××机电安装工程公司</td><td>分包项目经理</td><td>×××</td><td>施工班组长</td><td>×××</td></tr>
<tr><td colspan="5">施工质量验收规范的规定</td><td colspan="2">施工单位检查评定记录</td><td>监理（建设）单位验收记录</td></tr>
<tr><td rowspan="3">主控项目</td><td>1</td><td colspan="2">水泵基础</td><td>设计要求</td><td colspan="2">✓</td><td rowspan="3">同意验收</td></tr>
<tr><td>2</td><td colspan="2">水泵试运转的轴承温升</td><td>设计要求</td><td colspan="2">✓</td></tr>
<tr><td>3</td><td colspan="2">敞口水箱满水试验和密闭水箱（罐）水压试验</td><td>第 4.4.3 条</td><td colspan="2">✓</td></tr>
</table>

（续）

<table>
<tr><td rowspan="14">一般项目</td><td>1</td><td colspan="4">水箱支架或底座安装</td><td>第 4.4.4 条</td><td colspan="10">✓</td><td rowspan="14">同意验收</td></tr>
<tr><td>2</td><td colspan="4">水箱溢流管和泄放管设计</td><td>第 4.4.5 条</td><td colspan="10">✓</td></tr>
<tr><td>3</td><td colspan="4">立式水泵减振装置</td><td>第 4.4.6 条</td><td colspan="10">✓</td></tr>
<tr><td rowspan="8">4</td><td rowspan="8">安装允许偏差</td><td rowspan="3">静置设备</td><td colspan="2">坐标</td><td>15mm</td><td>7</td><td>8</td><td>6</td><td>8</td><td>7</td><td>7</td><td>5</td><td>6</td><td></td><td></td></tr>
<tr><td colspan="2">标高</td><td>±5mm</td><td>3</td><td>4</td><td>1</td><td>2</td><td>3</td><td>4</td><td>3</td><td>2</td><td>4</td><td></td></tr>
<tr><td colspan="2">垂直度（每 1m）</td><td>5mm</td><td>3</td><td>2</td><td>2</td><td>2</td><td>3</td><td>4</td><td>2</td><td></td><td></td><td></td></tr>
<tr><td rowspan="5">离心式水泵</td><td colspan="2">立式垂直度（每 1m）</td><td>0.1mm</td><td>0.1</td><td>0.1</td><td>0.1</td><td>0.1</td><td>0.1</td><td>0.1</td><td>0</td><td>0</td><td></td><td></td></tr>
<tr><td colspan="2">卧式水平度（每 1m）</td><td>0.1mm</td><td></td><td></td><td></td><td></td><td></td><td></td><td></td><td></td><td></td><td></td></tr>
<tr><td rowspan="2">联轴器同心度</td><td>轴向倾斜（每 1m）</td><td>0.8mm</td><td>0.3</td><td>0.5</td><td>0.2</td><td>0.3</td><td>0.5</td><td>0.4</td><td>0.3</td><td>0.7</td><td>0.5</td><td></td></tr>
<tr><td>径向位移</td><td>0.1mm</td><td>0</td><td>0</td><td>0</td><td>0</td><td>0.1</td><td>0.1</td><td>0.1</td><td></td><td></td><td></td></tr>
<tr><td colspan="3"></td><td></td><td></td><td></td><td></td><td></td><td></td><td></td><td></td><td></td><td></td><td></td></tr>
<tr><td rowspan="3">5</td><td rowspan="3">保温层允许偏差</td><td colspan="2">允许偏差</td><td>厚度δ 50mm</td><td>+0.1δ
−0.05δ</td><td>3</td><td>−1</td><td>2</td><td>4</td><td>−2</td><td>0</td><td>2</td><td>3</td><td>4</td><td>5</td></tr>
<tr><td rowspan="2">表面平整度</td><td colspan="2">卷材</td><td>5mm</td><td>3</td><td>3</td><td>4</td><td>3</td><td>3</td><td>2</td><td>4</td><td>2</td><td></td><td></td></tr>
<tr><td colspan="2">涂抹</td><td>10mm</td><td></td><td></td><td></td><td></td><td></td><td></td><td></td><td></td><td></td><td></td></tr>
<tr><td colspan="3">施工单位检查评定结果</td><td colspan="15">主控项目全部合格，一般项目满足规范规定要求，检查评定结果为合格。

项目专业质量检查员：×××　　××年×月×日</td></tr>
<tr><td colspan="3">监理（建设）单位验收结论</td><td colspan="15">同意验收

监理工程师：×××
（建设单位项目专业技术负责人）　　××年×月×日</td></tr>
</table>

《给水设备安装工程检验批质量验收记录表》填表说明：

1）主控项目：

①水泵就位前的基础混凝土强度、坐标、标高、尺寸和螺栓孔位置必须符合设计规定。

对照图纸用仪器和尺量检查。

②水泵试运转的轴承温升必须符合设备说明书的规定。

③敞口水箱的满水试验和密闭水箱（罐）的水压试验必须符合设计与《建筑给水排水及采暖工程施工质量验收规范》（GB 50242—2002）的规定。

满水试验静置 24h 观察，不渗不漏；水压试验在试验压力下 10min 压力不降，不渗不漏。全数检查。

2）一般项目：

①水箱支架或底座安装其尺寸及位置应符合设计规定，埋设平整牢固。对照图纸，全数尺量检查。

②水箱溢流管和泄放管应设置在排水地点附近但不得与排水管直接连接。全数观察检查。

③立式水泵的减振装置不应采用弹簧减振器。全数观察检查。

④室内给水设备安装的允许偏差，用经纬仪、拉线和尺量检查。

⑤管道及设备保温层的厚度和平整度的允许偏差，用钢针刺入用 2m 靠尺和楔形塞尺检查。

第二节 室内排水系统工程

一、室内排水系统工程质量员工作流程

室内排水系统工程质量员工作流程见图 1-2。

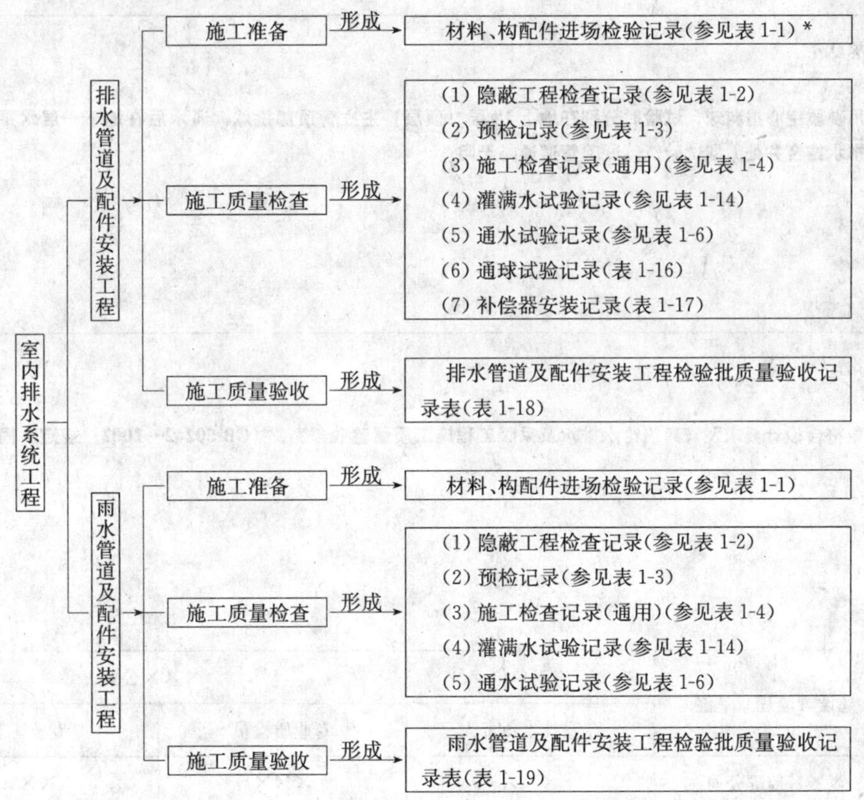

图 1-2 室内排水系统工程质量员工作流程

* 本书中凡表格名称后标注“(参见表 ×××)”的，即说明该表格已在前述章节进行了详细阐述，为节省篇幅，本处将不再赘述，其格式及具体填写要求如前所述。

二、排水管道及配件安装工程表格填写范例

（1）通球试验记录。

表 1-16　　通球试验记录

编号：×××

<table>
<tr><td>工程名称</td><td>××工程</td><td>试验日期</td><td colspan="2">××年×月×日</td></tr>
<tr><td>试验项目</td><td>室内排水主立管、水平干管</td><td>试验部位</td><td colspan="2">地上18层（顶层）
至地下一层主立管及水平干管</td></tr>
<tr><td>管径/mm</td><td>DN 150</td><td>球径/mm</td><td colspan="2">DN 100</td></tr>
<tr><td colspan="5">试验要求：
排水主立管及水平干管管道均应做通球试验，通球球径不小于排水管道管径的2/3，通球率必须达到100%。</td></tr>
<tr><td colspan="5">试验记录：
试验采用硬质空心塑料球，试验时分别在地上18层（顶层）主立管顶部投球，通水后在地下一层水平干管向室外第一个排水结合井处截取试验球，试验管道通畅无阻。</td></tr>
<tr><td colspan="5">试验结论：
试验结果符合设计要求及《建筑给水排水及采暖工程施工质量验收规范》（GB 50242—2002）规定，同意进行下道工序。</td></tr>
<tr><td rowspan="3">签字栏</td><td rowspan="2">建设（监理）单位</td><td>施工单位</td><td colspan="2">×××公司</td></tr>
<tr><td>专业技术负责人</td><td>专业质检员</td><td>专业工长</td></tr>
<tr><td>×××监理公司</td><td>×××</td><td>×××</td><td>×××</td></tr>
</table>

《通球试验记录》填表说明：

1）形成流程：室内排水水平干管、主立管应按有关规定进行通球试验，并做记录。

2）相关规定与要求：排水主立管及水平干管管道均应做通球试验，通球球径不小于

排水管道管径的 2/3，通球率必须达到 100%。检查方法：通球检查。

3）注意事项：

①以设计要求和规范规定为依据，适用条目要准确。

②根据试验的实际情况填写实测数据，要准确，内容齐全，不得漏项。

③通水试验为系统试验，一般在系统完成、通水试验合格后进行。

④工程采用施工总承包管理模式的，签字人员应为施工总承包单位的相关人员。

⑤通球试验用球宜为硬质空心塑料球，投入时做好标记，以便同排出的试验球核对。

4）本表由施工单位填写，建设单位、施工单位各保存一份。

（2）补偿器安装记录。

表 1-17　　**补偿器安装记录**

编号：×××

<table>
<tr><td>工程名称</td><td colspan="2">××工程</td><td>日期</td><td>××年×月×日</td></tr>
<tr><td>设计压力/MPa</td><td colspan="2">0.8</td><td>补偿器安装部位</td><td>热水供应系统主干管</td></tr>
<tr><td>补偿器规格型号</td><td colspan="2">×××</td><td>补偿器材质</td><td>不锈钢</td></tr>
<tr><td>固定支架间距/m</td><td colspan="2">55.6</td><td>管内介质温度/℃</td><td>70℃水</td></tr>
<tr><td>计算预拉值/mm</td><td colspan="2">20</td><td>实际预拉值/mm</td><td>20</td></tr>
<tr><td colspan="5">补偿器安装记录及说明：
补偿器的安装及预拉值示意图和说明由补偿器厂家完成。

</td></tr>
<tr><td colspan="5">结论：
补偿器安装符合设计要求及《建筑给水排水及采暖工程施工质量验收规范》（GB 50242—2002）的规定，同意进行下道工序。</td></tr>
<tr><td rowspan="3">签字栏</td><td rowspan="2">建设（监理）单位</td><td>施工单位</td><td colspan="2">×××公司</td></tr>
<tr><td>专业技术负责人</td><td>专业质检员</td><td>专业工长</td></tr>
<tr><td>×××监理公司</td><td>×××</td><td>×××</td><td>×××</td></tr>
</table>

《补偿器安装记录》填表说明：

1）形成流程：各类补偿器安装时应按要求进行补偿器安装记录。

2）相关规定与要求：

①补偿器形式、规格、位置应符合设计要求，并按有关规定进行预拉伸。检验方法：对照设计图纸检查。

②补偿器的型号、安装位置及预拉伸和固定支架的构造及安装位置应符合设计要求。检验方法：对照图纸，现场观察，并查验预拉伸记录。

③室外供热管网安装补偿器的位置必须符合设计要求，并应按设计要求或产品说明书进行预拉伸。管道固定支架的位置和构造必须符合设计要求。检验方法：对照图纸，并查验预拉伸记录。

3）注意事项：

①补偿器预拉伸数值应根据设计给出的最大补偿量得出（一般为其数值的 50%），要注意不同位置的补偿器由于管段长度、运行温度、安装温度不同而有所不同。

②根据试验的实际情况填写实测数据，要准确，内容齐全，不得漏项。

③工程采用施工总承包管理模式的，签字人员应为施工总承包单位的相关人员。

④热伸长可通过公式计算：

$$\Delta L=\alpha L\Delta t$$

式中，ΔL 为热伸长（m）；α 为管道线膨胀系数，碳素钢 $\alpha=12\times10^{-6}$ m/（m·℃）；L 为管长（m）；ΔL 为管道在运行时的温度与安装时的温度之差值（℃）。

4）本表由施工单位填写并保存。

（3）室内排水管道及配件安装工程检验批质量验收记录表。

表 1-18　室内排水管道及配件安装工程检验批质量验收记录表

GB 50242—2002

050201□□

工程名称		××工程	分项工程名称	室内排水管道及配件安装	验收部位	×××
施工单位		××建筑工程集团公司	专业工长	×××	项目经理	×××
施工执行标准名称及编号		《建筑安装分项工程施工工艺规程》（QB ×××—2007）				
分包单位		××机电安装工程公司	分包项目经理	×××	施工班组长	×××
施工质量验收规范的规定				施工单位检查评定记录		监理（建设）单位验收记录
主控项目	1	排水管道灌水试验	第 5.2.1 条	√		同意验收
	2	生活污水铸铁管及塑料管坡度	第 5.2.2、5.2.3 条	√		
	3	排水塑料管安装伸缩节	第 5.2.4 条	/		
	4	排水立管及水平干管通球试验	第 5.2.5 条	√		

（续）

一般项目	1	生活污水管道上检查口或清扫口设置					第 5.2.6、5.2.7 条	/								同意验收
	2	金属和塑料管支、吊架安装					第 5.2.8、5.2.9 条	✓								
	3	排水通气管安装					第 5.2.10 条	✓								
	4	医院污水和饮食业工艺排水					第 5.2.11、5.2.12 条	✓								
	5	室内排水管道安装					第 5.2.13、5.2.14 5.2.15 条	✓								
	6	排水管安装允许偏差	坐标				15mm	9	13	5	8	8	5	10	6	
			标高				±15mm	+5	+8	−2	+10	+6	−3	+9	+7	
			横管纵横方向弯曲	铸铁管	每米		≯1mm									
					全长（25m 以上）		≯25mm									
				钢管	每米	管径≤1mm	1mm									
						管径>100mm	1.5mm	1.2	1.3	1.1	1.4	1.6	1.2	1.1	1.1	
					全长（25m 以上）	管径≤1mm	≯25mm									
						管径>100mm	≯38mm	23	25	18	7	19	36	12	10	
				塑料管	每米		1.5mm									
					全长（25m 以上）		≯38mm									
				钢筋混凝土管	每米		3mm									
					全长（25m 以上）		≯75mm									
			立管垂直度	铸铁管	每米		3mm									
					全长（5m 以上）		≯15mm									
				钢管	每米		3mm	0.8	2.6	1.4	2.1	0	1	3	0	
					全长（5m 以上）		≯10mm	8	8	5	7	10	3	0	1	
				塑料管	每米		3mm									
					全长（5m 以上）		≯15mm									
施工单位检查评定结果	主控项目全部合格，一般项目满足规范规定要求，检查评定结果为合格。 项目专业质量检查员：××× ××年×月×日															
监理（建设）单位验收结论	同意验收 监理工程师：××× （建设单位项目专业负责人） ××年×月×日															

《室内排水管道及配件安装工程检验质量验收记录表》填写说明：

1）主控项目：

①隐蔽或埋地的排水管道在隐蔽前必须做灌水试验，其灌水高度应不低于底层卫生器具的上边缘或底层地面高度。

满水15min水面下降后，再灌满观察5min，液面不降，管道及接口无渗漏为合格。

②生活污水铸铁管道的坡度必须符合设计或《建筑给水排水及采暖工程施工质量验收规范》（GB 50242—2002）表5.2.2的规定。水平尺、拉线尺量检查。

③生活污水塑料管道的坡度必须符合设计或《建筑给水排水及采暖工施工质量验收规范》（GB 50242—2002）表5.2.3的规定。水平尺、拉线尺量检查。

④排水塑料管必须按设计要求及位置装设伸缩节。如设计无要求时，伸缩节间距不得大于4m。

高层建筑中明设排水塑料管道应按设计要求设置阻火圈或防火套管。

⑤排水主立管及水平干管管道均应做通球试验，通球球径不小于排水管道管径的2/3，通球率必须达到100%。通球检查。

2）一般项目：

①在生活污水管道上设置的检查口或清扫口，当设计无要求时应符合下列规定：

a. 在立管上应每隔一层设置一个检查口，但在最底层和有卫生器具的最高层必须设置检查口。如为两层建筑时，可仅在底层设置立管检查口；如有乙字弯管时，则在该层乙字弯管的上部设置检查口。检查口中心高度距操作地面一般为1m，允许偏差±20mm；检查口的朝向应便于检修。暗装立管，在检查口处应安装检修门。

b. 在连接2个及2个以上大便器或3个及3个以上卫生器具的污水横管上应设置清扫口。当污水管在楼板下悬吊敷设时，可将清扫口设在上一层楼地面上，污水管起点的清扫口与管道相垂直的墙面距离不得小于200mm；若污水管起点设置堵头代替清扫口时，与墙面距离不得小于400mm。

c. 在转角小于135°的污水横管上，应设置检查口或清扫口。

d. 污水横管的直线管段，应按设计要求的距离设置检查口或清扫口。观察和尺量检查。

②埋在地下或地板下的排水管道的检查口，应设在检查井内。井底表面标高与检查口的法兰相平，井底表面应有5%坡度，坡向检查口。尺量检查。

③金属排水管道上的吊钩或卡箍应固定在承重结构上。固定件间距：横管不大于2m；立管不大于3m。楼层高度小于或等于4m，立管可安装1个固定件。立管底部的弯管处应设支墩或采取固定措施。

检验方法：观察和尺量检查。

④排水塑料管道支、吊架间距应符合《建筑给水排水及采暖工程施工质量验收规范》（GB 50242—2002）表5.2.9的规定。

检验方法：尺量检查。

⑤排水通气管不得与风道或烟道连接，且应符合下列规定：

a. 通气管应高出屋面300mm，但必须大于最大积雪厚度。

b. 在通气管出口4m以内有门、窗时，通气管应高出门、窗顶600mm或引向无门、窗一侧。

c. 在经常有人停留的平屋顶上，通气管应高出屋面2m，并应根据防雷要求设置防雷装置。

d. 屋顶有隔热层应从隔热层板面算起。

⑥安装未经消毒处理的医院含菌污水管道，不得与其他排水管道直接连接。观察检查。

⑦饮食业工艺设备引出的排水管及饮用水水箱的溢流管，不得与污水管道直接连接，并应留出不小于 100mm 的隔断空间。观察和尺量检查。

⑧通向室外的排水管，穿过墙壁或基础必须下返时，应采用 45°三通和 45°弯头连接，并应在垂直管段顶部设置清扫口。观察和尺量检查。

⑨由室内通向室外排水检查井的排水管，井内引入管应高于排出管或两管顶相平，并有不小于 90°的水流转角，如跌落差大于 300mm 可不受角度限制。观察和尺量检查。

⑩用于室内排水的水平管道与水平管道、水平管道与立管的连接，应采用 45°三通或 45°四通和 90°斜三通或 90°斜四通。立管与排出管端部的连接，应采用两个 45°弯头或曲率半径不小于 4 倍管径的 90°的弯头。观察和尺量检查。

⑪室内排水管道安装的允许偏差应符合《建筑给水排水及采暖工程施工质量验收规范》(GB 50242—2002) 表 5.2.16 的相关规定。

三、雨水管道及配件安装工程表格填写范例

雨水管道及配件安装工程检验批质量验收记录表。

表 1-19　雨水管道及配件安装工程检验批质量验收记录表
GB 50242—2002

050202□□

<table>
<tr><td colspan="3">工程名称</td><td colspan="2">××工程</td><td>分项工程名称</td><td colspan="4">雨水管道及配件安装</td><td colspan="4">验收部位</td><td colspan="3">×××</td></tr>
<tr><td colspan="3">施工单位</td><td colspan="3">××建筑工程集团公司</td><td colspan="2">专业工长</td><td colspan="2">×××</td><td colspan="4">项目经理</td><td colspan="3">×××</td></tr>
<tr><td colspan="3">施工执行标准名称及编号</td><td colspan="14">《建筑安装分项工程施工工艺规程》(QB ×××—2007)</td></tr>
<tr><td colspan="3">分包单位</td><td colspan="2">××机电安装工程公司</td><td colspan="2">分包项目经理</td><td colspan="4">×××</td><td colspan="4">施工班组长</td><td colspan="2">×××</td></tr>
<tr><td colspan="6">施工质量验收规范规定</td><td colspan="10">施工单位检查评定记录</td><td>监理(建设)单位验收记录</td></tr>
<tr><td rowspan="9">主控项目</td><td>1</td><td colspan="3">室内雨水管道灌水试验</td><td>第 5.3.1 条</td><td colspan="10">✓</td><td rowspan="9">同意验收</td></tr>
<tr><td>2</td><td colspan="3">塑料雨水管安装伸缩节</td><td>第 5.3.2 条</td><td colspan="10">✓</td></tr>
<tr><td rowspan="7">3</td><td rowspan="7">埋地雨水管道最小坡度</td><td>(1)</td><td>50mm</td><td>20‰</td><td></td><td></td><td></td><td></td><td></td><td></td><td></td><td></td><td></td><td></td></tr>
<tr><td>(2)</td><td>75mm</td><td>15‰</td><td>7‰</td><td>4‰</td><td>9‰</td><td>14‰</td><td>6‰</td><td>9‰</td><td>11‰</td><td>8‰</td><td></td><td></td></tr>
<tr><td>(3)</td><td>100mm</td><td>8‰</td><td></td><td></td><td></td><td></td><td></td><td></td><td></td><td></td><td></td><td></td></tr>
<tr><td>(4)</td><td>125mm</td><td>6‰</td><td></td><td></td><td></td><td></td><td></td><td></td><td></td><td></td><td></td><td></td></tr>
<tr><td>(5)</td><td>150mm</td><td>5‰</td><td></td><td></td><td></td><td></td><td></td><td></td><td></td><td></td><td></td><td></td></tr>
<tr><td>(6)</td><td>200～400mm</td><td>4‰</td><td></td><td></td><td></td><td></td><td></td><td></td><td></td><td></td><td></td><td></td></tr>
<tr><td>(7)</td><td colspan="2">悬吊雨水管最小坡度≤5‰</td><td></td><td></td><td></td><td></td><td></td><td></td><td></td><td></td><td></td><td></td></tr>
</table>

（续）

<table>
<tr><td rowspan="11">一般项目</td><td>1</td><td colspan="4">雨水管不得与生活污水管相连接</td><td>第 5.3.4 条</td><td colspan="10">✓</td><td rowspan="11">同意验收</td></tr>
<tr><td>2</td><td colspan="4">雨水斗安装</td><td>第 5.3.5 条</td><td colspan="10">/</td></tr>
<tr><td rowspan="2">3</td><td colspan="2" rowspan="2">三通间距</td><td colspan="2">≤150</td><td>≯15m</td><td colspan="10">✓</td></tr>
<tr><td colspan="2">≥200</td><td>≯20m</td><td colspan="10">/</td></tr>
<tr><td rowspan="6">4</td><td rowspan="6">焊缝允许偏差</td><td colspan="2">焊口平直度</td><td>管壁厚 10mm 以内</td><td>管壁厚 1/4</td><td>2</td><td>1</td><td>1</td><td>2</td><td>2</td><td>2</td><td>1</td><td>2</td><td>1</td><td></td></tr>
<tr><td colspan="2" rowspan="2">焊缝加强面</td><td>高度</td><td rowspan="2">+1mm</td><td>0</td><td>1</td><td>1</td><td>0</td><td>1</td><td>0</td><td>1</td><td>1</td><td>1</td><td></td></tr>
<tr><td>宽度</td><td>0</td><td>0</td><td>1</td><td>1</td><td>1</td><td>0</td><td>0</td><td>1</td><td>1</td><td></td></tr>
<tr><td rowspan="3">咬边</td><td colspan="2">深　度</td><td>小于 0.5mm</td><td>0.3</td><td>0.2</td><td>0.1</td><td>0.3</td><td>0.5</td><td>0.3</td><td>0.1</td><td>0.1</td><td>0.5</td><td></td></tr>
<tr><td rowspan="2">长度</td><td>连续长度</td><td>25mm</td><td>18</td><td>21</td><td>9</td><td>15</td><td>15</td><td>17</td><td>19</td><td>21</td><td>21</td><td></td></tr>
<tr><td>总长度（两侧）</td><td>小于焊缝长度的 10%</td><td>6</td><td>5</td><td>3</td><td>2</td><td>1</td><td>9</td><td>6</td><td>1</td><td>3</td><td></td></tr>
<tr><td>5</td><td colspan="4">雨水管道安装的允许偏差同室内排水管</td><td>第 5.3.7 条</td><td colspan="10">✓</td></tr>
<tr><td colspan="3">施工单位检查评定结果</td><td colspan="15">主控项目全部合格，一般项目满足规范规定要求，检查评定结果为合格。
项目专业质量检查员：×××　　　　××年×月×日</td></tr>
<tr><td colspan="3">监理（建设）单位验收结论</td><td colspan="15">同意验收
监理工程师：×××
（建设单位项目专业技术负责人）　　　　××年×月×日</td></tr>
</table>

《雨水管道及配件安装工程检验批质量验收记录表》填写说明：

1）主控项目：

①安装在室内的雨水管道安装后应做灌水试验，灌水高度必须到每根立管上部的雨水斗。灌水试验持续 1h，不渗不漏。

②雨水管道如采用塑料管，其伸缩节安装应符合设计要求，对照图纸检查。

③悬吊式雨水管道的敷设坡度不得小于 5‰；埋地雨水管道的最小坡度，应符合《建筑给水排水及采暖工程施工质量验收规范》（GB 50242—2002）表 5.3.3 的规定，水平尺、拉线尺量检查。

2）一般项目：

①雨水管道不得与生活污水管道相连接，观察检查。

②雨水斗管的连接应固定在屋面承重结构上。雨水斗边缘与屋面相连处应严密不漏。连接管管径当设计无要求时，不得小于100mm，观察和尺量检查。

③悬吊式雨水管道的检查口或带法兰堵口的三通的间距不得大于《建筑给水排水及采暖工程施工质量验收规范》（GB 50242—2002）中表5.3.6的规定。检验方法：拉线、尺量检查。

④雨水管道安装的允许偏差应符合《建筑给水排水及采暖工程施工质量验收规范》（GB 50242—2002）中表5.2.16的规定。

⑤雨水钢管管道焊接的焊口允许偏差应符合《建筑给水排水及采暖工程施工质量验收规范》（GB 50242—2002）中表5.3.8的规定。

第三节　室内热水供应系统

一、室内热水供应系统工程质量员工作流程

室内热水供应系统工程质量员工作流程见图1-3。

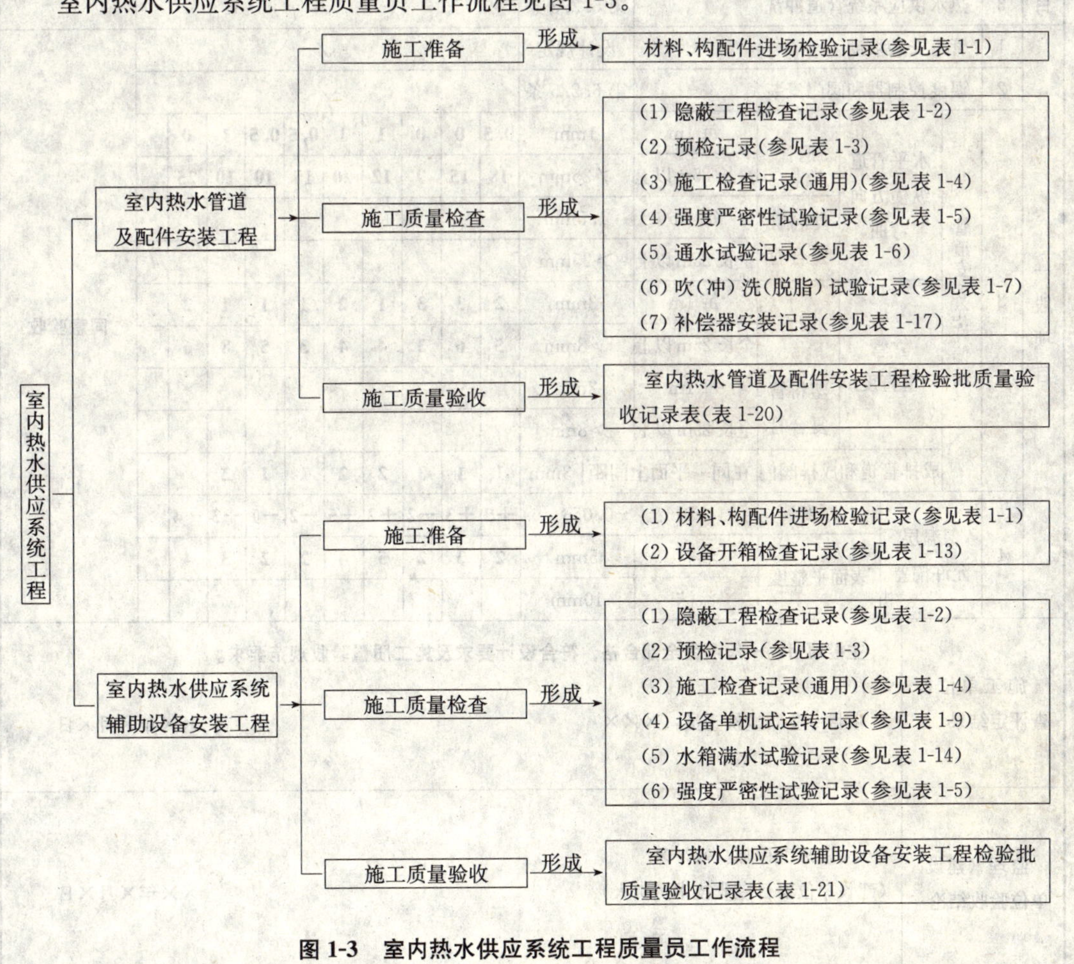

图1-3　室内热水供应系统工程质量员工作流程

二、室内热水管道及配件安装工程表格填写范例

室内热水管道及配件安装工程检验批质量验收记录表。

表 1-20　　室内热水管道及配件安装工程检验批质量验收记录表

GB 50242—2002

050301□□

工程名称	××工程	分项工程名称	室内热水供应系统	验收部位	×××
施工单位	×××建筑工程集团公司	专业工长	×××	项目经理	×××
施工执行标准名称及编号	《建筑安装分项工程施工工艺规程》(QB ×××—2007)				
分包单位	/	分包项目经理	/	施工班组长	×××

施工质量验收规范规定							施工单位检查评定记录										监理（建设）单位验收记录
主控项目	1	热水供应系统管道水压试验				设计要求	✓										同意验收
主控项目	2	热水供应系统管道补偿器安装				第 6.2.2 条	✓										
主控项目	3	热水供应系统管道冲洗				第 6.2.3 条	✓										
一般项目	1	管道安装坡度				设计规定	✓										同意验收
一般项目	2	温度控制器和阀门安装				第 6.2.5 条	✓										
一般项目	3	管道安装允许偏差	水平管道纵横方向弯曲	钢管	每 1m	1mm	0.5	0	0	1	1	0.5	0.5	1	0		
一般项目	3	管道安装允许偏差	水平管道纵横方向弯曲	钢管	全长 25m 以上	≯25mm	18	15	9	12	20	15	10	10	25		
一般项目	3	管道安装允许偏差	水平管道纵横方向弯曲	塑料管复合管	每 1m	1.5mm											
一般项目	3	管道安装允许偏差	水平管道纵横方向弯曲	塑料管复合管	全长 25m 以上	≯25mm											
一般项目	3	管道安装允许偏差	立管垂直度	钢管	每 1m	3mm	2	3	3	1	2	1	1	1	2		
一般项目	3	管道安装允许偏差	立管垂直度	钢管	全长 25m 以上	≯8mm	5	6	3	4	4	3	5	8	6		
一般项目	3	管道安装允许偏差	立管垂直度	塑料管复合管	每 1m	2mm											
一般项目	3	管道安装允许偏差	立管垂直度	塑料管复合管	全长 25m 以上	≯8mm											
一般项目	3	管道安装允许偏差	成排管道和成排阀门	在同一平面上间距		3mm	1	1	3	2	2	1	1	3			
一般项目	4	保温层允许偏差	厚度			+0.1δ、−0.05δ	+5	+3	−2	+2	+5	−2	−1	+3	−4		
一般项目	4	保温层允许偏差	表面平整度	卷材		5mm	2	3	2	5	4	2	2	3	4		
一般项目	4	保温层允许偏差	表面平整度	涂抹		10mm											

施工单位检查评定结果	主控项目、一般项目全部合格，符合设计要求及施工质量验收规范要求。 项目专业质量检查员：×××　　××年×月×日
监理（建设）单位验收结论	监理工程师：××× （建设单位项目专业技术负责人）　　××年×月×日

《室内热水管道及配件安装工程检验批质量验收记录表》填写说明：

（1）主控项目：

1）热水供应系统安装完毕，管道保温之前应进行水压试验。试验压力应符合设计要求。当设计未注明时，热水供应系统水压试验压力应为系统顶点的工作压力加 0.1MPa，同时在系统顶点的试验压力不小于 0.3MPa。

钢管或复合管道系统试验压力下 10min 内压力降不大于 0.02MPa，然后降至工作压力检查，压力应不降，且不渗不漏；塑料管道系统在试验压力下稳压 1h，压力降不得超过 0.05MPa，然后在工作压力 1.15 倍状态下稳压 2h，压力降不得超过 0.03MPa，连接处不得渗漏。

2）热水供应管道应尽量利用自然弯补偿热伸缩，直线段过长则应设置补偿器。补偿器形式、规格、位置应符合设计要求，并按有关规定进行预拉伸。对照设计图纸检查。

3）热水供应系统竣工后必须进行冲洗。现场观察检查。

（2）一般项目：

1）管道安装坡度应符合设计规定。水平尺、拉线尺量检查。

2）温度控制器及阀门应安装在便于观察和维护的位置。观察检查。

3）热水供应管道和阀门安装的允许偏差应符合《建筑给水排水及采暖工程施工质量验收规范》（GB 50242—2002）中表 4.2.8 的规定。

4）热水供应系统管道应保温（浴室内明装管道除外），保温材料、厚度、保护壳等应符合设计规定。保温层厚度和平整度的允许偏差应符合《建筑给水排水及采暖工程施工质量验收规范》（GB 50242—2002）中表 4.4.8 的规定。

三、室内热水供应系统辅助设备安装工程表格填写范例

室内热水供应系统辅助设备安装工程检验批质量验收记录表。

表 1-21　　室内热水供应系统辅助设备安装工程检验批质量验收记录表

GB 50242—2002

050302□□

工程名称		××工程	分项工程名称	室内热水供应系统	验收部位	×××
施工单位		×××建筑工程集团公司		专业工长 ×××	项目经理	×××
施工执行标准名称及编号		《建筑安装分项工程施工工艺规程》(QB ×××—2007)				
分包单位		/	分包项目经理	/	施工班组长	×××
施工质量验收规范规定				施工单位检查评定记录		监理（建设）单位验收记录
主控项目	1	太阳能热水器热交换器和水箱等水压和灌水试验	第 6.3.1 条 第 6.3.2 条 第 6.3.5 条	√		同意验收
	2	水泵基础	第 6.3.3 条	√		
	3	水泵试运转轴承温升	第 6.3.4 条	√		

（续）

一般项目	1	太阳能热水器安装			第 6.3.6 条	✓										同意验收
	2	循环管道坡度			第 6.3.7 条	✓										
	3	水箱底部与上集水管间距			第 6.3.8 条	✓										
	4	集热排管安装紧固			第 6.3.9 条	✓										
	5	热水器最低处安装泄水装置			第 6.3.10 条	✓										
	6	管道保温，防冻			第 6.3.11 条 第 6.3.12 条	✓										
	7	设备安装允许偏差	静置设备	坐标	15mm	8	12	6	5	8	10	12	10	12		
				标高	±5mm	−2	−2	+4	−1	+2	+2	+4	−1	−1		
				垂直度每 1m	5mm	3	3	2	4	1	5	1	2	2		
			离心式水泵	立式水泵垂直度每 1m	0.1mm	0	0	0.1	0.1	0.1	0	0.1	0.1			
				卧式水泵水平度每 1m	0.1mm											
				同心度联轴器 轴向倾斜（每米）	0.8mm											
				同心度联轴器 径向位移	0.1mm											
	8	热水器安装允许偏差	标高	中心线距地面 mm	±20mm	+12	−8	+6	+15	+9	−15	−8	−8	+10		
			朝向	最大偏移角	不大于 15°	10°	10°	5°	7°	10°	10°	13°	13°	8°		
施工单位检查评定结果	主控项目全部合格、一般项目满足规范规定要求，检查评定结果为合格。 项目专业质量检查员：××× ××年×月×日															
监理（建设）单位验收结论	同意验收 监理工程师：××× （建设单位项目专业技术负责人） ××年×月×日															

《室内热水供应系统辅助设备安装工程检验批质量验收记录表》填写说明：

（1）主控项目：

1）在安装太阳能集热器玻璃前，应对集热排管和上、下集管作水压试验，试验压力为工作压力的 1.5 倍。试验压力下 10min 内压力不降，不渗不漏。

2）热交换器应以工作压力的 1.5 倍作水压试验。蒸汽部分应不低于蒸汽供汽压力加 0.3MPa；热水部分应不低于 0.4MPa。试验压力下 10min 内压力不降，不渗不漏。

3）水泵就位前的基础混凝土强度、坐标、标高、尺寸和螺栓孔位置必须符合设计要求。对照图纸用仪器和尺量检查。

4）水泵试运转的轴承温升必须符合设备说明书的规定。温度计实测检查。

5）敞口水箱的满水试验和密闭水箱（罐）的水压试验必须符合设计规定。

满水试验静置 24h，观察不渗不漏；水压试验在试验压力下 10min 压力不降，不渗不漏。

（2）一般项目：

1）安装固定式太阳能热水器，朝向应正南。如受条件限制时，其偏移角不得大于

15°。集热器的倾角，对于春、夏、秋三个季节使用的，应采用当地纬度为倾角；若以夏季为主，可比当地纬度减少10°。观察和分度仪检查。

2）由集热器上、下集管接往热水箱的循环管道，应有不小于5‰的坡度。尺量检查。

3）自然循环的热水箱底部与集热器上集管之间的距离为0.3～1.0m。尺量检查。

4）制作吸热钢板凹槽时，其圆度应准确，间距应一致。安装集热排管时，应用卡箍和钢丝紧固在钢板凹槽内。手扳和尺量检查。

5）太阳能热水器的最低处应安装泄水装置。观察检查。

6）热水箱及上、下集管等循环管道均应保温。观察检查。

7）凡以水作介质的太阳能热水器，在0℃以下地区使用，应采取防冻措施。观察检查。

8）热水供应辅助设备安装的允许偏差应符合《建筑给水排水及采暖工程施工质量验收规范》(GB 20542—2002）中表4.4.7的规定。

9）太阳能热水器安装的允许偏差应符合《建筑给水排水及采暖工程施工质量验收规范》(GB 20542—2002）中表6.3.14的规定。

第四节　卫生器具安装工程

一、卫生器具安装工程质量员工作流程

卫生器具安装工程质量员工作流程见图1-4。

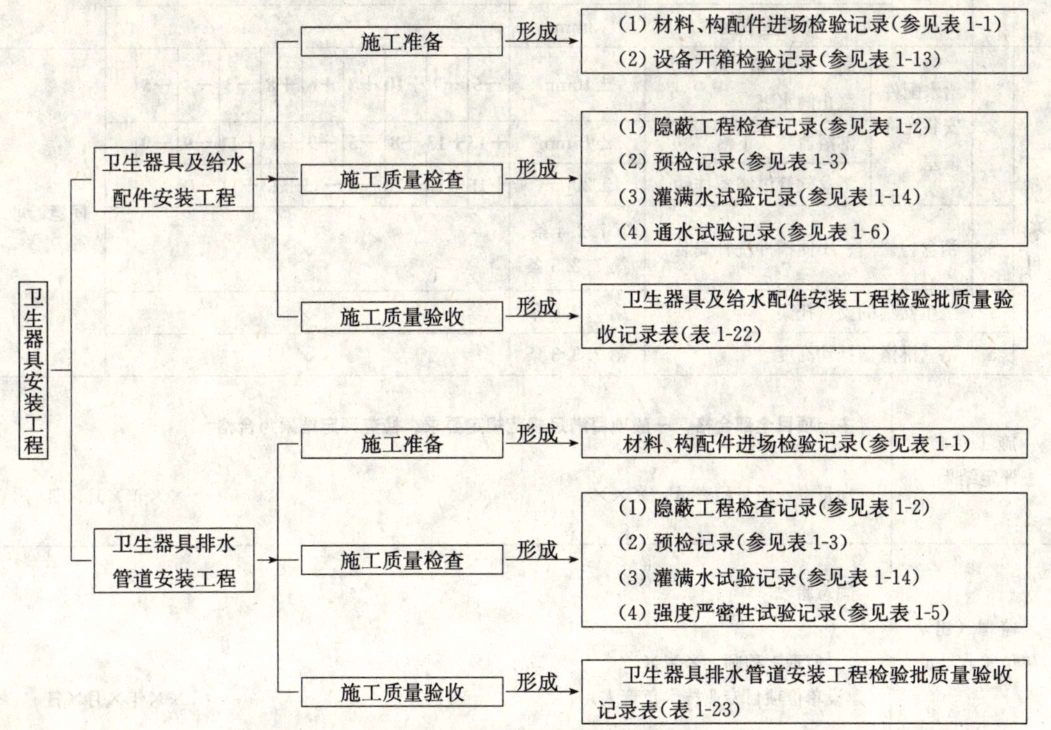

图1-4　卫生器具安装工程质量员工作流程

二、卫生器具及给水配件安装工程表格填写范例

卫生器具及给水配件安装工程检验批质量验收记录表。

表 1-22　卫生器具及给水配件安装工程检验批质量验收记录表

GB 50242—2002

050401□□

<table>
<tr><td colspan="3">工程名称</td><td colspan="2">××工程</td><td colspan="2">分项工程名称</td><td colspan="4">卫生器具安装</td><td colspan="4">验收部位</td><td>×××</td></tr>
<tr><td colspan="3">施工单位</td><td colspan="4">××建筑工程集团公司</td><td colspan="2">专业工长</td><td colspan="2">×××</td><td colspan="4">项目经理</td><td>×××</td></tr>
<tr><td colspan="3">施工执行标准名称及编号</td><td colspan="13">《建筑安装分项工程施工工艺规程》(QB ×××—2007)</td></tr>
<tr><td colspan="3">分包单位</td><td colspan="3">××机电安装工程公司</td><td colspan="2">分包项目经理</td><td colspan="3">×××</td><td colspan="4">施工班组长</td><td>×××</td></tr>
<tr><td colspan="6">施工质量验收规范规定</td><td colspan="9">施工单位检查评定记录</td><td>监理(建设)单位验收记录</td></tr>
<tr><td rowspan="3">主控项目</td><td>1</td><td colspan="3">卫生器具满水试验和通水试验</td><td>第 7.2.2 条</td><td colspan="9">√</td><td rowspan="3">同意验收</td></tr>
<tr><td>2</td><td colspan="3">排水栓与地漏安装</td><td>第 7.2.1 条</td><td colspan="9">√</td></tr>
<tr><td>3</td><td colspan="3">卫生器具给水配件</td><td>第 7.3.1 条</td><td colspan="9">√</td></tr>
<tr><td rowspan="6">一般项目</td><td rowspan="6">1</td><td rowspan="6">卫生器具安装允许偏差</td><td rowspan="2">坐标</td><td>单独器具</td><td>10mm</td><td colspan="9">√</td><td rowspan="6">同意验收</td></tr>
<tr><td>成排器具</td><td>5mm</td><td colspan="9">√</td></tr>
<tr><td rowspan="2">标高</td><td>单独器具</td><td>±15mm</td><td colspan="9">√</td></tr>
<tr><td>成排器具</td><td>±10mm</td><td colspan="9">√</td></tr>
<tr><td colspan="2">器具水平度</td><td>2mm</td><td colspan="9">√</td></tr>
<tr><td colspan="2">器具垂直度</td><td>3mm</td><td colspan="9">√</td></tr>
<tr><td rowspan="5">一般项目</td><td rowspan="3">2</td><td rowspan="3">给水配件安装允许偏差</td><td colspan="2">高、低水箱、阀角及截止阀水嘴</td><td>±10mm</td><td>−5</td><td>−7</td><td>+10</td><td>+8</td><td>+6</td><td>+8</td><td>−3</td><td>−4</td><td>−5</td><td rowspan="5">同意验收</td></tr>
<tr><td colspan="2">淋浴器喷头下沿</td><td>±15mm</td><td>+13</td><td>+13</td><td>+8</td><td>−5</td><td>−9</td><td>+13</td><td>+11</td><td>−9</td><td>−9</td></tr>
<tr><td colspan="2">浴盆软管淋浴器挂钩</td><td>±20mm</td><td>+15</td><td>+15</td><td>−20</td><td>−8</td><td>−15</td><td>+13</td><td>+11</td><td>−18</td><td></td></tr>
<tr><td>3</td><td colspan="3">浴盆检修门、小便槽冲洗管安装</td><td>第 7.2.4 条、第 7.2.5 条</td><td colspan="9">√</td></tr>
<tr><td>4</td><td colspan="3">卫生器具的支、托架</td><td>第 7.2.6 条</td><td colspan="9">√</td></tr>
<tr><td>5</td><td colspan="3">浴盆淋浴器挂钩高度</td><td>第 7.3.3 条</td><td colspan="9">√</td><td></td></tr>
<tr><td colspan="3">施工单位检查评定结果</td><td colspan="13">主控项目全部合格，一般项目满足规范规定要求，检查评定结果为合格。
项目专业质量检查员：×××　　　　××年×月×日</td></tr>
<tr><td colspan="3">监理（建设）单位验收结论</td><td colspan="13">同意验收
监理工程师：×××
（建设单位项目专业技术负责人）　　　　××年×月×日</td></tr>
</table>

《卫生器具及给水配件安装工程检验批质量验收记录表》填写说明：

（1）主控项目：

1）排水栓和地漏的安装应平正、牢固，低于排水表面，周边无渗漏。地漏水封高度不得小于50mm。试水观察检查。

2）卫生器具交工前应做满水和通水试验。

满水后各连接件不渗不漏；通水试验给、排水畅通。

3）卫生器具给水配件应完好无损伤，接口严密，启闭部分灵活。观察及手扳检查。

（2）一般项目：

1）卫生器具安装的允许偏差应符合《建筑给水排水及采暖工程施工质量验收规范》（GB 50242—2002）中表7.2.3的规定。

2）有饰面的浴盆，应留有通向浴盆排水口的检修门。观察检查。

3）小便槽冲洗管，应采用镀锌钢管或钢质塑料管。冲洗孔应斜向下方安装，冲洗水流同墙面成45°角。镀锌钢管钻孔后应进行二次镀锌。观察检查。

4）卫生器具的支、托架必须防腐良好，安装平整、牢固，与器具接触紧密、平稳。观察和手扳检查。

5）卫生器具给水配件安装标高的允许偏差应符合《建筑给水排水及采暖工程施工质量验收规范》（GB 50242—2002）中表7.3.2的规定。

6）浴盆软管淋浴器挂钩的高度，如设计无要求，应距地面1.8m。尺量检查。

三、卫生器具排水管道安装工程表格填写范例

卫生器具排水管道安装工程检验批质量验收记录表。

表1-23　　卫生器具排水管道安装工程检验批质量验收记录表

GB 50242—2002

050402□□

工程名称		××工程	分项工程名称		卫生器具安装	验收部位	×××
施工单位		×××建筑工程集团公司		专业工长	×××	项目经理	×××
施工执行标准名称及编号		《建筑安装分项工程施工工艺规程》（QB ×××—2007）					
分包单位		×××	分包项目经理		×××	施工班组长	×××
施工质量验收规范规定				施工单位检查评定记录			监理（建设）单位验收记录
主控项目	1	器具受水口与立管、管道与楼板接合	第7.4.1条	√			同意验收
	2	排水管接口应严密，其支托架安装	第7.4.2条	√			

（续）

施工质量验收规范规定							施工单位检查评定记录										监理（建设）单位验收记录
一般项目	1	安装允许偏差	横管弯曲度	每1m长		2mm	1	2	2	2	0	1	0	0	1		同意验收
				横管长度≤10m，全长		<8mm											
				横管长度>10m，全长		10mm	8	10	5	6	8	9	7	8	9		
			卫生器具排水管口及横支管的纵横坐标	单独器具		10mm	8	10	7	7	7	10	8	9	10		
				成排器具		5mm											
			卫生器具接口标高	单独器具		±10mm	+9	+9	−5	+6	+6	−5	−10	+9	+9		
				成排器具		±5mm											
	2	排水管最小坡度	污水盆（池）		50mm	25‰	25‰	25‰	28‰	26‰	26‰	25‰	28‰	28‰	26‰		
			单、双格洗涤盆（池）		50mm	25‰											
			洗手盆、洗脸盆		32～50mm	20‰	20‰	25‰	25‰	28‰	25‰	25‰	28‰	20‰	20‰		
			浴盆		50mm	20‰											
			淋浴器		50mm	20‰											
			大便器	高低水箱	100mm	12‰											
				自闭式冲洗阀	100mm	12‰											
				拉管式冲洗阀	100mm	12‰	25‰	28‰	25‰	25‰	26‰	26‰	25‰	28‰	25‰		
			小便器	冲洗阀	40～50mm	20‰											
				自动冲洗水箱	40～50mm	20‰	25‰	25‰	26‰	28‰	28‰	26‰	26‰	25‰	28‰		
			化验盆（无塞）		40～50mm	25‰											
			净身器		40～50mm	20‰											
			饮水器		20～50mm	10‰～20‰											
施工单位检查评定结果	主控项目全部合格、一般项目满足规范规定要求，检查评定结果为合格。 项目专业质量检查员：××× ××年×月×日																
监理（建设）单位验收结论	同意验收 监理工程师：××× （建设单位项目专业技术负责人） ××年×月×日																

《卫生器具排水管道安装工程检验批质量验收记录表》填写说明：

（1）主控项目：

1）与排水横管连接的各卫生器具的受水口和立管均应采取妥善可靠的固定措施；管道与楼板的接合部位应采取牢固可靠的防渗、防漏措施。观察和手扳检查。

2）连接卫生器具的排水管道接口应紧密不漏，其固定支架、管卡等支撑位置应正确、牢固，与管道的接触应平整。观察及通水检查。

（2）一般项目：

1）卫生器具排水管道安装的允许偏差应符合《建筑给水排水及采暖工程施工质量验

收规范》(GB 50242—2002) 中表 7.4.3 的规定。

2) 连接卫生器具的排水管管径和最小坡度，如设计无要求时，应符合《建筑给水排水及采暖工程施工质量验收规范》(GB 50242—2002) 中表 7.4.4 的规定。

第五节　室内采暖系统工程

一、室内采暖系统工程质量员工作流程

室内采暖系统工程质量员工作流程见图 1-5。

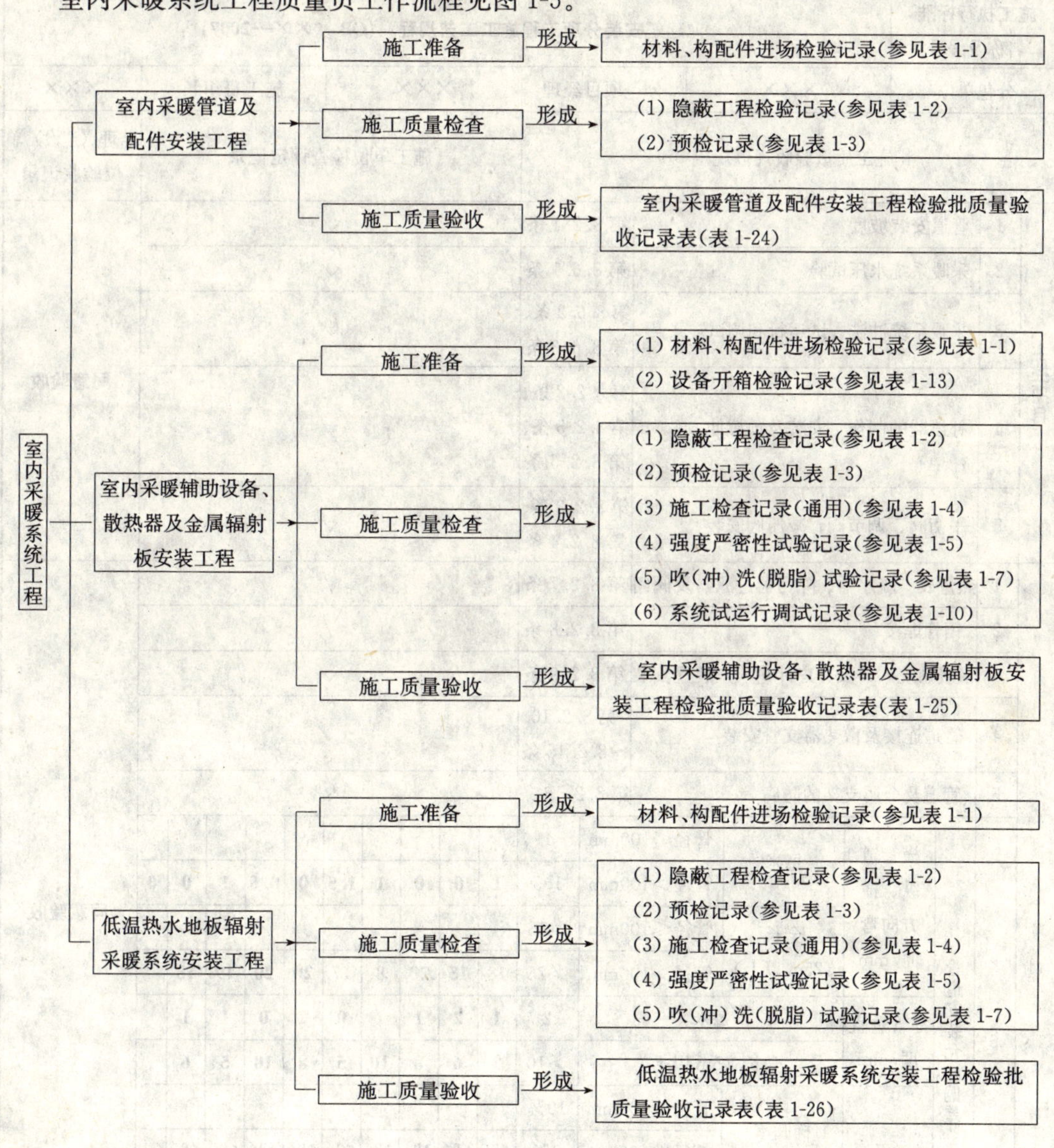

图 1-5　室内采暖系统工程质量员工作流程

二、室内采暖管道及配件安装工程表格填写范例

室内采暖管道及配件安装工程检验批质量记录表。

表 1-24　　室内采暖管道及配件安装工程检验批质量记录表
GB 50242—2002

050501□□

工程名称	××工程	分项工程名称	室内采暖系统	验收部位	×××
施工单位	×××建筑工程集团公司	专业工长	×××	项目经理	×××
施工执行标准名称及编号	《建筑安装分项工程施工工艺规程》(QB ×××—2007)				
分包单位	×××	分包项目经理	×××	施工班组长	×××

		施工质量验收规范规定		施工单位检查评定记录	监理（建设）单位验收记录
主控项目	1	管道安装坡度	第 8.2.1 条	√	同意验收
	2	采暖系统水压试验	第 8.6.1 条	√	
	3	采暖系统冲洗、试运行和调试	第 8.6.2 条、第 8.6.3 条	√	
	4	补偿器的制作、安装及预拉伸	第 8.2.2 条、第 8.2.5 条、第 8.2.6 条	√	
	5	平衡阀、调节阀、减压阀安装	第 8.2.3 条、第 8.2.4 条	√	
一般项目	1	热量表、疏水器、除污器过滤器及阀门	第 8.2.7 条	/	同意验收
	2	钢管焊接	第 8.2.8 条	/	
	3	采暖系统入口及分户计量入户装置安装	第 8.2.9 条	√	
	4	管道连接及散热器支管安装	第 8.2.10 ~8.2.15 条	√	
	5	管道及金属支架的防腐	第 8.2.16 条	/	

一般项目	项	项目				允许偏差	1	2	3	4	5	6	7	8	9	10	监理（建设）单位验收记录
一般项目	6	管道安装允许偏差	横管道纵、横方向弯曲/mm	每米	管径≤100mm	1											同意验收
					管径>100mm	1.5	1	0	0	1	1.5	0	0.5	1	0	0	
				全长（25m 以上）	管径≤100mm	≯13											
					管径>100mm	≯25	18	15	20	8	17	20	20	19	15		
			立管垂直度/mm	每米		2	1	2	1	1	0	2	0	1	1		
				全长（5m 以上）		≯10	7	6	8	10	5	8	10	5	6		
			弯管	椭圆率	管径≤100mm	10%											
					管径>100mm	8%	6%	6%	4%	5%	5%	5%	4%	6%	6%		
				折皱不平度/mm	管径≤100mm	4											
					管径>100mm	5	3	3	2	1	2	2	2	2	3		

（续）

<table>
<tr><td colspan="5">施工质量验收规范规定</td><td colspan="9">施工单位检查评定记录</td><td>监理（建设）单位验收记录</td></tr>
<tr><td rowspan="3">一般项目</td><td rowspan="3">7</td><td rowspan="3">管道保温允许偏差</td><td>厚度</td><td colspan="1">+0.1δ
−0.05δ</td><td>−6</td><td>−5</td><td>−5</td><td>+7</td><td>+7</td><td>−5</td><td>+10</td><td>−5</td><td>−6</td><td rowspan="3">同意验收</td></tr>
<tr><td rowspan="2">表面平整度/mm</td><td>卷材 5</td><td>2</td><td>2</td><td>1</td><td>5</td><td>2</td><td>2</td><td>1</td><td>1</td><td>5</td></tr>
<tr><td>涂料 10</td><td></td><td></td><td></td><td></td><td></td><td></td><td></td><td></td><td></td></tr>
<tr><td colspan="3">施工单位检查评定结果</td><td colspan="12">主控项目全部合格、一般项目满足规范规定要求，检查评定结果为合格。
项目专业质量检查员：×××　　××年×月×日</td></tr>
<tr><td colspan="3">监理（建设）单位验收结论</td><td colspan="12">同意验收
监理工程师：×××
（建设单位项目专业技术负责人）　　××年×月×日</td></tr>
</table>

《室内采暖管道及配件安装工程检验批质量验收记录表》填写说明：

(1) 主控项目：

1) 管道安装坡度，当设计未注明时，应符合下列规定：

①气、水向向流动的热水采暖管道和汽、水同向流动的蒸汽管道及凝结水管道，坡度应为3‰，不得小于2‰；

②气、水逆向流动的热水采暖管道和汽、水逆向流动的蒸汽管道，坡度不应小于5‰；

③散热器支管的坡度应为1%，坡向应利于排气和泄水。观察、水平尺、拉线、尺量检查。

2) 采暖系统安装完毕，管道保温之前应进行水压试验。试验压力应符合设计要求。当设计未注明时，应符合下列规定：

①蒸汽、热水采暖系统，应以系统顶点工作压力加0.1MPa作水压试验，同时在系统顶点的试验压力不小于0.3MPa。

②高温热水采暖系统，试验压力应为系统顶点工作压力加0.4MPa。

③使用塑料管及复合管的热水采暖系统，应以系统顶点工作压力加0.2MPa作水压试验，同时在系统顶点的试验压力不小于0.4MPa。

使用钢管及复合管的采暖系统应在试验压力下10min内压力降不大于0.02MPa，降至工作压力后检查，不渗、不漏。

使用塑料管的采暖系统应在试验压力下1h内压力降不大于0.05MPa，然后降压至工作压力的1.15倍，稳压2h，压力降不大于0.03MPa，同时各连接处不渗、不漏。

3) 系统试压合格后，应对系统进行冲洗并清扫过滤器及除污器。现场观察，直至排出水不含泥沙、铁屑等杂质，且水色不浑浊为合格。

4）系统冲洗完毕应充水、加热，进行试运行和调试。观察、测量室温是否满足设计要求。

5）补偿器的型号、安装位置及预拉伸和固定支架的构造及安装位置应符合设计要求。对照图纸，现场观察，并查验预拉伸记录。

6）平衡阀及调节阀型号、规格、公称压力及安装位置应符合设计要求。安装完后应根据系统平衡要求进行调试并作出标志。对照图纸查验产品合格证，并现场查看。

7）蒸汽减压阀和管道及设备上安全阀的型号、规格、公称压力及安装位置应符合设计要求。安装完毕后应根据系统工作压力进行调试，并做出标志。对照图纸查验产品合格证及调试结果证明书。

8）方形补偿器制作时，应用整根无缝钢管煨制，如需要接口，其接口应设在垂直臂的中间位置，且接口必须焊接。观察检查。

9）方形补偿器应水平安装，并与管道的坡度一致；如其臂长方向垂直安装必须设排气及泄水装置。观察检查。

（2）一般项目：

1）热量表、疏水器、除污器、过滤器及阀门的型号、规格、公称压力及安装位置应符合设计要求。对照图纸查验产品合格证。

2）钢管管道焊口尺寸的允许偏差应符合《建筑给水排水及采暖工程施工质量验收规范》（GB 50242—2002）中表 5.3.8 的规定。

3）采暖系统入口装置及分户热计量系统入户装置，应符合设计要求。安装位置应便于检修、维护和观察。现场观察。

4）散热器支管长度超过 1.5m 时，应在支管上安装管卡。尺量和观察检查。

5）上供下回式系统的热水干管变径应顶平偏心连接，蒸汽干管变径应底平偏心连接。观察检查。

6）在管道干管上焊接垂直或水平分支管道时，干管开孔所产生的钢渣及管壁等废弃物不得残留管内，且分支管道在焊接时不得插入干管内。观察检查。

7）膨胀水箱的膨胀管及循环管上不得安装阀门。观察检查。

8）当采暖热媒为 110～130℃的高温水时，管道可拆卸件应使用法兰，不得使用长丝和活接头。法兰垫料应使用耐热橡胶板。观察和查验进料单。

9）焊接钢管管径大于 32mm 的管道转弯，在作为自然补偿时应使用煨弯。塑料管及复合管除必须使用直角弯头的场合外应使用管道直接弯曲转弯。观察检查。

10）管道、金属支架和设备的防腐和涂漆应附着良好，无脱皮、起泡、流淌和漏涂缺陷。现场观察检查。

11）管道和设备保温的允许偏差应符合《建筑给水排水及采暖工程施工质量验收规范》（GB 50242—2002）中表 4.4.8 的规定。

12）采暖管道安装的允许偏差应符合《建筑给水排水及采暖工程施工质量验收规范》（GB 50242—2002）中表 8.2.18 的规定。

三、室内采暖辅助设备、散热器及金属辐射板安装工程表格填写范例

室内采暖辅助设备、散热器及金属辐射板安装工程检验批质量验收记录表。

表 1-25　室内采暖辅助设备、散热器及金属辐射板安装工程检验批质量验收记录表

GB 50242—2002

050502□□

050503□□

工程名称		××工程	分项工程名称	室内采暖系统				验收部位						×××
施工单位		××建筑工程集团公司		专业工长		×××		项目经理						×××
施工执行标准名称及编号		《建筑安装分项工程施工工艺规程》（QB ×××—2007）												
分包单位		×××	分包项目经理			×××		施工班组长						×××
施工质量验收规范规定				施工单位检查评定记录										监理（建设）单位验收记录
主控项目	1	散热器水压试验	第 8.3.1 条	✓										同意验收
	2	金属辐射板水压试验	第 8.4.1 条	✓										
	3	金属辐射板安装	第 8.4.2 条、第 8.4.3 条	✓										
	4	水泵、水箱安装	第 8.3.2 条	✓										
一般项目	1	散热器组对	第 8.3.3 条、第 8.3.4 条	/										同意验收
	2	散热器安装	第 8.3.5 条、第 8.3.6 条	✓										
	3	散热器表面防腐涂漆质量	第 8.3.8 条	✓										
	散热器允许偏差	散热器背面与墙内表面距离	3mm	2	2	2	3	1	3	3	2	1		
		与窗中心线或设计定位尺寸	20mm	10	15	15	15	10	20	15	15			
		散热器垂直度	3mm	1	3	1	2	2	2	3	1	2		
施工单位检查评定结果		主控项目全部合格、一般项目满足规范规定要求，检查评定结果为合格。 项目专业质量检查员：×××　　　　××年×月×日												
监理（建设）单位验收结论		同意验收 监理工程师：××× （建设单位项目专业技术负责人）　　　　××年×月×日												

《室内采暖辅助设备、散热器及金属辐射板安装工程检验批质量验收记录表》填写说明：

（1）主控项目：

1）散热器组对后，以及整组出厂的散热器在安装之前应作水压试验。试验压力如设计无要求时应为工作压力的 1.5 倍，但不小于 0.6MPa。试验时间为 2～3min，压力不降且不渗不漏。

2）辐射板在安装前应作水压试验，如设计无要求时试验压力应为工作压力的 1.5 倍，但不得小于 0.6MPa。试验压力下 2～3min 压力不降且不渗不漏。

3）水平安装的辐射板应有不小于 5‰的坡度坡向回水管。水平尺、拉线和尺量检查。

4）辐射板管道及带状辐射板之间的连接，应使用法兰连接。观察检查。

5）水泵、水箱、热交换器等辅助设备安装的质量检验与验收应按《建筑给水排水及采暖工程施工质量验收规范》（GB 50242—2002）第 4.4 节和第 13.6 节的相关规定执行。

（2）一般项目：

1）散热器组对应平直紧密，组对后的平直度，应符合《建筑给水排水及采暖工程施工质量验收规范》（GB 50242—2002）表 8.3.3 规定。拉线和尺量。

2）组对散热器的垫片应符合下列规定：

①组对散热器垫片应使用成品，组对后垫片外露不应大于 1mm。

②散热器垫片材质当设计无要求时，应采用耐热橡胶。观察和尺量检查。

3）散热器支架、托架安装，位置应准确，埋设牢固。散热器支架、托架数量，应符合设计或产品说明书要求。如设计未注时，则应符合《建筑给水排水及采暖工程施工质量验收规范》（GB 50242—2002）中表 8.3.5 的规定。现场清点检查。

4）散热器背面与装饰后的墙内表面安装距离，应符合设计或产品说明书要求。如设计未注明，应为 30mm。尺量检查。

5）散热器安装允许偏差应符合《建筑给水排水及采暖工程施工质量验收规范》（GB 50242—2002）中表 8.3.7 的规定。

6）铸铁或钢制散热器表面的防腐及面漆应附着良好，色泽均匀，无脱落、起泡、流淌和漏涂缺陷。现场观察。

四、低温热水地板辐射采暖安装工程表格填写范例

低温热水地板辐射采暖安装工程检验批质量验收记录表。

表 1-26 低温热水地板辐射采暖安装工程检验批质量验收记录表

GB 50242—2002

050504□□

<table>
<tr><td colspan="2">工程名称</td><td colspan="2">××工程</td><td>分项工程名称</td><td colspan="2">室内采暖系统</td><td>验收部位</td><td>×××</td></tr>
<tr><td colspan="2">施工单位</td><td colspan="3">××建筑工程集团公司</td><td>专业工长</td><td>×××</td><td>项目经理</td><td>×××</td></tr>
<tr><td colspan="2">施工执行标准名称及编号</td><td colspan="7">《建筑安装分项工程施工工艺规程》(QB ×××—2007)</td></tr>
<tr><td colspan="2">分包单位</td><td colspan="2">×××</td><td>分包项目经理</td><td colspan="2">×××</td><td>施工班组长</td><td>×××</td></tr>
<tr><td colspan="5">施工质量验收规范规定</td><td colspan="3">施工单位检查评定记录</td><td>监理(建设)单位验收记录</td></tr>
<tr><td rowspan="3">主控项目</td><td>1</td><td colspan="2">加热盘管埋地</td><td>第 8.5.1 条</td><td colspan="3">✓</td><td rowspan="3">同意验收</td></tr>
<tr><td>2</td><td colspan="2">加热盘管水压试验</td><td>第 8.5.2 条</td><td colspan="3">✓</td></tr>
<tr><td>3</td><td colspan="2">加热盘管曲率半径</td><td>第 8.5.3 条</td><td colspan="3">/</td></tr>
<tr><td rowspan="4">一般项目</td><td>1</td><td colspan="2">分、集水器规格及安装</td><td>设计要求</td><td colspan="3">✓</td><td rowspan="4">同意验收</td></tr>
<tr><td>2</td><td colspan="2">加热盘管安装</td><td>第 8.5.5 条</td><td colspan="3">✓</td></tr>
<tr><td>3</td><td colspan="2">防潮层、防水层、隔热层、伸缩缝</td><td>设计要求</td><td colspan="3">✓</td></tr>
<tr><td>4</td><td colspan="2">填充层混凝土强度</td><td>设计要求</td><td colspan="3">✓</td></tr>
<tr><td colspan="2">施工单位检查评定结果</td><td colspan="7">主控项目全部合格、一般项目满足规范规定要求,检查评定结果为合格。
项目专业质量检查员:××× ××年×月×日</td></tr>
<tr><td colspan="2">监理(建设)单位验收结论</td><td colspan="7">同意验收
监理工程师:×××
(建设单位项目专业技术负责人) ××年×月×日</td></tr>
</table>

《低温热水地板辐射采暖安装工程检验批质量验收记录表》填写说明:

(1) 主控项目:

1) 地面下敷设的盘管埋地部分不应有接头。隐蔽前现场查看。

2) 盘管隐蔽前必须进行水压试验,试验压力为工作压力的 1.5 倍,但不小于 0.6MPa。稳压 1h 内压力降不大于 0.05MPa 且不渗不漏。

3) 加热盘管弯曲部分不得出现硬折弯现象,曲率半径应符合下列规定:

①塑料管:不应小于管道外径的 8 倍。

②复合管:不应小于管道外径的 5 倍。尺量检查。

(2) 一般项目:

1) 分、集水器型号、规格、公称压力及安装位置、高度等应符合设计要求。对照图纸及产品说明书,尺量检查。

2) 加热盘管管径、间距和长度应符合设计要求。间距偏差不大于±10mm。拉线和尺量检查。

3）防潮层、防水层、隔热层及伸缩缝应符合设计要求。填充层浇灌前观察检查。

4）填充层强度标号应符合设计要求。作试块抗压试验。

第六节 室外给水管网工程

一、室外给水管网工程质量员工作流程

室外给水管网工程质量员工作流程见图 1-6。

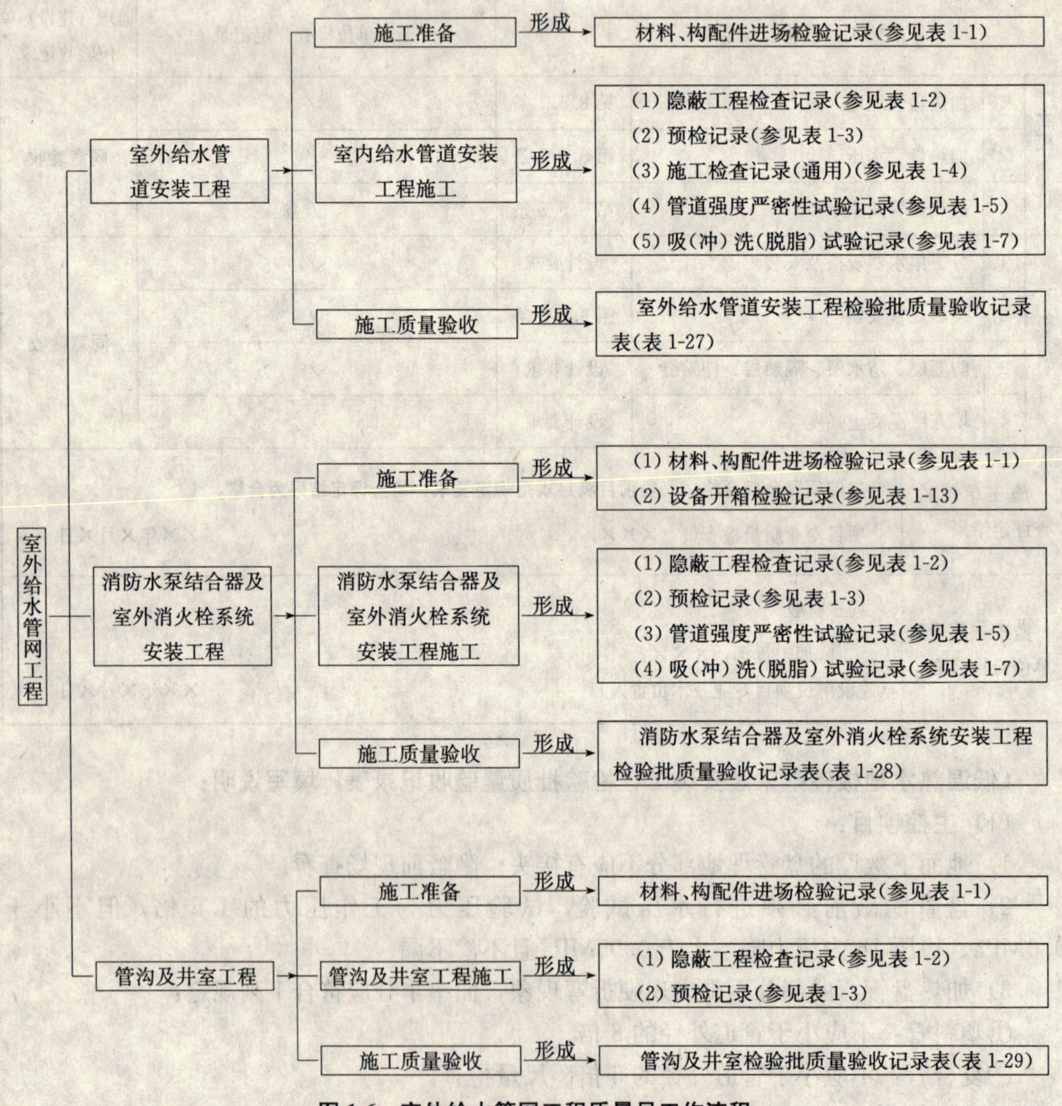

图 1-6 室外给水管网工程质量员工作流程

二、室外给水管道安装工程表格填写范例

室外给水管道安装工程检验批质量验收记录表。

表 1-27　　**室外给水管道安装工程检验批质量验收记录表**

GB 50242—2002

050601□□

工程名称	××工程	分项工程名称	室外给水管道安装	验收部位	×××
施工单位	××建筑工程集团公司	专业工长	×××	项目经理	×××
施工执行标准名称及编号	《建筑安装分项工程施工工艺规程》(QB ×××—2007)				
分包单位	××机电安装工程公司	分包项目经理	×××	施工班组长	×××

		施工质量验收规范规定		施工单位检查评定记录	监理(建设)单位验收记录
主控项目	1	埋地管道覆土深度	第 9.2.1 条	√	同意验收
	2	给水管道不得直接穿越污染源	第 9.2.2 条	√	
	3	管道上可拆和易腐件不埋在土中	第 9.2.3 条	/	
	4	井内管道安装	第 9.2.4 条	√	
	5	管网水压试验	第 9.2.5 条	√	
	6	埋地管道防腐	第 9.2.6 条	√	
	7	管道冲洗和消毒	第 9.2.7 条	/	

		施工质量验收规范规定		施工单位检查评定记录	监理(建设)单位验收记录
一般项目	1	管道和支架涂漆	第 9.2.9 条	/	同意验收
	2	阀门、水表安装位置	第 9.2.10 条	√	
	3	给水与污水管铺设间距	第 9.2.11 条	√	
	4	管道连接应符合规范要求	第 9.2.12 条、第 9.2.13 条、第 9.2.14 条、第 9.2.15 条、第 9.2.16 条、第 9.2.17 条	√	

一般项目 5 管道安装允许偏差				允许偏差										监理(建设)单位验收记录
坐标	铸铁管	埋地		100mm										同意验收
		敷设在沟槽内		50mm										
	钢管、塑料管、复合管	埋地		100mm	80	50	50	80	100	50	50	80	100	
		敷沟内或架空		40mm										
标高	铸铁管	埋地		±50mm										
		敷设在沟槽内		±30mm										
	钢管、塑料管、复合管	埋地		±50mm	50	30	30	50	40	40	30	50	40	
		敷沟内或架空		±30mm										
水平管纵横向弯曲	铸铁管	直段（25m 以上）起点～终点		40mm										
	钢管、塑料管、复合管	直段（25m 以上）起点～终点		30mm	15	20	20	15	25	30	20	25	25	

施工单位检查评定结果	主控项目全部合格，一般项目满足规范规定要求，检查评定结果为合格。 项目专业质量检查员：×××　　××年×月×日
监理（建设）单位验收结论	同意验收 监理工程师：××× （建设单位项目专业技术负责人）　　××年×月×日

《室外给水管道安装工程检验批质量验收记录表》填写说明：

（1）主控项目：

1）给水管道在埋地敷设时，应在当地的冰冻线以下，如必须在冰冻线以上铺设时，应做可靠的保温防潮措施。在无冰冻地区，埋地敷设时，管顶的覆土埋深不得小于500mm，穿越道路部位的埋深不得小于700mm。现场观察检查。

2）给水管道不得直接穿越污水井、化粪池、公共厕所等污染源。观察检查。

3）管道接口法兰、卡扣、卡箍等应安装在检查井或地沟内，不应埋在土壤中。观察检查。

4）给水系统各种井室内的管道安装，如设计无要求，井壁距法兰或承口的距离：管径小于或等于450mm时，不得小于250mm；管径大于450mm时，不得小于350mm。尺量检查。

5）管网必须进行水压试验，试验压力为工作压力的1.5倍，但不得小于0.6MPa。

管材为钢管、铸铁管时，试验压力下10min内压力降不应大于0.05MPa，然后降至工作压力进行检查，压力应保持不变，不渗不漏；管材为塑料管时，试验压力下，稳压1h压力降不大于0.05MPa，然后降至工作压力进行检查，压力应保持不变，不渗不漏。

6）镀锌钢管、钢管的埋地防腐必须符合设计要求，如设计无规定时，可按《建筑给水排水及采暖工程施工质量验收规范》（GB 50242—2002）中表9.2.6的规定执行。卷材与管材间应粘贴牢固，无空鼓、滑移、接口不严等。观察和切开防腐层检查。

7）给水管道在竣工后，必须对管道进行冲洗，饮用水管道还要在冲洗后进行消毒，满足饮用水卫生要求。观察冲洗水的浊度，查看有关部门提供的检验报告。

（2）一般项目：

1）管道的坐标、标高、坡度应符合设计要求，管道安装的允许偏差应符合《建筑给水排水及采暖工程施工质量验收规范》（GB 50242—2002）中表9.2.8的规定。

2）管道和金属支架的涂漆应附着良好，无脱皮、起泡、流淌和漏涂等缺陷，现场观察检查。

3）管道连接应符合工艺要求，阀门、水表等安装位置应正确。塑料给水管道上的水表、阀门等设施其重量或启闭装置的扭矩不得作用于管道上，当管径≥50mm时必须设独立的支承装置。现场观察检查。

4）给水管道与污水管道在不同标高平行敷设，其垂直间距在500mm以内时，给水管管径小于或等于200mm的，管壁水平间距不得小于1.5m；管径大于200mm的，不得小于3m。观察和尺量检查。

5）铸铁管承插捻口连接的对口间隙应不小于3mm，最大间隙不得大于《建筑给水排水及采暖工程施工质量验收规范》（GB 50242—2002）中表9.2.12的规定。尺量检查。

6）铸铁管沿直线敷设，承插捻口连接的环型间隙应符合《建筑给水排水及采暖工程施工质量验收规范》（GB 50242—2002）中表9.2.13的规定；沿曲线敷设，每个接口允许有2°转角。尺量检查。

7）捻口用的油麻填料必须清洁，填塞后应捻实，其深度应占整个环型间隙深度的1/3。观察和尺量检查。

8）捻口用水泥强度应不低于42.5MPa，接口水泥应密实饱满，其接口水泥面凹入承口边缘的深度不得大于2mm。观察和尺量检查。

9）采用水泥捻口的给水铸铁管，在安装地点有侵蚀性的地下水时，应在接口处涂抹沥青防腐层。观察检查。

10）采用橡胶圈接口的埋地给水管道，在土壤或地下水对橡胶圈有腐蚀的地段，在回填土前应用沥青胶泥、沥青麻丝或沥青锯末等材料封闭橡胶圈接口。橡胶圈接口的管道，每个接口的最大偏转角不得超过《建筑给水排水及采暖工程施工质量验收规范》（GB 50242—2002）中表9.2.17的规定。

三、消防水泵结合器及消火栓安装工程表格填写范例

消防水泵结合器及消火栓安装工程检验批质量验收记录表。

表1-28　消防水泵结合器及消火栓安装工程检验批质量验收记录表

GB 50242—2002

050602□□

工程名称	××工程	分项工程名称	室外给水管网	验收部位	×××
施工单位	××建筑工程集团公司	专业工长	×××	项目经理	×××
施工执行标准名称及编号	《建筑安装分项工程施工工艺规程》（QB ×××—2007）				
分包单位	×××	分包项目经理	×××	施工班组长	×××
施工质量验收规范规定				施工单位检查评定记录	监理（建设）单位验收记录
主控项目	1	系统水压试验	第9.3.1条	✓	同意验收
	2	管道冲洗	第9.3.2条	✓	
	3	消防水泵结合器和消火栓位置标识及栓口安装高度	第9.3.3条	/	
一般项目	1	地下式消防水泵接合器、消火栓安装	第9.3.5条	✓	同意验收
	2	阀门安装	第9.3.6条	✓	
	3	室外消火栓和消防水泵结合器栓口安装高度允许偏差	±20m	+15 +15 −20 −20 +18 −15 +20 +15 +15	
施工单位检查评定结果	主控项目全部合格、一般项目满足规范规定要求，检查评定结果为合格。 项目专业质量检查员：×××　××年×月×日				
监理（建设）单位验收结论	同意验收 监理工程师：××× （建设单位项目专业技术负责人）　××年×月×日				

《消防水泵结合器及消火栓安装工程检验批质量验收记录表》填写说明：

（1）主控项目：

1）系统必须进行水压试验，试验压力为工作压力的 1.5 倍，但不得小于 0.6MPa。试验压力下，10min 内压力下降不大于 0.05MPa，然后降至工作压力进行检查，压力保持不变，不渗不漏。

2）消防管道在竣工前，必须对管道进行冲洗。观察冲洗出水的浊度。

3）消防水泵接合器和消火栓的位置标志应明显，栓口的位置应方便操作，消防水泵接合器和室外消火栓当采用墙壁式时，如设计未要求，进、出水栓口的中心安装高度距地面应为 1.10m，其上方应设有防坠落物打击的措施。观察和尺量检查。

（2）一般项目：

1）室外消火栓和消防水泵接合器的各项安装尺寸应符合设计要求，栓口安装高度允许偏差为±20mm。尺量检查。

2）地下式消防水泵接合器顶部进水口或地下式消火栓的顶部出水口与消防井盖底面的距离不得大于 400mm，井内应有足够的操作空间，并设爬梯。寒冷地区井内应做防冻保护。观察和尺量检查。

3）消防水泵接合器的安全阀及止回阀安装位置和方向应正确，阀门启闭应灵活。现场观察和手扳检查。

四、管沟及井室工程表格填写范例

管沟及井室检验批质量验收记录表。

表 1-29　　管沟及井室检验批质量验收记录表

GB 50242—2002

050603□□

工程名称	××工程	分项工程名称	室外给水管网	验收部位	×××
施工单位	××建筑工程集团公司		专业工长	××× 　项目经理	×××
施工执行标准名称及编号	《建筑安装分项工程施工工艺规程》(QB ×××—2007)				
分包单位	×××	分包项目经理	×××	施工班组长	×××
施工质量验收规范规定				施工单位检查评定记录	监理（建设）单位验收记录
主控项目	1	管沟的基层处理和井室的地基	设计要求	✓	同意验收
	2	井盖标识及其使用	第 9.4.2 条	/	
	3	各类井盖安装	第 9.4.3 条	✓	
	4	重型井圈与墙体结合部处理	第 9.4.4 条	✓	
一般项目	1	管沟坐标，位置和沟底标高	设计要求	✓	同意验收
	2	管沟沟底要求	第 9.4.6 条	✓	
	3	特殊管沟基底处理	第 9.4.7 条	✓	
	4	管沟回填土要求	第 9.4.8 条	/	
	5	井室内施工要求	第 9.4.9 条	✓	
	6	管道穿越井壁	第 9.4.10 条	✓	

（续）

施工单位检查评定结果	主控项目全部合格、一般项目满足规范规定要求，检查评定结果为合格。 项目专业质量检查员：×××　　　　××年×月×日
监理（建设）单位验收结论	同意验收 监理工程师：××× （建设单位项目专业技术负责人）　　　　××年×月×日

《管沟及井室检验批质量验收记录表》填写说明：

（1）主控项目：

1）管沟的基层处理和井室的地基必须符合设计要求。现场观察检查。

2）各类井室的井盖应符合设计要求，应有明显的文字标识，各种井盖不得混用。现场观察检查。

3）设在通车路面下或小区道路下的各种井室，必须使用重型井圈和井盖，井盖上表面应与路面相平，允许偏差为±5mm。绿化带上和不通车的地方可采用轻型井圈和井盖，井盖的上表面应高出地坪50mm，并在井口周围以2%的坡度向外做水泥砂浆护坡。观察和尺量检查。

4）重型铸铁或混凝土井圈，不得直接放在井室的砖墙上，砖墙上应做不少于80mm厚的细石混凝土垫层。观察和尺量检查。

（2）一般项目：

1）管沟的坐标、位置、沟底标高应符合设计要求。观察、尺量检查。

2）管沟的沟底层应是原土层，或是夯实的回填土，沟底应平整，坡度应顺畅，不得有尖硬的物体、块石等。观察检查。

3）如沟基为岩石、不易清除的块石或砾石层时，沟底应下挖100～200mm，填铺细砂或粒径不大于5mm的细土，夯实到沟底标高后，方可进行管道敷设。观察和尺量检查。

4）管沟回填土，管顶上部200mm以内应用砂子或无块石及冻土块的土，并不得用机械回填；管顶上部500mm以内不得回填直径大于100mm的块石和冻土块；500mm以上部分回填土中的块石或冻土块不得集中。上部用机械回填时，机械不得在管沟上行走。观察和尺量检查。

5）井室的砌筑应按设计或给定的标准图施工。井室的底标高在地下水位以上时，基层应为素土夯实；在地下水位以下时，基层应打100mm厚的混凝土底板。砌筑应采用水泥砂浆，内表面抹灰后应严密不透水。观察和尺量检查。

6）管道穿过井壁处，应用水泥砂浆分两次填塞严密、抹平，不得渗漏。观察检查。

第七节　室外排水管网工程

一、室外排水管网工程质量员工作流程

室外排水管网工程质量员工作流程见图1-7。

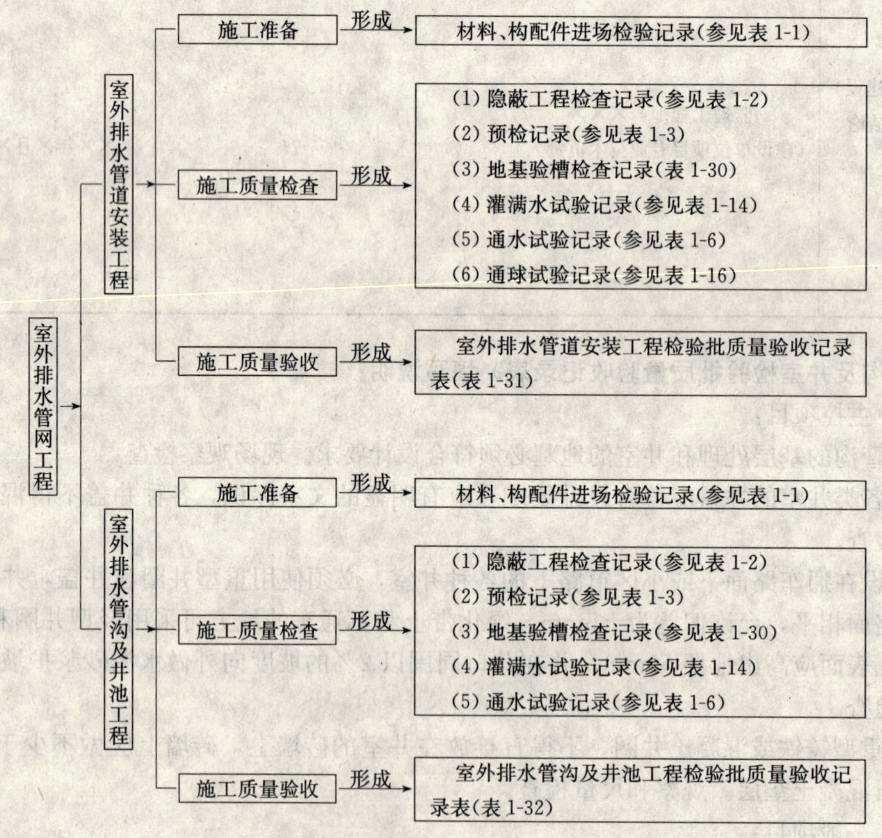

图1-7　室外排水管网工程质量员工作流程

二、室外排水管道安装工程表格填写范例

(1) 地基验槽检查记录。

表 1-30　　地基验槽检查记录

编号：×××

<table>
<tr><td>工程名称</td><td>××工程</td><td>验槽日期</td><td>××年×月×日</td></tr>
<tr><td>验槽部位</td><td colspan="3">①～⑩/Ⓐ～Ⓟ轴基槽</td></tr>
<tr><td colspan="4">依据：施工图纸（施工图纸号　结－1，结－3　）、设计变更/洽商（编号　　）及有关规范、规程。</td></tr>
<tr><td colspan="4">验槽内容：
1. 基槽开挖至勘探报告第　×　层，持力层为　×　层。
2. 基底绝对高程和相对标高　××m　－8.70m　。
3. 土质情况　2 类黏土　基底为老土层，均匀密实
（附：☑　钎探记录及钎探点平面布置图）
4. 桩位置　/　、桩类型　/　、数量　/　，承载力满足设计要求。
（附：□施工记录、　□桩检测记录）

注：若建筑工程无桩基或人工支护，则相应在第 4 条填写处划“/”。
申报人：×××</td></tr>
<tr><td colspan="4">检查意见：
槽底土均匀密实，与地质勘探报告（编号××）相符，基槽平面位置、几何尺寸、基槽底标高，定位符合设计要求。
地下水情况：槽底地地下水位上 1.5m，无坑、穴洞。
检查结论：☑　无异常，可进行下道工序　　□需要地基处理</td></tr>
</table>

签字公章栏	建设单位	监理单位	设计单位	勘察单位	施工单位
	×××	×××	×××	×××	×××

《地基验槽检查记录》填表说明：

1）附件收集：相关设计图纸、设计变更洽商及地质勘察报告等。

2）资料流程：由总包单位填报，经各相关单位转签后存档。

3）相关规定与要求：

①新建建筑物应进行施工验槽，检查内容包括基坑位置、平面尺寸、持力层核查、基底绝对高程标高（和相对标高和绝对高程）、持力层核查、基坑土质及地下水位等，有基础桩桩支护或桩基的工程还应有工程桩的检查。

②地基验槽检查记录应由建设、勘察、设计、监理、施工单位共同验收签认。

③地基需处理时，应由勘察、设计部门提出处理意见。

4）注意事项：对于进行地基处理的基槽，还应再办理一次地基验槽记录，并将地基处理的洽商编号、处理方法等注明。

5）本表由施工单位填写，建设单位、施工单位、城建档案馆各保存一份。

（2）室外排水管道安装工程检验批质量验收记录表。

表 1-31　　室外排水管道安装工程检验批质量验收记录表

GB 50242—2002

050701□□

<table>
<tr><td colspan="3">工程名称</td><td colspan="2">××工程</td><td>分项工程名称</td><td colspan="3">室外排水管网</td><td colspan="2">验收部位</td><td>×××</td></tr>
<tr><td colspan="3">施工单位</td><td colspan="3">××建筑工程集团公司</td><td>专业工长</td><td colspan="2">×××</td><td colspan="2">项目经理</td><td>×××</td></tr>
<tr><td colspan="3">施工执行标准名称及编号</td><td colspan="9">《建筑安装分项工程施工工艺规程》（QB ×××—2007）</td></tr>
<tr><td colspan="3">分包单位</td><td colspan="2">/</td><td>分包项目经理</td><td colspan="3">/</td><td colspan="2">施工班组长</td><td>×××</td></tr>
<tr><td colspan="6">施工质量验收规范规定</td><td colspan="5">施工单位检查评定记录</td><td>监理（建设）单位验收记录</td></tr>
<tr><td rowspan="2">主控项目</td><td>1</td><td colspan="3">管道坡度</td><td>设计要求</td><td colspan="5">√</td><td rowspan="2">同意验收</td></tr>
<tr><td>2</td><td colspan="3">灌水试验和通水试验</td><td>第 10.2.2 条</td><td colspan="5">√</td></tr>
<tr><td rowspan="10">一般项目</td><td>1</td><td colspan="3">排水铸铁管的水泥捻口</td><td>第 10.2.4 条</td><td colspan="5">√</td><td rowspan="10">同意验收</td></tr>
<tr><td>2</td><td colspan="3">排水铸铁管除锈、涂漆</td><td>第 10.2.5 条</td><td colspan="5">/</td></tr>
<tr><td>3</td><td colspan="3">承插接口安装方向</td><td>第 10.2.6 条</td><td colspan="5">√</td></tr>
<tr><td>4</td><td colspan="3">抹带接口要求</td><td>第 10.2.7 条</td><td colspan="5">√</td></tr>
<tr><td rowspan="6">5</td><td rowspan="6">安装允许偏差</td><td rowspan="2">坐标</td><td>埋地</td><td>100mm</td><td>70</td><td>90</td><td>70</td><td>70</td><td>100</td></tr>
<tr><td>敷设在沟槽内</td><td>50mm</td><td></td><td></td><td></td><td></td><td></td></tr>
<tr><td rowspan="2">标高</td><td>埋地</td><td>±20mm</td><td>+10</td><td>+15</td><td>012</td><td>−18</td><td>−12</td></tr>
<tr><td>敷设在沟槽内</td><td>±20mm</td><td></td><td></td><td></td><td></td><td></td></tr>
<tr><td rowspan="2">水平管道纵横向弯曲</td><td>第 5m 长</td><td>10mm</td><td>7</td><td>4</td><td>3</td><td>6</td><td>2</td></tr>
<tr><td>全长（两井间）</td><td>30mm</td><td>25</td><td>18</td><td>20</td><td>18</td><td>25</td></tr>
<tr><td colspan="3">施工单位检查评定结果</td><td colspan="9">主控项目全部合格、一般项目满足规范规定要求，检查评定结果为合格。
项目专业质量检查员：×××　　××年×月×日</td></tr>
<tr><td colspan="3">监理（建设）单位验收结论</td><td colspan="9">同意验收
监理工程师：×××
（建设单位项目专业技术负责人）　　××年×月×日</td></tr>
</table>

《室外排水管道安装工程检验批质量验收记录表》填写说明：

1）主控项目：

①排水管道的坡度必须符合设计要求，严禁无坡或倒坡。用水准仪、拉线和尺量检查。

②管道埋设前必须做灌水试验和通水试验，排水应畅通，无堵塞，管接口无渗漏。按排水检查井分段试验，试验水头应以试验段上游管顶加 1m，时间不少于 30min，

逐段观察。

2）一般项目：

①管道的坐标和标高应符合设计要求，安装的允许偏差应符合《建筑给水排水及采暖工程施工质量验收规范》（GB 50242—2002）中表 10.2.3 的规定。

②排水铸铁管采用水泥捻口时，油麻填塞应密实，接口水泥应密实饱满，其接口面凹入承口边缘且深度不得大于 2mm。观察和尺量检查。

③排水铸铁管外壁在安装前应除锈，涂二遍石油沥青漆。观察检查。

④承插接口的排水管道安装时，管道和管件的承口应与水流方向相反。观察检查。

⑤混凝土管或钢筋混凝土管采用抹带接口时，应符合下列规定：

a. 抹带前应将管口的外壁凿毛、扫净，当管径小于或等于 500mm 时，抹带可一次完成；当管径大于 500mm 时，应分两次抹成，抹带不得有裂纹。

b. 钢丝网应在管道就位前放入下方，抹压砂浆时应将钢丝网抹压牢固，钢丝网不得外露。

c. 抹带厚度不得小于管壁的厚度，宽度宜为 80～100mm。观察和尺量检查。

三、室外排水管沟及井池工程表格填写范例

室外排水管沟及井池工程检验批质量验收记录表。

表 1-32 室外排水管沟及井池工程检验批质量验收记录表

GB 50242—2002

050702□□

工程名称	××工程	分项工程名称		室外排水管网	验收部位	×××
施工单位	××建筑工程集团公司		专业工长	×××	项目经理	×××
施工执行标准名称及编号	《建筑安装分项工程施工工艺规程》（QB ×××—2007）					
分包单位	×××	分包项目经理		×××	施工班组长	×××
施工质量验收规范规定				施工单位检查评定记录		监理（建设）单位验收记录
主控项目 1	沟基处理和井池底板强度		设计要求	√		同意验收
主控项目 2	检查井、化粪池的底板及进出口水管安装		设计要求	√		
一般项目 1	井池要求		第 10.3.3 条	√		同意验收
一般项目 2	井盖标识、标高及选用		第 10.3.4 条	√		
施工单位检查评定结果	主控项目全部合格、一般项目满足规范规定要求，检查评定结果为合格。 项目专业质量检查员：××× ××年×月×日					
监理（建设）单位验收结论	同意验收 监理工程师：××× （建设单位项目专业技术负责人） ××年×月×日					

《室外排水管沟及井池工程检验批质量验收记录表》填写说明：

（1）主控项目：

1）沟基的处理和井池的底板强度必须符合设计要求。现场观察和尺量检查，检查混凝土强度报告。

2）排水检查井、化粪池的底板及进、出水管的标高，必须符合设计，其允许偏差为±15mm。用水准仪及尺量检查。

（2）一般项目：

1）井、池的规格、尺寸和位置应正确，砌筑和抹灰符合要求。观察及尺量检查。

2）井盖选用应正确，标志应明显，标高应符合设计要求。观察、尺量检查。

第八节 室外供热管网工程

一、室外供热管网工程质量员工作流程

室外供热管网工程质量员工作流程见图 1-8。

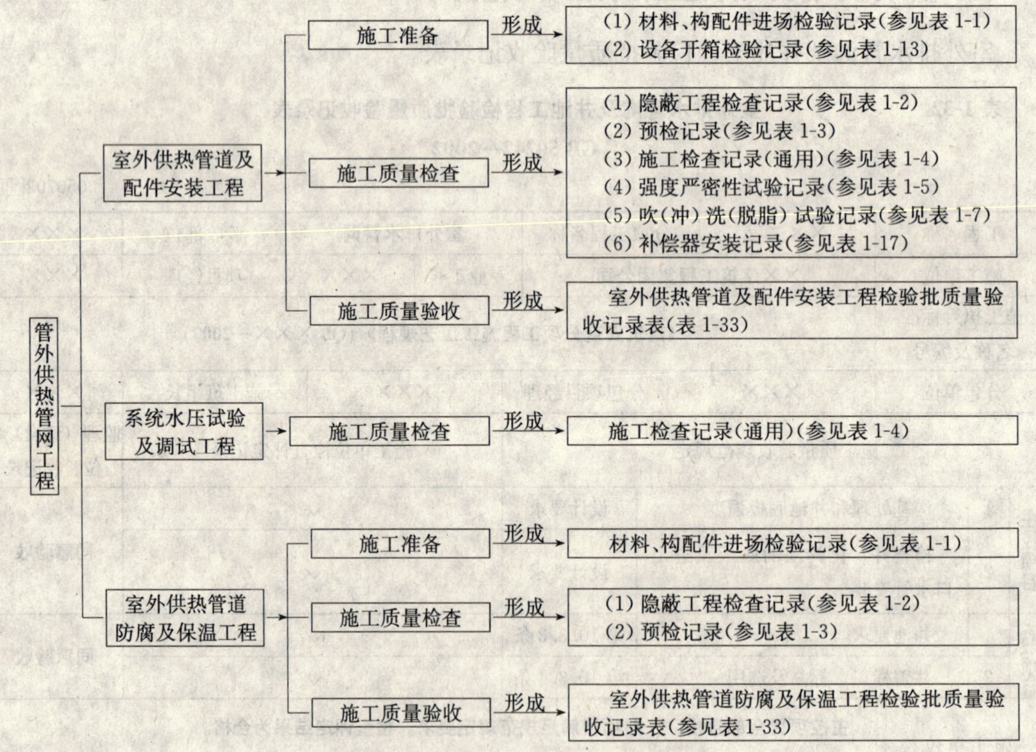

图 1-8 室外供热管网工程质员工作流程

二、室外供热管网工程表格填写范例

室外供热管道及配件安装工程检验批质量验收记录表。

表 1-33　　室外供热管道及配件安装工程检验批质量验收记录表

GB 50242—2002

050801□□

工程名称	××工程	分项工程名称	室外供热管网	验收部位	×××
施工单位	××建筑工程集团公司	专业工长	×××	项目经理	×××
施工执行标准名称及编号	《建筑安装分项工程施工工艺规程》（QB ×××—2007）				
分包单位	/	分包项目经理	/	施工班组长	×××

		施工质量验收规范的规定		施工单位检查评定记录	监理（建设）单位验收记录
主控项目	1	平衡阀及调解阀安装位置及调试	设计要求	✓	同意验收
	2	直埋无补偿供热管道预热伸长及三通加固	设计要求	✓	
	3	补偿器位置、预拉伸。支架位置和构造	设计要求	✓	
	4	检查井、人口管道布置方便操作维修	第 11.2.4 条	✓	
	5	直埋管道及接口现场发泡保温处理	第 11.2.5 条	✓	
	6	管道系统的水压试验	第 11.3.1 条 第 11.3.4 条	✓	
	7	管道冲洗	第 11.3.2 条	/	
	8	通热试运行调试	第 11.3.3 条	/	
一般项目	1	管道的坡度	设计要求	✓	同意验收
	2	除污器构造、安装位置	第 11.2.7 条	/	
	3	管道的焊接	第 11.2.9 条 第 11.2.10 条	✓	
	4	管道安装对应位置尺寸	第 11.2.11 条 第 11.2.12 条 第 11.2.13 条	✓	
	5	管道防腐应符合规范	第 11.2.14 条	✓	

一般项目	序号	项目				允许偏差										
	6	安装允许偏差	坐标	敷设在沟槽内及架空		20										
				埋地		50	20	30	20	30	25	18	25	30	25	30
			标高	敷设在沟槽内及架空		±50										
				埋地		±15	10	8	9	12	15	11	8	9	10	8
			水平管道纵、横方向弯曲	每 1m	管径≤100mm	1	1	1	0	0	1	1	1	1	1	1
					管径>100mm	1.5	0	1	1	1	1	0	1	1	1	1
				全长 25m 以上	管径≤100mm	≯13	6	7	10	10	9	10	9	8	11	12
					管径>100mm	≯25	25	20	22	25	22	23	25	20	25	22
			弯管	椭圆率	管径≤100mm	8%										
					管径>100mm	5%										
				折皱不平	管径≤100mm	4										
					管径 125～200mm	5										
					管径 250～400mm	7										
	7	管道保温允许偏差	厚度（50mm）			$+0.1\delta$，-0.05δ，mm	5	5	4	5	5	5	4	2	5	5
			表面平整度	卷材		5	3	1	3	2	2	1	1	2	4	5
				涂抹		10										

施工单位检查评定结果	主控项目全部合格、一般项目满足规范规定要求，检查评定结果为合格。 项目专业质量检查员：×××　　　　××年×月×日
监理（建设）单位验收结论	同意验收 监理工程师：××× （建设单位项目专业技术负责人）　　　　××年×月×日

《室外供热管道及配件安装工程检验批质量验收记录表》填表说明：

(1) 主控项目：

1) 平衡阀及调节阀型号、规格及公称压力符合设计要求。安装按要求进行调试，并作出标志。对照设计图纸及产品合格证，观察调试结果。

2) 直埋无补偿供热管道预热伸长及三通加固符合设计要求。回填前应注意检查预制保温层外壳及接口的完好性。回填按要求进行。观察检查和检查隐蔽验收记录。

3) 补偿器的位置必须符合设计要求，并进行预拉伸。管道固定支架的位置和构造必须符合设计要求。对照图纸，查验预拉伸记录。

4) 检查井室，用户入口处管道布置应便于操作及维修，支、吊、托架稳固，并满足设计要求。对照图纸观察检查。

5) 直埋管道的保温应符合设计要求，接口在现场发泡时，接头处厚度应与管道保温层厚度一致，接头处保护层必须与管道保护层成一体，符合防潮防水要求。对照图纸，观察检查。

6) 供热管道的水压试验压力应为工作压力的 1.5 倍，但不得小于 0.6MPa。在试验压力在 10min 内压力降应不大于 0.05MPa，然后降至工作压力下检查，不渗不漏。检查试压报告。

7) 供热管道作水压试验时，试验管道上的阀门应开启，试验管道与非法试验管道应隔断。开启和关闭阀门检查

8) 管道试压合格后，应进行冲洗。观察检查，以水色不浑浊为合格。

9) 管道冲洗完毕应通水、加热，进行试运行和调试。当不具备加热条件时，应延期进行。测量各建筑物热力入口处供回水温度及压力。全数检查。

(2) 一般项目：

1) 管道水平敷设其坡度应符合设计要求。对照图纸，用水准仪（水平尺）、拉线和尺量检查。

2) 除污器构造应符合设计要求，安装位置和方向应正确。管网冲洗后应消除内部污物。打开清扫口检查。

3) 管道及管件焊接的焊缝表面质量应符合规定：

①焊缝外形尺寸应符合图纸和工艺文件的规定，焊缝高度不得低于母材表面，焊缝与母材应圆滑过渡。

②焊缝及热影响区表面应无裂纹、未熔合、未焊透、夹渣、弧坑和气孔等缺陷。观察检查。管道焊口的允许偏差应符合《建筑给水排水及采暖工程施工质量验收规范》(GB 50242—2002) 表 5.3.8 的规定。

4) 管道安装对应位置尺寸应符合《建筑给水排水及采暖工程施工质量验收规范》(GB 50242—2002) 第 11.2.11 条、第 11.2.12 条和第 11.2.13 条的规定。

①供热管道的供水管或蒸汽管，如设计无规定时，应敷设在载热介质前进方向的右侧或上方。观察检查。

②地沟内的管道安装位置，其净距（保温层外表面）应符合下列规定：

与沟壁 100～150mm；

与沟底 100～200mm；

与沟顶（不通行地沟）50～100mm；

(半通行和通行地沟) 200～300mm 尺量检查。

③架空敷设的供热管道安装高度，如设计无规定时，应符合下列规定（以保温层表面计算）：

a. 人行地区，不小于 2.5m。

b. 通行车辆地区，不小于 4.5m。

c. 跨越铁路，距轨顶不小于 6m。尺量检查。

5）防锈漆的厚度应均匀，不得有脱皮、起泡、流淌和漏涂等缺陷。观察检查。

6）室外供热管道安装的允许偏差。用水准仪（水平尺）直尺、拉线和用外卡钳和尺量检查。

7）管道保温层的厚度和平整度的允许偏差应符合《建筑给水排水及采暖工程施工质量验收规范》(GB 50242—2002) 表 4.4.8 的规定。对照图纸观察和尺量检查。

第九节 建筑中水系统及游泳池系统工程

一、建筑中水系统及游泳池系统工程质量员工作流程

建筑中水系统及游泳池系统工程质量员工作流程见图 1-9。

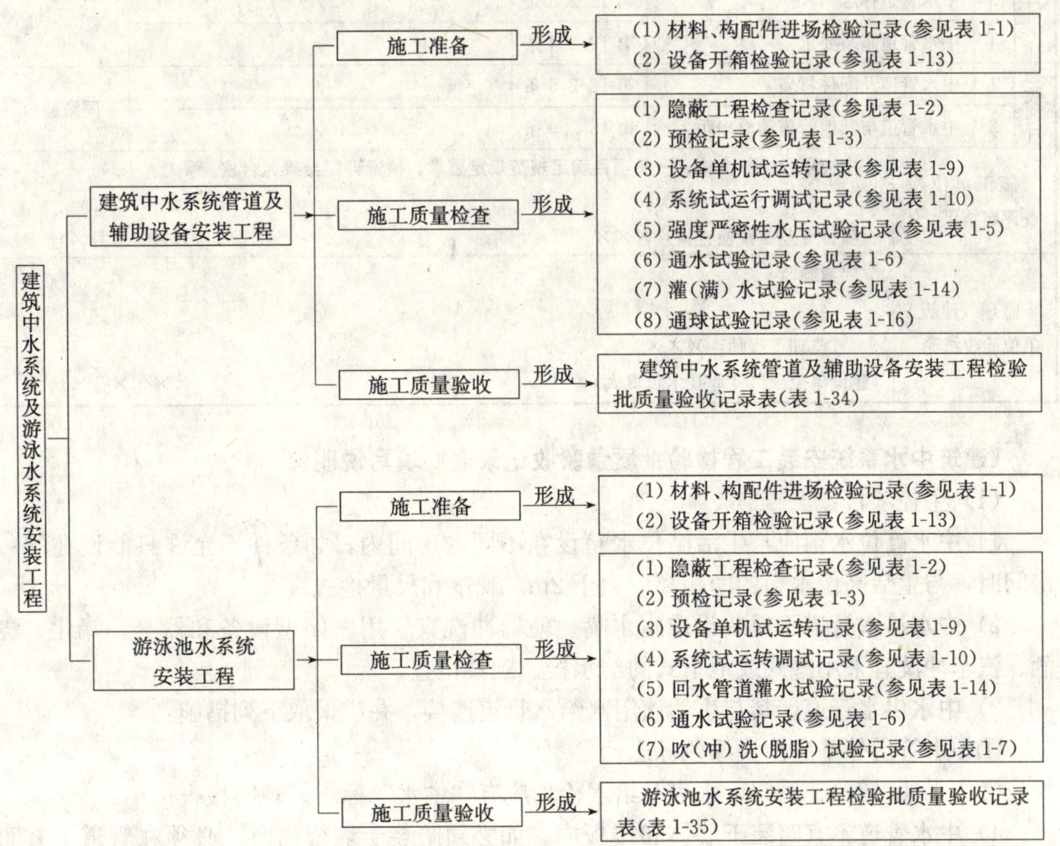

图 1-9 建筑中水系统及游泳池水系统安装工程质量员工作流程

二、建筑中水系统管道及辅助设备安装工程表格填写范例

建筑中水系统安装工程检验批质量验收记录表。

表 1-34　　建筑中水系统安装工程检验批质量验收记录表

GB 50242—2002

050901□□

<table>
<tr><td colspan="2">工程名称</td><td>××工程</td><td>分项工程名称</td><td colspan="2">建筑中水系统及游泳池水系统</td><td>验收部位</td><td>×××</td></tr>
<tr><td colspan="2">施工单位</td><td colspan="2">××建筑工程集团公司</td><td>专业工长</td><td>×××</td><td>项目经理</td><td>×××</td></tr>
<tr><td colspan="2">施工执行标准名称及编号</td><td colspan="6">《建筑安装分项工程施工工艺规程》(QB ×××—2007)</td></tr>
<tr><td colspan="2">分包单位</td><td>/</td><td>分包项目经理</td><td colspan="2">/</td><td>施工班组长</td><td>×××</td></tr>
<tr><td colspan="4">施工质量验收规范规定</td><td colspan="3">施工单位检查评定记录</td><td>监理（建设）单位验收记录</td></tr>
<tr><td rowspan="4">主控项目</td><td>1</td><td>中水水箱设置</td><td>第 12.2.1 条</td><td colspan="3">√</td><td rowspan="4">同意验收</td></tr>
<tr><td>2</td><td>中水管道上用水器装设</td><td>第 12.2.2 条</td><td colspan="3">√</td></tr>
<tr><td>3</td><td>中水管道标志</td><td>第 12.2.3 条</td><td colspan="3">/</td></tr>
<tr><td>4</td><td>中水管道暗装要求</td><td>第 12.2.4 条</td><td colspan="3">√</td></tr>
<tr><td rowspan="2">一般项目</td><td>1</td><td>中水管道及配件材质</td><td>第 12.2.5 条</td><td colspan="3">/</td><td rowspan="2">同意验收</td></tr>
<tr><td>2</td><td>中水管道与其他管道铺设净距</td><td>第 12.2.6 条</td><td colspan="3">√</td></tr>
<tr><td colspan="2">施工单位检查评定结果</td><td colspan="6">主控项目全部合格、一般项目满足规范规定要求，检查评定结果为合格。
项目专业质量检查员：×××　　××年×月×日</td></tr>
<tr><td colspan="2">监理（建设）单位验收结论</td><td colspan="6">同意验收
监理工程师：×××
（建设单位项目专业技术负责人）　　××年×月×日</td></tr>
</table>

《建筑中水系统安装工程检验批质量验收记录表》填写说明：

（1）主控项目：

1）中水高位水箱应与生活高位水箱设在不同的房间内，如条件不允许只能设在同一房间时，与生活高位水箱的净距离应大于 2m。观察和尺量检查。

2）中水给水管道不得装设取水水嘴。便器冲洗宜采用密闭型设备和器具。绿化、浇洒、汽车冲洗宜采用壁式或地下式的给水栓。观察检查。

3）中水供水管道严禁与生活饮用水给水管道连接，并应采取下列措施：

①中水管道外壁应涂浅绿色标志；

②中水池（箱）、阀门、水表及给水栓均应有“中水”标志。观察检查。

4）中水管道不宜暗装于墙体和楼板内。如必须暗装于墙槽内时，必须在管道上有明显且不会脱落的标志。观察检查。

（2）一般规定：

1）中水给水管道管材及配件应采用耐腐蚀的给水管管材及附件。观察检查。

2）中水管道与生活饮用水管道、排水管道平行埋设时，其水平净距离不得小于0.5m；交叉埋设时，中水管道应位于生活饮用水管道下面，排水管道的上面，其净距离不应小于0.15m。观察和尺量检查。

三、游泳池水系统安装工程表格填写范例

游泳池水系统安装工程检验批质量验收记录表。

表 1-35　游泳池水系统安装工程检验批质量验收记录表

GB 50242—2002

050901□□

<table>
<tr><td colspan="2">工程名称</td><td colspan="2">××工程</td><td>分项工程名称</td><td colspan="2">建筑中水系统及游泳池水系统</td><td>验收部位</td><td>×××</td></tr>
<tr><td colspan="2">施工单位</td><td colspan="3">××建筑工程集团公司</td><td>专业工长</td><td>×××</td><td>项目经理</td><td>×××</td></tr>
<tr><td colspan="2">施工执行标准名称及编号</td><td colspan="7">《建筑安装分项工程施工工艺规程》(QB ×××—2007)</td></tr>
<tr><td colspan="2">分包单位</td><td>×××</td><td colspan="2">分包项目经理</td><td colspan="2">×××</td><td>施工班组长</td><td>×××</td></tr>
<tr><td colspan="5">施工质量验收规范规定</td><td colspan="3">施工单位检查评定记录</td><td>监理（建设）单位验收记录</td></tr>
<tr><td rowspan="3">主控项目</td><td>1</td><td colspan="2">游泳池给水配件材质</td><td>第 12.3.1 条</td><td colspan="3">/</td><td rowspan="3">同意验收</td></tr>
<tr><td>2</td><td colspan="2">游泳池毛发采集集器过滤网</td><td>第 12.3.2 条</td><td colspan="3">√</td></tr>
<tr><td>3</td><td colspan="2">游泳池地面应采取措施防止冲洗排水流入地内</td><td>第 12.3.3 条</td><td colspan="3">√</td></tr>
<tr><td rowspan="2">一般项目</td><td>1</td><td colspan="2">游泳池加药</td><td>第 12.3.4 条</td><td colspan="3">/</td><td rowspan="2">同意验收</td></tr>
<tr><td>2</td><td colspan="2">消毒设备及管材</td><td>第 12.3.5 条</td><td colspan="3">√</td></tr>
<tr><td colspan="2">施工单位检查评定结果</td><td colspan="7">主控项目全部合格、一般项目满足规范规定要求，检查评定结果为合格。
项目专业质量检查员：×××　　　　××年×月×日</td></tr>
<tr><td colspan="2">监理（建设）单位验收结论</td><td colspan="7">同意验收
监理工程师：×××
（建设单位项目专业技术负责人）　　　　××年×月×日</td></tr>
</table>

《游泳池水系统安装工程检验批质量验收记录表》填写说明：

（1）主控项目：

1）游泳池的给水口、回水口、泄水口应采用耐腐蚀的铜、不锈钢、塑料等材料制造。溢流槽、格栅应为耐腐蚀材料制造，并为组装型。安装时其外表面应与池壁或池底面相平。观察检查。

2）游泳池的毛发聚集器应采用铜或不锈钢等耐腐蚀材料制造，过滤筒（网）的孔径应不大于3mm，其面积应为连接管截面积的1.5～2倍。观察和尺量计算方法。

3）游泳池地面，应采取有效措施防止冲洗排水流入池内。观察检查。

（2）一般规定：

1）游泳池循环水系统加药（混凝剂）的药品溶解池、溶液池及定量投加设备应采用耐腐蚀材料制作。输送溶液的管道应采用塑料管、胶管或铜管。观察检查。

2）游泳池的浸脚、浸腰消毒池的给水管、投药管、溢流管、循环管和泄空管应采用耐腐蚀材料制成。观察检查。

第十节　供热锅炉及辅助设备安装工程

一、供热锅炉及辅助设备安装工程质量员工作流程

供热锅炉及辅助设备安装工程质量员工作流程见图1-10。

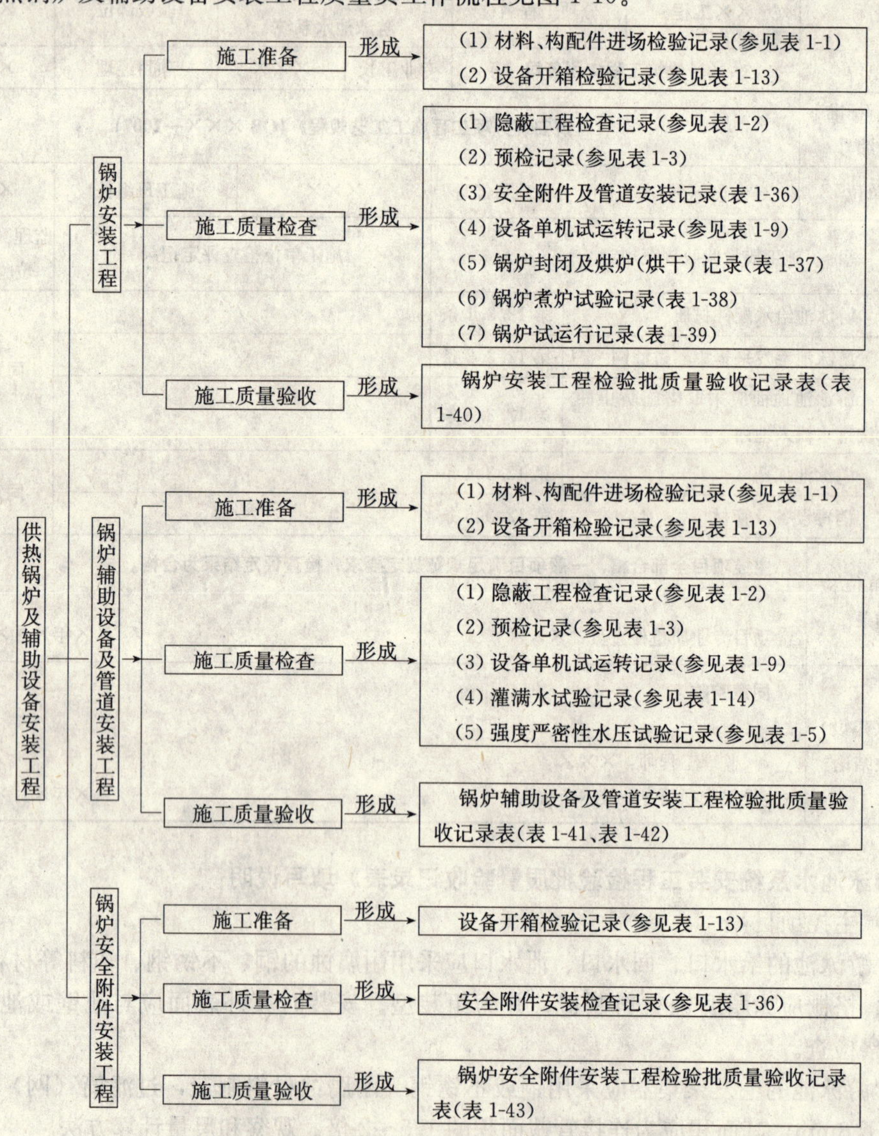

图1-10　供热锅炉及辅助设备安装工程质量员工作流程（一）

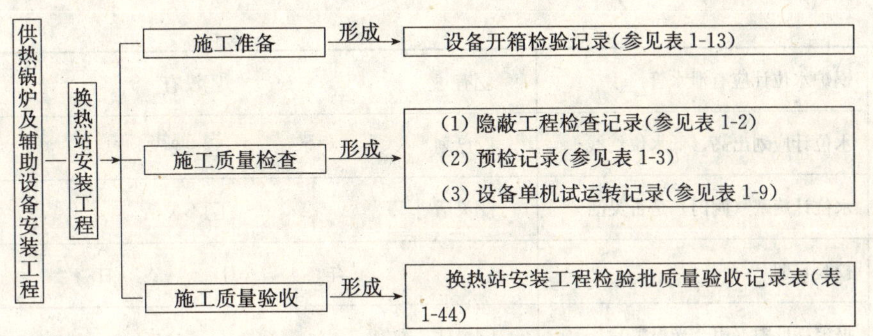

图 1-10　供热锅炉及辅助设备安装工程质量员工作流程（二）

二、锅炉安装工程表格填写范例

（1）安全附件及管道安装记录。

表 1-36　　**安全附件及管道安装记录**

编号：×××

工程名称	×××	安装位号	×××
锅炉型号	×××	工作介质	自然压力
设计（额定）压力/MPa	×××	最大工作压力/MPa	×××
检查项目		检查结果	
压力表	量程及精度等级	MPa；	级
	校验日期	年　月　日	
	在最大工作压力处应划红线	☑已划	□未划
	旋塞或针型阀是否灵活	☑灵活	□不灵活
	蒸汽压力表管是否设存水弯管	☑已设	□未设
	铅封是否完好	☑完好	□不完好
安全阀	开启压力范围	MPa ～	MPa
	校验日期	年　月　日	
	铅封是否完好	☑完好	□不完好
	安全阀排放管应引至安全地点	☑是	□不是
	锅炉安全阀应有泄水管	☑有	□没有

（续）

<table>
<tr><td rowspan="3">水位计
（液位计）</td><td>锅炉水位计应有泄水管</td><td>☑有</td><td>□没有</td></tr>
<tr><td>水位计应划出高、低水位红线</td><td>☑已划</td><td>□未划</td></tr>
<tr><td>水位计旋塞（阀门）是否灵活</td><td>☑灵活</td><td>□不灵活</td></tr>
<tr><td rowspan="3">报警装置</td><td>校验日期</td><td colspan="2">年　　月　　日</td></tr>
<tr><td>报警高低限（声、光报警）</td><td>☑灵敏、准确</td><td>□不合格</td></tr>
<tr><td>联锁装置工作情况</td><td>☑动作迅速、灵敏</td><td>□不合格</td></tr>
<tr><td colspan="4">说明：

安全阀、压力表等安装必须符合施工规范和《蒸汽锅炉安全技术监察规程》（ZBFGH 15—1996）、《热水锅炉安全技术监察规程》（ZBFGH 16—1997）的有关规定。</td></tr>
<tr><td colspan="4">结论：　　☑合格　　□不合格</td></tr>
</table>

<table>
<tr><td rowspan="3">签字栏</td><td rowspan="2">建设（监理）单位</td><td>施工单位</td><td colspan="2">×××公司</td></tr>
<tr><td>专业技术负责人</td><td>专业质检员</td><td>专业工长</td></tr>
<tr><td>×××监理公司</td><td>×××</td><td>×××</td><td>×××</td></tr>
</table>

《安全附件及管道安装记录》填表说明：

1）形成流程：锅炉的高、低水位报警器和超温、超压报警器及联锁保护装置必须按设计要求安装齐全，并进行启动、联动试验，并做记录。

2）相关规定与要求：锅炉的高、低水位报警器和超温、超压报警器及联锁保护装置必须按设计要求安装齐全和有效。检验方法：启动、联动试验并做好试验记录。

3）注意事项：

①以设计要求和规范规定为依据，适用条目要准确。

②根据试验的实际情况填写实测数据，要准确，内容齐全，不得漏项。

③工程采用施工总承包管理模式的，签字人员应为施工总承包单位的相关人员。

4）本表由施工单位填写，建设单位、施工单位、城建档案馆各保存一份。

（2）锅炉封闭及烘炉（烘干）记录。

表 1-37　　　　**锅炉封闭及烘炉（烘干）记录**

编号：×××

<table>
<tr><td>工程名称</td><td colspan="2">××工程</td><td>安装位号</td><td colspan="2">×××</td></tr>
<tr><td>锅炉型号</td><td colspan="2">×××</td><td>试验日期</td><td colspan="2">××年×月×日</td></tr>
<tr><td colspan="6">设备/管道封闭前的内部观察情况：
炉膛内及各通道已全部清理完毕。</td></tr>
<tr><td>封闭方法</td><td colspan="5"></td></tr>
<tr><td rowspan="2">烘干方法</td><td rowspan="2">**火焰烘炉**</td><td rowspan="2">（木柴与煤炭）
烘炉时间</td><td colspan="3">起始时间××年 08 月 02 日 9 时 0 分</td></tr>
<tr><td colspan="3">终止时间××年 08 月 14 日 9 时 0 分</td></tr>
<tr><td colspan="2">温度区间/℃</td><td colspan="2">升降温速度/（℃/h）</td><td colspan="2">所用时间/h</td></tr>
<tr><td colspan="2">**0～100**</td><td colspan="2">**升温 3**</td><td colspan="2">**32**</td></tr>
<tr><td colspan="2">**100～200**</td><td colspan="2">**升温 1.32**</td><td colspan="2">**76**</td></tr>
<tr><td colspan="2">**200～300**</td><td colspan="2">**升温 4**</td><td colspan="2">**25**</td></tr>
<tr><td colspan="2">**300～400**</td><td colspan="2">**升温 1.41**</td><td colspan="2">**71**</td></tr>
<tr><td colspan="2">**400～500**</td><td colspan="2">**升温 2.78**</td><td colspan="2">**36**</td></tr>
<tr><td colspan="2">**500～600**</td><td colspan="2">**降温 2.08**</td><td colspan="2">**48**</td></tr>
<tr><td colspan="6">烘炉（烘干）曲线图（包括计划曲线及实际曲线）：
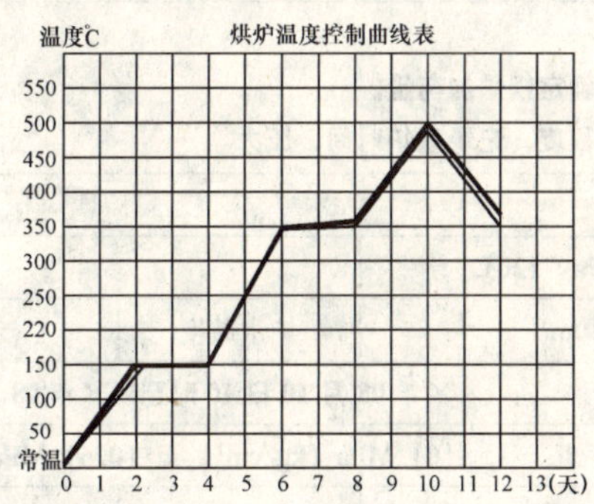

注：黑线为计划升温曲线，粗线为实际升温曲线。</td></tr>
<tr><td colspan="2">结论</td><td colspan="2">☑合格</td><td colspan="2">□不合格</td></tr>
<tr><td rowspan="3">签字栏</td><td rowspan="2">建设（监理）单位</td><td>施工单位</td><td colspan="3">×××公司</td></tr>
<tr><td>专业技术负责人</td><td colspan="2">专业质检员</td><td>专业工长</td></tr>
<tr><td>×××监理公司</td><td>×××</td><td colspan="2">×××</td><td>×××</td></tr>
</table>

《锅炉封闭及烘炉（烘干）记录》填表说明：

1）形成流程：锅炉安装完成后，在试运行前，应进行烘炉试验，并做记录。

2）相关规定与要求：

①锅炉火焰烘炉应符合下列规定：

a. 火焰应在炉膛中央燃烧，不应直接烧烤炉墙及炉拱。

b. 烘炉时间一般不少于 4d，升温应缓慢，后期烟温不应高于 160℃，且持续时间不应少于 24h。

c. 链条炉排在烘炉过程中应定期转动。

d. 烘炉的中、后期应根据锅炉水水质情况排污。

检验方法：计时测温、操作观察检查。

②烘炉结束后应符合下列规定：

a. 炉墙经烘烤后没有变形、裂纹及塌落现象。

b. 炉墙砌筑砂浆含水率达到7%以下。检验方法：测试及观察检查。

3）注意事项：

①以设计要求和规范规定为依据，适用条目要准确。

②根据试验的实际情况填写实测数据，表格数字和曲线对照好，内容齐全，不得漏项。

③工程采用施工总承包管理模式的，签字人员应为施工总承包单位的相关人员。

4）本表由施工单位填写，建设单位、施工单位、城建档案馆各保存一份。

（3）锅炉煮炉试验记录。

表 1-38 **锅炉煮炉试验记录**

编号：×××

<table>
<tr><td colspan="2">工程名称</td><td colspan="2">×××工程</td><td colspan="2">安装位号</td><td>×××</td></tr>
<tr><td colspan="2">锅炉型号</td><td colspan="2">×××</td><td colspan="2">煮炉日期</td><td>××年×月×日</td></tr>
<tr><td colspan="7">试验要求：
（1）检查煮炉前炉内污垢厚度，确定锅炉加药量。
（2）煮炉后检查受热面内部清洁程度，记录煮炉时间、压力。</td></tr>
<tr><td colspan="7">试验记录</td></tr>
<tr><td colspan="2">工作压力、温度</td><td>0.6MPa 120℃</td><td colspan="4"></td></tr>
<tr><td colspan="2">炉水容量</td><td>40m^3</td><td>炉水碱度</td><td colspan="3"></td></tr>
<tr><td rowspan="6">煮炉</td><td>时间</td><td colspan="5">××年08月10日10时至××年08月13日10时</td></tr>
<tr><td>压力</td><td colspan="5">（0）MPa（kg/cm^2）至（0.6）MPa（kg/cm^2）</td></tr>
<tr><td rowspan="4">药品</td><td>投放时间</td><td rowspan="2">药品名称</td><td rowspan="2">规格</td><td rowspan="2">单位</td><td rowspan="2">投放量（）</td></tr>
<tr><td>年、月、日、时</td></tr>
<tr><td>××年08月10日10时</td><td>氢氧化钠</td><td>溶液</td><td>kg</td><td>×××（不含水）</td></tr>
<tr><td>××年08月10日10时</td><td>磷酸三钠</td><td>溶液</td><td>kg</td><td>×××（不含水）</td></tr>
<tr><td colspan="7">煮炉效果、检查记录
加药时炉水在低水位。煮炉后打开锅筒和集箱检查孔检查，锅筒和集箱内壁应无油垢，擦去附着物后金属表面应无锈斑。</td></tr>
<tr><td colspan="7">试验结论：
试验结果符合设计要求及《建筑给水排水及采暖工程施工质量验收规范》（GB 50242—2002）规定，同意进行下道工序。</td></tr>
<tr><td rowspan="3">签字栏</td><td colspan="2" rowspan="2">建设（监理）单位</td><td colspan="2">施工单位</td><td colspan="2">×××公司</td></tr>
<tr><td colspan="2">专业技术负责人</td><td>专业质检员</td><td>专业工长</td></tr>
<tr><td colspan="2">×××监理公司</td><td colspan="2">×××</td><td>×××</td><td>×××</td></tr>
</table>

《锅炉煮炉试验记录》填表说明：

1）形成流程：锅炉安装完成后，在试运行前，应进行煮炉试验，并做记录。

2）相关规定与要求：煮炉时间一般应为2～3d，如蒸汽压力较低，可适当延长煮炉时间。非砌筑或浇注保温材料保温的锅炉，安装后可直接进行煮炉。煮炉结束后，锅筒和集箱内壁应无油垢，擦去附着物后金属表面应无锈斑。检验方法：打开锅筒和集箱检查孔检查。

3）注意事项：

①以设计要求和规范规定为依据，适用条目要准确。

②根据试验的实际情况填写实测数据，要准确，内容齐全，不得漏项。

③工程采用施工总承包管理模式的，签字人员应为施工总承包单位的相关人员。

4）本表由施工单位填写，建设单位、施工单位、城建档案馆各保存一份。

（4）锅炉试运行记录。

表 1-39　　　　锅炉试运行记录

编号：×××

<table>
<tr><td>工程名称</td><td colspan="3">×××工程</td></tr>
<tr><td>施工单位</td><td colspan="3">×××</td></tr>
<tr><td colspan="4">本锅炉在安全附件校验合格后，由<u>建设单位</u>统一组织，经<u>××市技术监督局、相关检测所</u>共同验收，自<u>××</u>年<u>08</u>月<u>28</u>日<u>10</u>时至<u>××</u>年<u>08</u>月<u>30</u>日<u>10</u>时试运行，运行正常，符合规程及设计文件要求，试运行合格。</td></tr>
<tr><td colspan="4">试运行情况记录：

锅炉在烘炉、煮炉合格后，进行48h的带负荷连续试运行，同时进行安全阀的热状态定压检验和调整，运行全过程未出现异常。

记录人：×××</td></tr>
<tr><td>建设单位（签章）</td><td>监理单位（签章）</td><td>管理单位（签章）</td><td>施工单位（签章）</td></tr>
<tr><td>×××</td><td>×××</td><td>×××</td><td>×××</td></tr>
</table>

《锅炉试运行记录》填表说明：

1）形成流程：锅炉在烘炉、煮炉合格后，应进行48h的带负荷连续试运行，同时应进行安全阀的热状态定压检验和调整，并做记录。

2）相关规定与要求：检验方法为检查烘炉、煮炉及试运行全过程。

3）注意事项：

①以设计要求和规范规定为依据，适用条目要准确。

②根据试验的实际情况填写实测数据，要准确，内容齐全，不得漏项。

③工程采用施工总承包管理模式的，签字人员应为施工总承包单位的相关人员。

4）本表由施工单位填写，建设单位、施工单位、城建档案馆各保存一份。

（5）锅炉安装工程检验批质量验收记录表。

表 1-40 锅炉安装工程检验批质量验收记录表

GB 50242—2002

051001□□

工程名称	××工程	分部工程名称	供热锅炉	验收部位	×××
施工单位	×××建筑工程集团公司	专业工长	×××	项目经理	×××
施工执行标准名称及编号	《建筑安装分项工程工艺规程》(QB ×××—2007)				
分包单位	/	分包项目经理	/	施工班组长	×××

	施工质量验收规范的规定					施工单位检查评定记录										监理（建设）单位验收记录
主控项目	1	锅炉设备基础验收			设计要求	√										同意验收
	2	燃油、燃气及非承压锅炉安装			第 13.2.2 条，第 13.2.3 条，第 13.2.4 条	√										
	3	锅炉烘炉和试运行			第 13.5.1 条，第 13.5.2 条，第 13.5.3 条	√										
	4	排污管和排污阀安装			第 13.2.5 条	√										
	5	锅炉和省煤器的水压试验			第 13.2.6 条	√										
	6	电动调节阀安装			第 13.2.16 条	√										
一般项目	1	锅炉煮炉			第 13.5.4 条	√										同意验收
	2	铸铁省煤器肋片破损数			第 13.2.12 条	√										
	3	锅炉本体安装的坡度			第 13.2.13 条	√										
	4	锅炉炉底风室			第 13.2.14 条	√										
	5	省煤器出入口管道及阀门			第 13.2.15 条	√										
	6	电动调节阀安装			第 13.2.16 条	√										
	7	锅炉安装允许偏差	坐标		10mm	2	3	2	3	4	5	2	1			
			标高		±5mm	+2	+3	−1	+5	−2	+2	−3	+4	+4		
			中心线垂直线	立式锅炉炉体全高	4mm											
				卧式锅炉炉体全高	3mm	2	3	1	2	1	3	3	1	2		
	8	链条炉排安装允许偏差	炉排中心位置		2mm	1	0	1	2	1	2	2	1	2	2	
			前后中心线的相对标高有效期		5mm	2	3	5	4	4	2	0	1	3		
			前轴、后轴的水平度（每米）		1mm	1	0	0	1	1	0	0	1	1	0	
			墙壁板间两对角线长度之差		5mm	3	2	5	4	1	2	2	3	4	1	
	9	往复炉排安装允许偏差	炉排片间隙	纵向	1mm	1	1	0	0	0	1	0	0	1		
				两侧	2mm	0	2	0	0	2	2	1	1	0	1	
			两侧板对角线长度之差		5mm	2	3	2	3	4	4	3	3	1		
	10	省煤器支架安装允许偏差	支承架的水平方向位置		3mm	2	1	3	3	2	1	1	3	3	1	
			支承架的标高		0，−5mm	0	0	−1	−2	0	0	0	−2			
			支承架纵横水平度（每米）		1mm	1	0	0	1	1	0	1	0	0	1	

施工单位检查评定结果	**主控项目全部合格，一般项目满足规范要求，检验评定结果为合格。** 项目专业质量检查员：×××　　　　××年×月×日
监理（建设）单位验结论	**同意验收。** 监理工程师：××× （建设单位项目专业技术负责人）×××　　　　××年×月×日

《锅炉安装工程检验批质量验收记录表》填写说明：

1）主控项目：

①锅炉设备基础的验收应符合《建筑给水排水及采暖工程施工质量验收规范》（GB 50242—2002）中表13.2.1的规定。检查基础验收记录。

②燃油、燃气及非承压锅炉的安装应符合设计及《建筑给水排水及采暖工程施工质量验收规范》（GB 50242—2002）中第13.2.2条、第13.2.3条和第13.2.4条的相关要求。对照设计图纸、产品说明书检查。

③锅炉烘炉和试运行应符合《建筑给水排水及采暖工程施工质量验收规范》（GB 50242—2002）中第13.5.1条、第13.5.2条和第13.5.3条的规定。观察烘炉及试运行全过程，检查烘炉记录。

④锅炉排污管道及排污阀不得采用螺纹连接。观察检查。

⑤锅炉和省煤器的水压试验应符合《建筑给水排水及采暖工程施工质量验收规范》（GB 50242—2002）中第13.2.6条规定。观察检查，检查试压报告。

⑥机械炉排冷态试运转不应少于8h。观察试运转全过程。

⑦锅炉本体管道焊接质量应符合《建筑给水排水及采暖工程施工质量验收规范》（GB 50242—2002）中第13.2.8条的规定。焊接检验尺测量，观察和检查无损探伤检测报告。

2）一般项目：

①锅炉煮炉应符合《建筑给水排水及采暖工程施工质量验收规范》（GB 50242—2002）中第13.5.4条的要求。打开锅筒和集箱检查孔检查。

②铸铁省煤器肋片破损数不大于总片数的5%，有破肋片的根数不大于总根数的10%。观察检查。

③锅炉本体安装的坡度应符合设计要求。用水平尺或水准仪检查。

④锅炉炉底风室应封、堵严密。观察检查。

⑤省煤器出入口的管道及阀门安装应符合锅炉图纸要求。对照设计或锅炉图纸检查。

⑥电动调节阀安装。安在调节机构与电动执行机构的转臂应在同一平面内动作，传动部分灵活，无空行程及卡阻现象，其行程及伺服时间应满足使用要求。运行时观察检查。

⑦锅炉安装坐标用经纬仪、拉线和尺量；标高用水准仪、拉线和尺量；垂直度用吊线坠和尺量。逐台检查。

⑧炉排中心位置用经纬仪、拉线和尺量检查；前后轴心线的相对标高用水准仪、拉线和尺量检查；水平度用水平尺和尺量检查；对角线长度差用钢丝线和尺量检查。

⑨炉排片间隙用钢板尺检查，每台检查不少于5处；对角线长度差用钢丝线和尺量检查。

⑩支承架的位置用经纬仪、拉线和尺量检查；标高用水准仪、拉线和尺量检查；水平度用水平尺和质量检查。

三、锅炉辅助设备及管道安装工程表格填写范例

锅炉辅助设备及管道安装工程检验批质量验收记录表。

表 1-41　　锅炉辅助设备安装工程检验批质量验收记录表

GB 50242—2002

（Ⅰ）

051002□□

<table>
<tr><td colspan="4">工程名称</td><td colspan="2">××工程</td><td colspan="2">分项工程名称</td><td colspan="4">锅炉辅助设备安装</td><td colspan="3">验收部位</td><td>×××</td></tr>
<tr><td colspan="4">施工单位</td><td colspan="4">×××建筑工程集团公司</td><td colspan="2">专业工长</td><td colspan="2">×××</td><td colspan="3">项目经理</td><td>×××</td></tr>
<tr><td colspan="4">施工执行标准名称及编号</td><td colspan="12">《建筑安装分项工程施工工艺规程》(QB ×××—2007)</td></tr>
<tr><td colspan="4">分包单位</td><td colspan="2">××机电安装工程公司</td><td colspan="3">分包项目经理</td><td colspan="3">×××</td><td colspan="3">施工班组长</td><td>×××</td></tr>
<tr><td colspan="7">施工质量验收规范规定</td><td colspan="8">施工单位检查评定记录</td><td>监理（建设）单位验收记录</td></tr>
<tr><td rowspan="6">主控项目</td><td>1</td><td colspan="4">辅助设备基础验收</td><td>设计要求</td><td colspan="8">✓</td><td rowspan="6">同意验收</td></tr>
<tr><td>2</td><td colspan="4">风机试运转</td><td>第 13.3.2 条</td><td colspan="8">✓</td></tr>
<tr><td>3</td><td colspan="4">分汽缸（分水器、集水器）水压试验</td><td>第 13.3.3 条</td><td colspan="8">✓</td></tr>
<tr><td>4</td><td colspan="4">箱、罐压力试验</td><td>第 13.3.4 条</td><td colspan="8">✓</td></tr>
<tr><td>5</td><td colspan="4">地下直埋油罐气密性试验</td><td>第 13.3.5 条</td><td colspan="8">✓</td></tr>
<tr><td>6</td><td colspan="4">各种设备的操作通道</td><td>第 13.3.7 条</td><td colspan="8">/</td></tr>
<tr><td colspan="7">施工质量验收规范规定</td><td colspan="8">施工单位检查评定记录</td><td>监理（建设）单位验收记录</td></tr>
<tr><td rowspan="15">一般项目</td><td>1</td><td colspan="4">斗式提升机安装</td><td>第 13.3.12 条</td><td colspan="8">/</td><td rowspan="15">同意验收</td></tr>
<tr><td>2</td><td colspan="4">风机传动部位安全防护装置</td><td>第 13.3.13 条</td><td colspan="8">✓</td></tr>
<tr><td>3</td><td colspan="4">手摇泵、注水器安装高度</td><td>第 13.3.15 条
第 13.3.17 条</td><td colspan="8">✓</td></tr>
<tr><td>4</td><td colspan="4">水泵安装及试运转</td><td>第 13.3.14 条
第 13.3.16 条</td><td colspan="8">✓</td></tr>
<tr><td>5</td><td colspan="4">除尘器安装</td><td>第 13.3.18 条</td><td colspan="8">/</td></tr>
<tr><td>6</td><td colspan="4">除氧器排气管</td><td>第 13.3.19 条</td><td colspan="8">✓</td></tr>
<tr><td>7</td><td colspan="4">软化水设备安装</td><td>第 13.3.20 条</td><td colspan="8">✓</td></tr>
<tr><td rowspan="8">8</td><td rowspan="8">安装允许偏差</td><td rowspan="2">送、引风机</td><td colspan="2">坐标</td><td>10mm</td><td>8</td><td>6</td><td>10</td><td>6</td><td>6</td><td>6</td><td>8</td><td>6</td></tr>
<tr><td colspan="2">标高</td><td>±5mm</td><td>+3</td><td>+3</td><td>−2</td><td>+3</td><td>−1</td><td>−1</td><td>+5</td><td></td></tr>
<tr><td rowspan="3">各种静置设备</td><td colspan="2">坐标</td><td>15mm</td><td>8</td><td>10</td><td>12</td><td>6</td><td>8</td><td>8</td><td>12</td><td></td></tr>
<tr><td colspan="2">标高</td><td>±5mm</td><td>+3</td><td>+3</td><td>−2</td><td>+3</td><td>−2</td><td>−2</td><td>+4</td><td></td></tr>
<tr><td colspan="2">垂直度（每 1m）</td><td>2mm</td><td>2</td><td>0</td><td>0</td><td>0</td><td>1</td><td>2</td><td>0</td><td></td></tr>
<tr><td rowspan="3">离心式水泵</td><td colspan="2">泵体水平度（每 1m）</td><td>0.1mm</td><td>0</td><td>0</td><td>0</td><td>0.1</td><td>0</td><td>0.1</td><td>0.1</td><td></td></tr>
<tr><td rowspan="2">联轴器同心度</td><td>轴向倾斜（每 1m）</td><td>0.8mm</td><td>0.5</td><td>0.3</td><td>0.6</td><td>0</td><td>0.3</td><td>0.3</td><td>0</td><td></td></tr>
<tr><td>径向位移</td><td>0.1mm</td><td>0</td><td>0</td><td>0.1</td><td>0.1</td><td>0.1</td><td>0</td><td>0.1</td><td></td></tr>
</table>

（续）

施工单位检查评定结果	主控项目全部合格，一般项目满足规范规定要求，检查评定结果为合格。 项目专业质量检查员：××× ××年×月×日
监理（建设）单位验收结论	同意验收 监理工程师：××× （建设单位项目专业技术负责人） ××年×月×日

《锅炉辅助设备安装工程检验批质量验收记录表》（Ⅰ）填写说明：

（1）主控项目：

1）辅助设备基础的混凝土强度必须达到设计要求，基础的坐标、标高、几何尺寸和螺栓孔位置必须符合《建筑给水排水及采暖工程施工质量验收规范》（GB 50242—2002）表 13.2.1 的规定。

2）风机试运转，轴承温升应符合如下规定：滑动轴承温度最高不得超过 60℃；滚动轴承温度最高不得超过 80℃。用温度计检查。

3）轴承径向单振幅应符合如下规定：风机转速小于 1000r/min 时，不应超过 0.10mm；风机转速为 1000～1450r/min 时，不应超过 0.08mm。用测振仪表检查。

4）分汽缸（分水器、集水器）安装前应进行水压试验，试验压力为工作压力的 1.5 倍，但不得小于 0.6MPa。试验压力下 10min 内无压降、无渗漏。

5）敞口箱、罐安装前应做满水试验；密闭箱、罐应以工作压力的 1.5 倍做水压试验，但不得小于 0.4MPa。满水试验满水后静置 24h 不渗不漏；水压试验在试验压力下 10min 内无压降，不渗不漏。

6）地下直埋油罐在埋地前应做气密性试验，试验压力降不应小于 0.03MPa。试验压力下观察 30min 不渗、不漏，无压降。

7）各种设备的主要操作通道的净距如设计不明确时不应小于 1.5m，辅助的操作通道净距不应小于 0.8m。尺量检查。

（2）一般项目：

1）锅炉辅助设备安装的允许偏差应符合《建筑给水排水及采暖工程施工质量验收规范》（GB 50242—2002）表 13.3.10 的规定。

2）单斗式提升机安装应符合如下规定：①导轨的间距偏差不大于 2mm。②垂直式导轨的垂直度偏差不大于 1‰；倾斜式导轨的倾斜度偏差度不大于 2‰。③料斗的吊点与料斗垂心在同一垂线上，重合度偏差不大于 10mm。④行程开关位置应准确，料斗运行平稳，翻转灵活。吊线坠、拉线及尺量检查。

3）安装锅炉送、引风机，转动应灵活无卡碰等现象；送、引风机的传动部位，应设置安全防护装置。观察和启动检查。

4）水泵安装的外观质量检查；泵壳不应有裂纹、砂眼及凹凸不平等缺陷；多级泵的平衡管路应无损伤或折陷现象；蒸汽往复泵的主要部件、活塞及活动轴必须灵活。观察和启动检查。

5）手摇泵应垂直安装。安装高度如设计无要求时，泵中心距地面为 800mm。吊线和尺量检查。

6）水泵试运转，叶轮与泵壳不应相碰，进、出口部位的阀门应灵活。轴承温升应符合产品说明书的要求。通电、操作和测温检查。

7）注水器安装高度，如设计无要求时，中心距地面为 1.0～1.2m。尺量检查。

8）除尘器安装应平稳牢固，位置和进、出口方向应正确。烟管与引风机连接时应采用软接头，不得将烟管重量压在风机上。观察检查。

9）热力除氧器和真空除氧器的排气管应通向室外，直接排入大气。观察检查。

10）软化水设备罐体的视镜应布置在便于观察的方向。树脂装填的高度应按设备说明书要求进行。对照说明书，观察检查。

11）管道及设备保温层的厚度和平整度的允许偏差应符合《建筑给水排水及采暖工程施工质量验收规范》（GB 50242—2002）表 4.4.8 的规定。

表 1-42　　工艺管道安装工程检验批质量验收记录表

GB 50242—2002

Ⅱ

051002□□

<table>
<tr><td colspan="3">工程名称</td><td>××工程</td><td colspan="2">分部工程名称</td><td colspan="2">供热锅炉</td><td>验收部位</td><td colspan="2">×××</td></tr>
<tr><td colspan="3">施工单位</td><td colspan="3">×××建筑工程集团公司</td><td>专业工长</td><td>×××</td><td>项目经理</td><td colspan="2">×××</td></tr>
<tr><td colspan="3">施工执行标准名称及编号</td><td colspan="8">《建筑安装分项工程工艺规程》（QB ×××—2007）</td></tr>
<tr><td colspan="3">分包单位</td><td>/</td><td colspan="2">分包项目经理</td><td colspan="2">/</td><td>施工班组长</td><td colspan="2">×××</td></tr>
<tr><td colspan="6">施工质量验收规范的规定</td><td colspan="3">施工单位检查评定记录</td><td colspan="2">监理（建设）单位验收记录</td></tr>
<tr><td rowspan="3">主控项目</td><td>1</td><td colspan="3">工艺管道水压试验</td><td>第 13.3.6 条</td><td colspan="4">✓</td><td rowspan="3">同意验收</td></tr>
<tr><td>2</td><td colspan="3">仪表、阀门的安装</td><td>第 13.3.8 条</td><td colspan="4">✓</td></tr>
<tr><td>3</td><td colspan="3">锅炉烘炉和试运行</td><td>第 13.5.1 条</td><td colspan="4">✓</td></tr>
</table>

（续）

一般项目	1	管道及设备表面涂漆			第 13.3.22 条	✓										
一般项目	2	安装允许偏差	坐标	架　空	15mm	10	8	7	9	8	8	2	3			同意验收
				地沟	10mm											
			标高	架　空	±15mm	+8	+8	+5	−10	+5	−7	−7	+8	−15		
				地沟	±10mm											
			水平管道纵、横方向弯曲	DN≤100mm（每 1m）	2‰，最大 50mm	28	28	30	28	28	25	25	30	28		
				DN>100mm（每 1m）	3‰，最大 70mm											
			立管垂直（每 1m）		2‰，最大 15mm	5	5	3	2	4	3	3	5	7		
			成排管道间距		3mm	3	0	0	1	2	0	0	0	3		
			交叉管的外壁或绝热层间距		10mm	4	1	1	5	6	4	4	1	6		
	3	管道设备保温	厚　度		$+0.1\delta$，-0.05δ	+3	+3	−1	+5	+3	+7	−1	−1			
			表面平整度	卷　材	5mm	4	1	1	2	3	1	1	5			
				涂　抹	10mm											
施工单位检查评定结果	主控项目全部合格，一般项目满足规范规定要求，检查评定结果为合格。 项目专业质量检查员：×××　　××年×月×日															
监理（建设）单位验收结论	同意验收。 监理工程师：××× （建设单位项目专业技术负责人）　　××年×月×日															

《工艺管道安装工程检验批质量验收记录表》（Ⅱ）填写说明：

（1）主控项目：

1）连接锅炉及辅助设备的工艺管道安装完毕后，必须进行系统的水压试验，试验压力为系统中最大工作压力的 1.5 倍。

检验方法：在试验压力 10min 内压力降不超过 0.05MPa，然后降至工作压力进行检查，不渗不漏。

2）管道连接的法兰、焊缝和连接管件以及管道上的仪表、阀门的安装位置应便于检修，并不得紧贴墙壁、楼板或管架。

检验方法：观察检查。

3）管道焊接质量应符合《建筑给水排水及采暖工程施工质量验收规范》（GB 50242—2002）。

（2）一般项目：

1）在涂刷油漆前，必须清除管道及设备表面的灰尘、污垢、锈斑、焊渣等物。

2）管道连接的法兰、焊缝和连接管件以及管道上的仪表、阀门的安装位置应便于检修，并不得紧贴墙壁、楼板或管架。

3）管道焊接质量应符合《建筑给水排水及采暖工程施工质量验收规范》（GB 50242—2002）第 11.2.10 条的要求和《建筑给水排水及采暖工程施工质量验收规范》（GB 50242—2002）表 5.3.8 的规定。

四、锅炉安全附件安装工程表格填写范例

锅炉安全附件安装工程检验批质量验收记录表。

表 1-43　　锅炉安全附件安装工程检验批质量验收记录表

GB 50242—2002

051003□□

工程名称		××工程	分部工程名称		供热锅炉	验收部位	×××
施工单位		×××建筑工程集团公司		专业工长	×××	项目经理	×××
施工执行标准名称及编号		《建筑安装分项工程施工工艺规程》（QB ×××—2007）					
分包单位		/	分包项目经理		/	施工班组长	×××
施工质量验收规范的规定				施工单位检查评定记录			监理（建设）单位验收记录
主控项目	1	锅炉和省煤器安全阀定压	第 13.4.1 条	√			同意验收
	2	压力表刻度极限、表盘直径	第 13.4.2 条	/			
	3	水位表安装	第 13.4.3 条	√			
	4	报警器及联锁保护装置安装	第 13.4.4 条	√			
	5	安全阀排气管、泄水管安装	第 13.4.5 条	√			
一般项目	1	压力表安装	第 13.4.6 条	√			同意验收
	2	测压仪表取源部件安装	第 13.4.7 条	√			
	3	温度计安装	第 13.4.8 条	√			
	4	压力表与温度计在管道上相对位置	第 13.4.9 条	√			
施工单位检查评定结果	主控项目全部合格、一般项目满足规范规定要求，检查评定结果为合格。 项目专业质量检查员：×××　　××年×月×日						
监理（建设）单位验收结论	同意验收 监理工程师：××× （建设单位项目专业技术负责人）　　××年×月×日						

《锅炉安全附件安装工程检验批质量验收记录表》填写说明：

（1）主控项目：

1）锅炉和省煤器安全阀的定压和调整应符合《建筑给水排水及采暖工程施工质量验收规范》（GB 50242—2002）表 13.4.1 的规定。锅炉上装有两个安全阀时，其中的一个按

表中较高值定压，另一个按较低值定压。检查定压合格证书。

2）压力表的刻度极限值，应大于或等于工作压力的 1.5 倍，表盘直径不得小于 100mm。现场观察和尺量检查。

3）安装水位表应符合下列规定：

①水位表应有指示最高、最低安全水位的明显标志，玻璃板（管）的最低可见边缘应比最低安全水位低 25mm；最高可见边缘应比最高安全水位高 25mm。

②玻璃管式水位表应有防护装置。

③电接点式水位表的零点应与锅筒正常水位重合。

④采用双色水位表时，每台锅炉只能装设一个，另一个装设普通水位表。

⑤水位表应有放水旋塞（或阀门）和接到安全地点的放水管。现场观察和尺量检查。

4）锅炉的高低水位报警器和超温、超压报警器及联锁保护装置必须按设计要求安装齐全和有效。启动、联动试验并做好试验记录。

5）蒸汽锅炉安全阀应安装通向室外的排气管。热水锅炉安全阀泄水管应接到安全地点。在排气管和泄水管上不得装设阀门。观察检查。

（2）一般项目：

1）安装压力表必须符合下列规定：

①压力表必须安装在便于观察和吹洗的位置，并防止受高温、冰冻和振动的影响，同时要有足够的照明。

②压力表必须设有存水弯管。存水弯管采用钢管煨制时，内径不应小于 10mm；采用铜管煨制时，内径不应小于 6mm。

③压力表与存水弯管之间应安装三通旋塞。观察和尺量检查。

2）测压仪表取源部件在水平工艺管道上安装时，取压口的方位应符合下列规定：

①测量液体压力的，在工艺管道的下半部与管道水平中心线呈 0°～45°夹角范围内。

②测量蒸汽压力的，在工艺管道的上半部或下半部与管道水平中心线呈 0°～45°夹角范围内。

③测量气体压力的，在工艺管道的上半部。观察和尺量检查。

3）安装温度计应符合下列规定：

①安装在管道和设备上的套管温度计，底部应插入流动介质内，不得装在引出的管段上或死角处。

②压力式温度计的毛细管应固定好并有保护措施，其转弯处的弯曲半径不应小于 50mm，温包必须全部浸入介质内；

③热电偶温度计的保护套管应保证规定的插入深度。观察和尺量检查。

4）温度计与压力表在同一管道上安装时，按介质流动方向温度计应在压力表下游处安装，如温度计需在压力表的上游安装时，其间距不应小于 300mm。观察和尺量检查。

五、换热站安装工程表格填写范例

换热站安装工程检验批质量验收记录表。

表 1-44 **换热站安装工程检验批质量验收记录表**

GB 50242—2002

051004□□

工程名称	××工程	分部工程名称		供热锅炉	验收部位	×××
施工单位	×××建筑工程集团公司		专业工长	×××	项目经理	×××
施工执行标准名称及编号	《建筑安装分项工程工艺规程》(QB ×××—2007)					
分包单位	/	分包项目经理		/	施工班组长	×××

		施工质量验收规范的规定				施工单位检查评定记录							监理（建设）单位验收记录
主控项目	1	热交换器水压试验			第 13.6.1 条	√							同意验收
	2	高温水循泵与换热器相对位置			第 13.6.2 条	√							
	3	壳管、阀门及仪表安装			第 13.6.3 条	√							
一般项目	1	设备、阀门及仪表安装			第 13.6.5 条	√							同意验收
	2	静置设备允许偏差	坐标		15mm	12	6	6	10	7	15		
			标高		±5mm	−2	+4	−3	−2	+5	+4	−3	
			垂直度（每 1m）		2mm	0	2	1	1	1	0	2	
		离心式水泵允许偏差	泵体水平度（每 1m）		0.1mm	0.1	0	0	0.1	0.1	0.1	0	
			联轴器同心度	轴向倾斜（每 1m）	0.8mm	0.5	0.3	0.3	0.1	0.5	0.1	0.1	
				径向位移	0.1mm	0	0	0	0.1	0.1	0		
	3	管道允许偏差	坐标	架空	15mm	10	8	8	6	12	8	15	
				地沟	10mm								
			标高	架空	±15mm	+10	+10	−6	+10	+8	+8	−6	
				地沟	±10mm								
			水平管道纵、横方向弯曲	DN≤100mm（每 1m）	2‰，最大 50	10	25	18	12	12	12	18	
				DN>100mm（每 1m）	3‰，最大 70								
			立管垂直（每 1m）		2‰，最大 15	5	4	7	4	4	3	4	
			成排管道间距		3mm	2	2	1	2	2	1	3	
			交叉管的外壁或绝热层间距		10mm	8	6	6	6	6	8	10	
	4	管道设备保温层允许偏差	厚度		+0.1δ，−0.05δmm	+2	+3	+2	−1	−1	+3	+2	
			表面平整度	卷材	5mm	3	5	2	2	2	5	2	
				涂抹	10mm								

施工单位检查评定结果	**主控项目全部合格、一般项目满足规范规定要求，检查评定结果为合格。** 项目专业质量检查员：××× ××年×月×日
监理（建设）单位验收结论	**同意验收。** 监理工程师：××× （建设单位项目专业技术负责人） ××年×月×日

《换热站安装工程检验批质量验收记录表》填写说明：

(1) 主控项目：

1) 热交换器应以最大工作压力的 1.5 倍做水压试验，蒸汽部分应不低于蒸汽供汽压力加 0.3MPa；热水部分应不低于 0.4MPa。在试验压力下，保持 10min 压力不降。

2) 高温水系统中，循环水泵和换热器的相对安装位置应按设计文件施工。对照设计图纸检查。

3) 壳管式热交换器的安装，如设计无要求时，其封头与墙壁或屋顶的距离不得小于换热管的长度。观察和尺量检查。

(2) 一般项目：

1) 换热站内设备安装的允许偏差应符合《建筑给水排水及采暖工程施工质量验收规范》(GB 50242—2002) 表 13.3.10 的规定。

2) 换热站内的循环泵、调节阀、减压器、疏水器、除污器、流量计等安装应符合《建筑给水排水及采暖工程施工质量验收规范》(GB 50242—2002) 的相关规定。

3) 换热站内管道安装的允许偏差应符合《建筑给水排水及采暖工程施工质量验收规范》(GB 50242—2002) 表 13.3.11 的规定。

4) 管道及设备保温层的厚度和平整度的允许偏差应符合《建筑给水排水及采暖工程施工质量验收规范》(GB 50242—2002) 表 4.4.8 的规定。

第二章　建筑电气工程

第一节　室外电气工程

一、室外电气工程质量员工作流程

室外电气工程质量员工作流程见图2-1。

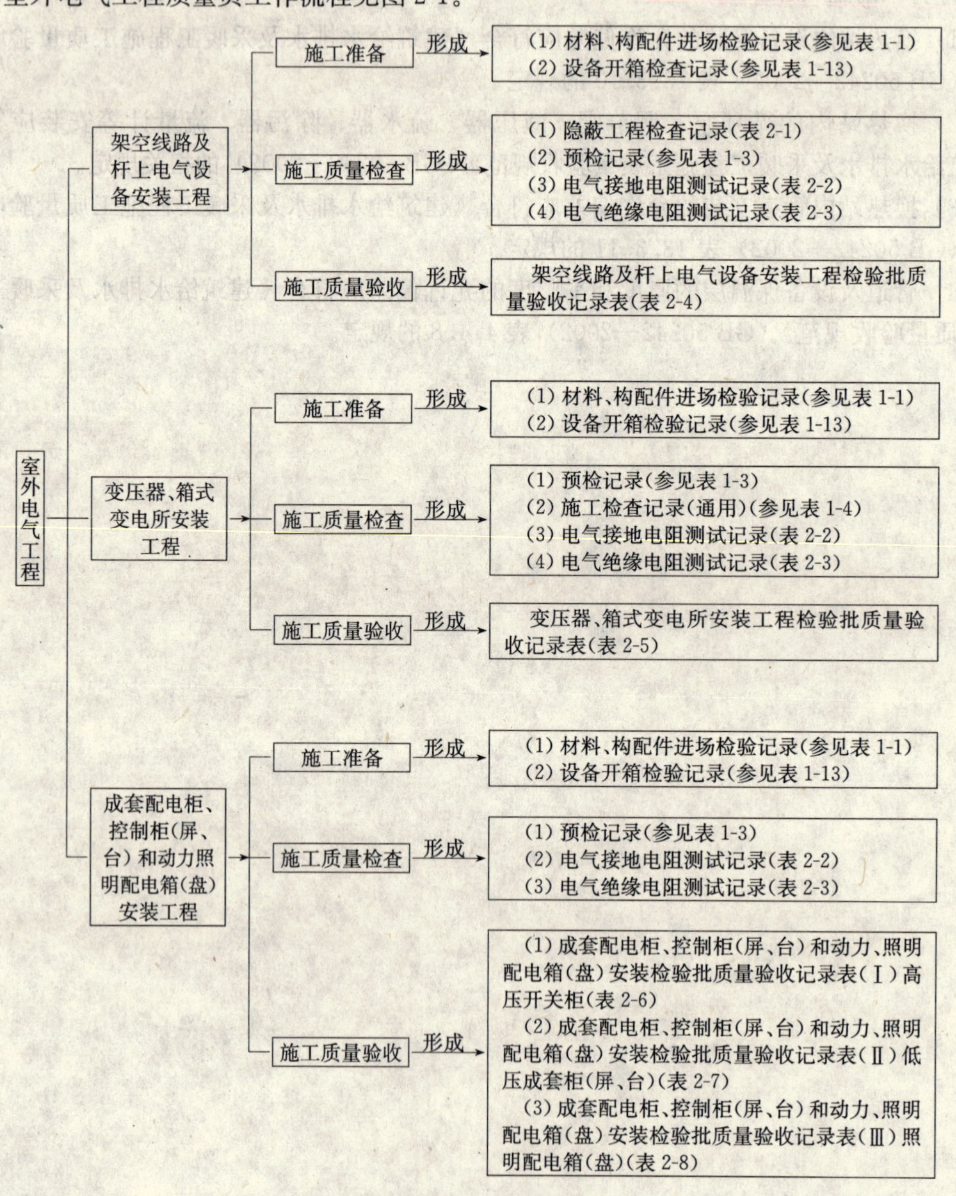

图2-1　室外电气工程质量员工作流程（一）

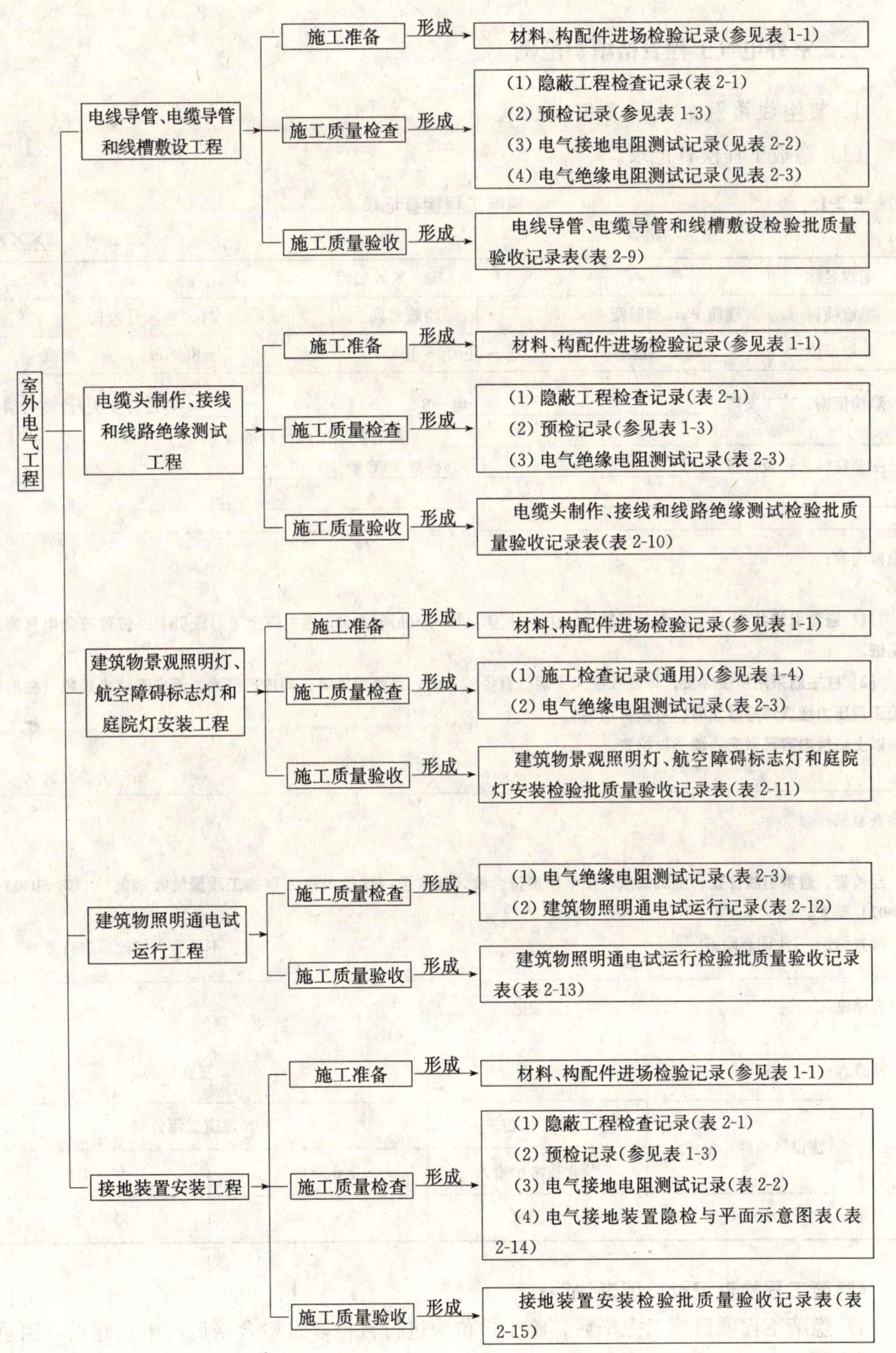

图2-1　室外电气工程质量员工作流程（二）

二、室外电气工程表格填写范例

1. 架空线路及电气设备安装工程

（1）隐蔽工程检查记录。

表 2-1 **隐蔽工程检查记录**

编号：×××

<table>
<tr><td>工程名称</td><td colspan="5">××工程</td></tr>
<tr><td>隐检项目</td><td colspan="2">硬质 PVC 管暗配</td><td>隐蔽日期</td><td colspan="2">××年×月×日</td></tr>
<tr><td>隐检部位</td><td>地上三层</td><td>⑤～⑪/Ⓒ～Ⓗ</td><td>轴线</td><td>＋8.90m</td><td>标高</td></tr>
<tr><td colspan="6">隐检依据：施工图图号 电－8 ，设计变更/洽商（编号 / ）及有关国家现行标准等。
主要材料名称及规格/型号 硬质 PVC 管
×××</td></tr>
<tr><td colspan="6">隐检内容：
（1）避雷引线共 26 处，分别利用轴Ⓐ、①，轴Ⓐ、③……处两根 ϕ25 柱主筋上下对应引上，位置符合电气施工图纸。
（2）柱主筋采用搭接焊接，焊接长度大于钢筋直径的 6 倍，且两面施焊；药皮已清除，无夹渣咬肉现象（柱筋连接采用压力埋弧焊等做法时，可按实填写）。
以上隐检内容已做完，请予以检查。
申报人：×××</td></tr>
<tr><td colspan="6">检查意见：
经检查，避雷引线位置、施工做法柱主筋搭接符合设计要求及《建筑电气工程施工质量验收规范》（GB 50303—2002）要求。
检查结论：☑ 同意隐蔽 □ 不同意，修改后进行复查</td></tr>
<tr><td colspan="6">复查结论：
复查人： 复查日期：</td></tr>
</table>

<table>
<tr><td rowspan="3">签字栏</td><td rowspan="2">建设（监理）单位</td><td>施工单位</td><td colspan="2">××建筑工程公司</td></tr>
<tr><td>专业技术负责人</td><td>专业质检员</td><td>专业工长</td></tr>
<tr><td>×××</td><td>×××</td><td>×××</td><td>×××</td></tr>
</table>

《隐蔽工程检查记录》填表说明：

1）隐蔽工程项目施工完毕后，施工单位应进行自检，自检合格后，申报建设（监理）单位汇同施工单位共同对隐蔽工程项目进行检查验收并填报《隐蔽工程检查记录》。

2）主要检查内容包括：应根据隐蔽工程的检查项目和内容认真进行检查，不得落项，隐检内容应根据规范要求填写齐全、明了，检查结果和结论齐全。

3）隐蔽工程检查应及时，自检合格后向监理报验。签验的时限不应与土建进度相矛盾。

4）当检查无问题时，复查意见栏不应填写。

5）编号栏的填写应参照材料、构配件进场检验记录中编号栏的填写要求进行填写，但顺序号填写时应注意，由于隐蔽工程涉及多个分项工程，所以顺序号应根据分项工程的不同，按各检查项目分别从 001 开始连续编号。

6）要求无未了事项：

①表格中凡需填空的地方，实际已发生的，如实填写；未发生的，则在空白处划斜杠"/"。

②对于选择框，有此项内容，在选择框处划"√"，若无此项内容，可空着，不必划"×"。

7）对于《隐蔽工程检查记录》不适用的其他重要工序，应按照现行规范要求进行施工质量检查，并填写《施工检查记录》(通用)。

（2）电气接地电阻测试记录。

表 2-2　　电气接地电阻测试记录

编号：×××

<table>
<tr><td colspan="2">工程名称</td><td colspan="2">××工程</td><td>测试日期</td><td colspan="3">××年×月×日</td></tr>
<tr><td colspan="2">仪表型号</td><td colspan="2">ZC—8</td><td>天气情况</td><td>晴</td><td>气温/℃</td><td>32</td></tr>
<tr><td>接地类型</td><td colspan="7">☑防雷接地　　□计算机接地　　☑工作接地
□保护接地　　□防静电接地　　□逻辑接地
☑重复接地　　□综合接地　　□医疗设备接地</td></tr>
<tr><td>设计要求</td><td colspan="7">□≤100Ω　　☑≤4Ω　　□≤1Ω
□≤0.1Ω　　□≤　Ω　　□</td></tr>
<tr><td colspan="8">测试结论：
季节系数取 1.4，按接地分 2 组进行测试，组别及实测数据分别为：
防雷接地（1）0.27×1.4=0.378　　（2）0.27×1.4=0.378
重复接地（1）0.27×1.4=0.378　　（2）0.27×1.4=0.378
工作接地（1）0.27×1.4=0.378　　（2）0.26×1.4=0.364
经测试计算，符合设计要求和《建筑电气工程施工质量验收规范》(GB 50303—2002) 规定。</td></tr>
<tr><td rowspan="3">签字栏</td><td rowspan="2" colspan="2">建设（监理）单位</td><td colspan="2">施工单位</td><td colspan="3">××工程公司</td></tr>
<tr><td colspan="2">专业技术负责人</td><td colspan="2">专业质检员</td><td>专业测试人</td></tr>
<tr><td colspan="2">×××</td><td colspan="2">×××</td><td colspan="2">×××</td><td>×××</td></tr>
</table>

《电气接地电阻测试记录》填表说明：

1）《电气接地电阻测试记录》应由建设（监理）单位及施工单位共同进行检查。

2）检测阻值结果和结论齐全。

3）电气接地电阻测试应及时，测试必须在接地装置敷设后隐蔽之前进行。

4）应绘制建筑物及接地装置的位置示意图表。

5）编号栏的填写应参照隐蔽工程检查记录表编号编写，但表式不同时顺序号应重新编号。

6）要求无未了事项：

①表格中凡需填空的地方，实际已发生的，如实填写；未发生的，则在空白处划斜杠“/”。

②对于选择框，有此项内容，在选择框处划“√”，若无此项内容，可空着，不必划“×”。

7）本表由施工单位填写，建设单位、施工单位、城建档案馆各保存一份。

(3) 电气绝缘电阻测试记录。

表 2-3　　电气绝缘电阻测试记录

编号：×××

工程名称	××工程		测试日期	××年×月×日	
计量单位	MΩ（兆欧）		天气情况	晴	
仪表型号	ZC—7	电压	380V	气温	28℃

试验内容		相间			相对零			相对地			零对地
		L_1-L_2	L_2-L_3	L_3-L_1	L_1-N	L_2-N	L_3-N	L_1-PE	L_2-PE	L_3-PE	N—PE
层数、路别、名称、编号	ZAL3—1										
	1	400	/	/	500	/	/	400	/	/	500
	2	/	300	/	/	400	/	/	500	/	400
	3	/	/	500	/	/	500	/	/	400	400
	4	500	/	/	400	/	/	400	/	/	300
	5	/	400	/	/	500	/	/	400	/	500
	6	/	/	500	/	/	/	400	/	400	500

测试结论：

经测试，线路绝缘良好，符合设计要求和《建筑电气工程施工质量验收规范》(GB 50303—2002) 规定。

签字栏	建设（监理）单位	施工单位	××建筑工程公司	
		技术负责人	质检员	测试人
	×××	×××	×××	×××

《电气绝缘电阻测试记录》填表说明：

1）电气绝缘电阻测试记录应由建设（监理）单位及施工单位共同进行检查。

2）检测阻值结果和测试结论齐全。

3）当同一配电箱（盘、柜）内支路很多，又是同一天进行测试时，本表格填不下，可续表格进行填写，但编号应一致。

4）阻值必须符合规范、标准的要求，若不符合规范、标准的要求，应查找原因并进行处理，直到符合要求方可填写此表。

5）编号栏的填写应参照隐蔽工程检查记录表编号编写，但表式不同时顺序号应重新编号，一、二次测试记录的顺序号应连续编写。

6）要求无未了事项：表格中凡需填空的地方，实际已发生的，如实填写；未发生的，则在空白处划斜杠“/”。

7）本表由施工单位填报，建设单位、施工单位各保存一份。

(4) 架空线路及杆上电气设备安装工程检验批质量验收记录表。

表 2-4　　架空线路及杆上电气设备安装工程检验批质量验收记录表

GB 50303—2002

060101□□

<table>
<tr><td colspan="3">工程名称</td><td>××工程</td><td colspan="3">分项工程名称</td><td colspan="4">架空线路及杆上电气设备安装</td><td>验收部位</td><td>×××</td></tr>
<tr><td colspan="3">施工单位</td><td colspan="2">×××建筑工程集团公司</td><td colspan="3">专业工长</td><td colspan="3">×××</td><td>项目经理</td><td>×××</td></tr>
<tr><td colspan="3">施工执行标准名称及编号</td><td colspan="10">《建筑电气工程施工工艺标准》(QB ×××—2005)</td></tr>
<tr><td colspan="3">分包单位</td><td>/</td><td colspan="3">分包项目经理</td><td colspan="4">/</td><td>施工班组长</td><td>×××</td></tr>
<tr><td colspan="4">施工质量验收规范的规定</td><td colspan="8">施工单位检查评定记录</td><td>监理（建设）单位验收记录</td></tr>
<tr><td rowspan="6">主控项目</td><td>1</td><td>变压器中性点的接地及接地电阻值测试</td><td>第 4.1.3 条</td><td colspan="8">√</td><td rowspan="6">同意验收</td></tr>
<tr><td>2</td><td>杆上高压电气设备的交接试验</td><td>第 4.1.4 条</td><td colspan="8">√</td></tr>
<tr><td>3</td><td>杆上低压配电装置和馈电线路的交接试验</td><td>第 4.1.5 条</td><td colspan="8">√</td></tr>
<tr><td>4</td><td>电杆坑、拉线坑深度允许偏差</td><td>+100mm，
−50mm</td><td>+70</td><td>−30</td><td>+60</td><td>−25</td><td>−14</td><td>+35</td><td>+50</td><td></td></tr>
<tr><td>5</td><td>架空导线的弧垂值允许偏差</td><td>±5%</td><td>+3</td><td>−2</td><td>+4</td><td>+1</td><td>−2</td><td>−3</td><td>+3</td><td>+2</td></tr>
<tr><td>6</td><td>水平模拟的同档导线间的弧垂值允许偏差</td><td>±50mm</td><td>+15</td><td>+10</td><td>+20</td><td>−30</td><td>−15</td><td>+20</td><td></td><td></td></tr>
</table>

（续）

<table>
<tr><td rowspan="6">一般项目</td><td>1</td><td>拉线及其绝缘子、金具安装</td><td>第4.2.1条</td><td>√</td><td rowspan="6">同意验收</td></tr>
<tr><td>2</td><td>电杆组立</td><td>第4.2.2条</td><td>√</td></tr>
<tr><td>3</td><td>横担安装及横担的镀锌处理</td><td>第4.2.3条</td><td>√</td></tr>
<tr><td>4</td><td>导线架设</td><td>第4.2.4条</td><td>√</td></tr>
<tr><td>5</td><td>线路安全距离</td><td>第4.2.5条</td><td>√</td></tr>
<tr><td>6</td><td>杆上电气设备安装</td><td>第4.2.6条</td><td>√</td></tr>
<tr><td colspan="2">施工单位检查评定结果</td><td colspan="4">经检查，工程主控项目、一般项目均符合《建筑电气工程施工质量验收规范》（GB 50303—2002）的规定，评定为合格。

项目专业质量检查员：×××

××年×月×日</td></tr>
<tr><td colspan="2">监理（建设）单位验收结论</td><td colspan="4">同意施工单位评定结果，验收合格。

监理工程师：×××
（建设单位项目专业技术负责人）

××年×月×日</td></tr>
</table>

《架空线路及杆上电气设备安装工程检验批质量验收记录表》填表说明：

1）主控项目：

①变压器中性点应与接地装置引出干线直接连接、接地装置的接地电阻值必须符合《建筑电气工程施工质量验收规范》（GB 50303—2002）第4.1.3条规定。

②杆上变压器和高压绝缘子、高压隔离开关、跌落式熔断器、避雷器等必须按《建筑电气工程施工质量验收规范》（GB 50303—2002）第3.1.8条的规定交接试验合格。

③杆上低压配电箱的电气装置和馈电线路交接试验应符合下列规定：

a. 每路配电开关及保护 规格、型号，应符合设计要求。

b. 相间和相对地间的绝缘电阻值应大于0.5MΩ。

c. 电气装置的交流工频耐压试验电压1kV，当绝缘电阻值大于10MΩ时，可采用2500V兆欧表摇测替代，试验持续时间1min，无击穿闪络现象。

主控项目1～3全数检查；4～6抽查10%，少于5基（档），全数检查。

2）一般项目：

①拉线的绝缘子及金具应齐全，位置正确，承力拉线应与线路中心线方向一致，转角拉线应与线路分解线方向一致。拉线应收紧，收紧程度与杆上导线数量规格及弧垂值相适配。

②电杆组立应正直，直线杆横向位移不应大于50mm，杆梢偏移不应大于梢径的1/2，转角杆紧线后不向内角倾斜，向外角倾斜不应大于一个梢径。

③直线杆单横担应装于受电侧，终端杆、转角杆的单横担装于拉线侧。横担的上下歪斜和左右扭斜，从横担端部测量不应大于20mm。横担等镀锌制品应热浸镀锌。

④导线无断股、扭绞和死弯，与绝缘子固定可靠，金具规格应与导线规格适配。

⑤线路跳线、过引线、接户线的线间和线对地间的安全距离，电压等级为6～10kV的，应大于300mm，电压等级为1kV及以下的，应大于150mm。用绝缘导线架设的线路，绝缘破口处应修补完整。

⑥杆上电气设备安装应符合下列规定：

a. 固定电气设备的支架、紧固件为热浸镀锌制品，坚固件及防松零件齐全。

b. 变压器油位正常、附件齐全、无渗油现象，外壳涂层完整。

c. 跌落式熔断器安装的相间距离不小于500mm，熔管试操动能自然打开旋下。

d. 杆上隔离开关分、合操动灵活，操动机构机械锁定可靠，分合时三相同期限性好，分闸后，刀片与静触头间空气间隙距离不小于200mm；地面操作杆的接地（PE）可靠，且有标识。

e. 杆上避雷器排列整齐，相间距离不小于350mm，电源侧引线铜线截面积不小于16mm^2、铝线截面积不小于25mm^2，接地侧引线铜线截面积不小于25mm^2，铝线截面积不小于35mm^2。与接地装置引出线连接可靠。

一般项目5～6全数检查；1～4抽查10%，少于5组（基，付），全数检查；第2项中的转角杆全数检查。

2. 变压器箱式变电所安装工程

变压器箱式变电所安装工程检验批质量验收记录表。

表 2-5　　变压器、箱式变电所安装工程检验批质量验收记录表
GB 50303—2002

060102□□
060201□□

<table>
<tr><td>工程名称</td><td>××工程</td><td>分项工程名称</td><td>变压器、箱式变电所安装</td><td>验收部位</td><td>×××</td></tr>
<tr><td>施工单位</td><td>×××建筑工程集团公司</td><td>专业工长</td><td>×××</td><td>项目经理</td><td>×××</td></tr>
<tr><td>施工执行标准名称及编号</td><td colspan="5">《建筑电气工程施工工艺标准》(QB ×××—2005)</td></tr>
<tr><td>分包单位</td><td>/</td><td>分包项目经理</td><td>/</td><td>施工班组长</td><td>×××</td></tr>
<tr><td colspan="4">施工质量验收规范的规定</td><td>施工单位检查评定记录</td><td>监理（建设）单位验收记录</td></tr>
<tr><td rowspan="5">主控项目</td><td>1</td><td>变压器安装及外观检查</td><td>第 5.1.1 条</td><td>√</td><td rowspan="5">同意验收</td></tr>
<tr><td>2</td><td>变压器中性点、箱式变电气 N 和 PE 母线的接地连接及支架或框架接地</td><td>第 5.1.2 条</td><td>√</td></tr>
<tr><td>3</td><td>变压器的交接试验</td><td>第 5.1.3 条</td><td>√</td></tr>
<tr><td>4</td><td>箱式变电所及落地配电箱的固定、箱体接地或接零</td><td>第 5.1.4 条</td><td>√</td></tr>
<tr><td>5</td><td>箱式变电气的交接试验</td><td>第 5.1.5 条</td><td>√</td></tr>
<tr><td rowspan="7">一般项目</td><td>1</td><td>有载调压开关检查</td><td>第 5.1.5 条</td><td>√</td><td rowspan="7">同意验收</td></tr>
<tr><td>2</td><td>绝缘件和测温仪表检查</td><td>第 5.2.2 条</td><td>√</td></tr>
<tr><td>3</td><td>装有滚轮的变压器固定</td><td>第 5.2.3 条</td><td>√</td></tr>
<tr><td>4</td><td>变压器的器身检查</td><td>第 5.2.4 条</td><td>√</td></tr>
<tr><td>5</td><td>箱式变电所内外涂层和通风口检查</td><td>第 5.2.5 条</td><td>√</td></tr>
<tr><td>6</td><td>箱式变电所柜内接线和线路标记</td><td>第 5.2.6 条</td><td>√</td></tr>
<tr><td>7</td><td>装有气体继电器顶盖变压器的坡度</td><td>第 5.2.7 条</td><td>√</td></tr>
<tr><td>施工单位检查评定结果</td><td colspan="5">经检查，工程主控项目、一般项目均符合《建筑电气工程施工质量验收规范》(GB 50303—2002) 的规定，评定为合格。
项目专业质量检查员：×××
××年×月×日</td></tr>
<tr><td>监理（建设）单位验收结论</td><td colspan="5">同意施工单位评定结果，验收合格。
监理工程师：×××
（建设单位项目专业技术负责人）
××年×月×日</td></tr>
</table>

《变压器、箱式变电所安装工程检验批质量验收记录表》填表说明：

(1) 主控项目：

1) 变压器安装应位置正确，附件齐全，油浸变压器油位正常，无渗油现象。

2) 接地装置引出的接地干线与变压器的低压侧中性点直接连接；接地干线与箱式变电气的N母线和PE母线直接连接；变压器箱体、干式变压器的支架或外壳应接地(PE)。所有连接应可靠，紧固件及防松零件齐全。

3) 变压器必须按《建筑电气工程施工质量验收规范》(GB 50303—2002) 第3.1.8条的规定交接试验合格。

4) 箱式变电所及落地式配电箱的基础应高于室外地坪，周围排水通畅。用地脚螺栓固定的螺帽齐全，拧紧牢固；自由安放的应垫平放正。金属箱式变电所及落地式配电箱，箱体应接地(PE)或接零(PEN)可靠，且有标识。

5) 箱式变电所的交接试验，必须符合下列规定：

①由高压成套开关柜、低压成套开关柜和变压器三个独立单元组合成的箱式变电所高压电气设备部位，按《建筑电气工程施工质量验收规范》(GB 50303—2002) 第3.1.8条的规定交接试验合格。

②高压开关、熔断器等与变压器组合在同一个密闭油箱内的箱式变电所，交接试验按产品提供的技术文件要求执行。

③低压成套配电柜交接试验符合《建筑电气工程施工质量验收规范》(GB 50303—2002) 第4.1.5条的规定。

(2) 一般项目：

1) 有载调压开关的传动部分润滑应良好，动作灵活，点动给定位置与开关实际位置一致，自动调节符合产品的技术文件要求。

2) 绝缘件应无裂纹、缺损和瓷件瓷釉损坏等缺陷，外表清洁，测温仪表指示准确。

3) 装有滚轮的变压器就位后，应将滚轮用能拆卸的制动部件固定。

4) 应按产品技术文件要求检查变压器器身，当满足下列条件之一时，可不检查器身。

①制造厂规定不检查器身者。

②就地生产仅作短途运输的变压器，且在运输过程中有效监督，无紧急制动、剧烈振动、冲撞或严重颠簸等异常情况者。

5) 箱式变电所内外涂层完整、无损伤，有通风口的风口防护网完好。

6) 箱式变电所的高低压柜内部接线完整、低压每个输出回路标记清晰，回路名称准确。

7) 装有气体继电器的变压器顶盖，沿气体继电器的气流方向有1.0%～1.5%的升高坡度。

3. 成套配电柜、控制柜(屏、台)和动力、照明配电箱(盘)安装工程

(1) 成套配电柜、控制柜(屏、台)和动力、照明配电箱(盘)安装检验批质量验收记录表(Ⅰ)高压开关柜。

表 2-6　　成套配电柜、控制柜（屏、台）和动力、照明配电箱（盘）安装检验批质量验收记录表 GB 50303—2002

（Ⅰ）高压开关柜

060103□□
060202□□
060601□□

<table>
<tr><td colspan="2">工程名称</td><td>××工程</td><td colspan="2">分项工程名称</td><td colspan="4">成套配电柜、控制柜（屏、台）和动力、照明配电箱（盘）安装</td><td colspan="4">验收部位</td><td>×××</td></tr>
<tr><td colspan="2">施工单位</td><td colspan="2">×××建筑工程集团公司</td><td>专业工长</td><td colspan="4">×××</td><td colspan="4">项目经理</td><td>×××</td></tr>
<tr><td colspan="2">施工执行标准名称及编号</td><td colspan="12">《建筑电气工程施工工艺标准》（QB ×××—2005）</td></tr>
<tr><td colspan="2">分包单位</td><td>××机电安装工程公司</td><td colspan="2">分包项目经理</td><td colspan="4">×××</td><td colspan="4">施工班组长</td><td>×××</td></tr>
<tr><td colspan="5">施工质量验收规范的规定</td><td colspan="8">施工单位检查评定记录</td><td>监理（建设）单位验收记录</td></tr>
<tr><td rowspan="5">主控项目</td><td>1</td><td colspan="2">金属框架的接地或接零</td><td>第 6.1.1 条</td><td colspan="8">√</td><td rowspan="5">符合要求</td></tr>
<tr><td>2</td><td colspan="2">手车抽出式柜的推拉和动、静触头检查</td><td>第 6.1.3 条</td><td colspan="8">√</td></tr>
<tr><td>3</td><td colspan="2">成套配电柜的交接试验</td><td>第 6.1.4 条</td><td colspan="8">√</td></tr>
<tr><td>4</td><td colspan="2">柜间线路绝缘电阻测试</td><td>第 6.1.6 条</td><td colspan="8">√</td></tr>
<tr><td>5</td><td colspan="2">二次回路耐压试验</td><td>第 6.1.7 条</td><td colspan="8">√</td></tr>
<tr><td colspan="5">施工质量验收规范的规定</td><td colspan="8">施工单位检查评定记录</td><td>监理（建设）单位验收记录</td></tr>
<tr><td rowspan="9">一般项目</td><td>1</td><td colspan="2">柜间或与基础型钢的连接</td><td>第 6.2.2 条</td><td colspan="8">√</td><td rowspan="9">符合要求</td></tr>
<tr><td>2</td><td colspan="2">柜间安装相互间接缝、成列安装盘面偏差检查</td><td>第 6.2.3 条</td><td colspan="8">√</td></tr>
<tr><td>3</td><td colspan="2">柜内部检查试验</td><td>第 6.2.4 条</td><td colspan="8">√</td></tr>
<tr><td>4</td><td colspan="2">柜间配线</td><td>第 6.2.5 条</td><td colspan="8">√</td></tr>
<tr><td>5</td><td colspan="2">柜、与其面板间可动部位的配线</td><td>第 6.2.7 条</td><td colspan="8">√</td></tr>
<tr><td rowspan="3">6</td><td rowspan="3">基础型钢安装允许偏差</td><td>不直度（mm/m）</td><td>≤1</td><td>0.8</td><td>0.5</td><td>0.2</td><td>0.7</td><td>0.6</td><td>0.4</td><td>0.3</td><td>0.2</td></tr>
<tr><td>水平度（mm/全长）</td><td>≤5</td><td>5</td><td>4</td><td>3</td><td>2</td><td>4</td><td>3</td><td>3</td><td>4</td></tr>
<tr><td>不平行度（mm/全长）</td><td>≤5</td><td>2</td><td>4</td><td>3</td><td>2</td><td>3</td><td>5</td><td>4</td><td>4</td></tr>
<tr><td>7</td><td colspan="2">柜、盘等安装垂直度允许偏差</td><td>≤1.5‰</td><td>1.2</td><td>1.0</td><td>0.8</td><td>1.2</td><td>0.7</td><td>0.6</td><td>1.2</td><td>1.4</td></tr>
<tr><td colspan="2">施工单位检查评定结果</td><td colspan="12">经检查，工程主控项目、一般项目均符合《建筑电气工程施工质量验收规范》（GB 50303—2002）的规定，评定为合格。
项目专业质量检查员：×××　　××年×月×日</td></tr>
<tr><td colspan="2">监理（建设）单位验收结论</td><td colspan="12">同意施工单位评定结果，验收合格。
监理工程师：×××
（建设单位项目专业技术负责人）　　××年×月×日</td></tr>
</table>

《成套配电柜、控制柜（屏、台）和动力、照明配电箱（盘）安装工程检验批质量验收记录表（Ⅰ）高压开关柜》填表说明：

1）主控项目：

①柜、屏、台、箱、盘的金属框架及基础型钢必须接地（PE）或接零（PEN）可靠；装有电器的可开启门，门和框架的接地端子间应用裸编织铜线连接，且有标识。

②手车、抽出式成套配电柜推拉灵活，无卡阻碰撞现象。动触头与静触头的中心线应一致，且触头接触紧密，投入时，接地触头先与主触头接触；退出时，接地触头后与主触头脱开。

③高压成套配电柜必须按《建筑电气工程施工质量验收规范》（GB 50303—2002）第3.1.8条的规定交接试验合格，且应符合下列规定：

a. 继电保护元器件、逻辑元件、变送器和控制用计算机等单体校验合格，整组试验动作正确，整定参数符合设计要求。

b. 凡经法定程序批准，进入市场投入使用的新高压电气设备和继电保护装置，按产品技术文件要求交接试验。

④柜、屏、台、箱、盘间线路的线间和线对地间绝缘电阻值，馈电线路必须大于0.5MΩ；二次回路必须大于1MΩ。

⑤柜、屏、台、箱、盘间二次回路交流工频耐压试验，当绝缘电阻值大于10MΩ时，用2500V兆欧表摇测1min，应无闪络击穿现象；当绝缘电阻值在1～10MΩ时，做1000V交流工频耐压试验，时间1min，应无闪络击穿现象。

检查数量：主控项目1、3全数检查；2、4、5抽查10%，少于5回路（台），全数检查。

2）一般项目：

①柜、屏、台、箱、盘相互间或与基础型钢应用镀锌螺栓连接，且防松零件齐全。

②柜、屏、台、箱、盘安装垂直度允许偏差为1.5‰，相互间接缝不应大于2mm，成列盘面偏差不应大于5mm。

③柜、屏、台、箱、盘内检查试验应符合下列规定：

a. 控制开关及保护装置的规格、型号符合设计要求。

b. 闭锁装置动作准确、可靠。

c. 主开关的辅助开关切换动作与主开关动作一致。

d. 柜、屏、台、箱、盘上的标识器件标明被控设备编号及名称，或操作位置，接线端子有编号，且清晰、工整、不易脱色。

e. 回路中的电子元件不参加交流工频耐压试验；48V及以下回路可不作交流工频耐压试验。

④柜、屏、台、箱、盘间配线：电流回路应采用额定电压不低于750V，芯线截面积不小于2.5mm^{2}的铜芯绝缘电线或电缆；除电子元件回路或类似回路外，其他回路的电线应采用额定电压不低于750V，芯线截面不小于1.5mm^{2}的铜芯绝缘电线或电缆。

⑤连接柜、屏、台、箱、盘面板上的电器及控制台、板等可动部位的电线应符合下列规定：

a. 采用多股铜芯软电线，敷设长度留有适当裕量。

b. 线束有外套塑料管等加强绝缘保护层。

c. 与电器连接时，端部绞紧，且有不开口的终端端子或搪锡，不松散、断股。

d. 可转动部位的两端用卡子固定。

一般项目 6 全数检查；1~5、7 抽查 10%，少于 5 处（台），全数检查。

(2) 成套配电柜、控制柜（屏、台）和动力、照明配电箱（盘）安装检验批质量验收记录表（Ⅱ）低压成套柜（屏、台）。

表 2-7　成套配电柜、控制柜（屏、台）和动力、照明配电箱（盘）安装检验批质量验收记录表 GB 50303—2002 （Ⅱ）低压成套柜（屏、台）

060401□□

工程名称		××工程	分项工程名称	成套配电柜安装	验收部位	×××
施工单位		×××建筑工程集团公司	专业工长	×××	项目经理	×××
施工执行标准名称及编号		《建筑电气工程施工工艺标准》(QB ×××—2005)				
分包单位		××机电安装工程公司	分包项目经理	×××	施工班组长	×××
主控项目	1	金属框架接地或接零	第 6.1.1 条	√		
	2	电击保护和保护导体的截面积	第 6.1.2 条	√		
	3	抽出式柜的推拉和动、静触头检查	第 6.1.3 条	√		
	4	成套配电柜的交接试验	第 6.1.5 条	√		
		施工质量验收规范的规定		施工单位检查评定记录	监理（建设）单位验收记录	
主控项目	5	柜（屏、盘、台等）间线路绝缘电阻值测试	第 6.1.6 条	√	同意验收	
	6	柜（屏、盘、台等）间二次回路耐压试验	第 6.1.7 条	√		
	7	直流屏试验	第 6.1.8 条	√		

（续）

一般项目	1	柜（屏、盘、台等）间或与基础型钢的连接		第6.2.2条	√							同意验收
	2	柜（屏、盘、台等）间接缝、成列安装盘偏差		第6.2.3条	√							
	3	柜（屏、盘、台等）内部检查试验		第6.2.4条	√							
	4	低压电器组合		第6.2.5条	√							
	5	柜（屏、盘、台等）间配线		第6.2.6条	√							
	6	柜（台）与其面板间可动部位的配线		第6.2.7条	√							
	7	基础型钢安装允许偏差	不直度（mm/m）	≤1	0.5	1	0	0.4	0.6	1	0	0.8	
				≤5	3	2	4	2	1	5	4	3	
			水平度（mm/全长）	≤5	3	5	4	2	1	4	3	2	
			不平行度（mm/全长）										
	8	垂直度允许偏差		≤1.5‰	1	0.6	1.3	0.5	1.4	0.6	1	1.2	
施工单位检查评定结果	经检查，工程主控项目、一般项目均符合《建筑电气工程施工质量验收规范》（GB 50303—2002）的规定，评定为合格。 项目专业质量检查员：××× ××年×月×日											
监理（建设）单位验收结论	同意施工单位评定结果。 监理工程师：××× （建设单位项目专业技术负责人） ××年×月×日											

《成套配电柜、控制柜（屏、台）和动力、照明配电箱（盘）安装检验批质量验收记录表（Ⅱ）低压成套柜（屏、台）》填写说明：

1）主控项目：

①柜、屏、台、箱、盘的金属框架及基础型钢必须接地（PE）或接零（PEN）可靠；装有电器的可开启门，门和框架的接地端子间应用裸编织铜线连接，且有标识；

②低压成套配电柜、控制柜（屏、台）和动力、照明配电箱（盘）应有可靠的电击保护。柜（屏、台、箱、盘）内保护导体应有裸露的连接外部保护导体的端子，当设计无要求时，柜（屏、台、箱、盘）内保护导体最小截面积 S_p 不应小于《建筑电气工程施工质量验收规范》（GB 50303—2002）表6.1.2的规定。

③手车、抽出式成套配电柜推拉灵活，无卡阻碰撞现象。动触头与静触头的中心线应一致，且触头接触紧密，投入时，接地触头先与主触头接触；退出时，接地触头后与主触

头脱开。

④低压成套配电柜交接试验，必须符合《建筑电气工程施工质量验收规范》（GB 50303—2002）第4.1.5条的规定。

⑤柜、屏、台、箱、盘间线路的线间和线对地间绝缘电阻值，馈电线路必须大于0.5MΩ；二次回路必须大于1MΩ。

⑥柜、屏、台、箱、盘间二次回路交流工频耐压试验，当绝缘电阻值大于10MΩ时，用2500V兆欧表摇测1min，应无闪络击穿现象；当绝缘电阻值在1～10MΩ时，做1000V交流工作频耐压试验，时间1min，应无闪络击穿现象。

⑦直流屏试验，应将屏内电子器件从线路上退出，检测主回路线间和线对地间绝缘电阻值应大于0.5MΩ，直流屏所附蓄电池组的充、放电应符合产品技术文件要求；整流器的控制调整和输出特性试验应符合产品技术文件要求。

检查数量：主控项目1、3项全数检查；2、4、5项抽查10%，少于5回路（台），全数检查。

2）一般项目：

①柜、屏、台、箱、盘相互间或与基础型钢应用镀锌螺栓连接，且防松零件齐全。

②柜、屏、台、箱、盘安装垂直度允许偏差为1.5‰，相互间接缝不应大于2mm，成列盘面偏差不应大于5mm。

③柜、屏、台、箱、盘内检查试验应符合下列规定：控制开关及保护装置的规格、型号符合设计要求；闭锁装置动作准确、可靠；主开关的辅助开关切换动作与主开关动作一致；柜、屏、台、箱、盘上的标识器件标明被控设备编号及名称，或操作位置；接线端子有编号。且清晰、工整、不易脱色；回路中的电子元件不应参加交流工频耐压试验；48V及以下回路可不作交流工作频压试验。

④低压电器组合应符合下列规定：发热元件安装在散热良好的位置；熔断器的熔体规格、自动开关的整定值符合设计要求；切换压板接触良好，相邻压板间有安全距离，切换时，不触及相邻的压板；信号回路的信号灯、按钮、光字牌、电铃、电笛、事故电钟等动作和信号显示准确；外壳需接地（PE）或接零（PEN）的，连接可靠；端子排安装牢固，端子有序号、强电、弱电端子隔离布置，端子规格与芯线截面积大小适配。

⑤柜、屏、台、箱、盘间配线：电流回路应采用额定电压不低于750V，芯线截面积不小于2.5mm^{2}的铜芯绝缘电线或电缆；除电子元件回路或类似回路外，其他回路的电线应采用额定电压不低于750V，芯线截面不小于1.5mm^{2}的铜芯绝缘电线或电缆；二次回路连线应成束绑扎，不同电压等级、交流、直流线路及计算机控制线路应分别绑扎，且有标识；固定后不应妨碍手车开关或抽出式部件的拉出或推入。

⑥连接柜、屏、台、箱、盘面板上的电器及控制台、板等可动部位的电线应符合下列规定：采用多股铜芯软电线，敷设长度留有适当裕量；线束有外套塑料管等加强绝缘保护层；与电器连接时，端部绞紧，且有不开口的终端子或搪锡，不松散、断股；可转动部位的两端用卡子固定。

检查数量：一般项目6项全数检查；1～5、7项抽查10%，少于5处（台），全数检查。

（3）成套配电柜、控制柜（屏、台）和动力、照明配电箱（盘）安装检验批质量验收记录表（Ⅲ）照明配电箱（盘）。

表 2-8　成套配电柜、控制柜（屏、台）和动力、照明配电箱（盘）安装检验批质量验收记录表
GB 50303—2002
（Ⅲ）照明配电箱（盘）

060501□□

<table>
<tr><td colspan="3">工程名称</td><td>××工程</td><td>分项工程名称</td><td>照明配电箱（盘）安装</td><td>验收部位</td><td>×××</td></tr>
<tr><td colspan="3">施工单位</td><td colspan="2">×××建筑工程集团公司</td><td>专业工长　×××</td><td>项目经理</td><td>×××</td></tr>
<tr><td colspan="3">施工执行标准名称及编号</td><td colspan="5">《建筑电气工程施工工艺标准》（QB ×××—2005）</td></tr>
<tr><td colspan="3">分包单位</td><td>××机电安装工程公司</td><td>分包项目经理</td><td>×××</td><td>施工班组长</td><td>×××</td></tr>
<tr><td colspan="5">施工质量验收规范的规定</td><td colspan="2">施工单位检查评定记录</td><td>监理（建设）单位验收记录</td></tr>
<tr><td rowspan="4">主控项目</td><td>1</td><td colspan="2">金属箱体的接地或接零</td><td>第 6.1.1 条</td><td colspan="2">√</td><td rowspan="4">同意验收</td></tr>
<tr><td>2</td><td colspan="2">电击保护和保护导体截面积</td><td>第 6.1.2 条</td><td colspan="2">√</td></tr>
<tr><td>3</td><td colspan="2">箱（盘）间线路绝缘电阻值测试</td><td>第 6.1.6 条</td><td colspan="2">√</td></tr>
<tr><td>4</td><td colspan="2">箱（盘）内结线及开关动作</td><td>第 6.1.9 条</td><td colspan="2">√</td></tr>
<tr><td rowspan="6">一般项目</td><td>1</td><td colspan="2">箱（盘）内检查试验</td><td>第 6.2.4 条</td><td colspan="2">√</td><td rowspan="6">同意验收</td></tr>
<tr><td>2</td><td colspan="2">低压电器组合</td><td>第 6.2.5 条</td><td colspan="2">√</td></tr>
<tr><td>3</td><td colspan="2">箱（盘）间配线</td><td>第 6.2.6 条</td><td colspan="2">√</td></tr>
<tr><td>4</td><td colspan="2">箱与其面板间可动部位的配线</td><td>第 6.2.7 条</td><td colspan="2">√</td></tr>
<tr><td>5</td><td colspan="2">箱（盘）安装位置、开孔、回路编号等</td><td>第 6.2.8 条</td><td colspan="2">√</td></tr>
<tr><td>6</td><td colspan="2">垂直度允许偏差</td><td>≤1.5‰</td><td colspan="2">√</td></tr>
<tr><td colspan="3">施工单位检查评定结果</td><td colspan="5">经检查，工程主控项目、一般项目均符合《建筑电气工程施工质量验收规范》（GB 50303—2002）的规定，评定为合格。
项目专业质量检查员：×××　　××年×月×日</td></tr>
<tr><td colspan="3">监理（建设）单位验收结论</td><td colspan="5">同意施工单位评定结果
监理工程师：×××
（建设单位项目专业技术负责人）　　××年×月×日</td></tr>
</table>

1）主控项目：

①柜、屏、台、箱、盘的金属框架及基础型钢必须接地（PE）或接零（PEN）可靠；

装有电器的可开启门，门和框架的接地端子间应用裸编织铜线连接，且有标识。

②低压成套配电柜、控制柜（屏、台）和动力、照明配电箱（盘）应有可靠的电击保护。柜（屏、台、箱、盘）内保护导体应有裸露的连接外部保护导体的端子，当设计无要求时，柜（屏、台、箱、盘）内保护导体最小截面积 Sp 不应小于《建筑电气工程施工质量验收规范》（GB 50303—2002）表 6.1.1 的规定。

③柜、屏、台、箱、盘间线路的线间和线对地间绝缘电阻值，馈电线路必须大于 0.5MΩ；二次回路必须大于 1MΩ。

④照明配电箱（盘）安装应符合下列规定：箱（盘）内配线整齐，无铰接现象。导线连接紧密，不伤芯线，不断股。垫圈下螺丝两侧压的导线截面积相同，同一端子上导线连接不多于 2 根，防松垫圈等零件齐全；箱（盘）内开关动作灵活可靠，带有漏电保护的回路，漏电保护装置动作电流不大于 30mA，动作时间不大于 0.1s；照明箱（盘）内，分别设置零线（N）和保护地线（PE 线）汇流排，零线和保护地线经汇流排配出。

检查数量：主控项目 1 项全数检查；2 项抽查 20%，少于 5 台，全数检查；3、4 项抽查 10%，少于 5 台，全数检查。

2）一般项目：

①柜、屏、台、箱、盘内检查试验符合下列规定：控制开关及保护装置的规格、型号符合设计要求；闭锁装置动作准确、可靠；主开关的辅助开关切换动作与主开关动作一致；柜、屏、台、箱、盘上的标识器件标明被控设备编号及名称，或操作位置，接线端子有编号，且清晰、工整、不易脱色；回路中的电子元件不应参加交流工频耐压试验；48V 以下回路可不作交流工频耐压试验。

②低压电器组合应符合下列规范：发热元件安装在散热良好的位置；熔断器的熔体规格、自动开关的整定值符合设计要求；切换压板接触良好，相邻压板间的安全距离，切换时，不触及相邻的压板；信号回路的信号灯、按钮、光字牌、电铃、电笛、事故电钟等动作和信号显示准确；外壳需接（PE）的，连接可靠；端子排安装牢固，端子有序号，强电、弱电端子隔离布置，端子规格与芯线截面积大小适配。

③柜、屏、台、箱、盘间配线：电流回路应采用额定电压不低于 750V、芯线截面积不小于 $2.5mm^2$ 的铜芯绝缘电线或电缆，除电子元件回路或类似回路外，其他回路的电线应采用额定电压不低于 750V，芯线截面不小于 $1.5mm^2$ 的铜芯绝缘电线或电缆；二次回路连线应成束绑扎，不同电压等级、交流、直流线路及计算机控制线路应分别绑扎，且有标识；固定后不应妨碍手车开关或抽出式部件的拉出或推入。

④连接柜、屏、台、箱、盘面板上的电器及控制台、板等可动部位的电线应符合下列规定：采用多股铜芯软电线，敷设长度留有适当裕量；线束有外套塑料管等加强绝缘保护层；与电器连接时，端部绞紧，且有不开口的终端子或搪锡，不松散、断股；可转动部位的两端用卡子固定。

⑤照明配电箱（盘）安装应符合下列规定：位置正确，部件齐全，箱体开孔与导管管径适配，暗装配电箱箱盖紧贴墙面，箱（盘）涂层完整；箱（盘）内接线整齐，回路编号齐全，标识正确；箱（盘）不采用可燃材料制作；箱（盘）安装牢固，垂直度允许偏差为 1.5‰；底边距地面为 1.5m，照明配电板底边距地面不小于 1.8m。

⑥检查数量：一般项目抽查 10%，少于 5 台，全数检查。

4. 电线导管、电缆导管和线槽敷设工程

电线导管、电缆导管和线槽敷设检验批质量验收记录表。

表 2-9 电线导管、电缆导管和线槽敷设检验批质量验收记录表

GB 50303—2002

060104□□

<table>
<tr><td colspan="2">工程名称</td><td colspan="2">××工程</td><td>分项工程名称</td><td>电线导管、电缆导管和线槽敷设</td><td>验收部位</td><td>×××</td></tr>
<tr><td colspan="2">施工单位</td><td colspan="3">×××建筑工程集团公司</td><td>专业工长 ×××</td><td>项目经理</td><td>×××</td></tr>
<tr><td colspan="2">施工执行标准名称及编号</td><td colspan="6">《建筑电气工程施工工艺标准》(QB ×××—2005)</td></tr>
<tr><td colspan="2">分包单位</td><td colspan="2">××机电安装工程公司</td><td>分包项目经理</td><td>×××</td><td>施工班组长</td><td>×××</td></tr>
<tr><td colspan="5">施工质量验收规范的规定</td><td colspan="2">施工单位检查评定记录</td><td>监理(建设)单位验收记录</td></tr>
<tr><td rowspan="2">主控项目</td><td>1</td><td colspan="2">金属导管的接地或接零</td><td>第 14.1.1—1,2 条</td><td colspan="2">√</td><td rowspan="2">同意验收</td></tr>
<tr><td>2</td><td colspan="2">金属导管的连接</td><td>第 14.1.2 条</td><td colspan="2">√</td></tr>
<tr><td rowspan="6">一般项目</td><td>1</td><td colspan="2">埋地导管的埋设深度和选用</td><td>第 14.2.1 条</td><td colspan="2">√</td><td rowspan="6">同意验收</td></tr>
<tr><td>2</td><td colspan="2">导管的管口设置和处理</td><td>第 14.2.2 条</td><td colspan="2">√</td></tr>
<tr><td>3</td><td colspan="2">电缆导管的弯曲半径</td><td>第 14.2.3 条</td><td colspan="2">√</td></tr>
<tr><td>4</td><td colspan="2">金属导管的防腐</td><td>第 14.2.4 条</td><td colspan="2">√</td></tr>
<tr><td>5</td><td colspan="2">绝缘导管的连接和保护</td><td>第 14.2.9 条</td><td colspan="2">√</td></tr>
<tr><td>6</td><td colspan="2">柔性导管的长度、连接和接地要求</td><td>第 14.2.10 条</td><td colspan="2">√</td></tr>
<tr><td colspan="2">施工单位检查评定结果</td><td colspan="6">经检查,工程主控项目、一般项目均符合《建筑电气工程施工质量验收规范》(GB 50303—2002)的规定,评定为合格。
项目专业质量检查员:××× ××年×月×日</td></tr>
<tr><td colspan="2">监理(建设)单位验收结论</td><td colspan="6">同意施工单位评定结果
监理工程师:×××
(建设单位项目专业技术负责人) ××年×月×日</td></tr>
</table>

《电线导管、电缆导管和线槽敷设检验批质量验收记录表》填表说明：

（1）主控项目：

1）金属的导管和线槽必须接地（PE）或接零（PEN）可靠，且镀锌的钢导管、可挠性导管和金属线槽不得熔焊跨接接地线，以专用接地卡跨接的两卡间连线为铜芯软导线，截面积不小于 $4mm^2$；当非镀锌导管采用螺纹连接时，连接处的两端焊跨接接地线；当镀锌钢导管采用螺纹连接时，连接处的两端用专用接地卡固定跨接接地线；金属线槽不作设备的接地导体，当设计无要求时，金属线槽全长不少于 2 处与接地（PE）或接零（PEN）干线连接；非镀锌金属线槽间连接板的两端跨接铜芯接地线，镀锌线槽间连接板的两端不跨接接地线，但连接板两端不少于 2 个有防松螺帽或防松垫圈的连接固定螺栓。

2）金属导管严禁对口熔焊连接；镀锌和壁厚小于等于 2mm 的钢导管不得套管熔焊连接。

检查数量：主控项目抽查 10％，少于 10 处，全数检查。

（2）一般项目：

1）室外埋地敷设的电缆导管，埋深不应小于 0.7m。壁厚小于等于 2mm 的钢电线导管不应埋设于室外土壤内。

2）室外导管的管口应设置在盒、箱内。在落地式配电箱内的管口，箱底无封板的，管口应高出基础面 50～80mm。所有管口在穿入电线、电缆后应作密封处理。由箱式变电所或落地式配电箱引向建筑物的导管，建筑物一侧的导管管口应设在建筑物内。

3）电缆导管的弯曲半径不应小于电缆最小允许弯曲半径，电缆最小允许弯曲半径符合《建筑电气工程施工质量验收规范》（GB 50303—2002）表 12.2.1－1 的规定。

4）金属导管内外壁应做防腐处理；埋设于混凝土内的导管内壁应做防腐处理，外壁可不作防腐处理。

5）绝缘导管敷设。管口平整光滑；管与管、管与盒（箱）等器件采用插入法连接时，连接处结合面涂专用胶合剂，接口牢固密封；直埋于地下或楼板内的刚性绝缘导管，在穿出地面或楼板易受机构损伤的一段，采取保护措施；当设计无要求时，埋设在墙内或混凝土内的绝缘导管，采用中型以上的导管；沿建筑物、构筑物表面和在支架上敷设的刚性绝缘导管，按设计要求装设温度补偿装置。

6）金属、非金属柔性导管敷设应符合下列规定：刚性导管经柔性导管与电气设备、器具连接，柔性导管的长度在动力工程中不大于 0.8m，在照明工程中不大于 1.2m；可挠金属管或其他柔性导管与刚性导管或电气设备、器具间的连接采用专用接头；复合型可挠金属管或其他柔性导管的连接处密封良好，防腐液覆盖完整无损；可挠性金属导管和金属柔性导管不能做接地（PE）或接零（PEN）的接续导体。

检查数量：一般项目 1、2 项抽查 10％，少于 5 处，全数检查；3～6 项按不同导管种类、敷设方式各抽查 10％，少于 5 处，全数检查。

六、电缆头制作、接线和线路绝缘测试工程表格填写范例

电缆头制作、接线和线路绝缘测试检验批质量验收记录表。

表 2-10　　电缆头制作、接线和线路绝缘测试检验批质量验收记录表

GB 50303—2002

060106□□　060205□□　060306□□
060407□□　060506□□　060607□□

<table>
<tr><td colspan="2">工程名称</td><td>××工程</td><td>分项工程名称</td><td colspan="2">电缆头制作、接线和线路绝缘测试</td><td>验收部位</td><td>×××</td></tr>
<tr><td colspan="2">施工单位</td><td colspan="3">×××建筑工程集团公司</td><td>专业工长 ×××</td><td>项目经理</td><td>×××</td></tr>
<tr><td colspan="2">施工执行标准名称及编号</td><td colspan="6">《建筑电气工程施工工艺标准》(QB ×××—2005)</td></tr>
<tr><td colspan="2">分包单位</td><td>××机电安装工程公司</td><td colspan="2">分包项目经理</td><td>×××</td><td>施工班组长</td><td>×××</td></tr>
<tr><td colspan="5">施工质量验收规范的规定</td><td colspan="2">施工单位检查评定记录</td><td>监理（建设）单位验收记录</td></tr>
<tr><td rowspan="4">主控项目</td><td>1</td><td colspan="2">高压电力电缆直流耐压试验</td><td>第 18.1.1 条</td><td colspan="2">√</td><td rowspan="4">同意验收</td></tr>
<tr><td>2</td><td colspan="2">低压电线和电缆绝缘电阻测试</td><td>第 18.1.2 条</td><td colspan="2">√</td></tr>
<tr><td>3</td><td colspan="2">铠装电力电缆头的接地线及其截面积</td><td>第 18.1.3 条</td><td colspan="2">√</td></tr>
<tr><td>4</td><td colspan="2">电线、电缆接线</td><td>第 18.1.4 条</td><td colspan="2">√</td></tr>
<tr><td rowspan="3">一般项目</td><td>1</td><td colspan="2">芯线与电器设备的连接</td><td>第 18.2.1 条</td><td colspan="2">√</td><td rowspan="3">同意验收</td></tr>
<tr><td>2</td><td colspan="2">电线、电缆的芯线连接金具</td><td>第 18.2.2 条</td><td colspan="2">√</td></tr>
<tr><td>3</td><td colspan="2">电线、电缆回路标记和编号</td><td>第 18.2.3 条</td><td colspan="2">√</td></tr>
<tr><td colspan="2">施工单位检查评定结果</td><td colspan="6">经检查，工程主控项目、一般项目均符合《建筑电气工程施工质量验收规范》(GB 50303—2002) 的规定，评定为合格。
项目专业质量检查员：×××　　××年×月×日</td></tr>
<tr><td colspan="2">监理（建设）单位验收结论</td><td colspan="6">同意施工单位评定结果
监理工程师：×××
（建设单位项目专业技术负责人）　　××年×月×日</td></tr>
</table>

《电缆头制作、接线和线路绝缘测试检验批质量验收记录表》填表说明：

（1）主控项目：

1）高压电力电缆直流耐压试验必须按《建筑电气工程施工质量验收规范》（GB 50303—2002）第3.1.8条的规定交接试验合格。

2）低压电线和电缆，线间和线对地间的绝缘电阻值必须大于0.5MΩ。

3）铠装电力电缆头的接地线应采用铜绞线或镀锡铜编织线，截面积不应小于《建筑电气工程施工质量验收规范》（GB 50303—2002）表18.1.3的规定。

4）电缆、电线接线必须准确，并联运行电线或电缆的型号、规格、长度、相位应一致。

检查数量：主控项目1项全数检查；2、3项抽查10%，少于5个回路，全数检查；4项抽查10个回路。

（2）一般项目：

1）芯线与电器设备的连接。截面积在10mm² 及以下的单股铜芯线和单股铝芯线直接与设备、器具的端子连接；截面积在2.5mm² 及以下的多股铜芯线拧紧搪锡或接续端子后与设备、器具的端子连接；截面积大于2.5mm² 的多股铜芯线，除设备自带插接式端子外，接续端子后与设备或器具的端子连接；多股铜芯线与插接式端子连接前，端部拧紧搪锡；多股铝芯线接续端子后与设备、器具的端子连接；每个设备和器具的端子接线不多于2根电线。

2）电线、电缆的芯线连接金具（连接管和端子）规格应与芯线的规格适配，且不得采用开口端子。

3）电线、电缆的回路标记应清晰，编号准确。

检查数量：一般项目1、2项抽查10%，少于10处，全数检查；3项抽查5个回路。

6. 建筑物景观照明灯、航空障碍标志灯和庭院灯安装工程

建筑物景观照明灯、航空障碍标志灯和庭院灯安装检验批质量验收记录表。

表2-11　建筑物景观照明灯、航空障碍标志灯和庭院灯安装检验批质量验收记录表

GB 50303—2002

060107□□

060509□□

工程名称	××工程	分项工程名称		电缆头制作、接线和线路绝缘测试	验收部位	×××
施工单位	×××建筑工程集团公司		专业工长	×××	项目经理	×××
施工执行标准名称及编号	《建筑电气工程施工工艺标准》(QB ×××—2005)					
分包单位	××机电安装工程公司	分包项目经理		×××	施工班组长	×××
施工质量验收规范的规定				施工单位检查评定记录		监理（建设）单位验收记录

（续）

<table>
<tr><td rowspan="5">主控项目</td><td>1</td><td>建筑物彩灯灯具、配管及固定</td><td>第 21.1.1 条</td><td>√</td><td rowspan="5">同意验收</td></tr>
<tr><td>2</td><td>霓虹灯检查及固定</td><td>第 21.1.2 条</td><td>√</td></tr>
<tr><td>3</td><td>建筑物景观照明灯安装</td><td>第 21.1.3 条</td><td>√</td></tr>
<tr><td>4</td><td>航空障碍标志灯的安装</td><td>第 21.1.4 条</td><td>√</td></tr>
<tr><td>5</td><td>庭院灯安装</td><td>第 21.1.5 条</td><td>√</td></tr>
<tr><td rowspan="5">一般项目</td><td>1</td><td>建筑物彩灯安装检查</td><td>第 21.2.1 条</td><td>√</td><td rowspan="5">同意验收</td></tr>
<tr><td>2</td><td>霓虹灯安装</td><td>第 21.2.2 条</td><td>√</td></tr>
<tr><td>3</td><td>建筑物景观照明灯具的构架固定和外露电线电缆保护</td><td>第 21.2.3 条</td><td>√</td></tr>
<tr><td>4</td><td>航空障碍标志灯安装距离及动作检查</td><td>第 21.2.4 条</td><td>√</td></tr>
<tr><td>5</td><td>杆上路灯固定、灯具动作及熔断器配备</td><td>第 21.2.5 条</td><td>√</td></tr>
<tr><td colspan="2">施工单位检查评定结果</td><td colspan="4">经检查，工程主控项目、一般项目均符合《建筑电气工程施工质量验收规范》（GB 50303—2002）的规定，评定为合格。
项目专业质量检查员：×××　　××年×月×日</td></tr>
<tr><td colspan="2">监理（建设）单位验收结论</td><td colspan="4">同意施工单位评定结果
监理工程师：×××
（建设单位项目专业技术负责人）　　××年×月×日</td></tr>
</table>

《建筑物景观照明灯、航空障碍标志灯和庭院灯安装检验批质量验收记录表》填表说明：

（1）主控项目：

1）建筑物彩灯安装：建筑物顶部彩灯采用有防雨性能的专用灯具，灯罩要拧紧；彩灯配线管路按明配管敷设，且有防雨功能。管路间、管路与灯头盒间螺纹连接，金属导管及彩灯的构架、钢索等可接近裸露导体接地（PE）或接零（PEN）可靠；垂直彩灯悬挂挑臂采用不小于 10 号的槽钢。端部吊挂钢索用的吊钩螺栓直径不小于 10mm，螺栓在槽钢上固定，两侧有螺帽，且加平垫及弹簧垫圈紧固；悬挂钢丝绳直径不小于4.5mm，底把圆钢直径不小于 16mm，地锚采用架空外线用拉线盘，埋设深度大于 1.5m；垂直彩灯采用防水吊线灯头，下端灯头距离地面大于 3m。

2）霓虹灯安装：霓虹灯管完好，无破裂；灯管采用专用的绝缘支架固定，且牢固可靠。灯管固定后，与建筑物、构筑物表面的距离不小于 20mm；霓虹灯专用变压器采用双圈式，所供灯管长度不大于允许负载长度，露天安装的有防雨措施；霓虹灯专用变压器的二次电线和灯管间的连接线采用额定电压大于 15kV 的高压绝缘电线。二次电线与建筑物、构筑物表面的距离不小于 20mm。

3）建筑物景观照明灯具安装：每套灯具的导电部分对地绝缘电阻值大于 2MΩ；在人行道等人员来往密集场所安装的落地式灯具，无围栏防护，安装高度距地面 2.5m 以上；金属构架和灯具的可接近裸露导体及金属软管的接地（PE）或接零（PEN）可靠，且有标识。

4）航空障碍标志灯安装：灯具装设在建筑物或构筑物的最高部位。当最高部位平面面积较大或为建筑群时，除在最高端装设外，还在其外侧转角的顶端分别装设灯具；当灯具在烟囱顶上装设时，安装在低于烟囱口 1.5～3m 的部位且呈正三角形水平排列；灯具的选型根据安装高度决定；低光强的（距地面 60m 以下装设时采用）为红色光，其有效光强大于 1600cd。高光强的（距地面 150m 以上装设时采用）为白色光，有效光强随背景亮度而定；灯具的电源按主体建筑中最高负荷等级要求供电；灯具安装牢固可靠，且设置维修和更换光源的措施。

5）庭院灯安装：每套灯具的导电部位对地绝缘电阻值大于 2MΩ；立柱式路灯、落地式路灯、特种园艺灯等灯具与基础固定可靠，地脚螺栓备帽齐全。灯具的接线盒或熔断器盒，盒盖的防水密封垫完整；金属立柱及灯具可接近裸露导体接地（PE）或接零（PEN）可靠，接地线单设干线，干线沿庭院灯布置位置形成环网状，且不少于 2 处与接地装置引出线连接。由干线引出支线与金属灯柱灯及具的接地端子连接，且有标识。

检查数量：主控项目 1 项钢索等悬挂结构及接地全数检查；灯具和线路抽查 10%，少于 10 套，全数检查；2～4 项全数检查；5 抽查 10%，少于 5 套，全数检查。

（2）一般项目：

1）建筑物彩灯安装：建筑物顶部彩灯灯罩完整，无碎裂；彩灯电线导管防腐完好，敷设平整、顺直。

2）霓虹灯安装：当霓虹灯变压器明装时，高度不小于 3m；低于 3m 采取防护措施；霓虹灯变压器的安装位置方便检修，且隐蔽在不易被非检修人触及的场所，不装在吊平顶内；当橱窗内装有霓虹灯时，橱窗门与霓虹灯变压器一次侧开关有联锁装置，确保开门不接通霓虹灯变压器的电源；霓虹灯变压器两侧的电线采用玻璃制品绝缘支持物固定，支持点距离不大于下列数值：水平线段，0.5m；垂直线段，0.75m。

3）建筑物景观照明灯具构架应固定可靠，地脚螺栓拧紧，备帽齐全；灯具的螺栓紧固、无遗漏。灯具外露的电线或电缆应有柔性金属导管保护。

4）航空障碍标志灯安装：同一建筑物或建筑群灯具间的水平、垂直距离不大于 45m；灯具的自动通、断电源控制装置动作准确。

5）庭院灯安装：灯具的自动通、断电源控制装置动作准确，每套灯具熔断器盒内熔丝齐全，规格与灯具适配；架空线路电杆上的路灯，固定可靠，紧固件齐全、拧紧，灯位正确；每套灯具配有熔断器保护。

检查数量：一般项目 2～4 项全数检查；1、5 项抽查 10%，少于 5 套，全数检查。

7. 建筑物照明通电试运行工程

（1）建筑物照明通电试运行记录。

表 2-12　　建筑物照明通电试运行记录

编号：×××

工程名称		××大厦				公建□ /住宅☑	
试运项目		照明系统		填写日期		××年×月×日	
试运时间		由 × 日 8 时 0 分开始，至 × 日 16 时 0 分结束					
运行负荷记录	运行时间	运行电压/V			运行电流/A		
		L_1-N (L_1-L_2)	L_2-N (L_2-L_3)	L_3-N (L_3-L_1)	L_1 相	L_2 相	L_3 相	温度/℃
	×日 9：00	225	225	225	79	78	79	28
	×日 11：00	220	220	220	80	79	80	29
	×日 13：00	230	230	230	79	80	79	31
	×日 15：00	225	225	225	77	76	77	28
	×日 17：00	225	220	225	78	77	79	28
工程名称		××大厦				公建□ /住宅☑		

试运行情况记录：

照明系统灯具、风扇等电器均投入运行，经 8h 通电试验，配电控制正确，空气开关、电度表、线路结点温度及器具运行情况正常，符合设计及规范要求。

签字栏	建设（监理）单位	施工单位	××工程公司	
		专业技术负责人	专业质检员	专业工长
	×××	×××	×××	×××

《建筑物照明通电试运行记录》填表说明：

1）《建筑物照明通电试运行记录》应由建设（监理）单位及施工单位共同进行检查。

2）试运行情况记录应详细：

①照明系统通电、灯具回路控制应与照明配电箱及回路的标识一致。

②开关与灯具控制顺序相对应，风扇的转向及调速开关应正常。

③记录电流、电压、温度及运行时间等有关数据。

④配电箱内电气线路连接节点处应进行温度测量，且温升值稳定不大于设计值。

⑤配电箱内电气线路连接节点测温应使用远红外摇表测量仪，并在检定有效期内。

3）除签字栏必须亲笔签字外，其余项目栏均须打印。

4）当测试线路的相对零电压时，应把相间电压划掉。

5）编号栏的填写应参照隐蔽工程检查记录表编号编写，但表式不同时顺序号应重新编号。

6）要求无未了事项：

①表格中凡需填空的地方，实际已发生的，如实填写；未发生的，则在空白处划斜杠“/”。

②对于选择框，有此项内容，在选择框处划“√”，若无此项内容，可空着，不必划“×”。

7）本表由施工单位填写，建设单位、施工单位各保存一份。

（2）建筑物照明通电试运行检验批质量验收记录表。

表 2-13　建筑物照明通电试运行检验批质量验收记录表

GB 50303—2002

060108□□

060511□□

<table>
<tr><td colspan="2">工程名称</td><td>××工程</td><td>分项工程名称</td><td colspan="2">电缆头制作、接线和线路绝缘测试</td><td>验收部位</td><td>×××</td></tr>
<tr><td colspan="2">施工单位</td><td colspan="3">×××建筑工程集团公司</td><td>专业工长　×××</td><td>项目经理</td><td>×××</td></tr>
<tr><td colspan="2">施工执行标准名称及编号</td><td colspan="6">《建筑电气工程施工工艺标准》（QB ×××—2005）</td></tr>
<tr><td colspan="2">分包单位</td><td>××机电安装工程公司</td><td colspan="2">分包项目经理</td><td>×××</td><td>施工班组长</td><td>×××</td></tr>
<tr><td colspan="5">施工质量验收规范的规定</td><td>施工单位检查评定记录</td><td colspan="2">监理（建设）单位验收记录</td></tr>
<tr><td rowspan="2">主控项目</td><td>1</td><td colspan="2">灯具回路控制与照明箱及回路的标识一致，开关与灯具控制顺序相对应</td><td>第 23.1.1 条</td><td>√</td><td colspan="2" rowspan="2">同意验收</td></tr>
<tr><td>2</td><td colspan="2">照明系统全负荷通电连续试运行时间</td><td>第 23.1.2 条</td><td>√</td></tr>
<tr><td colspan="2">施工单位检查评定结果</td><td colspan="6">经检查，工程主控项目、一般项目均符合《建筑电气工程施工质量验收规范》（GB 50303—2002）的规定，评定为合格。

项目专业质量检查员：×××　　××年×月×日</td></tr>
<tr><td colspan="2">监理（建设）单位验收结论</td><td colspan="6">同意施工单位评定结果

监理工程师：×××
（建设单位项目专业技术负责人）　　××年×月×日</td></tr>
</table>

《建筑物照明通电试运行检验批质量验收记录表》填表说明：

主控项目：

1）照明系统通电，灯具回路控制应与照明配电箱及回路的标识一致；开关与灯具控制顺序相对应，风扇的转向及调速开关应正常。

2）公用建筑照明系统通电连续试行时间应24h，民用住宅照明系统通电连续试运行时间应为8h。所有照明灯具均应开启，且每2h记录运行状态一次，连续试运行时间内无故障。

检查数量：全数检查。

8. 接地装置安装工程

（1）电气接地装置隐检与平面示意图表。

表 2-14 **电气接地装置隐检与平面示意图表**

编号：×××

工程名称	××工程		图号	×××	
接地类型	防雷、工作、保护	组数	1组	设计要求	≤1
接地装置平面示意图（绘制比例要适当，注明各组别编号及有关尺寸）					
G F E D C B A 1 2 3 4 5 6 7 8 9 10 11 12 13 14 15 16 17 18 19 20					
接地装置敷设情况检查表（尺寸单位：mm）					
槽沟尺寸	沿结构外四周，深0.8m		土质情况	砂质黏土	
接地极规格	/		打进深度	/	
接地体规格	40×4镀锌扁钢		焊接情况	符合规范要求	
防腐处理	焊接处均涂沥青油		接地电阻	（取最大值）	0.3Ω
检验结论	符合设计、规范要求		检验日期	××年×月×日	

签字栏	建设（监理）单位	施工单位	××工程公司	
		专业技术负责人	专业质检员	专业工长
	×××	×××	×××	×××

《电气接地装置隐检与平面示意图表》填表说明：

1)《电气接地装置隐检与平面示意图表》应由建设（监理）单位及施工单位共同进行检查。

2) 检测结论齐全。

3) 检验日期应与电气接地电阻测试记录日期一致。

4) 绘制接地装置平面示意图时，应把建筑物轴线、各测试点的位置及阻值标出。

5) 编号栏的填写：应与电气接地电阻测试记录编号一致。

6) 要求无未了事项：表格中凡需填空的地方，实际已发生的，如实填写；未发生的，则在空白处划斜杠“/”。

7) 本表由施工单位填写，建设单位、施工单位、城建档案馆各保存一份。

(2) 接地装置安装检验批质量验收记录表。

表 2-15　　接地装置安装检验批质量验收记录表

GB 50303—2002

060109□□
060206□□
060608□□
060701□□

<table>
<tr><td colspan="2">工程名称</td><td>××工程</td><td>分项工程名称</td><td colspan="2">接地装置安装</td><td>验收部位</td><td>×××</td></tr>
<tr><td colspan="2">施工单位</td><td colspan="3">×××建筑工程集团公司</td><td>专业工长 ×××</td><td>项目经理</td><td>×××</td></tr>
<tr><td colspan="2">施工执行标准名称及编号</td><td colspan="6">《建筑电气工程施工工艺标准》(QB ×××—2005)</td></tr>
<tr><td colspan="2">分包单位</td><td>××机电安装工程公司</td><td colspan="2">分包项目经理</td><td>×××</td><td>施工班组长</td><td>×××</td></tr>
<tr><td colspan="5">施工质量验收规范的规定</td><td colspan="2">施工单位检查评定记录</td><td>监理（建设）单位验收记录</td></tr>
<tr><td rowspan="5">主控项目</td><td>1</td><td colspan="2">接地装置测试点的设置</td><td>第 24.1.1 条</td><td colspan="2">√</td><td rowspan="5">同意验收</td></tr>
<tr><td>2</td><td colspan="2">接地电阻值测试</td><td>第 24.1.2 条</td><td colspan="2">√</td></tr>
<tr><td>3</td><td colspan="2">防雷接地的人工接地装置的接地干线埋设</td><td>第 24.1.3 条</td><td colspan="2">√</td></tr>
<tr><td>4</td><td colspan="2">接地模块的埋设深度、间距和基坑尺寸</td><td>第 24.1.4 条</td><td colspan="2">√</td></tr>
<tr><td>5</td><td colspan="2">接地模块设置应垂直或水平就位</td><td>第 24.1.5 条</td><td colspan="2">√</td></tr>
<tr><td rowspan="3">一般项目</td><td>1</td><td colspan="2">接地装置埋设深度、间距和搭接长度</td><td>第 24.2.1 条</td><td colspan="2">√</td><td rowspan="3">同意验收</td></tr>
<tr><td>2</td><td colspan="2">接地装置的材质和最小允许规格、尺寸</td><td>第 24.2.2 条</td><td colspan="2">√</td></tr>
<tr><td>3</td><td colspan="2">接地模块与干线的连接和干线材质选用</td><td>第 24.2.3 条</td><td colspan="2">√</td></tr>
</table>

（续）

施工单位检查评定结果	**经检查，工程主控项目、一般项目均符合《建筑电气工程施工质量验收规范》（GB 50303—2002）的规定，评定为合格。** 项目专业质量检查员：×××　　××年×月×日
监理（建设）单位验收结论	**同意施工单位评定结果** 监理工程师：××× （建设单位项目专业技术负责人）　　××年×月×日

《接地装置安装检验批质量验收记录表》填表说明：

1）主控项目：

①人工接地装置或利用建筑物基础钢筋的接地装置必须在地面以上按设计要求位置设测试点。

②测试接地装置的接地电阻值必须符合设计要求。

③防雷接地的人工接地装置的接地干线埋设，经人行通道处理地深度不应小于1m，且应采取均压措施或在其上方铺设卵石或沥青地面。

④接地模块顶面埋深不应小于0.6m，接地模块间距不应小于模块长度的3～5倍。接地模块埋设基坑，一般为模块外形尺寸的1.2～1.4倍，且在开挖深度内详细记录地层情况。

⑤接地模块应垂直或水平就位，不应倾斜设置，保持与原土层接触良好。

检查数量：主控项目全数检查。

2）一般项目：

①当设计无要求时，接地装置顶面埋设深度不应小于0.6m。圆钢、角钢及钢管接地极应垂直埋入地下，间距不应小于5m。接地装置的焊接应采用搭接焊，搭接长度：扁钢与扁钢搭接为扁钢宽度的2倍，不少于三面施焊；圆钢与圆钢搭接为圆钢直径的6倍，双面施焊；圆钢与扁钢搭接为圆钢直径的6倍，双面施焊；扁钢与钢管，扁钢与角钢焊接，紧贴角钢外侧两面，或紧贴3/4钢管表面，上下两侧施焊；除埋设在混凝土中的焊接接头外，有防腐措施。

②当设计无要求时，接地装置的材料采用钢材，热浸镀锌处理，最小允许规格、尺寸应符合《建筑电气工程施工质量验收规范》（GB 50303—2002）表24.2.2的规定。

③接地模块应集中引线，用干线把接地模块并联焊接成一个环路，干线的材质与接地模块焊接点的材质应相同，钢制的采用热浸镀锌扁钢，引出线不少于2处。

检查数量：一般项目1、2项抽查10处，少于10处，全数检查；3项全数检查。

第二节　变配电室工程

一、变配电室工程质量员工作流程

变配电室工程质量员工作流程见图2-2。

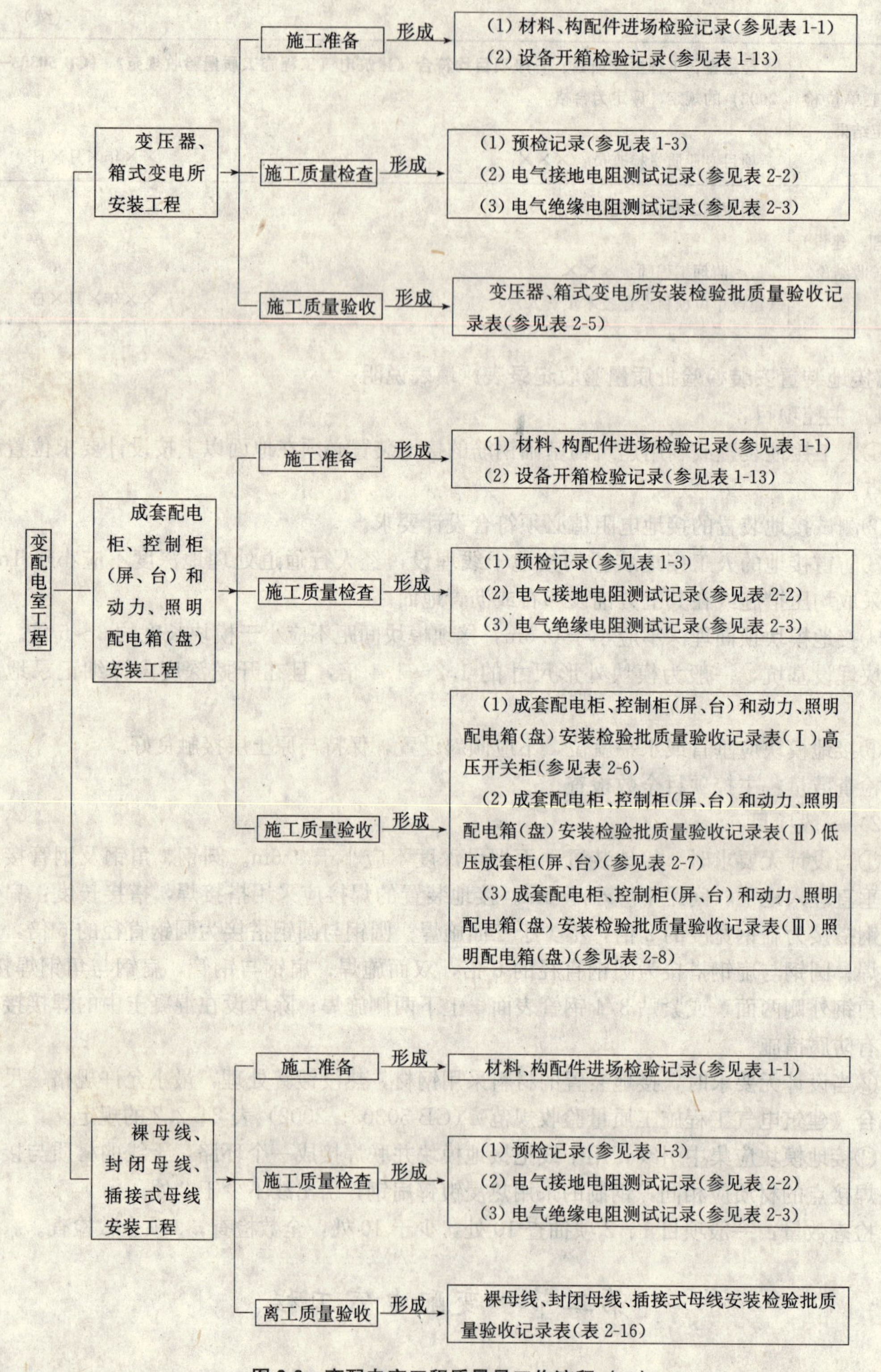

图 2-2 变配电室工程质量员工作流程（一）

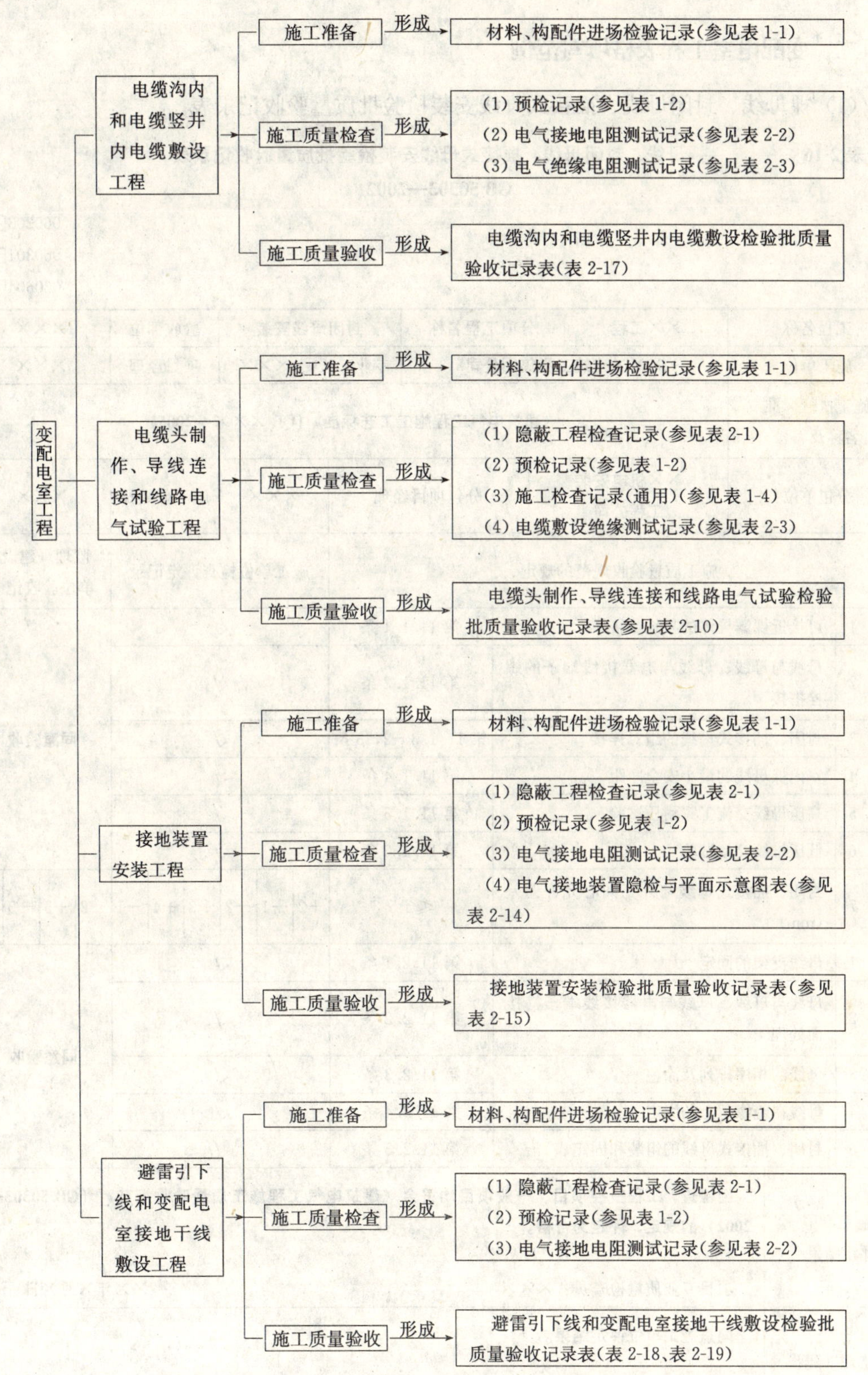

图 2-2 变配电室工程质量员工作流程（二）

二、变配电室工程表格填写范例

（1）裸母线、封闭母线、插接式母线安装检验批质量验收记录表。

表 2-16　　裸母线、封闭母线、插接式母线安装检验批质量验收记录表
GB 50303—2002

060203□□
060301□□
060604□□

工程名称	××工程	分项工程名称	封闭母线安装	验收部位	×××
施工单位	×××建筑工程集团公司	专业工长	×××	项目经理	×××
施工执行标准名称及编号	《建筑电气工程施工工艺标准》（QB ×××—2005）				
分包单位	××机电安装工程公司	分包项目经理	×××	施工班组长	×××

		施工质量验收规范的规定		施工单位检查评定记录	监理（建设）单位验收记录
主控项目	1	可接近裸露导体的接地或接零	第 11.1.1 条	√	同意验收
	2	母线与母线、母线与电器接线端子的螺栓搭接	第 11.1.2 条	√	
	3	封闭、插接式母线的组对连接	第 11.1.3—2，3 条	√	
	4	室内裸母线的最小安全净距	第 11.1.4 条	√	
	5	高压母线交流工频耐压试验	第 11.1.5 条	√	
	6	低压母线交接试验	第 11.1.6 条	√	
	7	封闭、插接式母线与外壳同心允许偏差（mm）	≤±5	+2　+1　−2　+3　+4　−1　−2　+5　−5　+3	
一般项目	1	母线支架的固定	第 11.2.1 条	√	同意验收
	2	母线与母线、母线与电器接线端子搭接面处理	第 11.2.2 条	√	
	3	母线的相序排列及涂色	第 11.2.3 条	√	
	4	母线在绝缘子上的固定	第 11.2.4 条	√	
	5	封闭、插接式母线的组装和固定	第 11.2.5 条	√	

施工单位检查评定结果	经检查，工程主控项目、一般项目均符合《建筑电气工程施工质量验收规范》（GB 50303—2002）的规定，评定为合格。 项目专业质量检查员：×××　　　　××年×月×日
监理（建设）单位验收结论	同意施工单位评定结果。 监理工程师：××× （建设单位项目专业技术负责人）　　　　××年×月×日

《裸母线、封闭母线、插接式母线安装检验批质量验收记录表》填表说明：

1）主控项目：

①绝缘子的底座、套管的法兰、保护网（罩）及母线支持等可接近裸露导体应接地（PE）或接零（PEN）可靠。不应作为接地（PE）或接零（PEN）的接续导体。

②母线与母线或母线与电器接线端子，当采用螺栓搭接连接时，应符合规定：母线的各类搭接连接的钻孔直径和搭接长度符合《建筑电气工程施工质量验收规范》（GB 50303—2002）附录C的规定，用力矩扳手拧紧钢制连接螺栓的力矩值符合《建筑电气工程施工质量验收规范》（GB 50303—2002）附录D的规定；母线接触面保持清洁，涂电力复合脂，螺栓孔周边无毛刺；连接螺栓两侧有平垫圈，相邻垫圈间有大于3mm的间隙，螺母侧装有弹簧垫圈或锁紧螺母；螺栓受力均匀，不使电器的接线端子受额外应力。

③封闭、插接式母线安装应符合规定：母线与外壳同心，允许偏差为±5mm；当段与段连接时，两相邻段母线及外壳对准，连接后不使母线及外壳受额外应力；母线的连接方法符合产品技术文件要求。

④室内裸母线的最小安全净距应符合《建筑电气工程施工质量验收规范》（GB 50303—2002）附录E的规定。

⑤高压母线交流工频耐压试验必须按《建筑电气工程施工质量验收规范》（GB 50303—2002）第3.1.8条的规定交接试验合格。

⑥低压母线交接试验应符合《建筑电气工程施工质量验收规范》（GB 50303—2002）第4.1.5条的规定。

检查数量：主控项目5、6项全数检查；1～4、7项抽查10处；少于10处，全数检查。

2）一般项目：

①母线的支架与预埋铁件采用焊接固定时，焊缝应饱满；采用膨胀螺栓固定时，选用的螺栓应适配，连接应牢固。

②母线与母线、母线与电器接线端子搭接，搭接面的处理应符合规定。铜与铜，室外、高温且潮湿的室内，搭接面搪锡；干燥的室内，不搪锡；铝与铝，搭接面不作涂层处理；钢与钢，搭接面搪锡或镀锌；铜与铝，在干燥的室内，铜导体搭接面搪锡；在潮湿场所，铜导体搭接面搪锡，且采用铜铝过渡板与铝导体连接；钢与铜或铝，钢搭接面搪锡。

③母线的相序排列及涂色，当设计无要求时应符合规定。上、下布置的交流母线，由上至下排列为A、B、C相；直流母线正极在上，负极在下；水平布置的交流母线，由盘后向盘前排列为A、B、C相；直流母线正极在后，负极在前；面对引下线的交流母线，由左至右排列为A、B、C相；直流母线正极在左，负极在右；母线的涂色；交流，A相为黄色、B相为绿色、C相为红色；直流，正极为赤色、负极为蓝色；在连接处或支持件边缘两侧10mm以内不涂色。

④母线在绝缘子上安装应符合下列规定：金具与绝缘子间的固定平整牢固，不使母线受额外应力；交流母线的固定金具或其他支持金具不形成闭合铁磁回路；除固定点外，当母线平置时，母线支持夹板的上部压板与母线间有1～1.5mm的间隙；当母线立置时，上部压板与母线间有1.5～2mm的间隙；母线的固定点，每段设置一个，设置于全长或两母

线伸缩节的中点；母线采用螺栓搭接时，连接处距绝缘子的支持夹板边缘不小于50mm。

⑤封闭、插接式母线组装和固定位置应正确，外壳与底座间、外壳各连接部位和母线的连接螺栓应按产品技术文件要求选择正确、连接紧固。

检查数量：一般项目1、2、4、5项抽查10%，少于5处，全数检查；3项抽查5处，少于5处，全数检查。

(2) 电缆沟内和电缆竖井内电缆敷设检验批质量验收记录表。

表 2-17　电缆沟内和电缆竖井内电缆敷设检验批质量验收记录表

GB 50303—2002

060204□□　060303□□

<table>
<tr><td colspan="2">工程名称</td><td colspan="2">××工程</td><td>分项工程名称</td><td colspan="2">电缆竖井内电缆敷设</td><td>验收部位</td><td>×××</td></tr>
<tr><td colspan="2">施工单位</td><td colspan="4">×××建筑工程集团公司</td><td>专业工长</td><td>×××</td><td>项目经理</td><td>×××</td></tr>
<tr><td colspan="2">施工执行标准名称及编号</td><td colspan="8">《建筑电气工程施工工艺标准》(QB ×××—2005)</td></tr>
<tr><td colspan="2">分包单位</td><td colspan="2">××机电安装工程公司</td><td colspan="2">分包项目经理</td><td>×××</td><td>施工班组长</td><td>×××</td></tr>
<tr><td colspan="5">施工质量验收规范的规定</td><td colspan="2">施工单位检查评定记录</td><td>监理（建设）单位验收记录</td></tr>
<tr><td rowspan="2">主控项目</td><td>1</td><td>金属支架、导管的接地或接零</td><td colspan="2">第13.1.1条</td><td colspan="2">√</td><td rowspan="2">同意验收</td></tr>
<tr><td>2</td><td>电缆敷设检查</td><td colspan="2">第13.1.2条</td><td colspan="2">√</td></tr>
<tr><td rowspan="4">一般项目</td><td>1</td><td>电缆支架安装</td><td colspan="2">第13.2.1条</td><td colspan="2">√</td><td rowspan="4">同意验收</td></tr>
<tr><td>2</td><td>电缆的弯曲半径</td><td colspan="2">第13.2.2条</td><td colspan="2">√</td></tr>
<tr><td>3</td><td>电缆的敷设固定和防火措施</td><td colspan="2">第13.2.3条</td><td colspan="2">√</td></tr>
<tr><td>4</td><td>标志牌设立</td><td colspan="2">第13.2.4条</td><td colspan="2">√</td></tr>
<tr><td colspan="2">施工单位检查评定结果</td><td colspan="6">经检查，工程主控项目、一般项目均符合《建筑电气工程施工质量验收规范》(GB 50303—2002)的规定，评定为合格。
项目专业质量检查员：×××　　××年×月×日</td></tr>
<tr><td colspan="2">监理（建设）单位验收结论</td><td colspan="6">同意施工单位评定结果
监理工程师：×××
（建设单位项目专业技术负责人）　　××年×月×日</td></tr>
</table>

《电缆沟内和电缆竖井内电缆敷设检验批质量验收记录表》填表说明：

1) 主控项目：

①金属电缆支架、电缆导管必须接地（PE）或接零（PEN）可靠；

②电缆敷设严禁有绞拧、铠装压扁、护层断裂和表面严重划伤等缺陷。

检查数量：主控项目抽查20%，少于10处，全数检查。

2) 一般项目：

①电缆支架安装。当设计无要求时，电缆支架最上层至竖井顶部或楼板的距离不小于150～200mm；电缆支架最下层至沟底或地面的距离不小于50～100mm；当设计无要求时，电缆支架层间最小允许距离符合《建筑电气工程施工质量验收规范》(GB 50303—2002) 表13.2.1的规定；支架与预埋件焊接固定时，焊缝饱满；用膨胀螺栓固定时，选

用螺栓适配，螺栓紧固，防松零件齐全。

②电缆在支架上敷设，转弯处的最小允许弯曲半径应符合规范表 12.2.1—1 的规定。

③电缆敷设固定。垂直敷设或大于 45°倾斜敷设的电缆在每个支架上固定；交流单芯电缆或分相后的每相电缆固定用的夹具和支架，不形成闭合铁磁回路；电缆排列整齐，少交叉；当设计无要求时，电缆支持点间距，不大于规范表 13.2.3 的规定；当设计无要求时，电缆与管道的最小净距，符合规范表 12.2.1—2 的规定，且敷设在易燃易爆气体管道和热力管道的下方敷设电缆的电缆沟和竖井，按设计要求位置，有防火隔堵措施。

④电缆的首端、末端和分支处应设标志牌。

检查数量：一般项目抽查 10%，少于 5 处，全数检查。

(3) 避雷引下线和变配电室接地干线敷设检验批质量验收记录表。

表 2-18　避雷引下线和变配电室接地干线敷设检验批质量验收记录表

GB 50303—2002

（Ⅰ）防雷引下线

060701□□

<table>
<tr><td colspan="3">工程名称</td><td>××工程</td><td>分项工程名称</td><td colspan="2">避雷引下线敷设</td><td>验收部位</td><td>×××</td></tr>
<tr><td colspan="3">施工单位</td><td colspan="2">×××建筑工程集团公司</td><td>专业工长</td><td>×××</td><td>项目经理</td><td>×××</td></tr>
<tr><td colspan="3">施工执行标准名称及编号</td><td colspan="6">《建筑电气工程施工工艺标准》(QB ×××—2005)</td></tr>
<tr><td colspan="3">分包单位</td><td>××机电安装工程公司</td><td>分包项目经理</td><td colspan="2">×××</td><td>施工班组长</td><td>×××</td></tr>
<tr><td colspan="5">施工质量验收规范的规定</td><td colspan="3">施工单位检查评定记录</td><td>监理（建设）单位验收记录</td></tr>
<tr><td rowspan="2">主控项目</td><td>1</td><td colspan="2">引下线的敷设、明敷引下线外观质量及防腐</td><td>第 25.1.1 条</td><td colspan="3">√</td><td rowspan="2">同意验收</td></tr>
<tr><td>2</td><td colspan="2">金属跨接线</td><td>第 25.1.3 条</td><td colspan="3">√</td></tr>
<tr><td rowspan="4">一般项目</td><td>1</td><td colspan="2">钢制接地线的焊接和材料规格、尺寸</td><td>第 25.2.1 条</td><td colspan="3">√</td><td rowspan="4">同意验收</td></tr>
<tr><td>2</td><td colspan="2">明敷接地引下线支持件的设置</td><td>第 25.2.2 条</td><td colspan="3">√</td></tr>
<tr><td>3</td><td colspan="2">接地线穿越及其保护</td><td>第 25.2.3 条</td><td colspan="3">√</td></tr>
<tr><td>4</td><td colspan="2">幕墙金属框架和建筑物金属门窗与接地干线的连接及其防腐</td><td>第 25.2.7 条</td><td colspan="3">√</td></tr>
<tr><td colspan="3">施工单位检查评定结果</td><td colspan="6">经检查，工程主控项目、一般项目均符合《建筑电气工程施工质量验收规范》(GB 50303—2002) 的规定，评定为合格。
项目专业质量检查员：×××　　××年×月×日</td></tr>
<tr><td colspan="3">监理（建设）单位验收结论</td><td colspan="6">同意施工单位评定结果
监理工程师：×××
（建设单位项目专业技术负责人）　　××年×月×日</td></tr>
</table>

《避雷引下线和变配电室接地干线敷设检验批质量验收记录表（Ⅰ）防雷引下线》填表说明：

1）主控项目：

①暗敷在建筑物抹灰层内的引下线应有卡钉分段固定；明敷的引下线应平直、无急弯，与支架焊接处，油漆防腐，且无遗漏。

②当利用金属构件、金属管道做接地线时，应在构件或管道与接地干线间焊接金属跨接线。

检查数量：主控项目1项抽查10%，少于5处，全数检查；2项全数检查。

2）一般项目：

①钢制接地线的焊接连接应符合《建筑电气工程施工质量验收规范》（GB 50303—2002）第24.2.1条的规定，材料采用及最小允许规格、尺寸符合规范第24.2.2条的规定。

②明敷接地引下线及室内接地干线的支持件间距应均匀，水平直线部位0.5～1.5m；垂直直线部位1.5～3m；弯曲部位0.3～0.5m。

③接地线在穿越墙壁、楼板和地坪处应加套钢管或其他坚固的保护套管，钢套管应与接地线做电气连通。

④设计要求接地的幕墙金属框架和建筑物的金属门窗，应就近与接地干线连接可靠，连接处不同金属间应有防电化腐蚀措施。

检查数量：一般项目1、3、4项抽查10%，少于5处，全数检查；2项抽查10m，少于10m，全数检查。

表 2-19　避雷引下线和变配电室接地干线敷设检验批质量验收记录表

GB 50303—2002

（Ⅱ）变配电室接地干线

060702□□

工程名称	××工程	分项工程名称	变配电室接地干线		验收部位	×××
施工单位	×××建筑工程集团公司		专业工长	×××	项目经理	×××
施工执行标准名称及编号	《建筑电气工程施工工艺标准》(QB ×××—2005)					
分包单位	××机电安装工程公司	分包项目经理		×××	施工班组长	×××
施工质量验收规范的规定			施工单位检查评定记录			监理（建设）单位验收记录
主控项目	变配电室内接地干线与接地装置引出线的连接	第25.1.2条	√			同意验收

（续）

一般项目	1	钢制接地线的连接和材料规格、尺寸	第 25.2.1 条	√	同意验收
	2	室内明敷接地干线支持件的设置	第 25.2.2 条	√	
	3	接地线的穿越及其保护	第 25.2.3 条	√	
	4	变配电室内明敷接地干线敷设	第 25.2.4 条	√	
	5	电缆穿过零序电流互感器时，电缆头的接地线检查	第 25.2.5 条	√	
	6	配电间的栅栏门、金属门铰链的接地连接及避雷器接地	第 25.2.6 条	√	
施工单位检查评定结果		**经检查，工程主控项目、一般项目均符合《建筑电气工程施工质量验收规范》（GB 50303—2002）的规定，评定为合格。** 项目专业质量检查员：××× ××年×月×日			
监理（建设）单位验收结论		**同意施工单位评定结果** 监理工程师：××× （建设单位项目专业技术负责人） ××年×月×日			

《避雷引下线和变配电室接地干线敷设检验批质量验收记录表（Ⅱ）变配电室接地干线》填表说明：

1）主控项目：

变压器室、高低压开关室内的接地干线应有不少于 2 处与接地装置引出干线连接。

检查数量：主控项目全数检查。

2）一般项目：

①钢制接地线的焊接连接应符合《建筑电气工程施工质量验收规范》（GB 50303—2002）第 24.2.1 条的规定，材料采用及最小允许规格、尺寸符合规范第 24.2.2 条的规定。

②明敷接地引下线及室内接地干线的支持件间距应均匀，水平直线部位 0.5～1.5m；垂直直线部位 1.5～3m；弯曲部位 0.3～0.5m。

③接地线在穿越墙壁、楼板和地坪处应加套钢管或其他坚固的保护套管，钢套管应与接地线做电气连通。

④变配电室内明敷接地干线安装：便于检查，敷设位置不妨碍设备的拆卸与检修；当沿建筑物墙壁水平敷设时，距地面高度 250～300mm；与建筑物墙壁间的间隙 10～15mm；当接地线跨越建筑物变形缝时，设补偿装置；接地线表面沿长度方向，每段为 15～100mm，分别涂以黄色和绿色相间的条纹；变压器室、高压配电室的接地干线上应设置不少于 2 个供临时接地用的接线柱或接地螺栓。

⑤当电缆穿过零序电流互感器时，电缆头的接地线应通过零序电流互感器后接地；由电缆头至穿过零序电流互感器的一段电缆金属护层和接地线应对地绝缘。

⑥配电间隔和静止补偿装置的栅栏门及变配电室金属门铰链处的接地连接，应采用编织铜线。变配电所的避雷器应用最短的接地线与接地干线连接。

检查数量：一般项目 1、4 项抽查 10%，少于 10 处，全数检查；2 项抽查 10m，少于

10m，全数检查；3、5 项抽查 5 处，少于 5 处，全数检查；6 项全数检查。

第三节 供电干线工程

一、供电干线工程质量员工作流程

供电干线工程质量员工作流程见图 2-3。

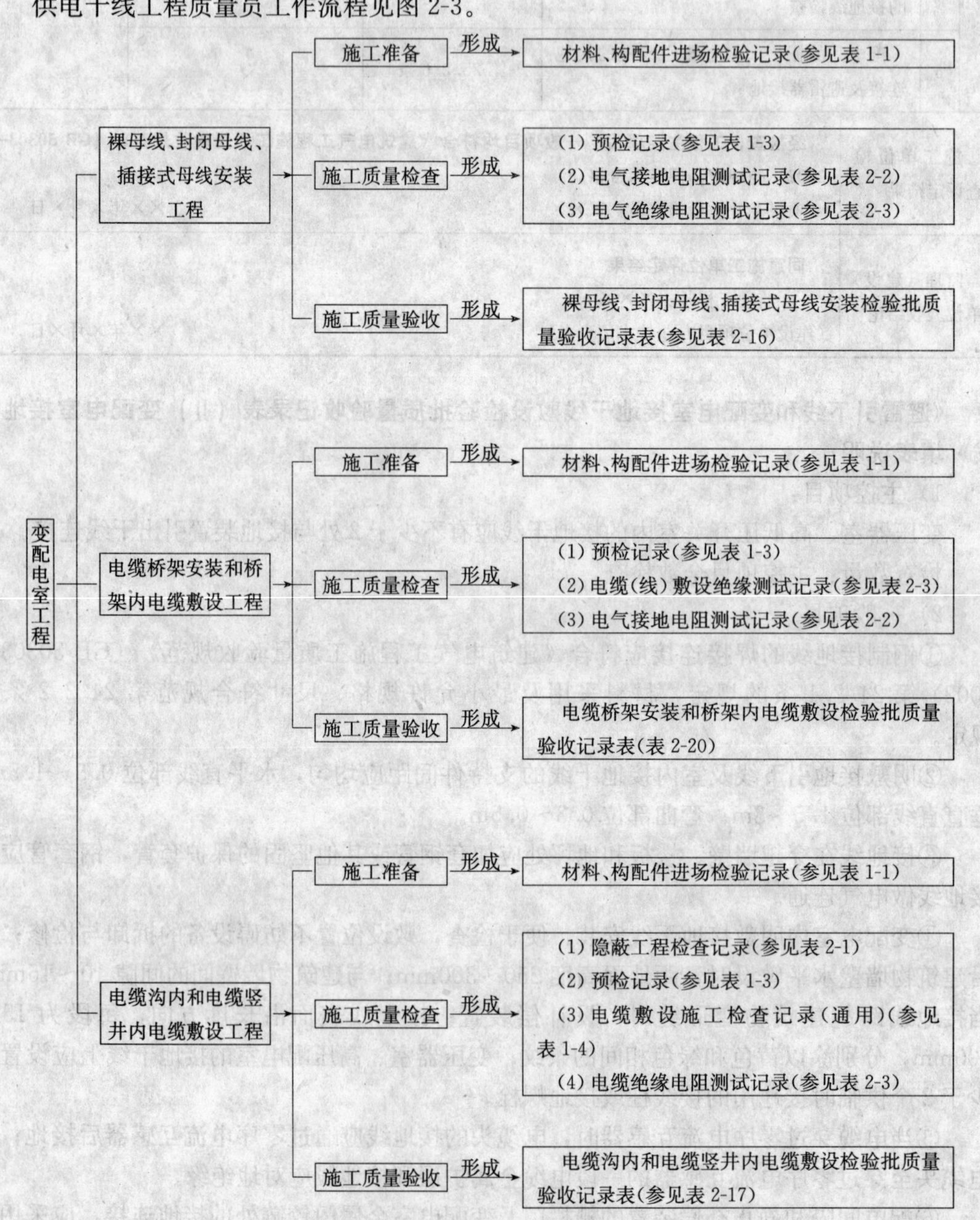

图 2-3 供电干线工程质量员工作流程（一）

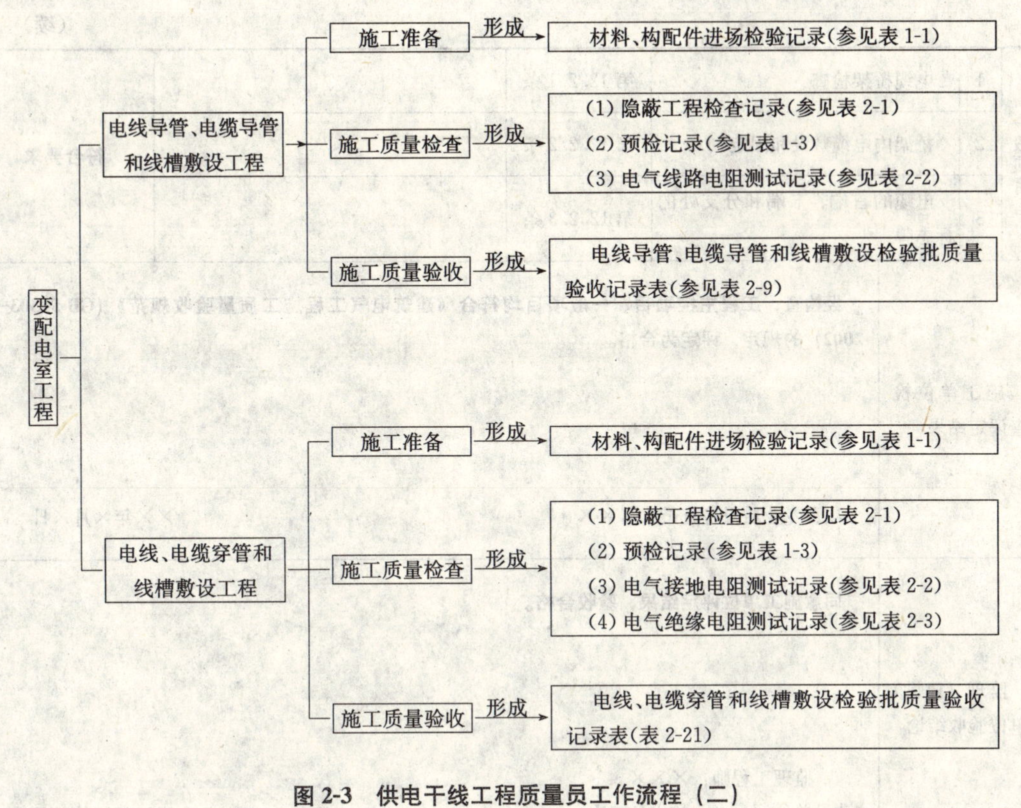

图 2-3 供电干线工程质量员工作流程（二）

二、供电干线工程表格填写范例

(1) 电缆桥架安装和桥架内电缆敷设检验批质量验收记录表。

表 2-20 电缆桥架安装和桥架内电缆敷设检验批质量验收记录表

GB 50303—2002

060302□□

060404□□

工程名称		××大厦	分项工程名称	电缆桥架安装和桥架内电缆敷设		验收部位	×××
施工单位		×××建筑工程集团公司		专业工长	×××	项目经理	×××
施工执行标准名称及编号		《建筑电气工程施工工艺标准》(QB ×××—2005)					
分包单位		/	分包项目经理	/		施工班组长	×××
施工质量验收规范的规定				施工单位检查评定记录			监理（建设）单位验收记录
主控项目	1	金属电缆桥架、支架和引入、引出的金属导管的接地或接零	第 12.1.1 条	√			符合要求
	2	电缆敷设检查	第 12.1.2 条	√			

（续）

<table>
<tr><td rowspan="3">一般项目</td><td>1</td><td>电缆桥架检查</td><td>第 12.2.1 条</td><td>√</td><td rowspan="3">符合要求</td></tr>
<tr><td>2</td><td>桥架内电缆敷设和固定</td><td>第 12.2.2 条</td><td>√</td></tr>
<tr><td>3</td><td>电缆的首端、末端和分支处的标志牌</td><td>第 12.2.3 条</td><td>√</td></tr>
<tr><td colspan="2">施工单位检查评定结果</td><td colspan="4">经检查，工程主控项目、一般项目均符合《建筑电气工程施工质量验收规范》(GB 50303—2002）的规定，评定为合格。

项目专业质量检查员：×××　　××年×月×日</td></tr>
<tr><td colspan="2">监理（建设）单位验收结论</td><td colspan="4">同意施工单位评定结果，验收合格。

监理工程师：×××
（建设单位项目专业技术负责人）　　××年×月×日</td></tr>
</table>

《电缆桥架安装和桥架内电缆敷设工程检验批质量验收记录表》填表说明：

1）主控项目：

①金属电缆桥架及其支架和引入或引出的金属电缆导管必须接地（PE）或接零（PEN）可靠，且必须符合下列规定：

a. 金属电缆桥架及其支架全长应不少于 2 处与接地（PE）或接零（PEN）干线相连接。

b. 非镀锌电缆桥架间连接板的两端跨接铜芯接地线，接地线最小允许截面积不小于 $4mm^2$。

c. 镀锌电缆桥架间连接板的两端不跨接接地线，但连接板两端不少于 2 个有防松螺帽或防松垫圈的连接固定螺栓。

②电缆敷设严禁有绞拧、铠装压扁、护层断裂和表面严重划伤等缺陷。

2）一般项目：

①电缆桥架安装应符合下列规定：

a. 直线段钢制电缆桥架长度超过 30m、铝合金或玻璃钢制电缆桥架长度超过 15m 设有伸缩节；电缆桥架跨越建筑物变形缝处设置补偿装置。

b. 电缆桥架弯处的弯曲半径不小于桥架内电缆最小允许弯曲半径，电缆最小允许弯曲半径见《建筑电气工程施工质量验收规范》(GB 50303—2002）表 12.2.1-1。

c. 当设计无要求时，电缆桥架水平安装的支架间距为 1.5～3m；垂直安装的支架间距不大于 2m。

d. 桥架与支架间螺栓、桥架连接板螺栓固定紧固无遗漏，螺母位于桥架外侧；当铝合金桥架与钢支架固定时，有相互间绝缘的防电化腐蚀措施。

e. 电缆桥架敷设在易燃易爆气体管道和热力管道的下方，当设计无要求时，与管道的最小净距符合《建筑电气工程施工质量验收规范》（GB 50303—2002）表 12.2.1-2 的规定。

f. 敷设在竖井内和穿越不同防火区的桥架，按设计要求位置，有防火隔堵措施。

g. 支架与预埋件焊接固定时，焊缝饱满；膨胀螺栓固定时，选用螺栓适配，螺栓紧固，防松零件齐全。

②桥架内电缆敷设应符合下列规定：

a. 大于 45°倾斜敷设的电缆每隔 2m 处设固定点。

b. 电缆出入电缆沟、竖井、建筑物、柜（盘）、台处以及管子管口处等做密封处理。

c. 电缆敷设排列整齐，水平敷设的电缆，首尾两端、转弯两侧及每隔 5～10m 处设固定点。

敷设于垂直桥架内的电缆固定点间距，不大于《建筑电气工程施工质量验收规范》（GB 50303—2002）表 12.2.2 的规定。

③电缆的首端、末端和分支处应设标志牌。

（2）电线、电缆穿管和线槽敷设检验批质量验收记录表。

表 2-21　　电线、电缆穿管和线槽敷设检验批质量验收记录表

GB 50303—2002

060105□□
060305□□
060406□□
060503□□
060606□□

工程名称	××工程	分项工程名称	电线、电缆穿管和线槽敷设	验收部位	×××
施工单位	×××建筑工程集团公司	专业工长	×××	项目经理	×××
施工执行标准名称及编号	《建筑电气工程施工工艺标准》（QB ×××—2005）				
分包单位	××机电安装工程公司	分包项目经理	×××	施工班组长	×××
施工质量验收规范的规定				施工单位检查评定记录	监理（建设）单位验收记录
主控项目	1	交流单芯电缆不得单独穿于钢导管内	第 15.1.1 条	√	同意验收
	2	电线穿管要求	第 15.1.2 条	√	
	3	爆炸危险环境照明线路的电线、电缆选用和穿管	第 15.1.3 条	√	

（续）

<table>
<tr><td rowspan="3">一般项目</td><td>1</td><td>电线、电缆管内清扫和管口处理</td><td>第 15.2.1 条</td><td>√</td><td rowspan="3">同意验收</td></tr>
<tr><td>2</td><td>同一建筑物、构筑物内电线绝缘层颜色的选择</td><td>第 15.2.2 条</td><td>√</td></tr>
<tr><td>3</td><td>线槽敷线</td><td>第 15.2.3 条</td><td>√</td></tr>
<tr><td colspan="2">施工单位检查评定结果</td><td colspan="4">经检查，工程主控项目、一般项目均符合《建筑电气工程施工质量验收规范》（GB 50303—2002）的规定，评定为合格。
项目专业质量检查员：××× ××年×月×日</td></tr>
<tr><td colspan="2">监理（建设）单位验收结论</td><td colspan="4">同意施工单位评定结果
监理工程师：×××
（建设单位项目专业技术负责人） ××年×月×日</td></tr>
</table>

《电线、电缆穿管和线槽敷设检验批质量验收记录表》填表说明：

1）主控项目：

①三相或单相的交流单芯电缆，不得单独穿于钢导管内。

②不同回路、不同电压等级和交流与直流的电线，不应穿于同一导管内；同一交流回路的电线应穿于同一金属导管内，且管内电线不得有接头。

③爆炸危险环境照明线路的电线和电缆额定电压不得低于 750V，且电线必须穿于钢导管内。

检查数量：主控项目抽查 10%，少于 10 处，全数检查。

2）一般项目：

①电线、电缆穿管前，应清除管内杂物和积水。管口应有保护措施，不进入接线盒（箱）的垂直管口穿入电线、电缆后，管口应密封。

②当采用多相供电时，同一建筑物、构筑物的电缆绝缘层颜色选择应一致，即保护地线（PE 线）应是黄绿相间色，零线用淡蓝色；相线用 A 相——黄色、B 相——绿色、C 相——红色。

③线槽敷设。电线在线槽内有一定余量，不得有接头。电线按回路编号分段绑扎，绑扎点间距不应大于 2m；同一回路的相线和零线，敷设于同一金属线槽内；同一电源的不同回路无抗干扰要求的线路可敷设于同一线槽内；敷设于同一线槽内有抗干扰要求的线路用隔板隔离，或采用屏蔽电线且屏蔽护套一端接地。

检查数量：一般项目抽查 10%，少于 5 处（回路），全数检查。

第四节 电气动力工程

一、电气动力工程质量员工作流程

电气动力工程质量员工作流程见图 2-4。

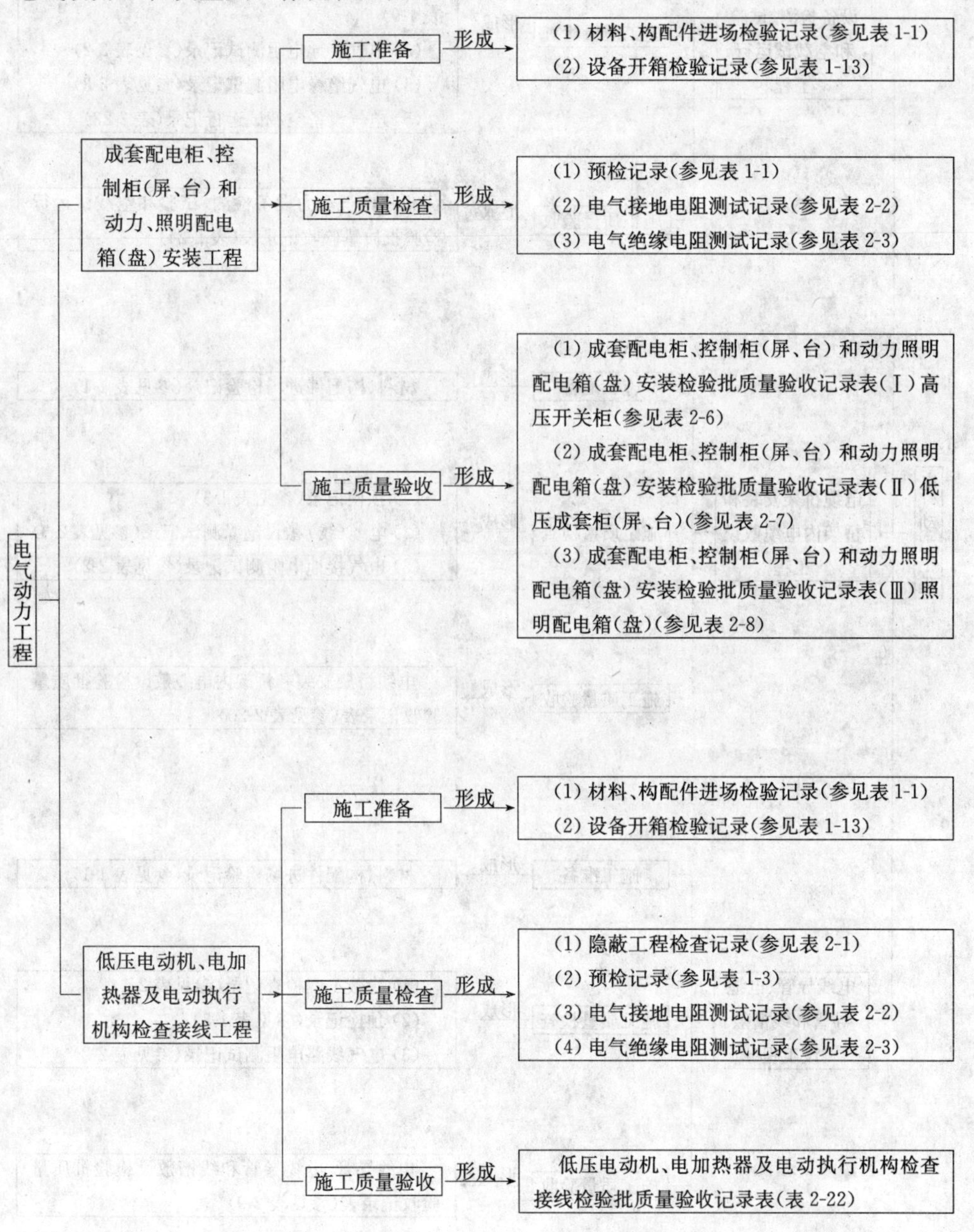

图 2-4 电气动力工程质量员工作流程（一）

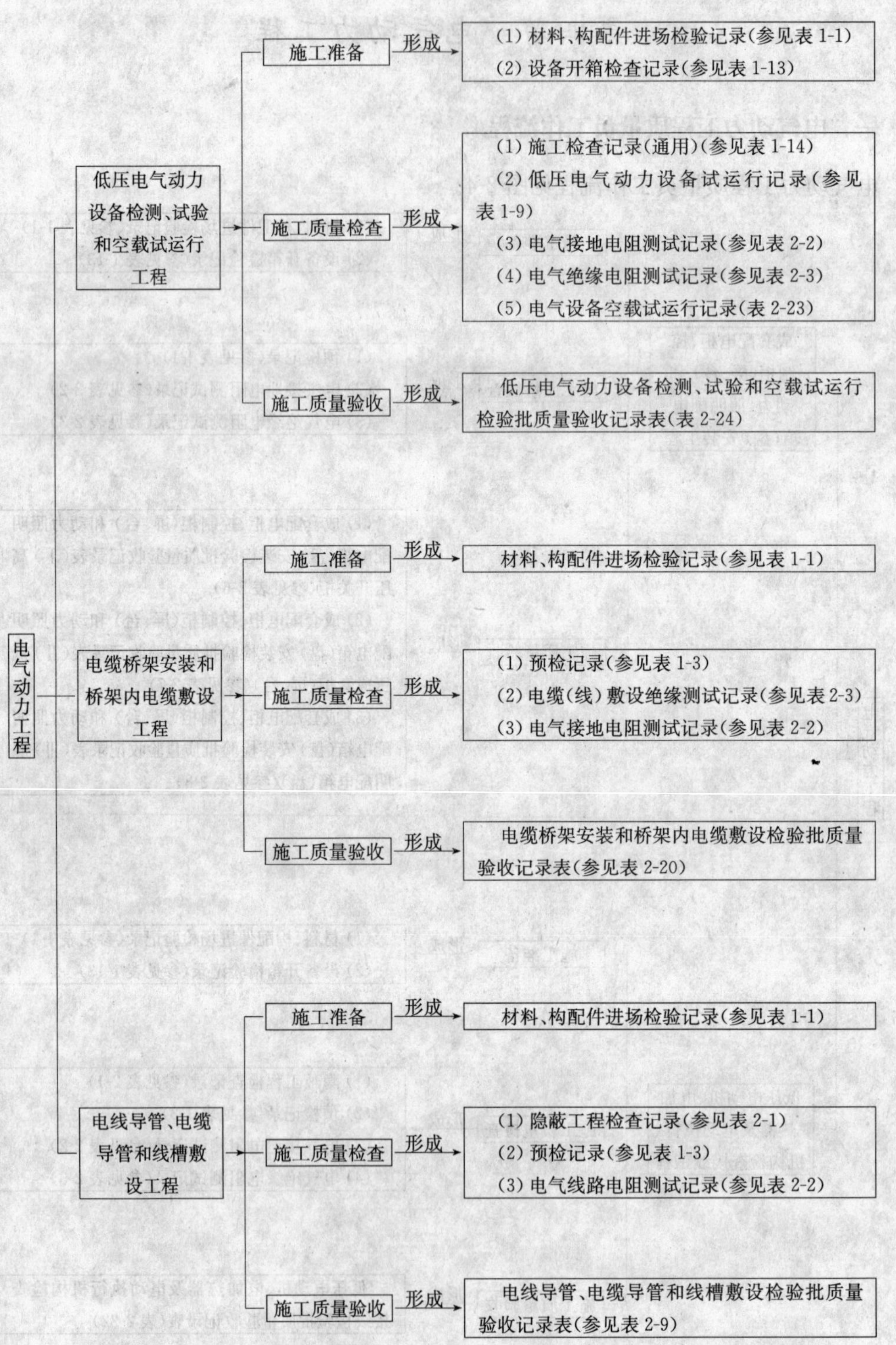

图 2-4　电气动力工程质量员工作流程（二）

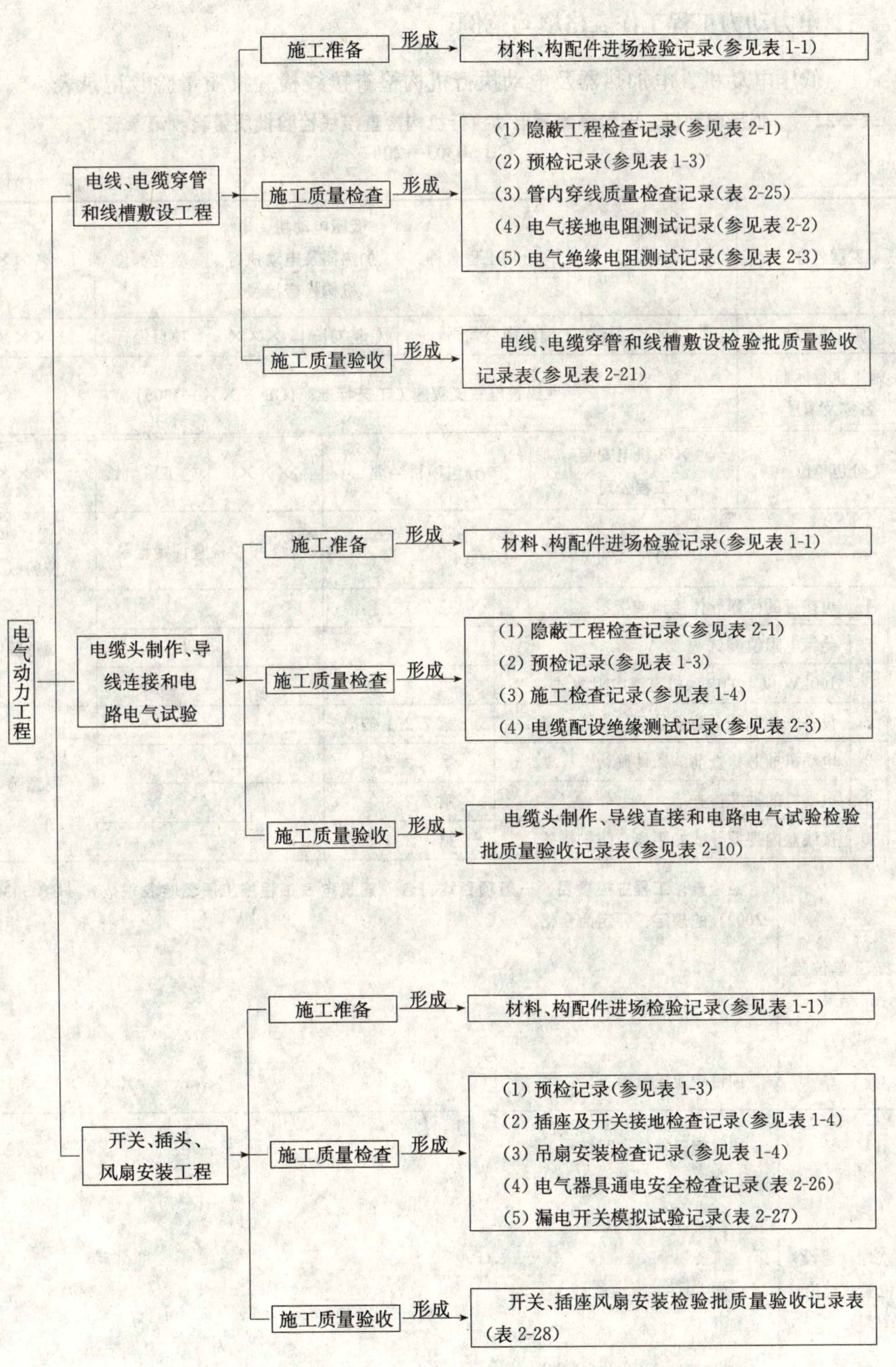

图 2-4　电气动力工程质量员工作流程（三）

二、电力动力工程工作表格填写范例

（1）低压电动机、电加热器及电动执行机构检查接线检验批质量验收记录表。

表 2-22　　低压电动机、电加热器及电动执行机构检查接线检验批质量验收记录表
GB 50303—2002

060402□□

<table>
<tr><td colspan="3">工程名称</td><td>××工程</td><td colspan="2">分项工程名称</td><td>低压电动机、电加热器及电动执行机构检查接线</td><td>验收部位</td><td>×××</td></tr>
<tr><td colspan="3">施工单位</td><td colspan="3">×××建筑工程集团公司</td><td>专业工长 ×××</td><td>项目经理</td><td>×××</td></tr>
<tr><td colspan="3">施工执行标准名称及编号</td><td colspan="6">《建筑电气工程施工工艺标准》（QB ×××—2005）</td></tr>
<tr><td colspan="3">分包单位</td><td>××机电安装工程公司</td><td colspan="2">分包项目经理</td><td>×××</td><td>施工班组长</td><td>×××</td></tr>
<tr><td colspan="6">施工质量验收规范的规定</td><td colspan="2">施工单位检查评定记录</td><td>监理（建设）单位验收记录</td></tr>
<tr><td rowspan="3">主控项目</td><td>1</td><td colspan="3">可接近的裸露导体接地或接零</td><td>第 7.1.1 条</td><td colspan="2">√</td><td rowspan="3">同意验收</td></tr>
<tr><td>2</td><td colspan="3">绝缘电阻值测试</td><td>第 7.1.2 条</td><td colspan="2">√</td></tr>
<tr><td>3</td><td colspan="3">100kW 以上的电动机直流电阻测试</td><td>第 7.1.3 条</td><td colspan="2">√</td></tr>
<tr><td rowspan="4">一般项目</td><td>1</td><td colspan="3">设备安装和防水防潮处理检查</td><td>第 7.2.1 条</td><td colspan="2">√</td><td rowspan="4">同意验收</td></tr>
<tr><td>2</td><td colspan="3">电动机抽芯检查前的条件确认</td><td>第 7.2.2 条</td><td colspan="2">√</td></tr>
<tr><td>3</td><td colspan="3">电动机的抽芯检查</td><td>第 7.2.3 条</td><td colspan="2">√</td></tr>
<tr><td>4</td><td colspan="3">接线盒内裸露导线的距离，防护措施</td><td>第 7.2.4 条</td><td colspan="2">√</td></tr>
<tr><td colspan="3">施工单位检查评定结果</td><td colspan="6">经检查，工程主控项目、一般项目均符合《建筑电气工程施工质量验收规范》（GB 50303—2002）的规定，评定为合格。

项目专业质量检查员：×××　　　　××年×月×日</td></tr>
<tr><td colspan="3">监理（建设）单位验收结论</td><td colspan="6">同意施工单位评定结果

监理工程师：×××
（建设单位项目专业技术负责人）　　　　××年×月×日</td></tr>
</table>

《低压电动机、电加热器及电动执行机构检查接线检验批质量验收记录表》填表说明：

1）主控项目：

①电动机、电加热器及电动执行机构的可接近裸露导体必须接地（PE）或接零（PEN）；

②电动机、电加热器及电动执行机构绝缘电阻值应大于 0.5MΩ；

③100kV 以上的电动机，应测量各相直流电阻值，相互差不应大于最小值的 2‰；无中性点引出的电动机，测量线间直流电阻值，相互差不应大于最小值的 1%。

检查数量：主控项目 1、3 项全数检查，2 项抽查 30%，少于 5 台，全数检查。

2）一般项目：

①电气设备安装应牢固，螺栓及防松零件齐全，不松动。防水防潮电气设备的接线入口及接线盒盖等应做密封处理。

②除电动机随带技术文件说明不允许在施工现场抽芯检查外，出厂时间已超过制造厂保证期限，无保证期限的已超过出厂时间一年以上；外观检查、电气试验、手动盘转和试运转，有异常情况，应抽芯检查。

③电动机抽芯检查规定：线圈绝缘层完好、无伤痕，端部绑线不松动，槽楔固定、无断裂，引线焊接饱满，内部清洁，通风孔道无堵塞；轴承无锈斑，注油（脂）的型号、规格和数量正确，转子平衡块紧固，平衡螺丝锁紧，风扇叶片无裂纹；连接用紧固件的防松零件齐全完整；其他指标符合产品技术文件的特有要求。

④在设备接线盒内裸露的不同相导线间和导线对地间最小距离应大于 8mm，否则应采取绝缘防护措施。

检查数量：一般项目 2、3 项全数检查；1、4 项抽查 30%，少于 5 台（处），全数检查。

（2）电气设备空载试运行记录。

表 2-23　　电气设备空载试运行记录

编号：×××

<table>
<tr><td colspan="2">工程名称</td><td colspan="7">××工程</td></tr>
<tr><td colspan="2">试运项目</td><td colspan="2">动力 3# 电动机</td><td colspan="2">填写日期</td><td colspan="3">××年×月×日</td></tr>
<tr><td colspan="2">试运时间</td><td colspan="7">由 × 日 12 时 0 分开始，至 × 日 14 时 0 分结束</td></tr>
<tr><td rowspan="11">运行负荷记录</td><td rowspan="2">运行时间</td><td colspan="3">运行电压/V</td><td colspan="3">运行电流/A</td><td rowspan="2">温度/℃</td></tr>
<tr><td>L_1-N (L_1-L_2)</td><td>L_2-N (L_2-L_3)</td><td>L_3-N (L_3-L_1)</td><td>L_1 相</td><td>L_2 相</td><td>L_3 相</td></tr>
<tr><td>13：40</td><td>380</td><td>382</td><td>384</td><td>20</td><td>21</td><td>21.5</td><td>78</td></tr>
<tr><td>13：50</td><td>380</td><td>381</td><td>381</td><td>25</td><td>24</td><td>24.5</td><td>76</td></tr>
<tr><td>14：50</td><td>380</td><td>381</td><td>381</td><td>25</td><td>24</td><td>24.5</td><td>76</td></tr>
<tr><td></td><td></td><td></td><td></td><td></td><td></td><td></td><td></td></tr>
<tr><td></td><td></td><td></td><td></td><td></td><td></td><td></td><td></td></tr>
<tr><td></td><td></td><td></td><td></td><td></td><td></td><td></td><td></td></tr>
<tr><td></td><td></td><td></td><td></td><td></td><td></td><td></td><td></td></tr>
<tr><td></td><td></td><td></td><td></td><td></td><td></td><td></td><td></td></tr>
<tr><td></td><td></td><td></td><td></td><td></td><td></td><td></td><td></td></tr>
</table>

（续）

<table>
<tr><td colspan="5">试运行情况记录：

通过2h电动机空载试运行，开关无拒动和误动，线压接点和线路无过热现象，电机运转正常，符合设计要求及《建筑电气工程施工质量验收规范》（GB 50303—2002）规定。</td></tr>
<tr><td rowspan="3">签字栏</td><td rowspan="2">建设（监理）单位</td><td>施工单位</td><td colspan="2">××建筑工程公司</td></tr>
<tr><td>专业技术负责人</td><td>专业质检员</td><td>专业工长</td></tr>
<tr><td>×××</td><td>×××</td><td>×××</td><td>×××</td></tr>
</table>

《电气设备空载试运行记录》填表说明：

1）《电气设备空载试运行记录》应由建设（监理）单位及施工单位共同进行检查。

2）试运行情况记录应详细：

①记录成套配电（控制）柜、台、箱、盘的运行电压、电流情况、各种仪表指示情况。

②记录电动机转向和机械转动有无异常情况、机身和轴承的温升、电流、电压及运行时间等有关数据。

③记录电动执行机构的动作方向及指示是否与工艺装置的设计要求保持一致。

3）当测试设备的相间电压时，应把相对零电压划掉。

4）编号栏的填写应参照隐蔽工程检查记录表编号编写，但表式不同时顺序号应重新编号。

5）要求无未了事项：表格中凡需填空的地方，实际已发生的，如实填写；未发生的，则在空白处划斜杠“/”。

6）本表由施工单位填写，建设单位、施工单位各保存一份。

（3）低压电气动力设备检测、试验和空载试运行检验批质量验收记录表。

表 2-24 低压电气动力设备检测、试验和空载试运行检验批质量验收记录表

GB 50303—2002

060403□□

<table>
<tr><td colspan="2">工程名称</td><td>××工程</td><td>分项工程名称</td><td colspan="2">低压电动力设备试验和试运行</td><td>验收部位</td><td>×××</td></tr>
<tr><td colspan="2">施工单位</td><td colspan="2">×××建筑工程集团公司</td><td>专业工长</td><td>×××</td><td>项目经理</td><td>×××</td></tr>
<tr><td colspan="2">施工执行标准名称及编号</td><td colspan="6">《建筑电气工程施工工艺标准》(QB ×××—2005)</td></tr>
<tr><td colspan="2">分包单位</td><td>××机电安装工程公司</td><td colspan="2">分包项目经理</td><td>×××</td><td>施工班组长</td><td>×××</td></tr>
<tr><td colspan="4">施工质量验收规范的规定</td><td colspan="3">施工单位检查评定记录</td><td>监理（建设）单位验收记录</td></tr>
<tr><td rowspan="2">主控项目</td><td>1</td><td>电气设备和线路的试验</td><td>第 10.1.1 条</td><td colspan="3">√</td><td rowspan="2">同意验收</td></tr>
<tr><td>2</td><td>现场单独安装的低压电器交接试验</td><td>第 10.1.2 条</td><td colspan="3">√</td></tr>
<tr><td rowspan="5">一般项目</td><td>1</td><td>运行电压、电流及其指示仪表检查</td><td>第 10.2.1 条</td><td colspan="3">√</td><td rowspan="5">同意验收</td></tr>
<tr><td>2</td><td>电动机试通电检查</td><td>第 10.2.2 条</td><td colspan="3">√</td></tr>
<tr><td>3</td><td>交流电动机空载启动及运行状态记录</td><td>第 10.2.3 条</td><td colspan="3">√</td></tr>
<tr><td>4</td><td>大容量（630A 及以上）导线或母线连接处的温升检查</td><td>第 10.2.4 条</td><td colspan="3">√</td></tr>
<tr><td>5</td><td>电动执行机构的动作方向及指示检查</td><td>第 10.2.5 条</td><td colspan="3">√</td></tr>
<tr><td colspan="2">施工单位检查评定结果</td><td colspan="6">经检查，工程主控项目、一般项目均符合《建筑电气工程施工质量验收规范》（GB 50303—2002）的规定，评定为合格。
项目专业质量检查员：××× ××年×月×日</td></tr>
<tr><td colspan="2">监理（建设）单位验收结论</td><td colspan="6">同意施工单位评定结果
监理工程师：×××
（建设单位项目专业技术负责人） ××年×月×日</td></tr>
</table>

《低压电气动力设备检测、试验和空载试运行检验批质量验收记录表》填表说明：

1）主控项目：

①试运行前，相关电气设备和线路应按规范的规定试验合格。

②现场单独安装的低压电器交接试验项目应符合《建筑电气工程施工质量验收规范》(GB 50303—2002) 附录 B 的规定。

检查数量：功率为 40kW 及以上全数检查，功率小于 40kW，抽查 20%，少于 5 台(件)，全数检查。

2）一般项目：

①成套配电（控制）柜、台、箱、盘的运行电压、电流应正常，各种仪表指标正常。

②电动机应试通电，检查转向和机械转动有无异常情况，可空载试运行的电动机，时间一般为2h，记录空载电流，且检查机身和轴承的温升。

③交流电动机在空载状态下（不投料）可启动次数及间隔时间应符合产品技术条件的要求；无要求时，连续启动2次的时间间隔不应小于5min，再次启动应在电动机冷却至常温下。空载状态（不投料）进行，应记录电流、电压、温度、运行时间等有关数据，且应符合建筑设备或工艺装置的空载状态运行（不投料）要求。

④大容量（630A及以上）导线或母线连接处，在设计计算机负荷运行情况下应作温度抽测记录，温升值稳定且不大于设计值。

⑤电动执行机构的动作方向及指标应与工艺装置的设计要求保持一致。

检查数量：功率为40kW及以上全数检查，功率小于40kW，抽查20%，少于5台（件），全数检查。

（4）管内穿线质量检查记录。

表 2-25　　管内穿线质量检查记录

工程名称：××工程　　层数：六层　　户数：80

层次	实有自然间数	检查导线（处）	是否“死线”		导线连接		导线直径		接地线直径		开始穿线时间	检查人	检查日期
			合格	不合格	合格	不合格	合格	不合格	合格	不合格			
1	80	89	89	0	89	0	89	0	89	0	2005.10.24		2006.3.20
2	80	89	89	0	89	0	89	0	89	0	2005.10.24		2006.3.20
3	80	89	89	0	89	0	89	0	89	0	2005.10.24		2006.3.20
4	80	89	89	0	89	0	89	0	89	0	2005.10.24		2006.3.20
5	80	89	89	0	89	0	89	0	89	0	2005.10.24		2006.3.20
6	80	89	89	0	89	0	89	0	89	0	2005.10.24		2006.3.20
电线准用证编号及有效日期													
检查存在主要问题	无					返修结论	无						
验收意见	所检查处未发“死线”现象，检查合格					总监理工程师							
						建设单位项目负责人							
						施工单位项目经理							

年　月　日

青岛市建筑工程质量监督站监制

（5）电气器具通电安全检查记录。

表 2-26　　电气器具通电安全检查记录

编号：×××

工程名称	××工程	检查日期	××年×月×日
楼门单元或区域场所	一段二层		

层数	开关									灯具									插座								
	1	2	3	4	5	6	7	8	9	1	2	3	4	5	6	7	8	9	1	2	3	4	5	6	7	8	9
×段×层	√	√	√	√	√	√	√	√	√	√	×	√	√	√	√	√	√	√	√	√	√	√	×	√	√	√	√
	×	√	√	√	√	√	√	√	√	√	×	√	√	√	√	√	√	√	√	√	√	√	√	√	×	√	√
	√	√	√	√	√	×	√	√	√	√	×	√	√	√	√	√	√	√	√	√	√	√	√	√	√	√	√
	√	√	√	√	√	√	√	√	√	√	×	√	√	√	√	√	√	√	√	√	√	√	√	√	√	√	√
	√	√	√	√	√	√	√	√	√	√	×	√	√	√	/	/	/	/	√	√	√	√	√	√	√	√	√
	√	√	√	√	√	√	√	√	√	√	×	√	√	√	√	√	√	√	√	√	√	√	√	√	√	√	√
	√	√	√	√	√	√	√	√	√	√	×	√	√	√	/	/	/	/	√	√	√	√	√	√	√	√	√

检查结论：

经查，开关两个未断线，一个罗灯口中心未接相线，3 个插座接线有误，已修复合格。其余符合电气施工及验收规范要求。

签字栏	施工单位	××建筑工程公司	
	专业技术负责人	专业质检员	专业工长
	×××	×××	×××

《电气器具通电安全检查记录》填表说明：

1）《电气器具通电安全检查记录》应由施工单位的专业技术负责人、质检员、工长参加填写。

2）检查结论应齐全。

3）检查正确、符合要求时填写“√”，反之则填写“×”。当检查不符合要求时，应进行修复，并在检查结论中说明修复结果。当检查部位为同一楼门单元（或区域场所），检查点很多又是同一天检查时，本表格填不下，可续表格进行填写，但编号应一致。

4）编号栏的填写应参照隐蔽工程检查记录表编号编写，但表式不同时顺序号应重新编号。

5）要求无未了事项：表格中凡需填空的地方，实际已发生的，如实填写；未发生的，则在空白处划斜杠“/”。

（6）漏电开关模拟试验记录。

表 2-27　　漏电开关模拟试验记录

编号：×××

工程名称	××工程				
试验器具	漏电开关检测仪（MI2121 型）		试验日期	××年×月×日	
安装部位	型号	设计要求		实际测试	
		动作电流 /mA	动作时间 /ms	动作电流 /mA	动作时间 /ms
首层	××	30	0.1	28	50
二层	××	30	0.1	27	54
三层	××	30	0.1	26	55

测试结论：

漏电开关动作灵活可靠，动作电流、动作时间符合设计要求及《建筑电气工程施工质量验收规范》（GB 50303—2002）规范规定。

签字栏	建设（监理）单位	施工单位	××工程公司	
		专业技术负责人	专业质检员	专业工长
	×××	×××	×××	×××

《漏电开关模拟试验记录》填表说明：

1）《漏电开关模拟试验记录》应由建设（监理）单位及施工单位共同进行检查。

2）若当天内检查点很多时，本表格填不下，可续表格进行填写，但编号应一致。

3）测试结论应齐全。

4）编号栏的填写应参照隐蔽工程检查记录表编号编写，但表式不同时顺序号应重新编号。

5）要求无未了事项：表格中凡需填空的地方，实际已发生的，如实填写；未发生的，则在空白处划斜杠“/”。

6）本表由施工单位填写，建设单位、施工单位各保存一份。

（7）开关、插座、风扇安装检验批质量验收记录表。

表 2-28　　开关、插座、风扇安装检验批质量验收记录表

GB 50303—2002

060408□□
060501□□

<table>
<tr><td>工程名称</td><td colspan="2">××工程</td><td colspan="2">分项工程名称</td><td>开关插座安装</td><td>验收部位</td><td>×××</td></tr>
<tr><td>施工单位</td><td colspan="4">×××建筑工程集团公司</td><td>专业工长　×××</td><td>项目经理</td><td>×××</td></tr>
<tr><td>施工执行标准名称及编号</td><td colspan="7">《建筑电气工程施工工艺标准》（QB ×××—2005）</td></tr>
<tr><td>分包单位</td><td colspan="2">××机电安装工程公司</td><td colspan="2">分包项目经理</td><td>×××</td><td>施工班组长</td><td>×××</td></tr>
<tr><td colspan="4">施工质量验收规范的规定</td><td colspan="2">施工单位检查评定记录</td><td colspan="2">监理（建设）单位验收记录</td></tr>
<tr><td rowspan="6">主控项目</td><td>1</td><td>插座及其插头的区别使用</td><td>第 22.1.1 条</td><td colspan="2">√</td><td colspan="2" rowspan="6">同意验收</td></tr>
<tr><td>2</td><td>插座接线</td><td>第 22.1.2 条</td><td colspan="2">√</td></tr>
<tr><td>3</td><td>特殊情况下的插座安装</td><td>第 22.1.3 条</td><td colspan="2">√</td></tr>
<tr><td>4</td><td>照明开关的安装要求</td><td>第 22.1.4 条</td><td colspan="2">√</td></tr>
<tr><td>5</td><td>吊扇的安装规定</td><td>第 22.1.5 条</td><td colspan="2">√</td></tr>
<tr><td>6</td><td>壁扇安装</td><td>第 22.1.6 条</td><td colspan="2">√</td></tr>
<tr><td rowspan="4">一般项目</td><td>1</td><td>插座安装和外观检查</td><td>第 22.2.1 条</td><td colspan="2">√</td><td colspan="2" rowspan="4">同意验收</td></tr>
<tr><td>2</td><td>照明开关的安装</td><td>第 22.2.2 条</td><td colspan="2">√</td></tr>
<tr><td>3</td><td>吊扇的吊杆、开关和表面检查</td><td>第 22.2.3 条</td><td colspan="2">√</td></tr>
<tr><td>4</td><td>壁扇的高度和表面检查</td><td>第 22.2.4 条</td><td colspan="2">√</td></tr>
<tr><td>施工单位检查评定结果</td><td colspan="7">经检查，工程主控项目、一般项目均符合《建筑电气工程施工质量验收规范》（GB 50303—2002）的规定，评定为合格。
项目专业质量检查员：×××　　××年×月×日</td></tr>
<tr><td>监理（建设）单位验收结论</td><td colspan="7">同意施工单位评定结果
监理工程师：×××
（建设单位项目专业技术负责人）　　××年×月×日</td></tr>
</table>

《开关、插座、风扇安装检验批质量验收记录表》填写说明：

1）主控项目：

①当交流、直流或不同电压等级的插座安装在同一场所时，应有明显的区别，且必须选择不同结构、不同规格和不能互换的插座；配套的插头应按交流、直流或不同电压等级区别使用。

②插座接线要求：单相两孔插座，面对插座的右孔或上孔与相线连接，左孔或下孔与零线连接；单相三孔插座，面对插座的右孔与相线连接，左孔与零线连接；单相三孔、三相四孔及三相五孔插座的接地（PE）或接零（PEN）线接在上孔。插座的接地端子不与零线端子连接。同一场所的三相插座，接线的相序一致；接地（PE）或接零（PEN）线在插座间不串联连接。

③特殊情况下插座安装：当接插有触电危险家用电器的电源时，采用能断开电源的带开关插座，开关断开相线；潮湿场所采用密封型并带保护地线触头的保护型插座，安装高度不低于1.5m。

④照明开关安装：同一建筑物、构筑物的开关采用同一系列的产品，开关的通断位置一致，操作灵活、接触可靠；相线经开关控制；民用住宅无软线引至床边的床头开关。

⑤吊扇安装：吊扇挂钩安装牢固，吊扇挂钩的直径不小于吊扇挂销直径，且不小于8mm；有防振橡胶垫；挂销的防松零件齐全、可靠；吊扇扇叶距地高度不小于2.5m；吊扇组装不改变扇叶角度，扇叶固定螺栓防松零件齐全；吊杆间、吊杆与电机间螺纹连接，啮合长度不小于20mm，且防松零件齐全紧固；吊扇接线正确，当运转时扇叶无明显颤动和异常声响。

⑥壁扇安装：壁扇底座采用尼龙塞或膨胀螺栓固定；尼龙塞或膨胀螺栓的数量不少于2个，且直径不小于8mm。固定牢固可靠；壁扇防护罩扣紧，固定可靠，当运转时扇叶和防护罩无明显颤动和异常声响。

检查数量：主控项目1项按不同用途的插座抽查10个，少于5个，全数检查；2～6项抽查10%，少于5个，全数检查。

2）一般项目：

①插座安装：当不采用安全型插座时，托儿所、幼儿园及小学等儿童活动场所安装高度不小于1.8m；暗装的插座面板紧贴墙面，四周无缝隙，安装牢固，表面光滑整洁，无碎裂、划伤，装饰帽齐全；车间及试（实）验室的插座安装高度距地面不小于0.3m；特殊场所暗装的插座不小于0.15m；同一室内插座安装高度一致；地插座面板与地面齐平或紧贴地面，盖板固定牢固，密封良好。

②照明开关安装：开关安装位置便于操作，开关边缘距门框边缘的距离0.15～0.2m，开关距地面高度1.3m；拉线开关距地面高度2～3m，层高小于3m时，拉线开关距顶板不小于100mm，拉线出口垂直向下；相同型号并列安装及同一室内开关安装高度一致，且控制有序不错位。并列安装的拉线开关的相邻间距不小于20mm；暗装的开关面板应紧贴墙面，四周无缝隙，安装牢固，表面光滑整洁、无碎裂、划伤，装饰帽齐全。

③吊扇安装：涂层完整，表面无划痕，无污染，吊杆上下扣碗安装牢固到位；同一室内并列安装的吊扇开关高度一致，且控制有序不错位。

④壁扇安装：壁扇下侧边缘距地面高度不小于1.8m；涂层完整，表面无划痕、无污染，防护罩无变形。

检查数量：一般项目抽查10%。

第五节 电气照明安装工程

一、电气照明安装工程质量员工作流程

电气照明安装工程质量员工作流程见图2-5。

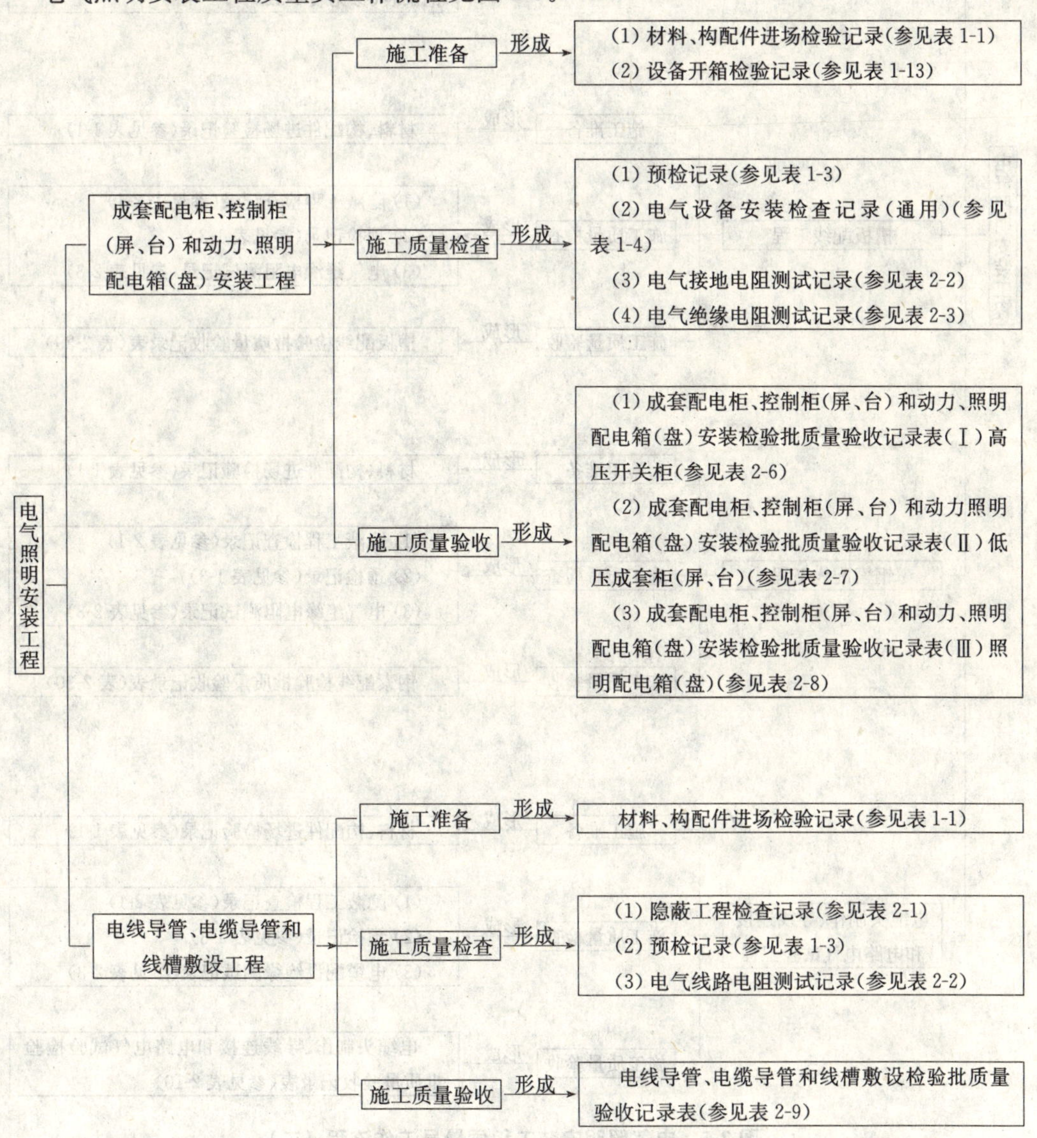

图2-5 电气照明安装工程质量员工作流程（一）

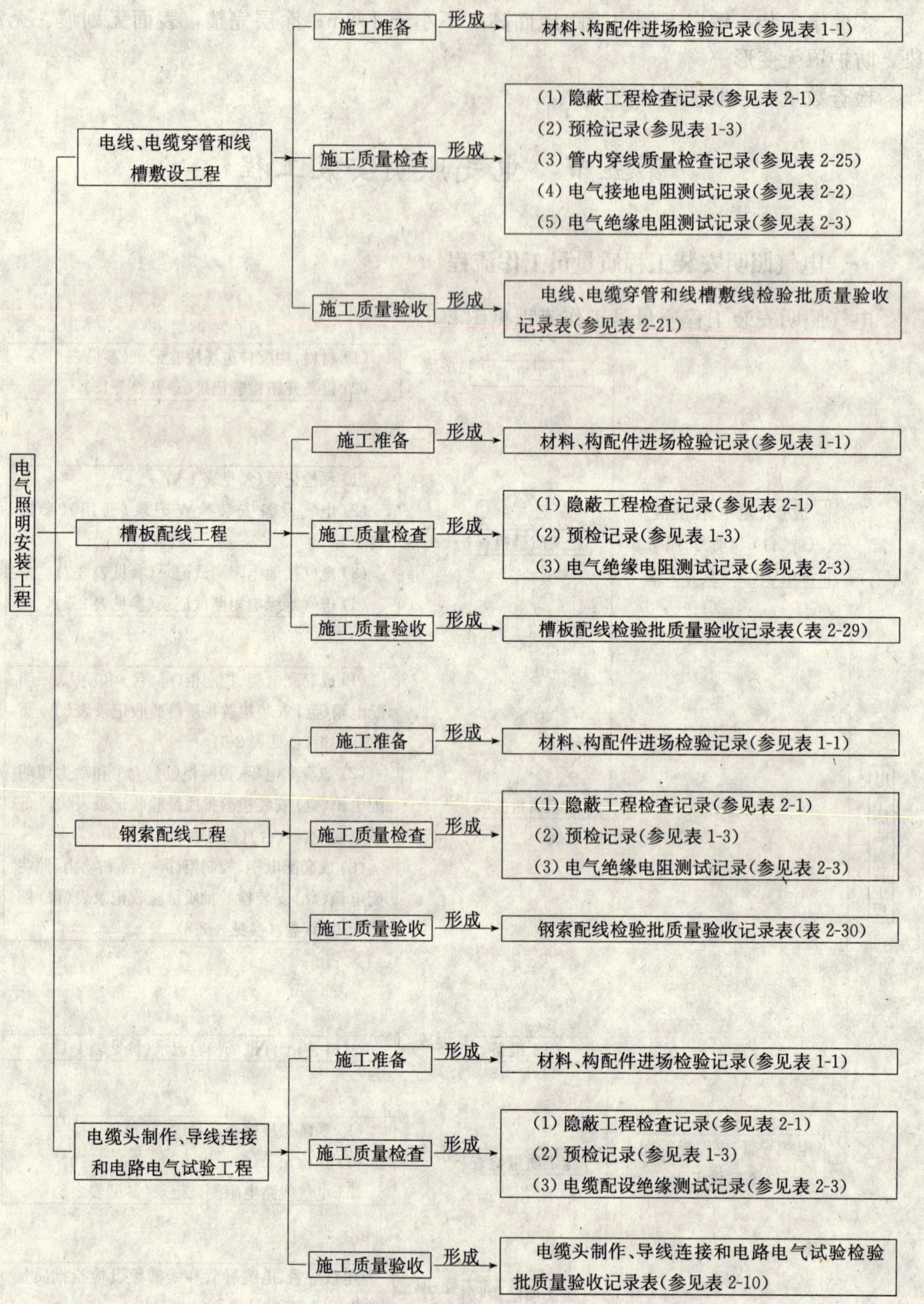

图 2-5　电气照明安装工程质量员工作流程（二）

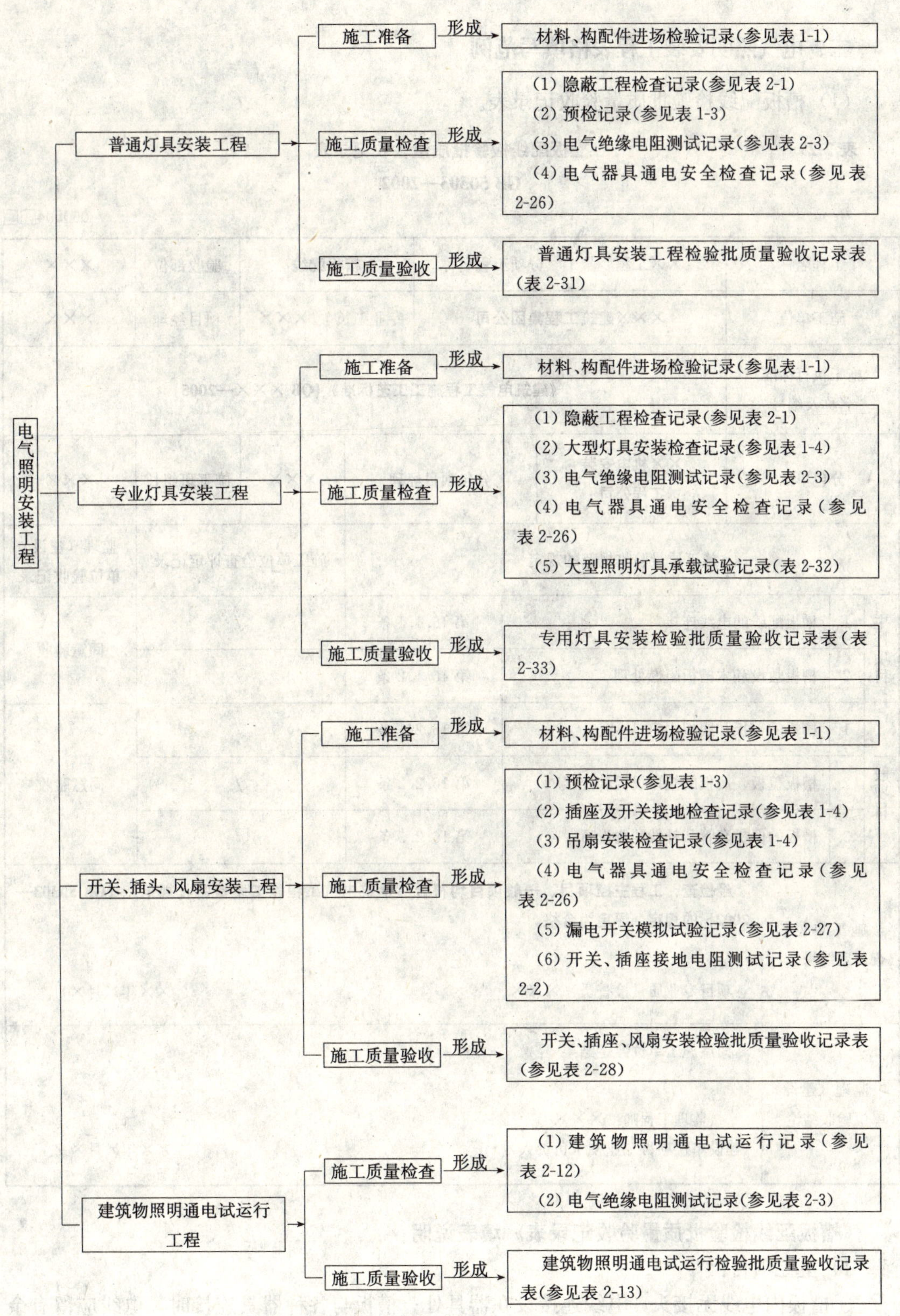

图 2-5 电气照明安装工程质量员工作流程(三)

二、电气照明安装工程表格填写范例

（1）槽板配线检验批质量验收记录表。

表 2-29　槽板配线检验批质量验收记录表

GB 50303—2002

060504□□

<table>
<tr><td>工程名称</td><td colspan="2">××工程</td><td colspan="2">分项工程名称</td><td>槽板配线</td><td>验收部位</td><td>×××</td></tr>
<tr><td>施工单位</td><td colspan="4">×××建筑工程集团公司</td><td>专业工长 ×××</td><td>项目经理</td><td>×××</td></tr>
<tr><td>施工执行标准名称及编号</td><td colspan="7">《建筑电气工程施工工艺标准》(QB ×××—2005)</td></tr>
<tr><td>分包单位</td><td colspan="2">××机电安装工程公司</td><td colspan="2">分包项目经理</td><td>×××</td><td>施工班组长</td><td>×××</td></tr>
<tr><td colspan="5">施工质量验收规范的规定</td><td colspan="2">施工单位检查评定记录</td><td>监理（建设）单位验收记录</td></tr>
<tr><td rowspan="2">主控项目</td><td>1</td><td colspan="2">槽板配线的电线连接</td><td>第 16.1.1 条</td><td colspan="2">√</td><td rowspan="2">同意验收</td></tr>
<tr><td>2</td><td colspan="2">槽板敷设和木槽板阻燃处理</td><td>第 16.1.2 条</td><td colspan="2">√</td></tr>
<tr><td rowspan="3">一般项目</td><td>1</td><td colspan="2">槽板的盖板和底板固定</td><td>第 16.2.1 条</td><td colspan="2">√</td><td rowspan="3">同意验收</td></tr>
<tr><td>2</td><td colspan="2">槽板盖板、底板的接口设置和连接</td><td>第 16.2.2 条</td><td colspan="2">√</td></tr>
<tr><td>3</td><td colspan="2">槽板的保护套管和补偿装置设置</td><td>第 16.2.3 条</td><td colspan="2">√</td></tr>
<tr><td>施工单位检查评定结果</td><td colspan="7">经检查，工程主控项目、一般项目均符合《建筑电气工程施工质量验收规范》(GB 50303—2002) 的规定，评定为合格。
项目专业质量检查员：×××　　××年×月×日</td></tr>
<tr><td>监理（建设）单位验收结论</td><td colspan="7">同意施工单位评定结果
监理工程师：×××
（建设单位项目专业技术负责人）　　××年×月×日</td></tr>
</table>

《槽板配线检验批质量验收记录表》填表说明：

1）主控项目：

①槽板内电线无接头，电线连接设在器具处；槽板与各种器具连接时，电线应留有余量，器具底座压住槽板端部。

②槽板敷设应紧贴建筑物表面，且横平竖直、固定可靠，严禁用木楔固定；木槽板应

经阻燃处理，塑料槽板表面应有阻燃标识。

检查数量：主控项目抽查10处，少于10处，全数检查。

2）一般项目：

①木槽板无劈裂，塑料槽板无扭曲变形。槽板底板固定点间距应小于500mm；槽板盖板固定点间距应小于300mm；底板距终端50mm和盖板距终端30mm处应固定。

②槽板的底板接口与盖板接口应错开20mm，盖板在直线段和90°转角处应成45°斜口对接，T形分支处应成三角叉接，盖板应无翘角，接口应严密整齐。

③槽板穿过梁、墙和楼板处应有保护套管，跨越建筑物变形缝处槽板应设补偿装置，且与槽板结合严密。

检查数量：一般项目抽查10处，少于10处，全数检查。

（2）钢索配线检验批质量验收记录表。

表 2-30　　钢索配线检验批质量验收记录表

GB 50303—2002

060505□□

<table>
<tr><td colspan="2">工程名称</td><td>××工程</td><td>分项工程名称</td><td colspan="2">钢索配线</td><td>验收部位</td><td>×××</td></tr>
<tr><td colspan="2">施工单位</td><td colspan="2">×××建筑工程集团公司</td><td>专业工长</td><td>×××</td><td>项目经理</td><td>×××</td></tr>
<tr><td colspan="2">施工执行标准名称及编号</td><td colspan="6">《建筑电气工程施工工艺标准》(QB ×××—2005)</td></tr>
<tr><td colspan="2">分包单位</td><td>××机电安装工程公司</td><td colspan="2">分包项目经理</td><td>×××</td><td>施工班组长</td><td>×××</td></tr>
<tr><td rowspan="3">主控项目</td><td>1</td><td>钢索的选用</td><td colspan="2">第17.1.1条</td><td colspan="2">√</td><td rowspan="3">同意验收</td></tr>
<tr><td>2</td><td>钢索端固定及其接地或接零</td><td colspan="2">第17.1.2条</td><td colspan="2">√</td></tr>
<tr><td>3</td><td>张紧钢索用的花篮螺栓设置</td><td colspan="2">第17.1.3条</td><td colspan="2">√</td></tr>
<tr><td rowspan="3">一般项目</td><td>1</td><td>中间吊架及防跳锁定零件</td><td colspan="2">第17.2.1条</td><td colspan="2">√</td><td rowspan="3">同意验收</td></tr>
<tr><td>2</td><td>钢索的承载和表面检查</td><td colspan="2">第17.2.2条</td><td colspan="2">√</td></tr>
<tr><td>3</td><td>钢索配线零件间和线间距离</td><td colspan="2">第17.2.3条</td><td colspan="2">√</td></tr>
<tr><td colspan="2">施工单位检查评定结果</td><td colspan="6">经检查，工程主控项目、一般项目均符合《建筑电气工程施工质量验收规范》(GB 50303—2002)的规定，评定为合格。
项目专业质量检查员：×××　　××年×月×日</td></tr>
<tr><td colspan="2">监理（建设）单位验收结论</td><td colspan="6">同意施工单位评定结果
监理工程师：×××
（建设单位项目专业技术负责人）　　××年×月×日</td></tr>
</table>

1）主控项目：

①采用镀锌钢索，不应采用含油芯的钢索。钢索的钢丝直径应小于 0.5mm，钢索不应有扭曲和断股等缺陷。

②钢索的终端拉环埋件应牢固可靠，钢索与终端拉环套接处应采用心形环，固定钢索的线卡不应少于 2 个，钢索端头应用镀锌铁线绑扎紧密，且应接地（PE）或接零（PEN）可靠。

③当钢索长度在 50m 及以下时，应在钢索一端装设花篮螺栓紧固；当钢索长度大于 50m 时，应在钢索两端装设花篮螺栓紧固。

检查数量：主控项目抽查 5 条（终端），少于 5 条（终端），全数检查。

2）一般项目：

①钢索中间吊架间距不应大于 12m，吊架与钢索连接处的吊钩深度不应小于 20mm，并应有防止钢索跳出的锁定零件。

②电线和灯具在钢索上安装后，钢索应承受全部负载，且钢索表面应整洁、无锈蚀。

③钢索配线的零件间和线间距离应符合《建筑电气工程施工质量验收规范》（GB 50303—2002）表 17.2.3 的规定。

检查数量：一般项目 1、2 项抽查 5 条，少于 5 条，全数检查；3 项按不同配线规格各抽查 10 处，少于 10 处，全数检查。

（3）普通灯具安装工程检验批质量验收记录表。

表 2-31　　普通灯具安装工程检验批质量验收记录表

GB 50303—2002

060507□□

<table>
<tr><td colspan="2">工程名称</td><td>××大厦</td><td>分项工程名称</td><td>×××</td><td>验收部位</td><td>×××</td></tr>
<tr><td colspan="2">施工单位</td><td colspan="2">×××建筑工程集团公司</td><td>专业工长 ×××</td><td>项目经理</td><td>×××</td></tr>
<tr><td colspan="2">施工执行标准名称及编号</td><td colspan="5">《建筑电气工程施工工艺标准》(QB ×××—2005)</td></tr>
<tr><td colspan="2">分包单位</td><td>×××</td><td>分包项目经理</td><td>×××</td><td>施工班组长</td><td>×××</td></tr>
<tr><td colspan="4">施工质量验收规范的规定</td><td colspan="2">施工单位检查评定记录</td><td>监理（建设）单位验收记录</td></tr>
<tr><td rowspan="6">主控项目</td><td>1</td><td>灯具的固定</td><td>第 19.1.1 条</td><td colspan="2">√</td><td rowspan="6">符合要求</td></tr>
<tr><td>2</td><td>花灯吊钩选用、固定及悬吊装置的过载试验</td><td>第 19.1.2 条</td><td colspan="2">√</td></tr>
<tr><td>3</td><td>钢管吊灯灯杆检查</td><td>第 19.1.3 条</td><td colspan="2">√</td></tr>
<tr><td>4</td><td>灯具的绝缘材料耐火检查</td><td>第 19.1.4 条</td><td colspan="2">√</td></tr>
<tr><td>5</td><td>灯具的安装高度和使用电压等级</td><td>第 19.1.5 条</td><td colspan="2">√</td></tr>
<tr><td>6</td><td>跨地高度小于 2.4m 的灯具可接近裸露导体的接地或接零</td><td>第 19.1.6 条</td><td colspan="2">√</td></tr>
</table>

（续）

<table>
<tr><td rowspan="7">一般项目</td><td>1</td><td>引向每个灯具的导线线芯最小截面积</td><td>第 19.2.1 条</td><td>√</td><td rowspan="7">符合要求</td></tr>
<tr><td>2</td><td>灯具的外形，灯头及其接线检查</td><td>第 19.2.2 条</td><td>√</td></tr>
<tr><td>3</td><td>变电所内灯具的安装位置</td><td>第 19.2.4 条</td><td>√</td></tr>
<tr><td>4</td><td>装有白炽灯泡的吸顶灯具隔热检查</td><td>第 19.2.4 条</td><td>√</td></tr>
<tr><td>5</td><td>在重要场所的大型灯具的玻璃罩安全措施</td><td>第 19.2.5 条</td><td>/</td></tr>
<tr><td>6</td><td>投光灯的固定检查</td><td>第 19.2.6 条</td><td>/</td></tr>
<tr><td>7</td><td>室外壁灯的防水检查</td><td>第 19.2.7 条</td><td>√</td></tr>
<tr><td colspan="2">施工单位检查评定结果</td><td colspan="4">经检查，工程主控项目、一般项目均符合《建筑电气工程施工质量验收规范》(GB 50303—2002) 的规定，评定为合格。

项目专业质量检查员：×××　　××年×月×日</td></tr>
<tr><td colspan="2">监理（建设）单位验收结论</td><td colspan="4">同意施工单位评定结果，验收合格。

监理工程师：×××
（建设单位项目专业技术负责人）　　××年×月×日</td></tr>
</table>

《普通灯具安装工程检验批质量验收记录表》填表说明：

1）主控项目：

①灯具的固定应符合下列规定：

a. 灯具重量大于 3kg 时，固定在螺栓或预埋吊钩上。

b. 软线吊灯，灯具重量在 0.5kg 及以下时，采用软电线自身吊装；大于 0.5kg 的灯具采用吊链，且软电线编叉在吊链内，使电线不受力。

c. 灯具固定牢固可靠，不使用木楔，每个灯具固定用螺钉或螺栓不少于 2 个；当绝缘台直径在 75mm 及以下时，采用 1 个螺钉或螺栓固定。

②花灯吊钩圆钢直径不应小于灯具挂销直径，且不应小于 6mm。大型花灯的固定及悬吊装置应按灯具重的 2 倍做过载试验。

③当钢管做灯杆时，钢管内径不应小于 10mm，钢管厚度不应小于 1.5mm。

④固定灯具带电部件的绝缘材料以及提供防触电保护的绝缘材料，应耐燃烧和防明火。

⑤当设计无要求时，灯具的安装高度和使用电压等级应符合下列规定：

a. 一般敞开式灯具，灯头对地面距离不小于下列数值（采用安全电压时除外）：

a）室外：2.5m（室外墙上安装）。

b）厂房：2.5m。

c）室内：2m。

b. 软吊线带升降器的灯具在吊线展开后：0.8m。

c. 危险性较大及特殊危险场所，当灯具距地面高度小于 2.4m 时，使用额定电压为 36V 及以下的照明灯具，或有专用保护措施。

d）当灯具距地面高度小于 2.4m 时，灯具的可接近裸露导体必须接地（PE）或接零（PEN）可靠，并应行专用接地螺栓，且有标识。

检查数量：主控项目 2 全数检查；1、3～6 抽查 10%，少于 10 套，全数检查。

2）一般项目：

①引向每个灯具的导线线芯最小截面积应符合《建筑电气工程施工质量验收规范》（GB 50303—2002）表 19.2.1 的规定。

②灯具的外形、灯头及其接线应符合下列规定：

a. 灯具及其配件齐全，无机械损伤、变形、涂层剥落和灯罩破裂等缺陷。

b. 软线由灯的软线两端做保护扣，两端芯线搪锡；当装升降器时，套塑料软管，采用安全灯头。

c. 除敞开式灯具外，其他各类灯具灯泡容量在 100W 以上者采用瓷质灯头。

d. 连接灯具的软线盘扣、搪锡压线，当采用螺口灯头时，相线接于螺口灯头中间的端子上。

e. 灯头的绝缘外壳不破损和漏电；带有开关的灯头，开关手柄无裸露的金属部分。

③变电所内，高低压配电设备及裸母线的正上方不应安装灯具。

④装有白炽灯泡的吸顶灯具，灯泡不应紧贴灯罩；当灯泡与绝缘台间距离小于 5mm 时，灯泡与绝缘台间应采取隔热措施。

⑤安装在重要场所的大型灯具的玻璃罩，应采取防止玻璃罩碎裂后向下溅落的措施。

⑥投光灯的底座及支架应固定牢固，枢轴应沿需要的光轴方向拧紧固定。

⑦安装在室外的壁灯应有泄水孔，绝缘台与墙面之间应有防水措施。

检查数量：一般项目 3、5、6 全数检查；1、2、4、7 抽查 10%，少于 10 套，全数检查。

（4）大型照明灯具承载试验记录。

表 2-32　　**大型照明灯具承载试验记录**

编号：×××

工程名称	××工程			
楼层	地下二层	试验日期	××年×月×日	
灯具名称	安装部位	数量	灯具自重/kg	试验载重/kg
防尘防潮灯	水泵房	9	1.5	3
金属卤化物灯	机房	6	2.5	5
壁灯	卧室	14	1.5	2.5
花灯	门厅	10	1.5	3.4
花灯	门厅	5	1	2.5
/				
检查结论： 经做承载试验，灯具承载重均大于灯具自重的 2 倍，符合规范《建筑电气工程施工质量验收规范》（GB 50303—2002）规定。				

签字栏	建设（监理）单位	施工单位	××工程公司	
		专业技术负责人	专业质检员	专业工长
	×××	×××	×××	×××

《大型照明灯具承载试验记录》填表说明：

1）《照明灯具承载试验记录》应由建设（监理）单位及施工单位共同进行检查。

2）检查结论应齐全。

3）编号栏的填写应参照隐蔽工程检查记录表编号编写，但表式不同时顺序号应重新编号。

4）要求无未了事项：表格中凡需填空的地方，实际已发生的，如实填写；未发生的，则在空白处划斜杠“/”。

5）其他：本表由施工单位填写，建设单位、施工单位各保存一份。

（5）专用灯具安装检验批质量验收记录表。

表 2-33　　专用灯具安装检验批质量验收记录表

GB 50303—2002

060505□□

<table>
<tr><td>工程名称</td><td colspan="2">××工程</td><td colspan="2">分项工程名称</td><td colspan="2">专用灯具安装</td><td>验收部位</td><td>×××</td></tr>
<tr><td>施工单位</td><td colspan="4">×××建筑工程集团公司</td><td>专业工长</td><td>×××</td><td>项目经理</td><td>×××</td></tr>
<tr><td>施工执行标准名称及编号</td><td colspan="8">《建筑电气工程施工工艺标准》(QB ×××—2005)</td></tr>
<tr><td>分包单位</td><td colspan="2">××机电安装工程公司</td><td colspan="2">分包项目经理</td><td colspan="2">×××</td><td>施工班组长</td><td>×××</td></tr>
<tr><td colspan="5">施工质量验收规范的规定</td><td colspan="3">施工单位检查评定记录</td><td>监理（建设）单位验收记录</td></tr>
<tr><td rowspan="5">主控项目</td><td>1</td><td colspan="2">36V 及以下行灯变压器和行灯安装</td><td>第 20.1.1 条</td><td colspan="3">√</td><td rowspan="5">同意验收</td></tr>
<tr><td>2</td><td colspan="2">特殊场所灯具的等电位联结以及其电源专用漏电保护装置</td><td>第 20.1.2 条</td><td colspan="3">√</td></tr>
<tr><td>3</td><td colspan="2">手术台无影灯的固定、供电电源和电线选用</td><td>第 20.1.3 条</td><td colspan="3">√</td></tr>
<tr><td>4</td><td colspan="2">应急照明灯具的安装</td><td>第 20.1.4 条</td><td colspan="3">√</td></tr>
<tr><td>5</td><td colspan="2">防爆灯具的安装</td><td>第 20.1.5 条</td><td colspan="3">√</td></tr>
<tr><td rowspan="4">一般项目</td><td>1</td><td colspan="2">36V 及以下行灯变压器固定及电缆选择</td><td>第 20.2.1 条</td><td colspan="3">√</td><td rowspan="4">同意验收</td></tr>
<tr><td>2</td><td colspan="2">手术台无影灯安装检查</td><td>第 20.2.2 条</td><td colspan="3">√</td></tr>
<tr><td>3</td><td colspan="2">应急照明灯具安装检查</td><td>第 20.2.3 条</td><td colspan="3">√</td></tr>
<tr><td>4</td><td colspan="2">防爆灯具安装检查</td><td>第 20.2.4 条</td><td colspan="3">√</td></tr>
<tr><td>施工单位检查评定结果</td><td colspan="8">经检查，工程主控项目、一般项目均符合《建筑电气工程施工质量验收规范》(GB 50303—2002）的规定，评定为合格。
项目专业质量检查员：×××　　××年×月×日</td></tr>
<tr><td>监理（建设）单位验收结论</td><td colspan="8">同意施工单位评定结果
监理工程师：×××
（建设单位项目专业技术负责人）　　××年×月×日</td></tr>
</table>

1）主控项目：

①36V 及以下行灯变压器和行灯安装。行灯电压不大于 36V，在特殊潮湿场所或导电良好的地面上以及工作地点狭窄、行动不便的场所行灯电压不大于 12V；变压器外壳、铁芯和低压侧的任意一端或中性点，接地（PE）或接零（PEN）可靠；行灯变压器为双圈变压器，其电源侧和负荷侧有熔断器保护，熔丝额定电流分别不应大于变压器一次、二次的额定电流；行灯灯体及手柄绝缘良好，坚固耐热耐潮湿；灯头与灯体结合坚固，灯头无开关，灯泡外部有金属保护网、反光罩及悬吊挂钩，挂钩固定在灯具的绝缘手柄上。

②游泳池和类似场所灯具（水下灯及防水灯具）的等电位联结应可靠，且有明显标识，其电源的专用漏电保护装置应全部检测合格。自电源引入灯具的导管必须采用绝缘导

管，严禁采用金属或有金属护层的导管。

③手术台无影灯安装：固定灯座的螺栓数量不少于灯具法兰底座上的固定孔数，且螺栓直径与底座孔径相适配；螺栓采用双螺母锁固；在混凝土结构上螺栓与主筋相焊接或将螺栓末端弯曲与主筋绑扎锚固；配电箱内装有专用的总开关及分路开关，电源分别接在两条专用的回路上，开关至灯具的电线采用额定电压不低于750V的铜芯多股绝缘电线。

④应急照明灯具安装：应急照明灯的电源除正常电源外，另有一路电源供电；或者是独立于正常电源的柴油发电机组供电；或由蓄电池柜供电或选用自带电源型应急灯具；应急照明在正常电源断电后，电源转换时间为：疏散照明≤15s；备用照明≤15s（金融商店交易所≤1.5s）；安全照明≤0.5s；疏散照明由安全出口标志灯和疏散标志灯组成。安全出口标志灯距地高度不低于2m，且安装在疏散出口和楼梯口里侧的上方；疏散标志灯安装在安全出口的顶部，楼梯间、疏散走道及其转角处应安装在1m以下的墙面上。不易安装的部位可安装在上部。疏散通道上的标志灯间距不大于20m（人防工程不大于10m）；疏散标志灯的设置，不影响正常通行，且不在其周围设置容易混同疏散标志灯的其他标志牌等；应急照明灯具、运行中温度大于60℃的灯具，当靠近可燃物时，采取隔热、散热等防火措施。当采用白炽灯，卤钨灯等光源时，不直接安装在可燃装修材料或可燃物件上；应急照明线路在每个防火分区有独立的应急照明回路，穿越不同防火分区的线路有防火隔堵措施；疏散照明线路采用耐火电线、电缆，穿管明敷或在非燃烧体内穿刚性导管暗敷，暗敷保护层厚度不小于30mm。电线采用额定电压不低于750V的铜芯绝缘电线。

⑤防爆灯具安装：灯具的防爆标志、外壳防护等级和温度组别与爆炸危险环境相适配。当设计无要求时，灯具种类和防爆结构的选型应符合《建筑电气工程施工质量验收规范》(GB 50303—2002）表20.1.5的规定；灯具配套齐全，不用非防爆零件替代灯具配件（金属护网、灯罩、接线盒等）；灯具的安装位置离开释放源，且不在各种管道的泄压口及排放口上下方安装灯具；灯具及开关安装牢固可靠，灯具吊管及开关与接线盒螺纹啮合扣数不少于5扣，螺纹加工光滑、完整、无锈蚀，并在螺纹上涂以电力复合脂或导电性防锈脂；开关安装位置便于操作，安装高度1.3m。

检查数量：主控项目1～3项全数检查；4项电源、持续供电时间、电源切换时间全数检查，其余抽查10%；5项抽查10套，少于10套，全数检查。

2）一般项目：

①36V及以下行灯变压器和行灯安装：行灯变压器的固定支架牢固，油漆完整；携带式局部照明灯电线采用橡套软线。

②手术台无影灯安装：底座紧贴顶板，四周无缝隙；表面保持整洁、无污染，灯具镀、涂层完整无划伤。

③应急照明灯具安装：疏散照明采用荧光灯或白炽灯；安全照明采用卤钨灯，或采用瞬时可靠点燃的荧光灯；安全出口标志灯和疏散标志灯装有玻璃或非燃材料的保护罩，面板亮度均匀度为1：10（最低：最高），保护罩应完整、无裂纹。

④防爆灯具安装：灯具及开关的外壳完整，无损伤、无凹陷或沟槽，灯罩无裂纹，金属护网无扭曲变形，防爆标志清晰；灯具及开关的紧固螺栓无松动、锈蚀，密封垫圈完好。

检查数量：一般项目1、2项全数检查；3、4项抽查10%，少于10套，全数检查。

第六节 备用和不间断电源安装工程

一、备用和不间断电源安装工程质量员工作流程

备用和不间断电源安装工程质量员工作流程见图 2-6。

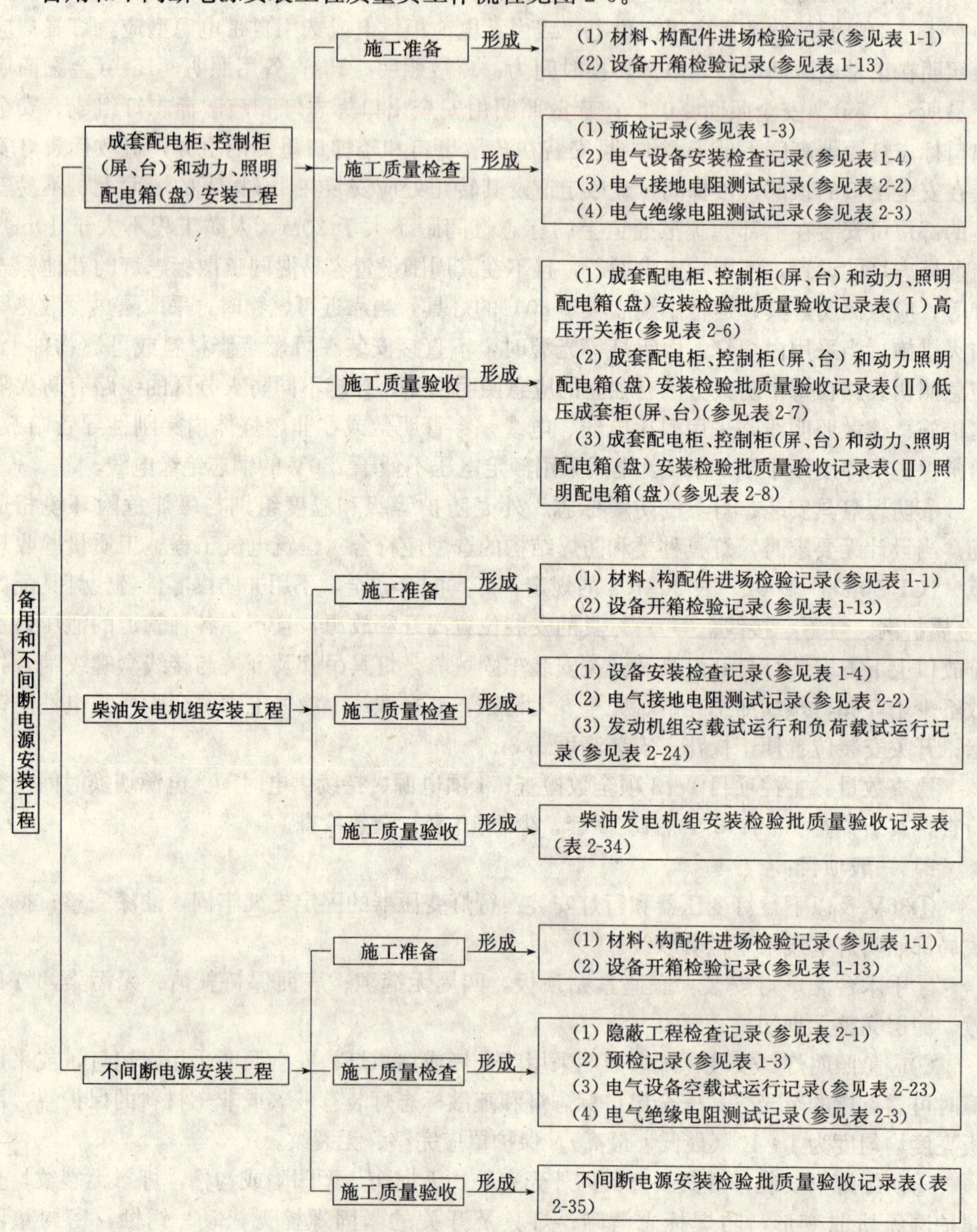

图 2-6 备用和不间断电源安装工程质量员工作流程(一)

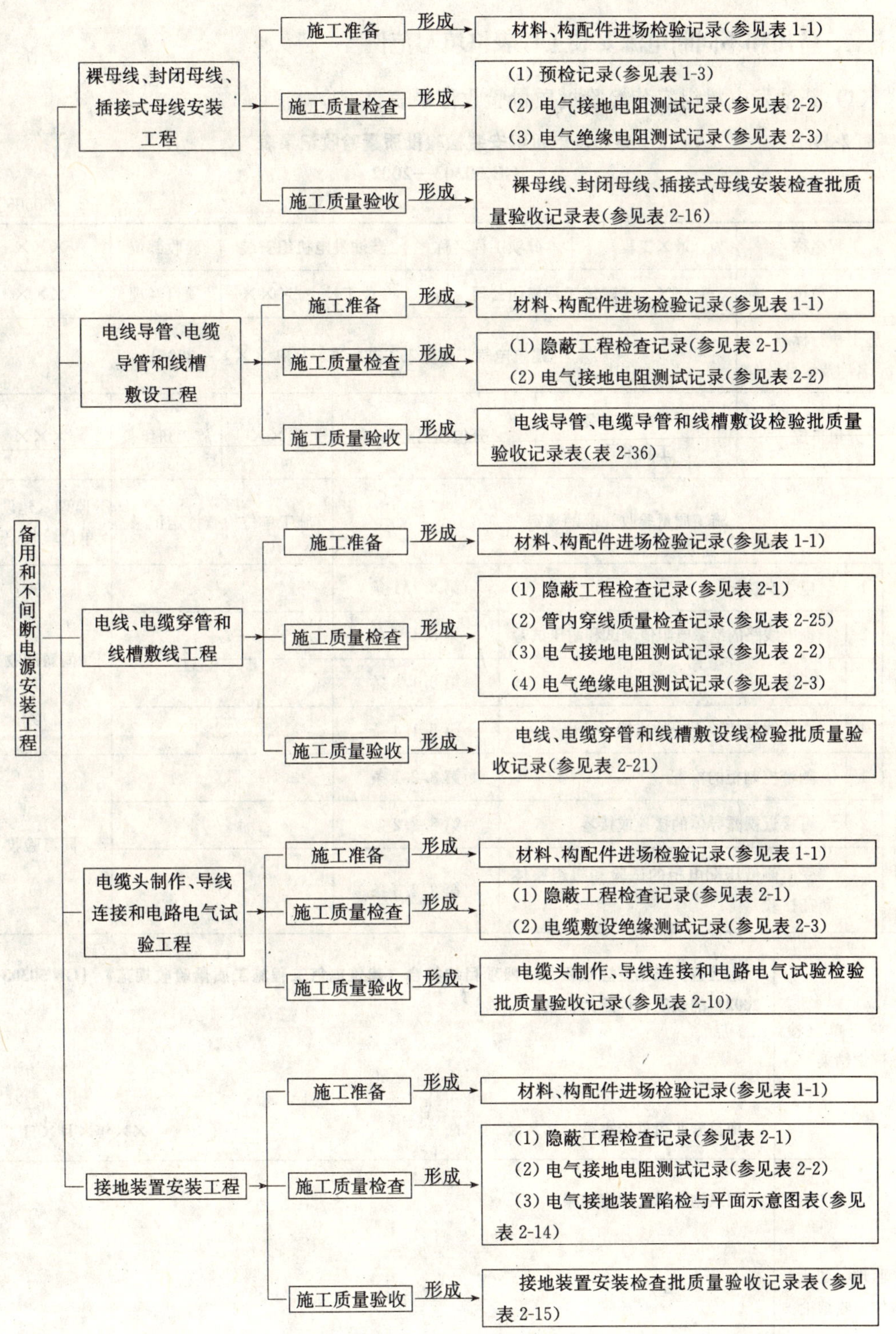

图 2-6 备用和不间断电源安装工程质量员工作流程（二）

二、备用和不间断电源安装工程表格填写范例

（1）柴油发电机组安装检验批质量验收记录表。

表 2-34　　柴油发电机组安装检验批质量验收记录表

GB 50303—2002

060505□□

<table>
<tr><td colspan="3">工程名称</td><td>××工程</td><td>分项工程名称</td><td colspan="2">柴油发电机组安装</td><td>验收部位</td><td>×××</td></tr>
<tr><td colspan="3">施工单位</td><td colspan="2">×××建筑工程集团公司</td><td>专业工长</td><td>×××</td><td>项目经理</td><td>×××</td></tr>
<tr><td colspan="3">施工执行标准名称及编号</td><td colspan="6">《建筑电气工程施工工艺标准》（QB ×××—2005）</td></tr>
<tr><td colspan="3">分包单位</td><td>××机电安装工程公司</td><td colspan="2">分包项目经理</td><td>×××</td><td>施工班组长</td><td>×××</td></tr>
<tr><td colspan="5">施工质量验收规范的规定</td><td colspan="3">施工单位检查评定记录</td><td>监理（建设）单位验收记录</td></tr>
<tr><td rowspan="4">主控项目</td><td>1</td><td colspan="2">电气交接试验</td><td>第 8.1.1 条</td><td colspan="3">√</td><td rowspan="4">同意验收</td></tr>
<tr><td>2</td><td colspan="2">馈电线路的绝缘电阻值测试和耐压试验</td><td>第 8.1.2 条</td><td colspan="3">√</td></tr>
<tr><td>3</td><td colspan="2">相序检验</td><td>第 8.1.3 条</td><td colspan="3">√</td></tr>
<tr><td>4</td><td colspan="2">中性线与接地干线的连接</td><td>第 8.1.4 条</td><td colspan="3">√</td></tr>
<tr><td rowspan="3">一般项目</td><td>1</td><td colspan="2">随带控制柜的检查</td><td>第 8.2.1 条</td><td colspan="3">√</td><td rowspan="3">同意验收</td></tr>
<tr><td>2</td><td colspan="2">可接近裸露导体的接地或接零</td><td>第 8.2.2 条</td><td colspan="3">√</td></tr>
<tr><td>3</td><td colspan="2">受电侧低压配电柜的试验和机组整体负荷试验</td><td>第 8.2.3 条</td><td colspan="3">√</td></tr>
<tr><td colspan="2">施工单位检查评定结果</td><td colspan="7">经检查，工程主控项目、一般项目均符合《建筑电气工程施工质量验收规范》（GB 50303—2002）的规定，评定为合格。

项目专业质量检查员：×××　　　　××年×月×日</td></tr>
<tr><td colspan="2">监理（建设）单位验收结论</td><td colspan="7">同意施工单位评定结果

监理工程师：×××
（建设单位项目专业技术负责人）　　　　××年×月×日</td></tr>
</table>

《柴油发电机组安装检验批质量验收记录表》填表说明：

1）主控项目：

①发电机的试验必须符合《建筑电气工程施工质量验收规范》（GB 50303—2002）附录A的规定。

②发电机组至低压配电柜馈电线路的相间、相对地间的绝缘电阻值应大于0.5MΩ；塑料绝缘电缆馈电线路直流耐压试验为2.0kV，时间15min，泄漏电流稳定，无击穿现象。

③柴油发电机馈电线路连接后，两端的相序必须与原供电系统的相序一致。

④发电机中性线（工作零线）应与接地干线直接连接，螺栓防松零件齐全，且有标识。

检查数量：主控项目全数检查。

2）一般项目：

①发电机组随带的控制柜接线应正确，紧固件紧固状态良好，无遗漏脱落。开关、保护装置的型号、规格正确，验证出厂试验的锁定标记应无位移，有位移应重新按制造厂要求试验标定。

②发电机本体和机械部位的可接近裸露导体应接地（PE）或接零（PEN）可靠，且有标识。

③受电侧低压配电柜的开关设备、自动或手动切换装置和保护装置等试验合格，应按设计的自备电源使用分配预案进行负荷试验，机组连续运行12h无故障。

检查数量：一般项目全数检查。

（2）不间断电源安装检验批验收记录表。

表 2-35　　不间断电源安装检验批质量验收记录表

GB 50303—2002

060505□□

工程名称	××工程		分项工程名称	不间断电源安装		验收部位	×××
施工单位	×××建筑工程集团公司			专业工长	×××	项目经理	×××
施工执行标准名称及编号	《建筑电气工程施工工艺标准》(QB ×××—2005)						
分包单位	××机电安装工程公司		分包项目经理		×××	施工班组长	×××
施工质量验收规范的规定				施工单位检查评定记录			监理（建设）单位验收记录
主控项目	1	核对电源及附件规格、型号和接线检查	第9.1.1条	√			同意验收
	2	电气交接试验及调整	第9.1.2条	√			
	3	电源装置间连线的绝缘电阻值测试	第9.1.3条	√			
	4	输出端中性线的重复接地	第9.1..4条	√			

（续）

<table>
<tr><td rowspan="4">一般项目</td><td>1</td><td>主回路和控制电线、电缆敷设及连接</td><td>第 9.2.2 条</td><td colspan="6">√</td><td rowspan="4">同意验收</td></tr>
<tr><td>2</td><td>可接近裸露导体的接地或接零</td><td>第 9.2.3 条</td><td colspan="6">√</td></tr>
<tr><td>3</td><td>运行时噪声的检查</td><td>第 9.2.4 条</td><td colspan="6">√</td></tr>
<tr><td>4</td><td>机架组装要求且水平度、垂直度偏差</td><td>≤1.5‰</td><td>0.4</td><td>0.8</td><td>1</td><td>1.2</td><td>0.5</td><td>1.3</td></tr>
<tr><td colspan="2">施工单位检查评定结果</td><td colspan="9">经检查，工程主控项目、一般项目均符合《建筑电气工程施工质量验收规范》（GB 50303—2002）的规定，评定为合格。

项目专业质量检查员：×××　　　　××年×月×日</td></tr>
<tr><td colspan="2">监理（建设）单位验收结论</td><td colspan="9">同意施工单位评定结果

监理工程师：×××
（建设单位项目专业技术负责人）　　　　××年×月×日</td></tr>
</table>

《不间断电源安装检验批质量验收记录表》填表说明：

1）主控项目：

①不间断电源的整流装置、逆变装置和静态开关装置的规格、型号必须符合设计要求。内部结线连接正确、紧固件齐全，可靠不松动，焊接连接无脱落现象。

②不间断电源的输入、输出各级保护系统和输出的电压稳定性、波形畸变系数、频率、相位、静态开关的动作等各项技术性能指标试验调整必须符合产品技术文件要求，且符合设计文件要求。

③不间断电源装置间连线的线间、线对地间绝缘电阻值应大于 0.5MΩ。

④不间断电源输出端的中性线（N 极），必须与由接地装置直接引来的接地干线相连接，做重复接地。

检查数量：主控项目全数检查。

2）一般项目：

①引入或引出不间断电源装置的主回路电线、电线和控制电线、电缆应分别穿保护管敷设，在电缆支架上平行敷设应保持 150mm 的距离；电线、电缆的屏蔽护套接地连接可靠，与接地干线就近连接，紧固件齐全。

②不间断电源装置的可接近裸露导体应接地（PE）或接零（PEN）可靠，且有标识。

③不间断电源正常运行时产生的A声级噪声，不应大于45dB；输出额定电流为5A及以下的小型不间断电源噪声，不应大于30dB。

④安放不间断电源的机架组装应横平竖直，水平度、垂直度允许偏差不应大于1.5‰，紧固件齐全。

检查数量：一般项目2～4项全数检查；1项抽查10%，少于5条回路，全数检查。

（3）电线导管、电缆导管和线槽敷设检验批质量验收记录表（Ⅰ）室内。

表2-36　电线导管、电缆导管和线槽敷设工程检验批质量验收记录表

GB 50303—2002

（Ⅰ）室内

060304□□
060405□□
060502□□
060605□□

工程名称		××工程	分项工程名称	×××		验收部位	×××
施工单位		×××建筑工程集团公司		专业工长	×××	项目经理	×××
施工执行标准名称及编号		《建筑电气工程施工工艺标准》（QB ×××—2005）					
分包单位		/	分包项目经理	/		施工班组长	×××
施工质量验收规范的规定				施工单位检查评定记录		监理（建设）单位验收记录	
主控项目	1	金属导管、金属线槽的接地或接零	第14.1.1条	√		符合要求	
	2	金属导管的连接	第14.1.2条	√			
	3	防爆导管的连接	第14.1.3条	√			
	4	绝缘导管在砌体剔槽的埋设	第14.1.4条	√			
一般项目	1	电缆导管的弯曲半径	第14.2.3条	√		符合要求	
	2	金属导管的防腐	第14.2.4条	√			
	3	柜、台、箱、盘内导管管口高度	第14.2.5条	√			
	4	暗配导管的埋设深度，明配导管的固定	第14.2.6条	√			
	5	线槽固定及外观检查	第14.2.7条	√			
	6	防爆导管的连接、接地、固定和防腐	第14.2.8条	√			
	7	绝缘导管的连接和保护	第14.2.9条	√			
	8	柔性导管的长度、连接和接地	第14.2.10条	√			
	9	导管和线槽在建筑物变形缝处的处理	第14.2.11条	√			

（续）

施工单位检查评定结果	经检查，工程主控项目、一般项目均符合《建筑电气工程施工质量验收规范》（GB 50303—2002）的规定，评定为合格。 项目专业质量检查员：××× ××年×月×日
监理（建设）单位验收结论	同意施工单位评定结果，验收合格。 监理工程师：××× （建设单位项目专业技术负责人） ××年×月×日

《电线导管、电缆导管和线槽敷设工程检验批质量验收记录表》填表说明：

1）主控项目：

①金属的导管和线槽必须接地（PE）或接零（PEN）可靠，并符合下列规定：

a. 镀锌的钢导管、可挠性导管和金属线槽不得熔焊跨接接地线，以专用接地卡跨接的两卡间连线为铜芯软导线，截面积不小于 $4mm^2$。

b. 当非镀锌导管采用螺纹连接时，连接处的两端焊跨接接地线；当镀锌钢导管采用螺纹连接时，连接处的两端用专用接地卡固定跨接接地线。

c. 金属线槽不作设备的接地导体，当设计无要求时，金属线槽全长不少于 2 处与接地（PE）或接零（PEN）干线连接。

d. 非镀锌金属线槽间连接板的两端跨接铜芯接地线，镀锌线槽间连接板的两端不跨接接地线，但连接板两端不少于 2 个有防松螺帽或防松垫圈的连接固定螺栓。

②金属导管严禁对口熔焊连接；镀锌和壁厚小于等于 2mm 的钢导管不得套管熔焊连接。

③防爆导管不应采用倒扣连接；当连接有困难时，应采用防爆活接头，其接合面应严密。

④当绝缘导管在砌体上剔槽埋设时，应采用强度等级不小于 M10 的水泥砂浆抹面保护，保护层厚度大于 15mm。

检查数量：主控项目抽查10%，少于10处，全数检查。

2）一般项目：

①缆导管的弯曲半径不应小于电缆最小允许弯曲半径，电缆最小允许弯曲半径符合《建筑电气工程施工质量验收规范》（GB 50303—2002）表12.2.1-1的规定。

②金属导管内外壁应做防腐处理；埋设于混凝土内的导管内壁应做防腐处理，外壁可不做防腐处理。

③室内进入落地式柜、台、箱、盘内的导管管口，应高出柜、台、箱、盘的基础面50～80mm。

④暗配的导管，埋设深度与建筑物、构筑物表面的距离不应小于15mm；明配导管应排列整齐，固定点间距均匀，安装牢固；在终端、弯头中点或柜、台、箱、盘等边缘的距离150～500mm范围内设置管卡，中间直线段管卡间的最大距离应符合《建筑电气工程施工质量验收规范》（GB 50303—2002）表14.2.6的规定。

⑤线槽应安装牢固，无扭曲变形，紧固件的螺母应在线槽外侧。

⑥防爆导管敷设应符合下列规定：

a. 导管间及与灯具、开关、线盒等的螺纹连接处紧密牢固，除设计有特殊要求外，连接处不跨接接地线，在螺纹上涂以电力复合酯或导电性防锈酯。

b. 安装牢固顺直，镀锌层锈蚀或剥落处做防腐处理。

⑦绝缘导管敷设应符合下列规定：

a. 管口平整光滑；管与管、管与盒（箱）等器件采用插入法连接时，连接处结合面涂专用胶合剂，接口牢固密封。

b. 直埋于地下或楼板内的刚性绝缘导管，在穿出地面或楼板易受机械损伤的一段，采取保护措施。

c. 当设计无要求时，埋设在墙内或混凝土内的绝缘导管，采用中型以上的导管。

⑧金属、非金属柔性导管敷设应符合下列规定：

a. 刚性导管经柔性导钎与电气设备，器具连接，柔性导管的长度在动力工程中不大于0.8m，在照明工程中不大于1.2m。

b. 可挠金属管或其他柔性导管与刚性导管或电气设备、器具间的连接采用专用接头；复合型可挠金属管或其他柔性导管的连接处密封良好，防液覆盖层完整无损。

c. 可挠性金属导管和金属柔性导管不能做接地（PE）或接零（PEN）的连续导体。

⑨导管和线槽，在建筑物变形缝处，应设补偿装置。

检查数量：一般项目3、5项抽查10%，少于5处，全数检查：1、2、4、6、7、8项按不同导管分类。敷设方式各抽查10%，少于5处，全数检查。

第七节　防雷及接地安装工程

一、防雷及接地安装工程质量员工作流程

防雷及接地安装工程质量员工作流程见图2-7。

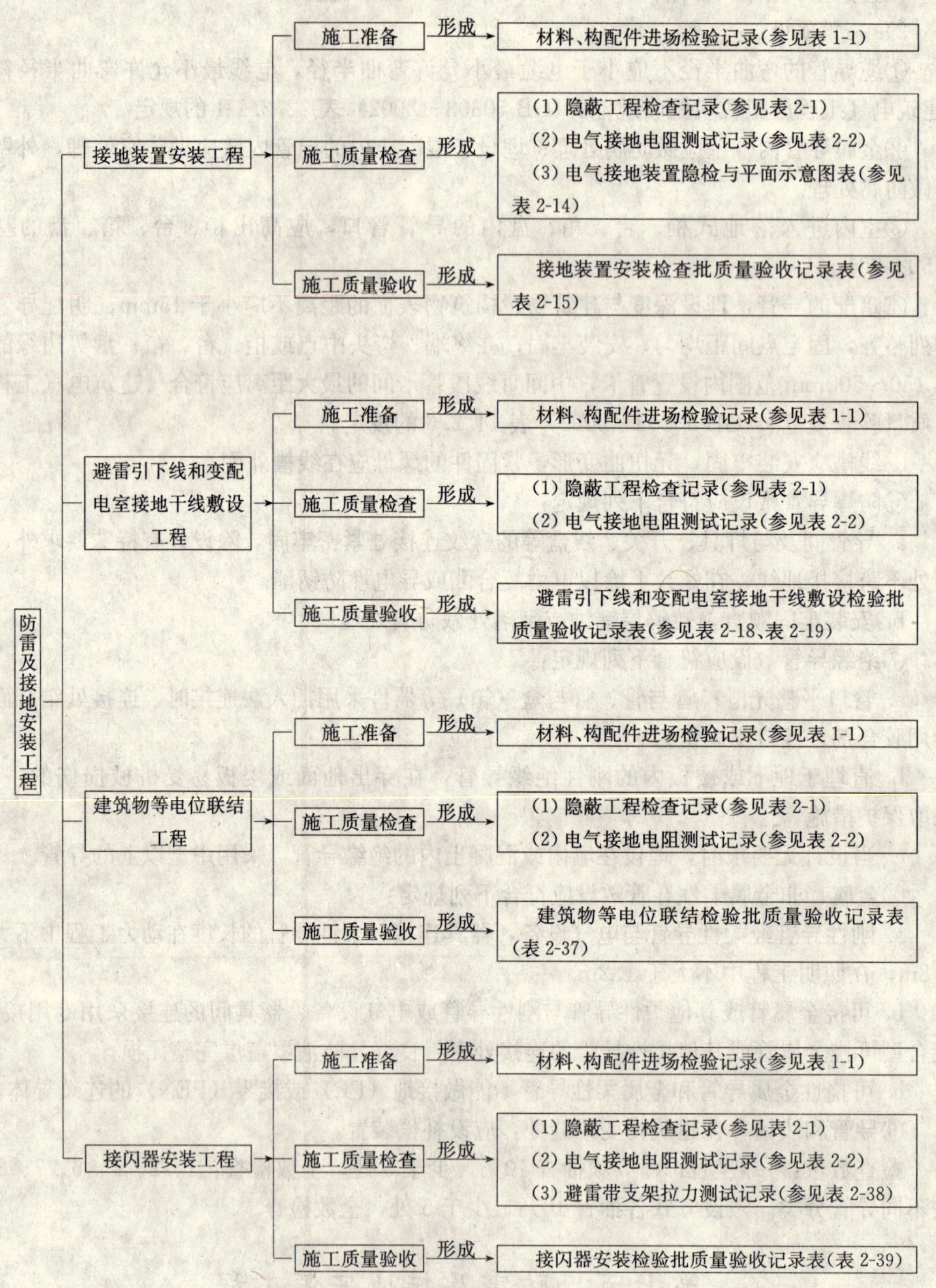

图 2-7　防雷及接地安装工程质量员工作流程

二、防雷及接地装置安装工程表格填写范例

(1) 建筑物等电位联结检验批质量验收记录表。

表 2-37　　建筑物等电位联结工程检验批质量验收记录表

GB 50303—2002

06070301

<table>
<tr><td colspan="2">工程名称</td><td>××工程　分项工程名称</td><td>建筑物等电位联结</td><td>验收部位</td><td>×××</td></tr>
<tr><td colspan="2">施工单位</td><td>×××建筑工程集团公司</td><td>专业工长　×××</td><td>项目经理</td><td>×××</td></tr>
<tr><td colspan="2">施工执行标准名称及编号</td><td colspan="4">《建筑电气工程施工工艺标准》(QB ×××—2005)</td></tr>
<tr><td colspan="2">分包单位</td><td>×××　分包项目经理</td><td>×××</td><td>施工班组长</td><td>×××</td></tr>
<tr><td colspan="4">施工质量验收规范的规定</td><td>施工单位检查评定记录</td><td>监理（建设）单位验收记录</td></tr>
<tr><td rowspan="2">主控项目</td><td>1</td><td>建筑物等电位联结干线的连接及局部等电位箱间的连接</td><td>第 27.1.1 条</td><td>√</td><td rowspan="2">符合要求</td></tr>
<tr><td>2</td><td>等电位联结的线路最小允许截面积</td><td>第 27.1.2 条</td><td>√</td></tr>
<tr><td rowspan="2">一般项目</td><td>1</td><td>等电位联结的可接近裸露导体或其他金属部件、构件与支线的连接可靠，导通正常</td><td>第 27.2.1 条</td><td>√</td><td rowspan="2">符合要求</td></tr>
<tr><td>2</td><td>需等电位联结的高级装修金属部件或零件等电位联结的连接</td><td>第 27.2.2 条</td><td>√</td></tr>
<tr><td colspan="2">施工单位检查评定结果</td><td colspan="4">经检查，工程主控项目、一般项目均符合《建筑电气工程施工质量验收规范》(GB 50303—2002) 的规定，评定为合格。
项目专业质量检查员：×××　　××年×月×日</td></tr>
<tr><td colspan="2">监理（建设）单位验收结论</td><td colspan="4">同意施工单位评定结果，验收合格。
监理工程师：×××
（建设单位项目专业技术负责人）　　××年×月×日</td></tr>
</table>

《建筑物等电位联结工程检验批质量验收记录表》填表说明：

1）主控项目：

①建筑物等电位联结干线应从与接地装置有不少于 2 处直接连接的接地干线或总等电位箱引出，等电位联结干线或局部等电位箱间的连接线形成环形网路，环形网路应就近与等电位联结干线或局部等电位箱连接。支线间不应串联连接。

②等电位联结的线路最小允许截面符合《建筑电气工程施工质量验收规范》(GB 50303—2002) 表 27.1.2 的规定。

检查数量：主控项目抽查 10%，少于 10 处，全数检查，等电位箱处全数检查。

2）一般项目：

①等电位联结的可接近裸露导体或其他金属部件、构件与支线连接应可靠，熔焊、钎焊或机械紧固应导通正常。

②需等电位联结的高级装修金属部件或零件，应有专用接线螺栓与等电位联结支线连接，且有标识；连接处螺帽紧固、防松零件齐全。

一般项目抽查10%，少于10处，全数检查。

（2）避雷带支架拉力测试记录。

表2-38　　避雷带支架拉力测试记录

编号：×××

工程名称	××工程						
测试部位	屋顶避雷带			测试日期	××年×月×日		
序号	拉力/kg	序号	拉力/kg	序号	拉力/kg	序号	拉力/kg
1	**6**						
2	**7**						
3	**6.5**						
4	**7**						
5	**8**						
6	**6.3**						

检查结论：

经对每个支持件做拉力测试，均大于49N（5kg）的垂直拉力，符合《建筑电气工程施工质量验收规范》（GB 50303—2002）规范规定。

签字栏	建设（监理）单位	施工单位	×××公司	
		专业技术负责人	专业质检员	专业工长
	×××	×××	×××	×××

《避雷带支架拉力测试记录》填表说明：

1）《避雷带支架拉力测试记录》应由建设（监理）单位及施工单位共同进行检查。

2）若当天内检查点很多时，本表格填不下，可续表格进行填写，但编号应一致。

3）检查结论应齐全。

4）编号栏的填写应参照隐蔽工程检查记录表编号编写，但表式不同时顺序号应重新编号。

5）要求无未了事项：表格中凡需填空的地方，实际已发生的，如实填写；未发生的，则在空白处划斜杠“/”。

6）本表由施工单位填写，建设单位、施工单位各保存一份。

(3) 接闪器安装检验批质量验收记录表。

表 2-39 **接闪器安装检验批质量验收记录表**

GB 50303—2002

060704□□

<table>
<tr><td colspan="2">工程名称</td><td>××工程</td><td>分项工程名称</td><td>接闪器安装</td><td>验收部位</td><td>×××</td></tr>
<tr><td colspan="2">施工单位</td><td colspan="2">×××建筑工程集团公司</td><td>专业工长 ×××</td><td>项目经理</td><td>×××</td></tr>
<tr><td colspan="2">施工执行标准名称及编号</td><td colspan="5">《建筑电气工程施工工艺标准》(QB ×××—2005)</td></tr>
<tr><td colspan="2">分包单位</td><td>××机电安装工程公司</td><td>分包项目经理</td><td>×××</td><td>施工班组长</td><td>×××</td></tr>
<tr><td colspan="4">施工质量验收规范的规定</td><td colspan="2">施工单位检查评定记录</td><td>监理(建设)单位验收记录</td></tr>
<tr><td>主控项目</td><td>1</td><td>避雷针、带与顶部外露的其他金属物体的连接</td><td>第 26.1.1 条</td><td colspan="2">√</td><td rowspan="3">同意验收</td></tr>
<tr><td rowspan="2">一般项目</td><td>1</td><td>避雷针、带的位置及固定</td><td>第 26.2.1 条</td><td colspan="2">√</td></tr>
<tr><td>2</td><td>避雷带的支持件间距、固定及承力检查</td><td>第 26.2.1 条</td><td colspan="2">√</td></tr>
<tr><td colspan="2">施工单位检查评定结果</td><td colspan="5">经检查,工程主控项目、一般项目均符合《建筑电气工程施工质量验收规范》(GB 50303—2002)的规定,评定为合格。
项目专业质量检查员:××× ××年×月×日</td></tr>
<tr><td colspan="2">监理(建设)单位验收结论</td><td colspan="5">同意施工单位评定结果
监理工程师:×××
(建设单位项目专业技术负责人) ××年×月×日</td></tr>
</table>

《接闪器安装检验批质量验收记录表》填表说明:

1) 主控项目:

建筑物顶部的避雷针、避雷带等必须与顶部外露的其他金属物体连成一个整体的电气通路,且与避雷引下线连接可靠。

检查数量:主控项目全数检查。

2) 一般项目:

①避雷针、避雷带应位置正确,焊接固定的焊缝饱满无遗漏,螺栓固定的应备帽等防松零件齐全,焊接部位补刷的防腐油漆完整。

②避雷带应平正顺直,固定点支持件间距均匀、固定可靠,每个支持件应能承受大于49N(5kg)的垂直拉力。当设计无要求时,支持件间距符合《建筑电气工程施工质量验收规范》(GB 50303—2002)第 25.2.2 条的规定。

检查数量:一般项目 1 项全数检查;2 项抽查 10%,少于 10m 或 10 个支持件,全数检查。

第三章　通风与空调工程

第一节　送排风系统工程

一、送排水系统工程质量员工作流程

送排风系统工程质量员工作流程见图 3-1。

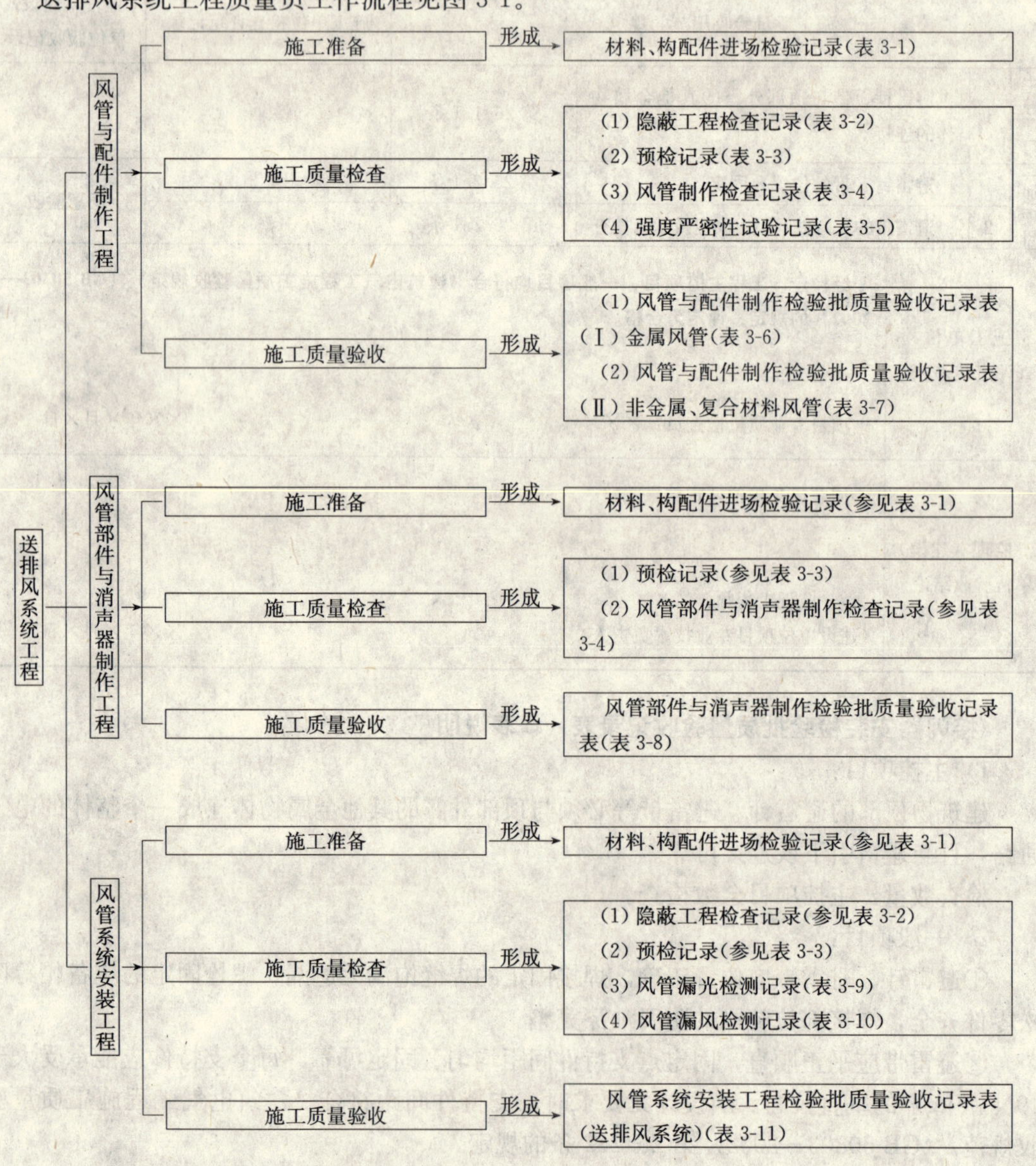

图 3-1　送排风系统工程质量员工作流程（一）

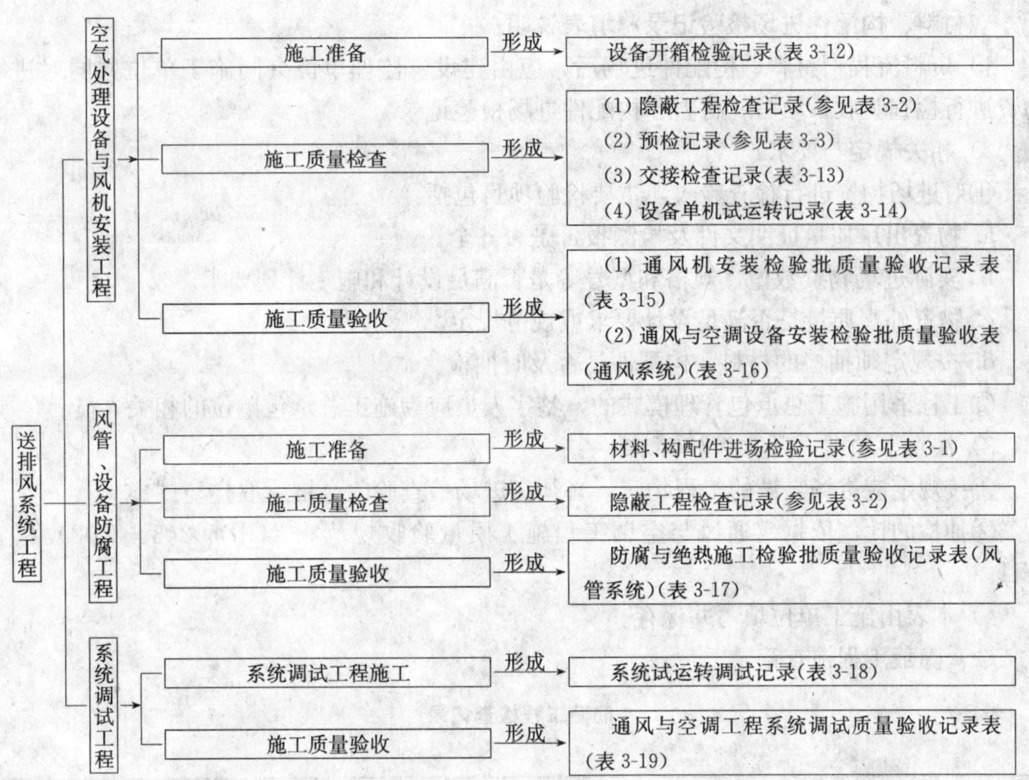

图 3-1　送排风系统工程质量员工作流程（二）

二、风管与配件制作工程表格填写范例

（1）材料、构配件进场检验记录。

表 3-1　　　　**材料、构配件进场检验记录**

编号：×××

工程名称	××工程				检验日期	××年×月×日	
序号	名称	规格型号	进场数量	生产厂家 合格证号	检验项目	检验结果	备　注
1	**法兰风管**	**800×400**	**各类规格**	××× ×××	**质量证明文件**	**合格**	
2	**消声设备**	**800×400**	**各类规格**	×××	**质量证明文件**	**合格**	
3							
4							

检验结论：

镀锌风管及角钢法兰风管等镀锌层覆盖面完整，接口连接处牢固，型号规格及镀锌板厚度均符合规范要求。
消声设备表面平整、接口牢固，型号规格及外包尺寸符合设计要求。

签字栏	建设（监理）单位	施工单位	×××建筑工程公司	
		专业质检员	专业工长	检验员
	×××	×××	×××	×××

《材料、构配件进场检验记录》填表说明：

1）资料流程：材料、构配件进场后，应由建设、监理单位会同施工单位共同对进场物资进行检查验收，填写《材料、构配件进场检验记录》。

2）相关规定与要求：

①对进场物资进行检查验收，主要检验项目包括：

a. 物资出厂质量证明文件及检测报告是否齐全。

b. 实际进场物资数量、规格和型号等是否满足设计和施工计划要求。

c. 物资外观质量是否满足设计要求或规范规定。

d. 按规定须抽检的材料、构配件是否及时抽检。

②工程采用施工总承包管理模式的，签字人员应为施工总承包单位的相关人员。

3）注意事项：

①按规定应进场复试的工程物资，必须在进场检查验收合格后取样复试。

②抽检的比例依据《通风与空调工程施工质量验收规范》（GB 50243—2002）相关条目。

4）本表由施工单位填写并保存。

（2）隐蔽工程检查记录。

表 3-2 **隐蔽工程检查记录**

编号：×××

<table>
<tr><td>工程名称</td><td colspan="4">××工程</td></tr>
<tr><td>隐检项目</td><td colspan="2">送排风系统安装</td><td>隐检日期</td><td>××年×月×日</td></tr>
<tr><td>隐检部位</td><td colspan="4">地下一层　××～××/××～××轴　轴线 ××m　标高</td></tr>
<tr><td colspan="5">隐检依据：施工图图号 ×××，设计变更/洽商（编号 / ）及有关国家现行标准等。
主要材料名称及规格/型号：镀锌风管
700×700</td></tr>
<tr><td colspan="5">隐检内容：
检查风管的标高是否与图纸一致，风管接口严密性，支、吊、托架安装固定。
申报人：×××</td></tr>
<tr><td colspan="5">检查意见：
经检查，送排风管道安装符合设计要求及《通风与空调工程施工质量验收规范》（GB 50243—2002）规定。
检查结论：☑同意隐蔽　□不同意，修改后进行复查</td></tr>
<tr><td colspan="5">复查结论：
复查人：　复查日期：</td></tr>
</table>

<table>
<tr><td rowspan="3">签字栏</td><td rowspan="2">建设（监理）单位</td><td>施工单位</td><td colspan="2">×××建筑工程公司</td></tr>
<tr><td>专业技术负责人</td><td>专业质检员</td><td>专业工长</td></tr>
<tr><td>×××</td><td>×××</td><td>×××</td><td>×××</td></tr>
</table>

《隐蔽工程检查记录》填表说明：

1）资料流程：《隐蔽工程检查记录》为通用施工记录，适用于各专业。按规范规定须进行隐检的项目，施工单位应填报《隐蔽工程检查记录》。

2）相关规定与要求：

①敷设于竖井内、不进人吊顶内的风道（包括各类附件、部件、设备等）：检查风道的标高、材质，接头、接口严密性，附件、部件安装位置，支、吊、托架安装、固定，活动部件是否灵活可靠、方向正确，风道分支、变径处理是否合理，是否符合要求，是否已按照设计要求及施工规范规定完成风管的漏光、漏风检测，空调水管道的强度严密性、冲洗等试验。

②有绝热、防腐要求的风管、空调水管及设备：检查绝热形式与做法、绝热材料的材质和规格、防腐处理材料及做法。绝热管道与支吊架之间应垫以绝热衬垫或经防腐处理的木衬垫，其厚度应与绝热层厚度相同，表面平整，衬垫接合面的空隙应填实。

3）注意事项：

①隐检内容依据规程要求将内容填写详实。

②隐检项目和预检项目在规程上已有不同界定，办理施工记录时应区分把握（即隐检和预检不用重复办理）。

③工程采用施工总承包管理模式的，签字人员应为施工总承包单位的相关人员。

④有防水要求的套管的隐蔽工程检查记录应在施工完成后，及时报监理验收；其他项目的隐蔽工程检查记录一般与检验批验收一同向监理报验，作为其附件。

4）本表由施工单位填报，建设单位、施工单位、城建档案馆各保存一份。

（3）预检记录。

表 3-3　　**预检记录**

编号：×××

<table>
<tr><td>工程名称</td><td>××工程</td><td>预检项目</td><td>送排风系统安装</td></tr>
<tr><td>预检部位</td><td>地下一层</td><td>检查日期</td><td>××年×月×日</td></tr>
<tr><td colspan="4">依据：施工图纸（施工图纸号　×××　）、
设计变更/洽商（编号　/　）和有关规范、规程。
主要材料或设备：　镀锌风管
规格/型号：　700×700</td></tr>
<tr><td colspan="4">预检内容：
风管连接时法兰之间用密封垫料填充密实，用螺栓连接。支吊架形式有落地支架、防晃支架、普通支架三种。</td></tr>
<tr><td colspan="4">检查意见：
经检查，送排风管道安装符合设计要求及《通风与空调工程施工质量验收规范》（GB 50243—2002）规定。</td></tr>
<tr><td colspan="4">复查意见：

复查人：　　　　复查日期：××年×月×日</td></tr>
<tr><td>施工单位</td><td colspan="3">×××建筑工程公司</td></tr>
<tr><td>专业技术负责人</td><td colspan="2">专业质检员</td><td>专业工长</td></tr>
<tr><td>×××</td><td colspan="2">×××</td><td>×××</td></tr>
</table>

《预检记录》填表说明：

1）资料流程：《预检记录》是对施工重要工序进行的预先质量控制检查记录，为通用施工记录，适用于各专业。

2）相关规定与要求：

①设备基础和预制构件安装：检查设备基础位置、混凝土强度、标高、几何尺寸、预留孔、预埋件等。

②管道预留孔洞：检查预留孔洞的尺寸、位置、标高等。

③管道预埋套管（预埋件）：检查预埋套管（预埋件）的规格、形式、尺寸、位置、标高等。

④机电各系统的明装管道（包括进人吊顶内）、设备安装：检查位置、标高、坡度、材质、防腐、接口方式、支架形式、固定方式等。

⑤机电表面器具（包括风口、卫生器具等）：检查位置、标高、规格、型号、外观效果等。

3）注意事项：

①预检内容依据规程要求将内容填写详实。

②预检项目和隐检项目在规程上已有不同界定，办理施工记录时应区分把握（即隐检和预检不用重复办理）。

③工程采用施工总承包管理模式的，签字人员应为施工总承包单位的相关人员。

④设备基础和预制构件安装、管道预留孔洞和管道预埋套管（预埋件）等项目的预检记录应在施工完成后，及时报监理验收；其他项目的预检记录一般与检验批验收一同向监理报验，作为其附件。

4）本表由施工单位填写并保存。

（4）风管制作检查记录。

表 3-4 风管制作检查记录表

编号：×××

<table>
<tr><td>工程名称</td><td colspan="2">××工程</td><td>检查项目</td><td>排风系统</td></tr>
<tr><td>检查部位</td><td colspan="2">人防层</td><td>检查日期</td><td>××年×月×日</td></tr>
<tr><td colspan="5">检查依据：
1. 施工图纸：设施-1，2
2.《通风与空调工程施工质量验收规范》(GB 50243—2002)</td></tr>
<tr><td colspan="5">检查内容：
制作的通风管道采用扣式咬口，咬口严密、平整、无孔洞及胀裂等缺陷。</td></tr>
<tr><td colspan="5">检查结论：
经验查，风管制作符合设计要求及《通风与空调工程施工质量验收规范》(GB 50243—2002) 的规定。</td></tr>
<tr><td colspan="5">复查意见
同意
复查人：××× 复查日期：××年×月×日</td></tr>
<tr><td>施工单位</td><td colspan="4">××建筑工程公司</td></tr>
<tr><td>专业技术负责人</td><td colspan="2">专业质检员</td><td colspan="2">专业工长</td></tr>
<tr><td>×××</td><td colspan="2">×××</td><td colspan="2">×××</td></tr>
</table>

本表由施工单位填写并保存。

《风管制作检查记录表》填表说明：

1）附件收集：附相关图表、图片、照片及说明文件等。

2）资料流程：由施工单位填写并保存。

3）相关规定与要求：按照现行规范要求应进行施工检查的重要工序，且无与其相适应的施工记录表格的，《施工检查记录（通用）》适用于各专业。

4）注意事项：对隐蔽检查记录和预检记录不适用的其他重要工序，应按照现行规范要求进行施工质量检查，填写《施工检查记录（通用）》。《施工检查记录（通用）》适用于各专业。

（5）强度严密性试验记录。

表 3-5　　强度严密性试验记录

编号：×××

<table>
<tr><td>工程名称</td><td>××工程</td><td>试验日期</td><td colspan="2">××年×月×日</td></tr>
<tr><td>试验项目</td><td>排风系统风管强度试压</td><td>试验部位</td><td colspan="2">地下一层层排风系统</td></tr>
<tr><td>材　质</td><td>焊接钢管</td><td>规　格</td><td colspan="2">DN 100～DN 25</td></tr>
<tr><td colspan="5">试验要求：
按风管系统的分类和材质分别抽查，不得少于 3 件及 15m²，在 1.5 倍工作压力下接缝处无开裂。
本空调系统工作压力为 650Pa（中压系统）。风管材质为焊接钢板，采用法兰连接。选 6 段风管共计 18m³ 进行强度试验。
试验压力为工作压力的 1.5 倍，为 975Pa，在试验压力下稳压 10min，风管的咬口及连接处无开裂现象为合格。</td></tr>
<tr><td colspan="5">试验记录：
连接好 6 段风管，两端进行封堵严密，然后连接好漏风测试仪，缓慢调节风机变频器，使用管内压力升至 975Pa，稳定 10min 后观察，风管的咬口及连接处没有张口、开裂等损坏现象。</td></tr>
<tr><td colspan="5">试验结论：
经检查，风管的强度试验方法及结果均符合设计要求和《通风与空调工程施工质量验收规范》（GB 50243—2002）的规定，强度试验合格。</td></tr>
<tr><td rowspan="3">签字栏</td><td rowspan="2">建设（监理）单位</td><td>施工单位</td><td colspan="2">×××建筑工程公司</td></tr>
<tr><td>专业技术负责人</td><td>专业质检员</td><td>专业工长</td></tr>
<tr><td>×××</td><td>×××</td><td>×××</td><td>×××</td></tr>
</table>

《强度严密性试验记录》填表说明：

1）形成流程：室内外输送各种介质的承压管道、设备在安装完毕后，进行隐蔽之前，应进行强度严密性试验，并做记录。

2）相关规定与要求：

①冷热水、冷却水系统的试验压力，当工作压力小于等于1.0MPa时，为1.5倍工作压力，但最低不小于0.6MPa；当工作压力大于1.0MPa时，为工作压力加0.5MPa。

②对大型或高层建筑垂直位差较大的冷（热）媒水、冷却水管道系统宜采用分区、分层试压和系统试压相结合的方法。一般建筑可采用系统试压方法。

a. 分区、分层试压：对相对独立的局部区域的管道进行试压。在试验压力下稳压10min，压力不得下降，再将系统压力降至工作压力，在60min内压力不得下降，外观检查无渗漏为合格。

b. 系统试压：在各分区管道与系统主、干管全部连通后，对整个系统的管道进行系统的试压。试验压力以最低点的压力为准，但最低点的压力不得超过管道与组成件的承受压力。压力试验升至试验压力后，稳压10min，压力下降不得大于0.02MPa，再将系统压力降至工作压力，外观检查无渗漏为合格。

③各类耐压塑料管的强度试验压力为1.5倍工作压力，严密性试验压力为1.15倍的设计工作压力。

3）注意事项：

①名称与施工文件一致，且各专业应统一。

②应根据试验的情况真实填写。内容要齐全，不得漏项。应以规程规范为依据，结论要准确，适用条目要准确（单项试验和系统试验的要求可能会不同，要特别留意）。

③签字栏必须本人手签，不得打印或他人代签。

④若试压过程中确无压力降，则按实填写“实测无压降”即可。

4）本表由施工单位填写，建设单位、施工单位、城建档案馆各保存一份。

(6) 风管与配件制作检验批质量验收记录表（Ⅰ）金属风管。

表3-6　风管与配件制作检验批质量验收记录表

GB 50243—2002

（Ⅰ）金属风管

080101□□
080201□□
080301□□
080401□□
080501□□

单位（子单位）工程名称	××工程		
分部（子分部）工程名称	连体法兰风管制作	验收部位	地下二层
施工单位	××建筑工程公司	项目经理	×××
分包单位	××机电安装工程公司	分包项目经理	×××
施工执行标准名称及编号	《通风与空调工程施工工艺标准》(QB ×××—2005)		

（续）

<table>
<tr><td colspan="4">施工质量验收规范的规定</td><td>施工单位检查评定记录</td><td>监理（建设）单位验收记录</td></tr>
<tr><td rowspan="7">主控项目</td><td>1</td><td>材质种类、性能及厚度</td><td>第 4.2.1 条</td><td>√</td><td rowspan="7">同意验收</td></tr>
<tr><td>2</td><td>防火风管材料及密封垫材料</td><td>第 4.2.3 条</td><td>√</td></tr>
<tr><td>3</td><td>风管强度及严密性、工艺性检测</td><td>第 4.2.5 条</td><td>√</td></tr>
<tr><td>4</td><td>风管的连接</td><td>第 4.2.6 条</td><td>√</td></tr>
<tr><td>5</td><td>风管的加固</td><td>第 4.2.10 条</td><td>√</td></tr>
<tr><td>6</td><td>矩形弯管制作及系统片设置</td><td>第 4.2.12 条</td><td>√</td></tr>
<tr><td>7</td><td>净化空调风管</td><td>第 4.2.13 条</td><td>/</td></tr>
<tr><td rowspan="8">一般项目</td><td>1</td><td>圆形弯管制作</td><td>第 4.3.1-1 条</td><td>/</td><td rowspan="8">同意验收</td></tr>
<tr><td>2</td><td>风管外观质量和外形尺寸</td><td>第 4.3.1-2.3 条</td><td>√</td></tr>
<tr><td>3</td><td>焊接风管</td><td>第 4.3.1-4 条</td><td>/</td></tr>
<tr><td>4</td><td>法兰风管制作</td><td>第 4.3.2-1、2、3 条</td><td>/</td></tr>
<tr><td>5</td><td>铝板或不锈钢板风管</td><td>第 4.3.2-4 条</td><td>/</td></tr>
<tr><td>6</td><td>无法兰连接风管制作</td><td>第 4.3.3 条</td><td>√</td></tr>
<tr><td>7</td><td>风管的加固</td><td>第 4.3.4 条</td><td>√</td></tr>
<tr><td>8</td><td>净化空调风管</td><td>第 4.3.11 条</td><td>/</td></tr>
<tr><td rowspan="2">施工单位检查评定结果</td><td colspan="2">专业工长（施工员）</td><td>×××</td><td>施工班组长</td><td>×××</td></tr>
<tr><td colspan="5">主控项目全部合格，一般项目满足规范规定要求，检查评定结果为合格。
项目专业质量检查员：×××　　××年×月×日</td></tr>
<tr><td>监理（建设）单位验收结论</td><td colspan="5">同意验收
专业监理工程师：×××
（建设单位项目专业技术负责人）　　××年×月×日</td></tr>
</table>

《风管与配件制作检验批质量验收记录表（Ⅰ）金属风管》填写说明：

1）主控项目：

①材料品种、规格、性能与厚度应符合设计要求和有关标准及本规范规定。板厚度不得小于《通风与空调工程施工质量验收规范》（GB 50243—2002）（以下称本规范）表4.2.1-3 的规定。

检查材料质量合格证明文件、性能检测报告及尺量。

②防火风管及其配件必须为不燃材料，耐火等级符合设计规定。

检查材料质量合格证明文件、性能检测报告及点燃试验和观察。

③风管强度和严密性应配合设计要求，或符合本规范 4.2.5 的规定。检查产品合格证

明文件、检测报告或按本规范附录A进行强度和漏风量测试。

④风管板材连接咬口缝应错开，不得十字形拼缝。法兰规格应符合本规范表4.2.6-1～2规定，螺栓孔距中低压≤150mm，高压≤100mm，矩形四角均应设孔。观察检查拼缝质量和尺量螺栓孔距。

⑤风管加固条件：圆形ϕ≥800mm，管段长>1250mm，或表面积>4m²；矩形管边长>630mm，保温风管边长>800mm，管段长>1250mm，低压风管单边平面积>1.2m²，中高压>1.0m²；非规则管按矩形风管加固。尺量观察检查。

⑥矩形风管应采用曲率半径为一个平面边长的内外同心弧形变管。其他形式弯管平面边长>500m时，应设弯管系统片。尺量平面边长，观察检查是否符合规定。

⑦净化空调风管所用连接件应与管材性能匹配且不应产生化学性能腐蚀，并不得用抽芯铆钉风管内加固；无法兰连接不得用S形、直角形及主联合角形插条；空气洁净度等级为1～5级的风管，不得采用按扣式咬口；矩形风管边长≤900mm，底面板不应有拼接缝，>900mm时，不应有横向拼接缝；清洁剂应用对人体和材质无害的，镀锌钢板镀锌层无严重损害。检查材料质量合格证明文件和有关证明，并观察检查是否符合规定。

2）一般项目：

①圆形弯管曲率半径和最少分节数应符合本规范表4.3.1-1规定。

②风管与配件咬口缝严密、宽度一致，折角平直、圆弧均匀、两端面平行：无明显扭曲、翘角、表面平整、凹凸≤10mm，外形尺寸应符合本规范第4.3.1条第3款要求。

③焊接风管焊缝应平整，无裂缝、凸瘤、穿透夹渣、气孔等缺陷，变形应矫正，杂物清净。检查测试记录或进行装配试验，尺量偏差和观察检查外观质量。

④法兰焊缝熔合良好，同一批螺孔排列一致且具互换性；铆接连接应牢固；焊接连接风管端面不得高于法兰接口平面；除尘系统宜内侧满焊，外侧间断焊；采用点焊时，焊点熔合良好，间距≤100mm。

⑤采用碳素钢时，规格应符合本规范表4.2.6-1～2规定，并应防腐；铆钉与风管材质相同。检查测试记录，装配式试验，尺量和观察。

⑥接口及连接件应符合本规范表4.3.3-1规定，芯管连接应符合表4.3.3-3规定。

⑦接口及连接件应符合本规范表4.3.3-2规定；接口及附件尺寸准确，形状规则，接口严密；采用C、S插条或采用立咬口、色边立咬口连接时，各项允许规定和偏差见本规范第4.3.3条第3款和第4款规定。检查测试记录、进行装配试验，尺量允许偏差观察外观质量。

⑧风管加固形式应符合要求。楞筋或楞线加固排列规则，间隔均匀，板面平顺；角钢、加固筋加固排列整齐，均匀对称，高度≤法兰高度，与风管铆接牢固，间隔(≤220mm)均匀，相交处连成一体，支撑应牢固，撑点之间间距均匀，且应≤950mm；中高压系统段>1250mm时应加框，咬口缝有防胀裂加固措施。检查测试记录，进行装配试验，观察质量情况，尺量尺寸限值。

⑨现场应清洁；铆钉孔间距，清洁度为1～5级≤650mm，6～9级≤100mm：静压箱过滤器框架等应防腐；制完风管应进行第二次清洗，符合要求后封口。

观察检查并检查清洗记录。

(7) 风管与配件制作检验批质量验收记录表（Ⅱ）非金属、复合材料风管。

表 3-7 **风管与配件制作检验批质量验收记录表**

GB 50243—2002

（Ⅱ）非金属、复合材料风管

080101□□、080201□□

080301□□ 080401□□ 080501□□

<table>
<tr><td colspan="3">单位（子单位）工程名称</td><td colspan="4">××工程</td></tr>
<tr><td colspan="3">分部（子分部）工程名称</td><td colspan="2">无机玻璃钢风管制作</td><td>验收部位</td><td>地下二层</td></tr>
<tr><td colspan="3">施工单位</td><td colspan="2">××建筑工程公司</td><td>项目经理</td><td>×××</td></tr>
<tr><td colspan="3">分包单位</td><td colspan="2">××机电安装工程公司</td><td>分包项目经理</td><td>×××</td></tr>
<tr><td colspan="3">施工执行标准名称及编号</td><td colspan="4">《通风与空调工程施工工艺标准》（QB ×××—2004）</td></tr>
<tr><td colspan="5">施工质量验收规范的规定</td><td>施工单位检查评定记录</td><td>监理（建设）单位验收记录</td></tr>
<tr><td rowspan="9">主控项目</td><td>1</td><td colspan="2">网管材料种类、性能及厚度</td><td>第 4.2.2 条</td><td>√</td><td rowspan="9">同意验收</td></tr>
<tr><td>2</td><td colspan="2">复合材料风管材料要求</td><td>第 4.2.4 条</td><td>/</td></tr>
<tr><td>3</td><td colspan="2">风管强度、严密性及工艺性检测</td><td>第 4.2.5 条</td><td>√</td></tr>
<tr><td>4</td><td colspan="2">风管的连接</td><td>第 4.2.7 条</td><td>√</td></tr>
<tr><td>5</td><td colspan="2">复合材料风管法兰连接</td><td>第 4.2.8 条</td><td>/</td></tr>
<tr><td>6</td><td colspan="2">砖、混凝土风道的变形缝</td><td>第 4.2.9 条</td><td>/</td></tr>
<tr><td>7</td><td colspan="2">风管加固</td><td>第 4.2.10 条
第 4.2.11 条</td><td>√</td></tr>
<tr><td>8</td><td colspan="2">矩形弯管制作及系统片设置</td><td>第 4.2.12 条</td><td>√</td></tr>
<tr><td>9</td><td colspan="2">净化空调风管</td><td>第 4.2.13 条</td><td>/</td></tr>
<tr><td rowspan="8">一般项目</td><td>1</td><td colspan="2">风管制作</td><td>第 4.3.1 条</td><td>√</td><td rowspan="8">同意验收</td></tr>
<tr><td>2</td><td colspan="2">硬聚氯乙烯风管</td><td>第 4.3.5 条</td><td>/</td></tr>
<tr><td>3</td><td colspan="2">有机玻璃钢风管</td><td>第 4.3.6 条</td><td>/</td></tr>
<tr><td>4</td><td colspan="2">无机玻璃钢风管</td><td>第 4.3.7 条</td><td>√</td></tr>
<tr><td>5</td><td colspan="2">砖、混凝土风道内表面</td><td>第 4.3.8 条</td><td>/</td></tr>
<tr><td>6</td><td colspan="2">双面铝箔绝热板风管</td><td>第 4.3.9 条</td><td>/</td></tr>
<tr><td>7</td><td colspan="2">铝箔玻璃纤维板风管</td><td>第 4.3.10 条</td><td>/</td></tr>
<tr><td>8</td><td colspan="2">净化空调风管</td><td>第 4.3.11 条</td><td>/</td></tr>
<tr><td colspan="2" rowspan="2">施工单位检查评定结果</td><td>专业工长（施工员）</td><td colspan="2">×××</td><td>施工班组长</td><td>×××</td></tr>
<tr><td colspan="5">主控项目全部合格，一般项目满足规范规定要求，检查评定结果为合格。
项目专业质量检查员：××× ××年×月×日</td></tr>
<tr><td colspan="2">监理（建设）单位验收结论</td><td colspan="5">同意验收
监理工程师：×××
（建设单位项目专业技术负责人） ××年×月×日</td></tr>
</table>

《风管与配件制作检验批质量验收记录表（Ⅱ）非金属、复合材料风管》填写说明：

1）主控项目：

①材料品种、规格、性能及厚度符合设计要求。设计无规定时，厚度分别不得小于《通风与空调工程施工质量验收规范》（GB 50243—2002）（以下称本规范）表 4.2.2-1～5

的规定。检查材料质量合格证明文件，性能检测报告，尺量尺寸要求及观察检查。

②复合材料风管的覆面材料必须为不燃材料，内部的绝热材料为不燃或难燃 B_1 级，且对人体无害。检查材料质量合格证明文件、性能检测报告，观察检查及点燃试验。

③风管强度和严密性应符合设计要求或符合本规范 4.2.5 条规定。检查产品质量合格证明文件，检测报告或按本规范附录 A 进行强度和漏风量测试。

④连接风管法兰规格应分别符合本规范表 4.2.7～3 的规定，螺栓孔距≤120mm；矩形法兰四角有螺孔。采用套管连接时，套管连接管厚不得小于风管板厚。检查法兰规格，螺孔位置尺量管壁厚及孔距。

⑤复合材料法兰连接，法兰与风管板材连接可靠，绝热层不得外露。观察检查。

⑥变形缝应符合设计要求，不应渗水和漏风。对照图纸检查，观察检查。

⑦聚氯乙烯风管直径或边长>500mm，连接外应设加强板，且间距≤450mm。有机及无机玻璃钢风管加固材料应与本体材料相同，且与风管成一整体。符合本规范 4.2.11 条规定。尺量和观察检查。

⑧矩形风管应采用半径为一个平面边长的内外同心弧形弯管。其他形式弯管平面边长>500mm 时，应设弯管系统片。尺量和观察检查。

⑨净化空调风管所用连接件应与管材性能匹配，且不应产生电化学性能腐蚀，不在风管内加固；无法兰连接不得用 S 形、直角形及立联合角形插条；空气洁净度等级为 1～5 级的风管不得采用按扣式咬口；矩形风管边长≤900mm，底面板不应有拼接缝，大于 900mm 时，不应有横向拼接缝；清洁剂应用对人体和材质无害的；镀锌钢板镀锌层无严重损害。

检查材料质量合格证明文件和有关证明，并观察检查。

2）一般项目：

①风管制作符合本规范第 4.3.1 条规定。检查测试记录或进行装配试验，尺量和观察检查。

②硬聚氯乙烯风管制作符合第 4.3.1 条、第 1、3 款及第 4.3.2 条的第 1 款及第 4.3.5 条的规定。尺量和观察检查。

③有机玻璃风管制作符合第 4.3.1 条第 1、2、3 款及第 4.3.2 条第 1 款和第 4.3.7 条的规定。尺量及观察检查。

④无机玻璃钢风管制作符合本规范第 4.3.1 条第 1、2、3 款，第 4.3.2 条第 1 款和第 4.3.7 条的规定。尺量及观察检查。

⑤砖、混凝土风道内表面水泥砂浆应抹平，无裂缝、不渗水。观察检查。

⑥双面铝箔绝热板风管制作符合第 4.3.1 条第 2、3 款，第 4.3.2 条第 2 款和第 4.3.9 条规定。观察和尺量检查。

⑦铝箔玻璃纤维风管制作符合第 4.3.1 条第 2、3 款，第 4.3.2 条第 2 款和第 4.3.10 条的规定。观察和尺量检查。

⑧净化空调系统风管制作符合第 4.3.11 条的规定。观察和用白绸布擦拭检查。

三、风管部件与消声器制作工程表格填写范例

风管部件与消声器制作检验批质量验收记录表。

表 3-8　　　　风管部件与消声器制作检验批质量验收记录表

GB 50243—2002

080105□□
080405□□
080505□□

<table>
<tr><td colspan="3">单位（子单位）工程名称</td><td colspan="4">××工程</td></tr>
<tr><td colspan="3">分部（子分部）工程名称</td><td colspan="2">消声器制作</td><td>验收部位</td><td>地下一层</td></tr>
<tr><td colspan="3">施工单位</td><td colspan="2">××建筑工程公司</td><td>项目经理</td><td>×××</td></tr>
<tr><td colspan="3">分包单位</td><td colspan="2">××机电安装工程公司</td><td>分包项目经理</td><td>×××</td></tr>
<tr><td colspan="3">施工执行标准名称及编号</td><td colspan="4">《通风与空调工程施工工艺标准》（QB ×××—2004）</td></tr>
<tr><td colspan="5">施工质量验收规范的规定</td><td>施工单位检查评定记录</td><td>监理（建设）单位验收记录</td></tr>
<tr><td rowspan="8">主控项目</td><td>1</td><td colspan="2">调节风阀</td><td>第 5.2.1 条</td><td>√</td><td rowspan="8">同意验收</td></tr>
<tr><td>2</td><td colspan="2">电动风阀</td><td>第 5.2.2 条</td><td>√</td></tr>
<tr><td>3</td><td colspan="2">防火阀、排烟阀（口）</td><td>第 5.2.3 条</td><td>√</td></tr>
<tr><td>4</td><td colspan="2">防爆风阀</td><td>第 5.2.4 条</td><td>/</td></tr>
<tr><td>5</td><td colspan="2">净化空调系统风阀</td><td>第 5.2.5 条</td><td>/</td></tr>
<tr><td>6</td><td colspan="2">高压风阀</td><td>第 5.2.6 条</td><td>/</td></tr>
<tr><td>7</td><td colspan="2">防排烟柔性短管材料要求</td><td>第 5.2.7 条</td><td>√</td></tr>
<tr><td>8</td><td colspan="2">消防弯管、消声器</td><td>第 5.2.8 条</td><td>√</td></tr>
<tr><td rowspan="12">一般项目</td><td>1</td><td colspan="2">调节风阀</td><td>第 5.3.1 条</td><td>√</td><td rowspan="12">同意验收</td></tr>
<tr><td>2</td><td colspan="2">止回风阀</td><td>第 5.3.2 条</td><td>√</td></tr>
<tr><td>3</td><td colspan="2">插板风阀</td><td>第 5.3.3 条</td><td>/</td></tr>
<tr><td>4</td><td colspan="2">三通调节阀</td><td>第 5.3.4 条</td><td>√</td></tr>
<tr><td>5</td><td colspan="2">风量平衡阀</td><td>第 5.3.5 条</td><td>/</td></tr>
<tr><td>6</td><td colspan="2">风罩制作</td><td>第 5.3.6 条</td><td>√</td></tr>
<tr><td>7</td><td colspan="2">风帽制作</td><td>第 5.3.7 条</td><td>√</td></tr>
<tr><td>8</td><td colspan="2">矩形弯管系统叶片</td><td>第 5.3.8 条</td><td>√</td></tr>
<tr><td>9</td><td colspan="2">柔性短管安装</td><td>第 5.3.9 条</td><td>√</td></tr>
<tr><td>10</td><td colspan="2">消声器制作</td><td>第 5.3.10 条</td><td>√</td></tr>
<tr><td>11</td><td colspan="2">检查门安装要求</td><td>第 5.3.11 条</td><td>√</td></tr>
<tr><td>12</td><td colspan="2">风口验收</td><td>第 5.3.12 条</td><td>√</td></tr>
<tr><td colspan="2" rowspan="2">施工单位检查评定结果</td><td colspan="2">专业工长（施工员）</td><td>×××</td><td>施工班组长</td><td>×××</td></tr>
<tr><td colspan="5">主控项目全部合格，一般项目满足规范规定要求，检查评定结果为合格。
项目专业质量检查员：×××　　　　××年×月×日</td></tr>
<tr><td colspan="2">监理（建设）单位验收结论</td><td colspan="5">同意验收
监理工程师：×××
（建设单位项目专业技术负责人）　　　　××年×月×日</td></tr>
</table>

《风管部件与消声器制作检验批质量验收记录表》填写说明：

1）主控项目：

①一般风阀的手轮或扳手应以顺时针方向转动为关闭，调节范围及开启角度指标应与

叶片开启角度一致。手动操作和观察检查。

②电动风阀驱动装置，动作应可靠，在最大工作压力下工作正常。检查产品合格证明文件、性能检测报告，观察检查或测试。

③防火阀、排烟阀（排烟口）必须符合消防产品标准规定。检查产品合格证明文件和性能检测报告。

④防爆风阀制作材料必须符合设计规定。不得自行替换。尺量和观察检查。

⑤净化空调系统风阀各种配件应用镀锌或防腐处理，阀体与外界相通的缝隙，应密封。检查核对材料、手动操作并观察检查。

⑥工作压力大于1000Pa的调节风阀，生产厂家应提供强度测试合格证书。检查产品合格证明文件和性能测试报告。

⑦防排烟系统柔性短管制作材料必须为不燃材料。检查材料品种合格证明文件。

⑧消声弯管平面边长＞800mm，应设吸声系统片。消声器迎风面的布质覆面层应有保护措施；净化空调系统消声器内的覆面应为不易产尘材料。检查产品合格证明文件和观察检查。

2）一般项目：

①调节风阀结构应牢固，启闭灵活，法兰与管材一致；叶片搭接贴合一致，与阀体缝隙＜2mm；截面积＞$1.2m^2$的风阀应实施分组调节。手动操作，观察和尺量检查。

②止回风阀启闭灵活，关闭严密；阀叶转轴、铰链材料不易锈蚀；阀片最大负荷下不变形；水平安装的止回风阀应有可靠平衡调节机构。检查产品合格证明文件，手动操作试验，观察和尺量检查。

③插板风阀壳体应严密，内壁应防腐；插板平整，启闭灵活，有定位装置；斜插板风阀上下接管应成一直线。

④三通调节风阀拉杆或手柄转轴与风管结合严密；手柄开关标明调节角度；阀门调节方便，不与风管碰撞。手动操作试验，观察和尺量检查。

⑤风量平衡阀应符合产品技术文件规定。检查产品合格证明文件，观察和尺量检查。

⑥风罩尺寸应正确，连接牢固，形状规则，表面平整光滑；槽边侧吸罩、条缝抽风罩尺寸正确，转角处弧度均匀、形状规则，吸入口平整，罩口加强板分隔间距应一致；厨房锅灶排烟罩应采用不易锈蚀材料制作，其下部集水槽应严密不漏水，并坡向排放口，罩内油烟过滤器应便于拆卸和清洗。观察和尺量检查。

⑦风帽尺寸应正确，结构牢靠，风帽接管允许偏差同风管；伞形风帽伞盖边缘有加固措施，支撑高度一致；锥形风帽内外锥体应同心，连接缝应顺水；下部排水应畅通；筒形风帽应规则、外筒体上下沿口应加固，挡风圈位置正确；三叉形风帽三个支管的夹角应一致；与主管的连接应严密。尺量和观察检查。

⑧矩形弯管系统叶片的迎风侧边缘应圆滑，固定应牢固。系统片分布应符合设计规定。叶片长度超过1250mm时，应有加强措施，核对材料，尺量、观察检查。

⑨柔性短管材料应防腐、防潮、不透气、不易霉变。空调系统应防止结露措施；净化空调系统内壁光滑、不易产生尘埃；柔性短管宜为150～300mm长，连接严密、牢固可靠；结构变形缝柔性短管长度为缝宽加100mm以上。观察和尺量检查。

⑩消声器材料应符合设计规定。外壳牢固严密，漏风量按第4.2.5条规定检查。消声材料按规定密度均匀铺设，防止下沉，覆面层不得破损，顺气流搭接且拉紧。隔板与壁板

结合处应紧贴严密，穿孔扳应平整、无毛刺，孔径、穿孔率符合设计要求。

⑪检查门应平整、启闭灵活、关闭严密，与风管或空气处理室的连接处应采取密封措施，无明显渗漏；净化空调检查门的密封垫料，宜采用成型密封胶带或软橡胶条。观察检查。

⑫风口验收，规格以颈部外径与外边长为准，尺寸允许偏差值应符合表 5.3.12 规定。风口外表装饰面应平整，叶片或扩散环分布应匀称、颜色一致、无明显划伤和压痕；调节装置转动应灵活、可靠，定位后应无明显自由松动。检查材料合格的证明文件与手动操作，尺量、观察检查。

四、风管系统安装工程表格填写范例

（1）风管漏光检测记录。

表 3-9　　风管漏光检测记录

编号：×××

工程名称	×××工程	试验日期	××年×月×日
系统名称	**通风系统**	工作压力/Pa	**低压系统**
系统接缝总长度/m	**100**	每 10m 接缝为一检测段的分段数	**10**
检测光源	100W		
分段序号	实测漏光点数/个	每 10m 接缝的允许漏光点数/（个/10m）	结论
Ⅰ段 1#	**0**	**1**	**合格**
Ⅰ段 2#	**0**	**1**	**合格**
Ⅱ段 1#	**0**	**1**	**合格**
Ⅱ段 2#	**0**	**1**	**合格**
Ⅲ段 1#	**1**	**1**	**合格**
Ⅲ段 2#	**0**	**1**	**合格**
合计	总漏光点数/个	每 100m 接缝的允许漏光点数/（个/100m）	结论
	1	**5**	**合格**
检测结论： **经检测，符合设计要求及《通风与空调工程施工质量验收规范》（GB 50243—2002）规定。**			

签字栏	建设（监理）单位	施工单位	×××建筑工程公司	
		专业技术负责人	专业质检员	专业工长
	×××	×××	×××	×××

《风管漏光检测记录》填表说明：

1）漏光法检测是利用光线对小孔的强穿透力，对系统风管严密程度进行检测的方法。

2）检测应采用具有一定强度的安全光源。手持移动光源可采用不低于 100W 带保护罩的低压照明灯，或其他低压光源。

3）系统风管漏光检测时，光源可置于风管内侧或外侧，但其相对侧应为暗黑环境。检测光源应沿着被检测接口部位与接缝做缓慢移动，在另一侧进行观察，当发现有光线射出，则说明查到明显漏风处，并应做好记录。

4）对系统风管的检测，宜采用分段检测、汇总分析的方法。在严格安装质量管理的基础上，系统风管的检测以总管和干管为主。当采用漏光法检测系统的严密性时，低压系统风管以每10m接缝，漏光点不大于2处，且100m接缝平均不大于16处为合格；中压系统风管每10m接缝，漏光点不大于1处，且100m接缝平均不大于8处为合格。

5）漏光检测中对发现的条缝形漏光，应做密封处理。

（2）风管漏风检测记录。

表3-10　　风管漏风检测记录

编号：×××

<table>
<tr><td colspan="2">工程名称</td><td colspan="2">×××工程</td><td colspan="2">试验日期</td><td colspan="2">××年×月×日</td></tr>
<tr><td colspan="2">系统名称</td><td colspan="2">送风系统</td><td colspan="2">工作压力/Pa</td><td colspan="2">中压</td></tr>
<tr><td colspan="2">系统总面积/m²</td><td colspan="2">200</td><td colspan="2">试验压力/Pa</td><td colspan="2">800</td></tr>
<tr><td colspan="2">试验总面积/m²</td><td colspan="2">200</td><td colspan="2">系统检测分段数</td><td colspan="2">1段</td></tr>
<tr><td colspan="4" rowspan="12">检测区段图示：
1200×500
800×700
软管
检测设备</td><td colspan="4">分段实测数值</td></tr>
<tr><td>序号</td><td>分段表面积（m²）</td><td>试验压力（Pa）</td><td>实际漏风量（m³/h）</td></tr>
<tr><td>1</td><td>200</td><td>800</td><td>250</td></tr>
<tr><td>2</td><td></td><td></td><td></td></tr>
<tr><td>3</td><td></td><td></td><td></td></tr>
<tr><td>4</td><td></td><td></td><td></td></tr>
<tr><td>5</td><td></td><td></td><td></td></tr>
<tr><td>6</td><td></td><td></td><td></td></tr>
<tr><td>7</td><td></td><td></td><td></td></tr>
<tr><td>8</td><td></td><td></td><td></td></tr>
<tr><td>9</td><td></td><td></td><td></td></tr>
<tr></tr>
<tr><td colspan="3">系统允许漏风量（m³/m²·h）</td><td>2.71</td><td colspan="2">实测系统漏风量（m³/m²·h）</td><td colspan="2">1.25</td></tr>
<tr><td colspan="8">检测结论：

检测结果符合设计要求和《通风与空调工程施工质量验收规范》（GB 50243—2002）规定。</td></tr>
<tr><td rowspan="3">签字栏</td><td rowspan="2">建设（监理）单位</td><td>施工单位</td><td colspan="5">×××建筑工程公司</td></tr>
<tr><td>专业技术负责人</td><td colspan="3">专业质检员</td><td colspan="2">专业工长</td></tr>
<tr><td>×××</td><td>×××</td><td colspan="3">×××</td><td colspan="2">×××</td></tr>
</table>

《风管漏风检测记录》填表说明：

1）形成流程：风管系统安装完成后，应按设计要求及规范规定进行风管漏风测试，并做记录。

2）相关规定与要求：

①低压系统风管的严密性检验应采用抽检，抽检率为5%，且不得小于1个系统。在加工工艺得到保证的前提下，采用漏光法检测。检测不合格时，应按规定的抽检率做漏风量测试。

②中压系统风管的严密性检验，应在漏光法检测合格后，对系统漏风量测试进行抽检，抽检率为20%，且不得小于1个系统。

③高压系统风管的严密性检测，为全数进行漏风量测试。

④风管系统严密性检测的被抽检系统，应全数合格，则被视为通过；如有不合格时，应再加倍抽检，直至全数合格。

3）注意事项：

①系统工作压力不能简单以风机、空调机组等设备出口处的静压、余压值判断。应由设计确定。

②试验时注意应缓慢升压。

③分段表面积应为实测的面积值，未测到的支管等不计在内。但应包括临时设置的盲板、消声器等阀部件的表面积。

④系统分段试压时，某段的漏风量超标不能判定整个系统不合格，应将各测试段漏风量平均后与允许值比较判断。

⑤数值的计算详见《通风与空调工程施工质量验收规范》(GB 50243—2002)。

⑥工程名称与施工文件一致，且各专业应统一。

⑦应根据试验的情况真实填写。内容要齐全，不得漏项。应以规程规范为依据，结论要准确。

⑧签字栏必须本人手签，不得打印或他人代签。

4）本表由施工单位填写并保存。

(3) 风管系统安装工程检验批质量验收记录表。

表 3-11　风管系统安装工程检验批质量验收记录表

(送、排风，防排烟，防尘系统)

GB 50243—2002

080103□□
080203□□
080303□□
080403□□
080503□□

单位（子单位）工程名称	××工程		
分部（子分部）工程名称	送风系统	验收部位	四层
施工单位	××建筑工程公司	项目经理	×××
分包单位	××机电安装工程公司	分包项目经理	×××
施工执行标准名称及编号	《通风与空调工程施工工艺标准》(QB ×××—2005)		
施工质量验收规范的规定		施工单位检查评定记录	监理（建设）单位验收记录

（续）

主控项目	1	风管穿越防火、防爆墙	第 6.2.1 条		符合要求
	2	风管内严禁其他管线穿越	第 6.2.2 条	√	
	3	易燃、易爆环境风管	第 6.2.2-2 条	√	
	4	室外立管的固定拉索	第 6.2.2-3 条	√	
	5	高于 80℃风管系统	第 6.2.3 条	√	
	6	风管部件安装	第 6.2.4 条	√	
	7	手动密闭阀安装	第 6.2.9 条	√	
	8	风管严密性检验	第 6.2.8 条	√	
一般项目	1	风管系统安装	第 6.3.1 条	√	符合要求，同意验收
	2	无法兰风管系统安装	第 6.3.2 条	√	
	3	风管连接的水平、垂直质量	第 6.3.3 条	√	
	4	风管支、吊架安装	第 6.3.4 条	√	
	5	铝板、不锈钢板风管安装	第 6.3.0-8 条	√	
	6	非金属风管安装	第 6.3.5 条		
	7	风阀制作	第 6.3.8 条	√	
	8	风帽安装	第 6.3.9 条	√	
	9	吸、排风罩安装	第 6.3.10 条	√	
	10	风口安装	第 6.3.11 条	√	
施工单位检查评定结果	专业工长（施工员）		×××	施工班组长	×××
	主控项目、一般项目满足规范规定要求，检查评定结果为合格。 项目专业质量检查员：×××				××年×月×日
监理（建设）单位验收结论	同意验收 监理工程师：××× （建设单位项目专业技术负责人）				××年×月×日

《风管系统安装检验批质量验收记录表（送、排风，防排烟，防尘系统）》填表说明：

1）主控项目：

①风管穿越封闭防火、防爆墙或楼板应预埋管线或防护套管，其钢板厚≥1.6mm，间隙用不燃且对人体无害的柔性材料封堵。尺量和观察检查，点燃检验。

②风管内严禁有其他管线穿越；输送易燃易爆气体或处于易燃易爆环境风管应有良好接地，通过生活区或辅助间时必须严密且不得设置接口。观察检查；固定拉索严禁拉在避雷针（网）上。观察和尺量或手扳检查。

③输送空气温度高于 80℃的风管，应按设计要求采取防护措施。观察检查。

④风管部件及操作机构应能保证正常使用功能，并便于操作；斜插板风阀的阀板必须为向上拉启；水平安装时，阀板还应为顺气流方向插入；止回风阀、自动排气活门安装方

向应正确。尺量和观察检查，动作检验。

⑤安装方向正确，位置正确，抽查20%，不少于5件。尺量、观察、动作试验。

⑥手动密闭阀阀门上标志的箭头方向必须与受冲击波方向一致。观察检查并核对方向。

⑦风管系统安装完毕后，应进行严密性检验，漏风量应符合设计与《通风与空调工程施工质量验收规范》（GB 50243—2002）（以下称本规范）第4.2.5条的规定。对风管系统进行严密性检验。

a. 低压风管采用漏光法检测；中压风管在漏光法检测合格后进行漏风量测试；高压风管全数进行漏风量检测。严密性测试按本规范附录A要求进行。系统风管严密性检验的被抽检系统，应全数合格，则视为通过，如有不合格时，则应再加倍抽检，直到全数合格。

b. 净化空调系统风管的严密性检验，1～5级的系统按高压系统风管的规定执行；6～9级的系统按本规范第4.2.5条的规定。

2）一般项目：

①风管安装前应清理干净。安装位置、标高、走向应符合设计要求，接口有效截面不得缩小。法兰螺栓应拧紧且螺母在风侧。接口严密牢固，法兰垫片材质符合功能要求，厚度≥3mm，且不得凸入管内外。柔性短管松紧适度，无明显扭曲。可伸缩性软管长度≤2m，不应有孔弯或塌凹。穿入砖、混凝土风道应顺气流插入，穿出屋面有防渗漏措施。不锈钢板、铝板风管应用隔热防腐措施。

②风管连接处应完整无缺损，表面应平整、无明显扭曲；承插式风管四周缝隙应一致，无明显的弯曲或褶破；内涂密封应完整，外粘密封胶带，粘贴应牢固、完整无缺损；薄钢板法兰形式风管的连接、弹性插条、弹簧夹或紧固螺栓的间隔≤150mm，且分布均匀，无松动；插条连接矩形风管，连接后的板面应平整、无明显弯曲。

③风管连接应平直、不扭曲。垂直、水平或倾斜安装要求及允许偏差按本规范第6.3.3条进行检查。

④风管支、吊架的安装应符合下列规定：

a. 风管支、吊架间距。

安装方式	直径（边长）≤400mm	＞400mm	螺旋风管	薄钢板法兰	非金属风管
水平	≤4m	≤3m	支架5m，吊架3.75m	≤3m	
垂直	≤4m，单根直管不少于2个固定点				≤3m

b. 形式和规格按规定选用。直径（边长）＞2500mm超宽超重特殊风管按设计选用。

c. 离风口、阀门、检查门及自控机构处宜≥20mm。水平悬吊立、干风管长度＞20m时，每个系统至少1个防摆固定点。吊杆应平直光滑，螺纹完整，安装后受力均匀无变形。可调节吊架按设计要求高速拉伸或压缩量。拖箍应紧贴风管。

⑤复合材料风管应用防冷防裂措施。

⑥非金属风管连接法兰端面应平行、严密，螺栓两侧中镀锌垫圈。硬聚氯乙烯风管直段长度＞20m，按设计要求增伸缩节，干管不得承受支管重量。

⑦风阀位置便于操作和检修，操作装置应灵活、可靠，阀板关闭应严密。防火阀直径（边长）≤630mm时宜独立设支、吊架。排烟阀（口）及手控装置符合设计要求；预埋套

管不得有死弯及瘪陷。除尘系统吸入管段调节阀宜在垂直管段。

⑧风帽安装必须牢固，连接风管与屋面或墙体交接处不应渗水。

⑨排吸风罩安装位置应正确，排列整齐，牢固可靠。

⑩风口与风管连接应严密、牢固，与装饰面紧贴；表面平整、不变形，调节灵活、可靠。条形风口接缝处应衔接自然，无明显缝隙。同一室内相同风口安装高度应一致，排列应整齐。明装无吊顶风口，安装位置和标高偏差≤10mm。风口水平安装，水平度偏差≤3/1000风口垂直安装，垂直度偏差≤2/1000。

五、空气处理设备与风机安装工程表格填写范例

（1）设备开箱检验记录。

表 3-12 设备开箱检验记录

编号：×××

<table>
<tr><td colspan="2">设备名称</td><td colspan="2">离心水泵</td><td colspan="2">检查日期</td><td colspan="2">××年×月×日</td></tr>
<tr><td colspan="2">规格型号</td><td colspan="2">×××</td><td colspan="2">总数量</td><td colspan="2">×××台</td></tr>
<tr><td colspan="2">装箱单号</td><td colspan="2">×××</td><td colspan="2">检验数量</td><td colspan="2">×××台</td></tr>
<tr><td rowspan="5">检验记录</td><td>包装情况</td><td colspan="6">包装完整无损坏，标识明确</td></tr>
<tr><td>随机文件</td><td colspan="6">设备装箱单 1 份，中文质量合格证明 1 份，安装使用说明书 1 份</td></tr>
<tr><td>备件与附件</td><td colspan="6">配套法兰、螺栓、螺母等齐全</td></tr>
<tr><td>外观情况</td><td colspan="6">外观良好，无损坏锈蚀现象</td></tr>
<tr><td>测试情况</td><td colspan="6">良好</td></tr>
<tr><td rowspan="3">检验结果</td><td colspan="7">缺、损附备件明细表</td></tr>
<tr><td>序号</td><td>名称</td><td>规格</td><td colspan="2">单位</td><td>数量</td><td>备注</td></tr>
<tr><td></td><td></td><td></td><td colspan="2"></td><td></td><td></td></tr>
<tr><td colspan="8">结论：
设备包装、外观状况、测试情况良好，随机文件、备件与附件齐全，符合设计及施工质量验收规范要求。</td></tr>
<tr><td rowspan="2">签字栏</td><td colspan="2">建设（监理）单位</td><td colspan="3">施工单位</td><td colspan="2">供应单位</td></tr>
<tr><td colspan="2">×××</td><td colspan="3">×××</td><td colspan="2">×××</td></tr>
</table>

《设备开箱检验记录》填表说明：

1）资料流程：设备进场后，由施工单位、建设（监理）单位、供货单位共同开箱检验并做记录，填写《设备开箱检验记录》。

2）相关规定与要求：

①设备必须具有中文质量合格证明文件，规格、型号及性能检测报告应符合国家技术标准或设计要求，进场时应做检查验收。

②主要器具和设备必须有完整的安装使用说明书。

③在运输、保管和施工过程中，应采取有效措施防止损坏或腐蚀。

3）注意事项：

①对于检验结果出现的缺损附件、备件要列出明细，待供应单位更换后重新验收。

②测试情况的填写应依据专项施工及验收规范相关条目，如本表格的“轴流风机”可参照《压缩机、风机、泵安装工程施工及验收规范》(GB 50275—1998)。

4）本表由施工单位填写并保存。

(2）交接检查记录。

表 3-13　　　　**交接检查记录**

编号：×××

<table>
<tr><td>工程名称</td><td colspan="3">××工程</td></tr>
<tr><td>移交单位名称</td><td>××建筑工程公司</td><td>接收单位名称</td><td>××机电安装工程公司</td></tr>
<tr><td>交接部位</td><td>风机基础</td><td>检查日期</td><td>××年×月×日</td></tr>
<tr><td colspan="4">交接内容：
依据《通风与空调工程施工质量验收规范》(GB 50243—2002）规定，及施工图纸要求，设备就位前对其基础进行验收。内容包括：设备基础混凝土强度等级、坐标、标高、几何尺寸及螺栓孔位置等。</td></tr>
<tr><td colspan="4">检查结果：
经检查，设备基础混凝土强度等级达到设计强度等级，坐标、标高、螺栓孔位置准确，几何尺寸偏差满足图纸要求，符合《通风与空调工程施工质量验收规范》(GB 50243—2002）规定，验收合格，同意进行设备安装。</td></tr>
<tr><td colspan="4">复查意见：
复查人：　　　　　　　　　　复查日期：</td></tr>
<tr><td colspan="4">见证单位意见：
符合设计及《通风与空调工程施工质量验收规范》(GB 50243—2002）规定，同意交接。
见证单位名称：×××监理公司</td></tr>
<tr><td rowspan="2">签字栏</td><td>移交单位</td><td>接收单位</td><td>见证单位</td></tr>
<tr><td>×××</td><td>×××</td><td>×××</td></tr>
</table>

《交接检查记录》填表说明：

1）资料流程：不同施工单位之间工程交接，应进行交接检查，填写《交接检查记录》。

2）相关规定与要求：移交单位、接收单位和见证单位共同对移交工程进行验收，并对质量情况、遗留问题、工序要求、注意事项、成品保护等进行记录。

3）注意事项：

①交接内容、检查结果应将内容填写完整。

②除依据施工图纸和验收规范以外，双方也可以依据事先达成的约定进行验收。

③只有交接双方和见证单位全部签字认可后，交接才算完成，再进入后续工作。

4）其他：

①本表由移交、接收和见证单位各保存一份。

②见证单位应根据实际检查情况，并汇总移交和接收单位意见形成见证单位意见。

(3）设备单机试运转记录。

表 3-14　　设备单机试运转记录

编号：×××

<table>
<tr><td>工程名称</td><td colspan="2">××工程</td><td>试运转时间</td><td colspan="2">120min</td></tr>
<tr><td>设备部位图号</td><td>×××</td><td>设备名称</td><td>排风机</td><td>规格型号</td><td>PD－4.5</td></tr>
<tr><td>试验单位</td><td>×××公司</td><td>设备所在系统</td><td>排风系统</td><td>额定数据</td><td>N=4.5kW
L=×××m^3/h</td></tr>
<tr><td>序号</td><td colspan="2">试验项目</td><td colspan="2">试验记录</td><td>试验结论</td></tr>
<tr><td>1</td><td colspan="2">无负荷运行</td><td colspan="2">试运转 2h，电机温升及风机运转正常</td><td>符合设计、图纸和规范要求</td></tr>
<tr><td>2</td><td colspan="2"></td><td colspan="2"></td><td></td></tr>
<tr><td>3</td><td colspan="2"></td><td colspan="2"></td><td></td></tr>
<tr><td>4</td><td colspan="2"></td><td colspan="2"></td><td></td></tr>
<tr><td>5</td><td colspan="2"></td><td colspan="2"></td><td></td></tr>
<tr><td>6</td><td colspan="2"></td><td colspan="2"></td><td></td></tr>
<tr><td>7</td><td colspan="2"></td><td colspan="2"></td><td></td></tr>
<tr><td>8</td><td colspan="2"></td><td colspan="2"></td><td></td></tr>
<tr><td>9</td><td colspan="2"></td><td colspan="2"></td><td></td></tr>
<tr><td>10</td><td colspan="2"></td><td colspan="2"></td><td></td></tr>
<tr><td colspan="6">试运转结论：
对×××风机进行了 2h 的单机运转，风机运转正常、稳定、无异常现象发生，测试结果满足设计要求和相关规范规定。</td></tr>
</table>

<table>
<tr><td rowspan="3">签字栏</td><td rowspan="2">建设（监理）单位</td><td>施工单位</td><td colspan="2">×××建筑工程公司</td></tr>
<tr><td>专业技术负责人</td><td>专业质检员</td><td>专业工长</td></tr>
<tr><td>×××</td><td>×××</td><td>×××</td><td>×××</td></tr>
</table>

《设备单机试运转记录》填表说明：

1）形成流程：水处理系统设备，通风与空调系统的各类水泵、风机、冷水机组、冷却塔、空调机组、新风机组等设备在安装完毕后，应进行单机试运转，并做记录。

2）相关规定与要求：水泵试运转的轴承温升必须符合设备说明书的规定。检验方法：通电、操作和温度计测温检查。水泵试运转，叶轮与泵壳不应相碰，进、出口部位的阀门应灵活。

3）注意事项：

①工程名称与施工文件一致，且各专业应统一。

②应根据试验的情况真实填写，内容要齐全，不得漏项，应以规程规范为依据，结论要准确。

③签字栏必须本人手签，不得打印或他人代签。

4）本表由施工单位填写，建设单位、施工单位、城建档案馆各保存一份。

(4) 通风机安装检验批质量验收记录表。

表 3-15　　**通风机安装检验批质量验收记录表**

GB 50243—2002

080107□□　080207□□

080306□□　080407□□　080507□□

<table>
<tr><td colspan="4">单位（子单位）工程名称</td><td colspan="12">××工程</td></tr>
<tr><td colspan="4">分部（子分部）工程名称</td><td colspan="6">风机安装</td><td colspan="5">验收部位</td><td>地下三层</td></tr>
<tr><td colspan="4">施工单位</td><td colspan="6">××建筑工程公司</td><td colspan="5">施工单位</td><td>×××</td></tr>
<tr><td colspan="4">分包单位</td><td colspan="6">××机电安装工程公司</td><td colspan="5">分包项目经理</td><td>×××</td></tr>
<tr><td colspan="4">施工执行标准名称及编号</td><td colspan="12">《通风与空调工程施工工艺标准》（QB ×××—2005）</td></tr>
<tr><td colspan="5">施工质量验收规范的规定</td><td colspan="10">施工单位检查评定记录</td><td>监理（建设）单位验收记录</td></tr>
<tr><td rowspan="2">主控项目</td><td>1</td><td colspan="2">通风机安装</td><td>第 7.2.1 条</td><td colspan="10">√</td><td rowspan="2">同意验收</td></tr>
<tr><td>2</td><td colspan="2">通风机安全措施</td><td>第 7.2.2 条</td><td colspan="10">√</td></tr>
<tr><td rowspan="12">一般项目</td><td>1</td><td colspan="2">叶轮与机壳安装</td><td>第 7.3.1-1 条</td><td colspan="10">√</td><td rowspan="12">同意验收</td></tr>
<tr><td>2</td><td colspan="2">轴流风机叶片安装</td><td>第 7.3.1-2 条</td><td colspan="10">√</td></tr>
<tr><td>3</td><td colspan="2">隔振器安装</td><td>第 7.3.1-3 条</td><td colspan="10">√</td></tr>
<tr><td>4</td><td colspan="2">隔振器支吊架</td><td>第 7.3.1-4 条</td><td colspan="10">√</td></tr>
<tr><td rowspan="8">5</td><td colspan="3">通风机安装允许偏差/mm</td><td colspan="10"></td></tr>
<tr><td colspan="2">中心线的平面位移</td><td>10</td><td>3</td><td>2</td><td>3</td><td>5</td><td>4</td><td>4</td><td>3</td><td>5</td><td>5</td><td>4</td></tr>
<tr><td colspan="2">标高</td><td>±10</td><td>11</td><td>4</td><td>3</td><td>6</td><td>5</td><td>6</td><td>12</td><td>4</td><td>4</td><td>6</td></tr>
<tr><td colspan="2">皮带轮轮宽中心平面偏移</td><td>1</td><td>0.4</td><td>0.3</td><td>0.5</td><td>0.2</td><td>0.3</td><td>0.4</td><td>0.4</td><td>0.3</td><td>0.4</td><td>0.3</td></tr>
<tr><td rowspan="2">传动轴水平度</td><td>纵向</td><td>0.2/1000</td><td>0.1</td><td>0.1</td><td>0.1</td><td>0.1</td><td>0.1</td><td>0.1</td><td>0.1</td><td>0.1</td><td>0.1</td><td>0.1</td></tr>
<tr><td>横向</td><td>0.3/1000</td><td>0.2</td><td>0.2</td><td>0.1</td><td>0.1</td><td>0.1</td><td>0.2</td><td>0.2</td><td>0.1</td><td>0.1</td><td>0.2</td></tr>
<tr><td rowspan="2">联轴器</td><td>两轴芯径向位移</td><td>0.05</td><td>0</td><td>0</td><td>0</td><td>0</td><td>0</td><td>0</td><td>0</td><td>0</td><td>0</td><td>0</td></tr>
<tr><td>两轴线倾斜</td><td>0.2/1000</td><td>0.1</td><td>0.1</td><td>0.2</td><td>0.2</td><td>0.2</td><td>0.1</td><td>0.2</td><td>0.1</td><td>0.1</td><td>0.1</td></tr>
<tr><td colspan="2"></td><td colspan="10"></td></tr>
<tr><td colspan="2" rowspan="2">施工单位检查评定结果</td><td colspan="3">专业工长（施工员）</td><td colspan="4">×××</td><td colspan="4">施工班组长</td><td colspan="3">×××</td></tr>
<tr><td colspan="14">主控项目全部合格，一般项目满足规范规定要求，检查评定结果为合格。
项目专业质量检查员：×××　　××年×月×日</td></tr>
<tr><td colspan="2">监理（建设）单位验收结论</td><td colspan="14">同意验收
专业监理工程师：×××
（建设单位项目专业技术负责人）　　××年×月×日</td></tr>
</table>

《通风机安装检验批质量验收记录表》填写说明：

1）主控项目：

①通风机型号、规格应符合设计要求，出口方向应正确。叶轮旋转应平稳，停转后不应每次停留在同一位置上。固定通风机的地脚螺栓应拧紧，并有防松动措施。

②通风机传动装置外露部位以及直通大气的进、出口，必须装设防护罩（网）或采取其他安全措施。

2）一般项目：

①通风机叶轮转子与机壳的组装位置应正确；叶轮进风口插入风机机壳进风口或密封圈的深度应符合设备技术文件的规定，或为叶轮外径值的 1/100；检查施工记录，观察和尺量检查。

②现场组装的轴流风机叶片安装角度应一致，达到在同一平面内运转，叶轮与筒体之间的间隙应均匀，水平度允许偏差为 1/1000；检查施工记录，观察和尺量检查。

③安装隔振器的地面应平整，各组隔振器承受荷载的压缩量应均匀，高度误差应小于 2mm；检查施工记录，观察和尺量检查。

④安装风机的隔振钢支、吊架，其结构形式和外形尺寸应符合设计或设备技术文件的规定；焊接应牢固，焊缝应饱满、均匀。检查施工记录和尺量、观察检查。

（5）通风与空调设备安装检验批质量验收表（通风系统）。

表 3-16　通风与空调设备安装检验批质量验收记录表

通风系统

GB 50243—2002

080304□□

<table>
<tr><td colspan="3">工程名称</td><td colspan="2">××工程</td><td>分项工程名称</td><td colspan="6">通风与空调设备安装</td><td colspan="4">验收部位</td><td>×××</td></tr>
<tr><td colspan="3">施工单位</td><td colspan="3">×××建筑工程集团公司</td><td colspan="3">专业工长</td><td colspan="3">×××</td><td colspan="4">项目经理</td><td>×××</td></tr>
<tr><td colspan="3">施工执行标准名称及编号</td><td colspan="14">《通风与空调工程施工工艺标准》（QB ×××—2005）</td></tr>
<tr><td colspan="3">分包单位</td><td colspan="2">××机电安装工程公司</td><td>分包项目经理</td><td colspan="6">×××</td><td colspan="4">施工班组长</td><td>×××</td></tr>
<tr><td colspan="6">施工质量验收规范的规定</td><td colspan="10">施工单位检查评定记录</td><td>监理（建设）单位验收记录</td></tr>
<tr><td rowspan="5">主控项目</td><td>1</td><td colspan="3">除尘器安装</td><td>第 7.2.4 条</td><td colspan="10">√</td><td rowspan="5">同意验收</td></tr>
<tr><td>2</td><td colspan="3">布袋除尘器、电除尘器接地</td><td>第 7.2.4-3 条</td><td colspan="10">√</td></tr>
<tr><td>3</td><td colspan="3">静电空气过滤器接地</td><td>第 7.2.7 条</td><td colspan="10">√</td></tr>
<tr><td>4</td><td colspan="3">电加热器安装</td><td>第 7.2.8 条</td><td colspan="10">√</td></tr>
<tr><td>5</td><td colspan="3">过滤吸收器安装</td><td>第 7.2.10 条</td><td colspan="10">√</td></tr>
<tr><td rowspan="11">一般项目</td><td>1</td><td colspan="3">除尘器部件及阀门安装</td><td>第 7.3.5-2-3 条</td><td colspan="10">√</td><td rowspan="11">同意验收</td></tr>
<tr><td rowspan="4">2</td><td rowspan="4">除尘设备安装允许偏差</td><td colspan="2">（1）平面位移</td><td>≤10mm</td><td>6</td><td>5</td><td>4</td><td>8</td><td>7</td><td>6</td><td>4</td><td>5</td><td>9</td><td>6</td></tr>
<tr><td colspan="2">（2）标高</td><td>±10mm</td><td>+6</td><td>−4</td><td>+5</td><td>+8</td><td>−7</td><td>+3</td><td>−2</td><td>+4</td><td>−1</td><td>+8</td></tr>
<tr><td rowspan="2">（3）垂直度</td><td>每米</td><td>≤2mm</td><td>1</td><td>0</td><td>1</td><td>2</td><td>1</td><td>0</td><td>1</td><td>2</td><td>1</td><td>2</td></tr>
<tr><td>总偏差</td><td>≤10mm</td><td>8</td><td>6</td><td>5</td><td>4</td><td>9</td><td>6</td><td>10</td><td>4</td><td>8</td><td>6</td></tr>
<tr><td>3</td><td colspan="3">现场组装静电除尘器安装</td><td>第 7.3.6 条</td><td colspan="10">√</td></tr>
<tr><td>4</td><td colspan="3">现场组装布袋除尘器安装</td><td>第 7.3.7 条</td><td colspan="10">√</td></tr>
<tr><td>5</td><td colspan="3">消声器安装</td><td>第 7.3.13 条</td><td colspan="10">√</td></tr>
<tr><td>6</td><td colspan="3">空气过滤器安装</td><td>第 7.3.14 条</td><td colspan="10">√</td></tr>
<tr><td>7</td><td colspan="3">蒸汽加湿器安装</td><td>第 7.3.18 条</td><td colspan="10">√</td></tr>
<tr><td>8</td><td colspan="3">空气风幕机安装</td><td>第 7.3.19 条</td><td colspan="10">√</td></tr>
</table>

（续）

施工单位检查评定结果	经检查，工程主控项目、一般项目均符合《通风与空调工程施工质量验收规范》（GB 50243—2002）的规定，评定为合格。 项目专业质量检查员：××× ××年×月×日
监理（建设单位验收结论）	同意施工单位评定结果 监理工程师：××× （建设单位项目专业技术负责人） ××年×月×日

《通风与空调设备安装检验批质量验收记录表（通风系统）》填表说明：

1）主控项目：

①通风机型号、规格应符合设计要求，出口方向应正确。叶轮旋转应平稳，停转后不应每次停留在同一位置上。固定通风机的地脚螺栓应拧紧，并有防松动措施。

②通风机传动装置外露部位以及直通大气的进、出口，必须装设防护罩（网）或采取其他安全措施。

③除尘器型号、规格、进出口方向必须符合设计要求；现场组装的除尘器应做漏风量检测，在设计工作压力下允许漏风率为5%，其中离心式除尘器为3%。

④布袋除尘器、电除尘器的壳体及辅助设备接地应可靠。

⑤静电空气过滤器金属外壳接地必须良好。

⑥电加热器与钢框架间的绝热层必须为不燃材料；接线柱外露的应加设安全防护罩；电加热器的金属外壳接地必须良好；连接电加热器的风管的法兰垫片应采用耐热不燃材料。

⑦过滤吸收器安装方向必须正确，并应设独立支架，与室外连接管段不得泄漏。

2）一般项目：

①通风机叶轮转子与机壳的组装位置应正确；叶轮进风口插入风机机壳进风口或密封圈的深度，应符合设备技术文件的规定，或为叶轮外径值的1/100；现场组装的轴流风机叶片安装角度应一致，达到在同一平面内运转，叶轮与筒体之间的间隙应均匀，水平度允许偏差为1/1000；安装隔振器的地面应平整，各组隔振器承受荷载的压缩量应均匀，高度误差应小于2mm；安装风机的隔振钢支、吊架，其结构形式和外形尺寸应符合设计或设备技术文件的规定；焊接应牢固，焊缝应饱满、均匀。

②除尘器的安装位置应正确、牢固平稳，允许误差应符合《通风与空调工程施工质量验收规范》（GB 50243—2002）表7.3.5的规定。

③除尘器活动或转动部件动作应灵活、可靠，并应符合设计要求。排灰阀、卸料阀、排泥阀安装应严密，并便于操作与维护修理。

④静电除尘器振打锤装置固定应可靠；振打锤转动应灵活。锤头方向应正确；振打锤头与振打砧之间应保持良好的线接触状态，接触长度应大于锤头厚度的0.7倍。

⑤布袋除尘器外壳应严密、不漏、接口牢固。分反吹袋式除尘器滤袋必须平直，拉紧力为25～35N/m。机械回转袋除尘器旋臂转动灵活可靠，净气室上部顶盖应密封不漏气，旋转

应灵活，无卡阻现象。脉冲袋式除尘器喷吹孔应对准文氏管中心，同心度允许偏差 2mm。

⑥消声器安装前应干净，安装位置、方向应正确，与风管连接应严密、不受潮。同类型的不宜直接串联。

组合式消声器组件排列、方向和位置符合设计要求，固定应牢固。消声器、消声弯管均应设独立支、吊架。

⑦空气过滤器安装平整、牢固，方向正确。过滤器与框架、框架与围护结构之间应严密无穿透缝；框架式或粗效、中效袋式空气过滤器四周与框架应均匀压紧，无可见缝隙，并应便于拆卸和更换滤料；卷绕式过滤器框架应平整、展开的滤料，应松紧适度、上下筒体应平行。

⑧蒸汽加湿器安装应设独立支架，固定牢固，接管尺寸正确，无渗漏。

⑨空气风幕机安装位置方向应正确、牢固可靠，纵向垂直度与横向水平度偏差均不应大于 2/1000。

六、风管、设备防腐工程表格填写范例

防腐与绝热施工检验批质量验收记录表（风管系统）。

表 3-17　防腐与绝热施工检验批质量验收记录表

（风管系统）

GB 50243—2002

工程名称		××工程	分部（子分部）工程名称		防腐与绝热施工	验收部位	×××
施工单位		×××建筑工程集团公司	专业工长		×××	项目经理	×××
施工执行标准名称及编号			《通风与空调工程施工工艺标准》（QB ×××）—2005				
分包单位		××机电安装工程公司	分包项目经理		×××	施工班组长	×××
施工质量验收规范的规定			施工单位检查评定记录				监理（建设）单位验收记录
主控项目	1. 材料的验证		第 10.2.1 条	✓			同意验收
	2. 防腐涂料或油漆质量		第 10.2.2 条	✓			
	3. 电加热器与防火墙 2m 管道		第 10.2.3 条	✓			
	4. 低温风管的绝热		第 10.2.4 条	✓			
	5. 洁净室内风管		第 10.2.5 条	✓			
一般项目	1. 防腐涂层质量		第 10.3.1 条	✓			同意验收
	2. 空调设备、部件油漆或绝热		第 10.3.2、10.3.3 条	✓			
	3. 绝热材料厚度及平整度		第 10.3.4 条	✓			
	4. 风管绝热粘接固定		第 10.3.5 条	✓			
	5. 风管绝热层保温钉固定		第 10.3.6 条	✓			
	6. 绝热涂料		第 10.3.7 条	✓			
	7. 玻璃布保护层的施工		第 10.3.8 条	✓			
	8. 金属保护壳的施工		第 10.3.12 条	✓			

（续）

施工单位检查评定结果	**经检查，工程主控项目、一般项目均符合《通风与空调工程施工质量验收规范》（GB 50243—2002）的规定，评定为合格。** 项目专业质量检查员：×××　　××年×月×日
监理（建设）单位验收结论	**同意施工单位评定结果** 监理工程师：××× （建设单位项目专业技术负责人）　　××年×月×日

《防腐施工检验批质量验收记录表（风管系统）》填表说明：

（1）主控项目：

1）空调工程系统风管和管道使用的绝热材料，必须是不燃或难燃材料，不得为可燃材料。为此，条文明确规定，当工程绝热材料为难燃材料时，必须对其难燃性能进行验证，合格后方准使用。

2）防腐涂料和油漆都有一定的有效期，超过期限后，其性能会发生很大的变化。工程中当然不得使用过期的和不合格的产品。

3）电加热器前后 800mm 和防火隔墙两侧 2m 范围内风管的绝热材料，必须为不燃材料。这主要是为了防止电加热器可能引起绝热材料的自燃和杜绝邻室火灾通过风管或管道绝热材料传递的通道。

4）空调冷媒水系统的管道，当采用通孔性的绝热材料时，隔气层（防潮层）必须完整、密封。否则凝结水的产生将进一步降低材料的热阻，加速空气的对流，随着时间的推迟最终导致绝热层失效。

5）洁净室控制的主要对象就是空气中的浮尘数量，室内风管的绝热材料如采用易产尘的材料（如玻璃纤维、短纤维矿棉等），显然对洁净室内的洁净度达标不利。故条文规定不应采用易产尘的材料。

（2）一般项目：

1）空调工程对油漆施工质量的基本要求作出了规定。

2）空调工程施工中，一些空调设备或风管与管道的部件需要进行油漆修补或重新涂刷。在操作中不注意对设备标志的保护与对风口等的转动轴、叶片活动面的防护，会造成标志无法辨认或叶片粘连影响正常使用等问题。对风管部件绝热施工的基本质量要求作出了规定。

3）对空调工程中绝热层施工的拼接和厚度控制的基本质量要求作出了规定。

4）对空调工程的绝热，采用粘结方法固定施工时，为控制其基本质量作出了规定。对于采用粘结的部分绝热材料，随着时间的推移，有可能发生分层、脱胶等现象。为了提高其使用的质量和寿命，可采用打包捆扎或包扎。捆扎的应松紧适度，不得损坏绝热层；包扎的搭接处应均匀、贴紧。

5）对空调风管绝热层采用保温钉进行固定连接施工的基本质量要求作出了规定。采用保温钉固定绝热层的施工方法，其钉的固定极为关键。在工程中保温钉脱落的现象时有发生。保温钉不牢固的主要原因有黏结剂选择不当、粘结处不清洁（有油污、灰尘或水汽等）、黏结剂过期失效或粘结后未完全固化等。因此，条文强调粘结应牢固，不得脱落。如果保温钉的连接采用焊接固定的方法，则要求固定牢固，能在数千克的拉力下不脱落。

同时，应在保温钉焊接后，仍保持风管的平整。当保温钉焊接连接应用于镀锌钢板时，应达到不影响其防腐性能。一般宜采用螺柱焊焊接的技术和方法。

6）绝热涂料是一种新型的不燃绝热材料，施工时直接涂抹在风管、管道或设备的表面，经干燥固化后即形成绝热层。该材料的施工，主要是涂抹性的湿作业，故规定要涂层均匀，不应有气泡和漏涂等缺陷。当涂层较厚时，应分层施工。

7）对玻璃布保护层安装的基本质量要求作出了规定。

8）对绝热层金属保护壳安装的基本质量要求作出了规定。

七、系统调试工程表格填写范例

（1）系统试运转调试记录。

表 3-18　　系统试运转调试记录

编号：×××

工程名称	××工程	试运转调试时间	×××
试运转调试项目	**排风机系统试运转**	试运转调试部位	**地下一至三层**
试运转、调试内容： **地下一层排风机运装正常，排风量 6000m³/h，满足设计要求。** **地下二层排风机运装正常，排风量 6000m³/h，满足设计要求。** **地下三层排风机运装正常，排风量 9000m³/h，满足设计要求。**			
试运转、调试结论： **排风机组试运转 6h，机组运转正常，排风量满足设计要求。**			
建设单位	监理单位	施工单位	
×××	×××	×××	

《系统试运转调试记录》填表说明：

1）形成流程：水处理系统、通风系统、制冷系统、净化空调系统等应进行系统试运转及调试，并做记录。

2）相关规定与要求：系统试运转及调试记录内容包括全过程各种试验数据、控制参数以及运行情况。

3）注意事项：

①系统试运转及调试前必须编制专项系统试运转及调试方案。系统试运转前应完成各项设备的单机试运转并进行记录。

②工程名称与施工文件一致，且各专业应统一。

③应根据试验的情况真实填写，内容要齐全，不得漏项，应以规程规范为依据，结论要准确。

④签字栏必须本人手签，不得打印或他人代签。

4）其他：

①附必要的试运转调试测试表。

②本表由施工单位填写，建设单位、施工单位、城建档案馆各保存一份。

（2）通风与空调工程系统调试质量验收记录表。

表 3-19　　工程系统调试验收记录表

GB 50243—2002

080100□□　080200□□　080300□□
080400□□　080500□□　080600□□　080700□□

<table>
<tr><td colspan="2">工程名称</td><td>××工程</td><td>分项工程名称</td><td colspan="2">工程系统调试</td><td>验收部位</td><td>×××</td></tr>
<tr><td colspan="2">施工单位</td><td colspan="2">×××建筑工程集团公司</td><td>专业工长</td><td>×××</td><td>项目经理</td><td>×××</td></tr>
<tr><td colspan="2">施工执行标准名称及编号</td><td colspan="6">《通风与空调工程施工工艺标准》(QB ×××—2005)</td></tr>
<tr><td colspan="2">分包单位</td><td>××机电安装工程公司</td><td>分包项目经理</td><td colspan="2">×××</td><td>施工班组长</td><td>×××</td></tr>
<tr><td colspan="4">施工质量验收规范的规定</td><td colspan="3">施工单位检查评定记录</td><td>监理（建设）单位验收记录</td></tr>
<tr><td rowspan="10">主控项目</td><td>1</td><td>通风机、空调机组单机试运转及调试</td><td>第 11.2.2-1 条</td><td colspan="3">✓</td><td rowspan="10">同意验收</td></tr>
<tr><td>2</td><td>水泵单机试运转及调试</td><td>第 11.2.2-2 条</td><td colspan="3">✓</td></tr>
<tr><td>3</td><td>冷却塔单机试运转及调试</td><td>第 11.2.2-3 条</td><td colspan="3">✓</td></tr>
<tr><td>4</td><td>制冷机组单机试运转及调试</td><td>第 11.2.2-4 条</td><td colspan="3">✓</td></tr>
<tr><td>5</td><td>电控防火、防排烟风阀的动作试验</td><td>第 11.2.2-5 条</td><td colspan="3">✓</td></tr>
<tr><td>6</td><td>系统风量调试</td><td>第 11.2.3-1 条</td><td colspan="3">✓</td></tr>
<tr><td>7</td><td>空调水系统调试</td><td>第 11.2.3-2 条</td><td colspan="3">✓</td></tr>
<tr><td>8</td><td>恒温、恒湿空调</td><td>第 11.2.3-3 条</td><td colspan="3">✓</td></tr>
<tr><td>9</td><td>防、排系统调试</td><td>第 11.2.4 条</td><td colspan="3">✓</td></tr>
<tr><td>10</td><td>净化空调系统调试</td><td>第 11.2.5 条</td><td colspan="3">✓</td></tr>
<tr><td rowspan="7">一般项目</td><td>1</td><td>风机、空调机组</td><td>第 11.3.1-2，2 条</td><td colspan="3">✓</td><td rowspan="7">同意验收</td></tr>
<tr><td>2</td><td>水泵安装</td><td>第 11.3.1-1 条</td><td colspan="3">✓</td></tr>
<tr><td>3</td><td>风口风量平衡</td><td>第 11.3.2-2 条</td><td colspan="3">✓</td></tr>
<tr><td>4</td><td>水系统试运行</td><td>第 11.3.3-1，3 条</td><td colspan="3">✓</td></tr>
<tr><td>5</td><td>水系统检测元件工作</td><td>第 11.3.3-2 条</td><td colspan="3">✓</td></tr>
<tr><td>6</td><td>空调房间参数</td><td>第 11.3.3-4，5，6 条</td><td colspan="3">✓</td></tr>
<tr><td>7</td><td>工程控制和监测元件及执行结构</td><td>第 11.3.4 条</td><td colspan="3"></td></tr>
<tr><td colspan="2">施工单位检查评定结果</td><td colspan="6">经检查，工程主控项目、一般项目均符合《通风与空调工程施工质量验收规范》（GB 50243—2002）的规定，评定为合格。
项目专业质量检查员：×××　　　　××年×月×日</td></tr>
<tr><td colspan="2">监理（建设）单位验收结论</td><td colspan="6">同意施工单位评定结果，验收合格，同意进行下道工序施工。
监理工程师：×××
（建设单位项目专业技术负责人）　　　　××年×月×日</td></tr>
</table>

《通风与空调工程系统调试验收记录表》填表说明：

1）主控项目：

①通风机、空调机组中的风机，叶轮旋转方向正确、运转平稳、无异常振动与声响，功率符合规定。连续运转 2h 后，滑动轴承外壳最高温度不得超过 70℃；滚动轴承不得超过 80℃。

②水泵叶轮旋转方向正确，无异常振动和声响，紧固连接部位无松动，功率值符合规定。连续运转 2h 后，滑动轴承外壳最高温度不得超过 70℃；滚动轴承不得超过 75℃。

③冷却塔本体应稳固、无异常振动，噪声符合规定。试运行不少于 2h，应无异常情况。

④制冷机组、单元式空调机组的试运转，应符合有关规定，正常运转不少于 8h。

⑤电控防火、防排烟风阀（口）的手动、电动操作应灵活、可靠，信号输出正确。

⑥系统总风量调试结果与设计风量偏差不应大于 10%。

⑦空调冷热水、冷却水总流量测试结果与设计流量偏差不应大于 10%。

⑧舒适空调的温度、相对湿度应符合设计要求。恒温、恒湿房间室内空气温度、相对湿度及波动范围应符合设计规定。

⑨防排烟系统联合试运行与调试的结果（风量及正压）必须符合设计与消防的规定。

⑩净化空调系统调试按《通风与空调工程施工质量验收规范》（GB 50243—2002）第 11.2.5 条执行。

2）一般项目：

①风机、空调机组、风冷热泵等设备运行时，噪声不宜超过产品性能说明书的规定值；风机盘管机组的三速、温控开关的动作应正确，并与机组运行状态一一对应。

②水泵运行时不应有异常振动和声响，壳体密封处不得渗漏，紧固连接部位不应松动，轴封温升应正常；无特殊要求时，普通填料泄漏量不应大于 60mL/h，机械密封的不应大于 5mL/h。

③系统经过平衡调整，各风口或吸风罩的风量与设计风量的允许偏差不应大于 15%。

④水系统应冲洗干净、不含杂物，排除管道系统中的空气；系统连续运行应正常、平稳；水泵压力和水泵电机电流不应出现大幅波动。系统平衡调整后，各空调机组的水流量应符合设计要求，允许偏差为 20%；多台冷却塔并联运行，各塔进、出水量应均衡一致。

⑤各种自动计量检测元件和执行机构的工作应正常，满足建筑设备自动化（BA、FA 等）系统对被测定参数进行检测和控制的要求。

⑥空调室内噪声应符合设计要求；有压差要求的房间、厅堂与其他相邻房间之间的压差，舒适性空调正压为0～25Pa；工艺性的空调应符合设计的规定。有环境噪声要求的场所，制冷、空调机组应按现行国家标准规定进行测定。洁净室内噪声应符合设计规定。

⑦水系统应冲洗干净、不含杂物，排除管道系统中空气；系统连续运行应正常、平稳；水泵压力和水泵电机电流不应出现大幅波动。系统平衡调整后，各空调机组的水流量应符合设计要求，允许偏差为 20%；各种自动计量检测元件和执行机构的工作应正常，满足建筑设备自动化（BA、FA 等）系统对被测定参数进行检测和控制的要求；多台冷却塔并联运行，各塔进、出水量应均衡一致。空调室内噪声应符合设计要求；有压差要求的房间、厅堂与其他相邻房间之间的压差，舒适性空调正压为 0～25Pa；工艺性的空调应符合设计的规定。有环境噪声要求的场所，制冷、空调机组应按现行国家标准规定进行测定。洁净室内噪声应符合设计规定。

第二节 防排烟系统工程

一、防排烟系统工程质量员工作流程

防排烟系统工程质量员工作流程见图 3-2。

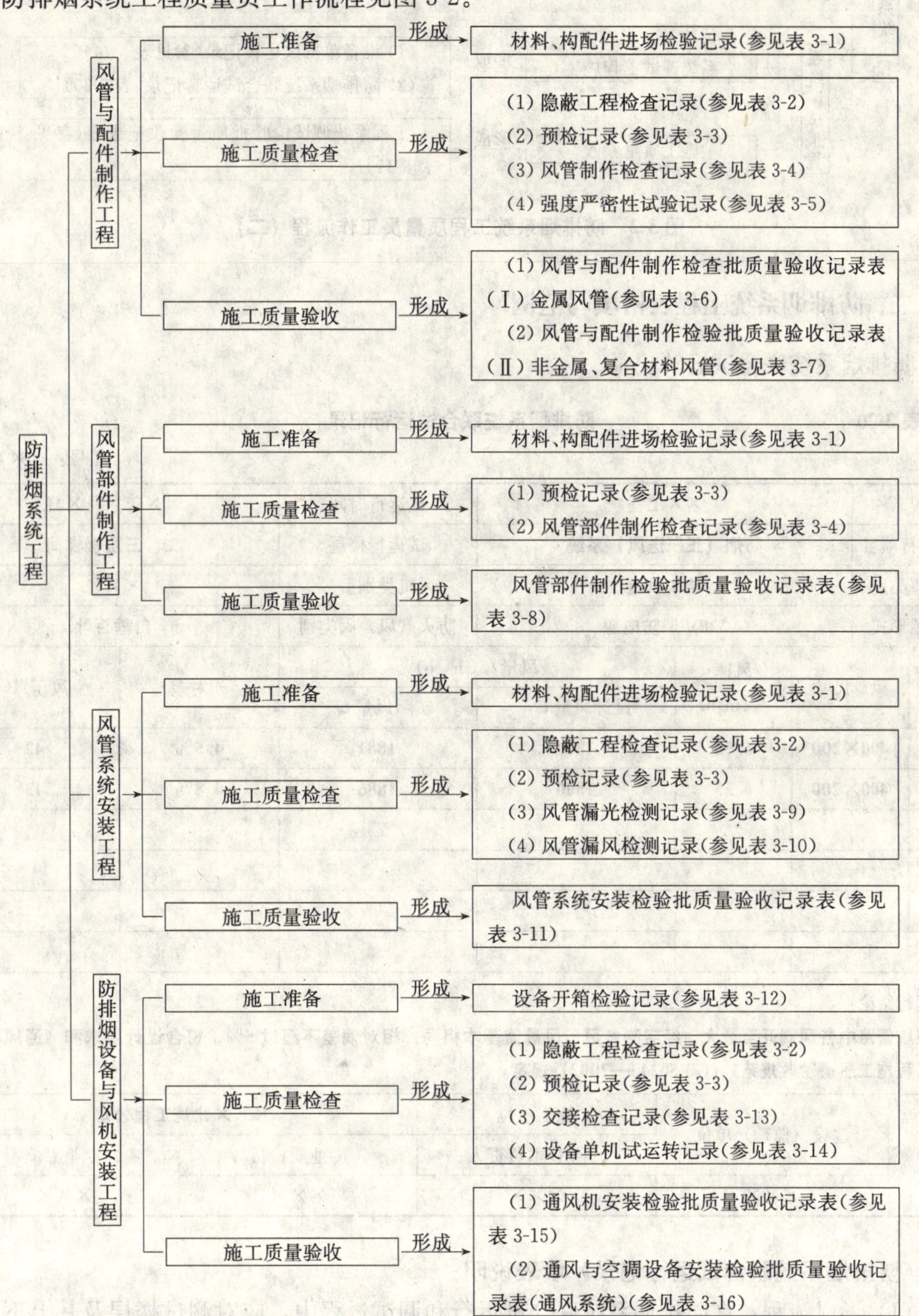

图 3-2 防排烟系统工程质量员工作流程(一)

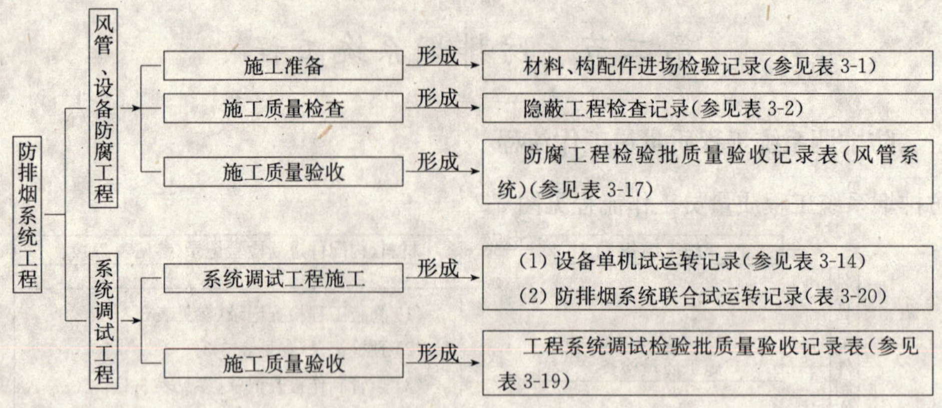

图 3-2 防排烟系统工程质量员工作流程(二)

二、防排烟系统工程表格填写范例

防排烟系统联合试运转记录。

表 3-20　　防排烟系统联合试运行记录

编号: ×××

工程名称		××工程		试运行时间	××年×月×日	
试运行项目		防烟(正压送风)系统		试运行楼层	二、三层楼梯间	
风道类别		结构风道		风机类别型号	×××	
电源形式		220V 消防电源		防火(风)阀类别	自垂百叶	
序号	风口尺寸	风速/(m/s)	风量/(m^3/h)		相对差	风压/Pa
			设计风量 $Q_{设}$	实际风量 $Q_{实}$		
1	400×200	6.53	1800	1881	4.5%	42
2	400×200	6.55	1800	1886	4.8%	43
3						
4						
5						
6						
试运行结论: 系统管路中各风阀开至最大,经实测各风口风量值基本相同,相对偏差不超过 5%,符合设计要求和《通风与空调工程施工质量验收规范》(GB 50243—2002)规定。						

签字栏	建设(监理)单位	施工单位	×××建筑工程公司	
		专业技术负责人	专业质检员	专业工长
	×××	×××	×××	×××

《防排烟系统联合试运行记录》填表说明:

(1) 形成流程:在防排烟系统联合试运行和调试过程中,应对测试楼层及其上下二层的排烟系统中的排烟风口、正压送风系统的送风口进行联动调试,并对各风口的风速、风量进行测量调整，对正压送风口的风压进行测量调整，并做记录。

(2) 相关规定与要求：防排烟系统联合试运行与调试的结果（风量及正压）必须符合设计与消防的规定。

(3) 注意事项：

1) 工程名称与施工文件一致，且各专业应统一。

2) 应根据试验的情况真实填写，内容要齐全，不得漏项，应以规程规范为依据，结论要准确。

3) 签字栏必须本人手签，不得打印或他人代签。

(4) 本表由施工单位填写，建设单位、施工单位、城建档案馆各保存一份。

第三节 除尘系统工程

一、防尘系统工程质量员工作流程

除尘系统工程质量员工作流程见图 3-3。

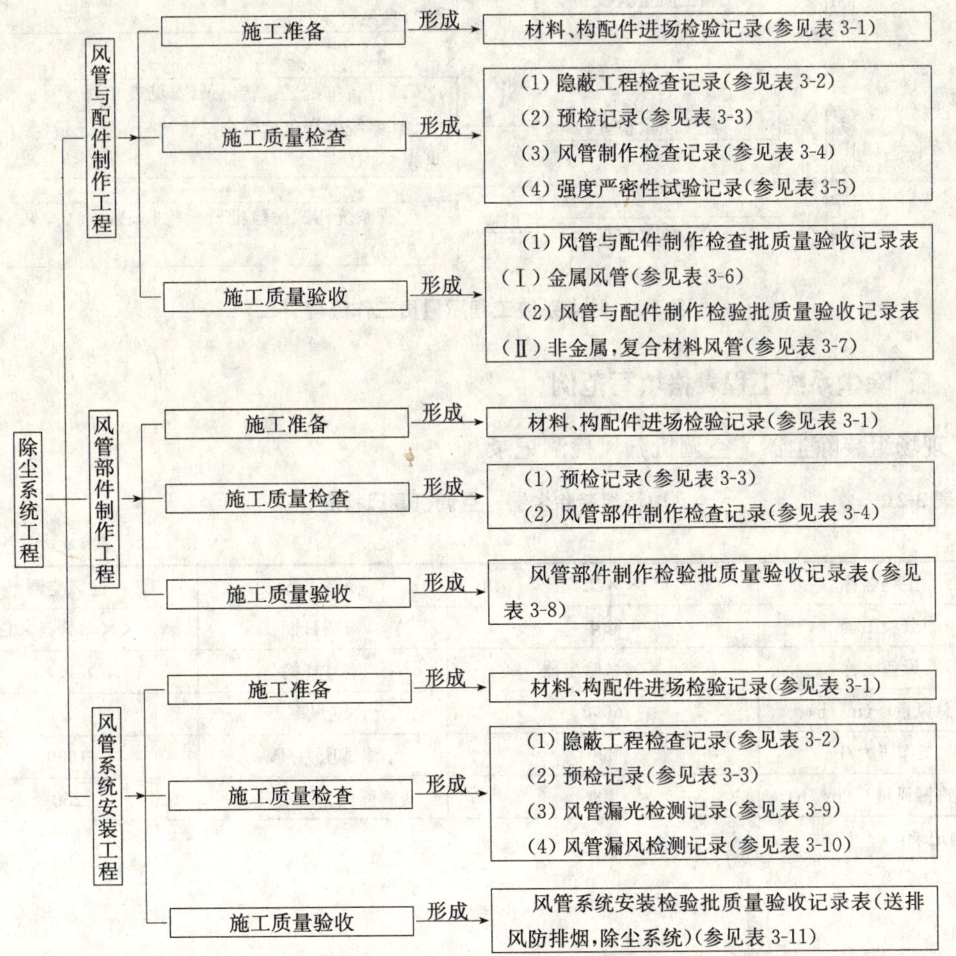

图 3-3 除尘系统工程质量员工作流程（一）

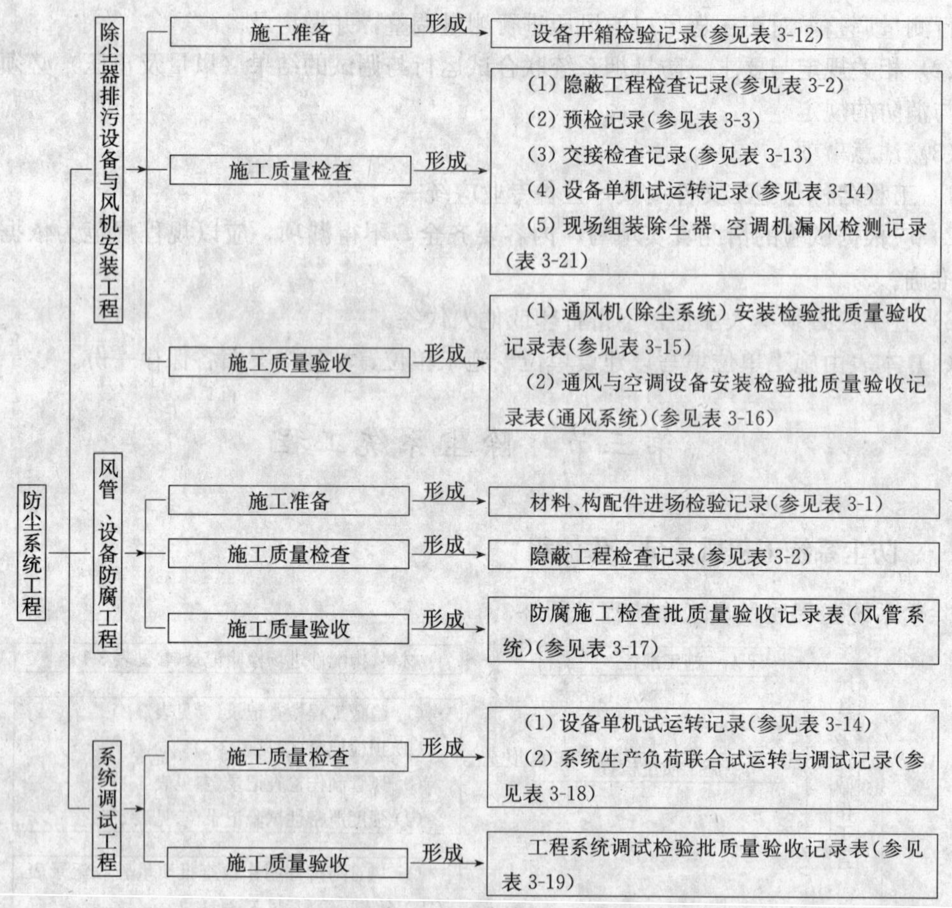

图 3-3 除尘系统工程质量员工作流程（二）

二、除尘系统工程表格填写范例

现场组装除尘器、空调机漏风检测记录。

表 3-21　　现场组装除尘器、空调机漏风检测记录

编号：×××

工程名称	××工程	分部工程	通风空调
分项工程	除尘	检测日期	××年×月×日
设备名称	×××除尘器	型号规格	×××
总风量/（m^3/h）	6000	允许漏风率/%	6
工作压力/Pa	800	测试压力/Pa	1000
允许漏风量/（m^3/h）	400	实测漏风量/（m^3/h）	230
检测记录： **除尘器组装后，漏风检测设备测试打压至工作压力，漏风量在设计允许范围内，证明安装严密。**			

（续）

<table>
<tr><td colspan="5">检测结论：

符合设计要求及《通风与空调工程施工质量验收规范》（GB 50243—2002）有关规定。</td></tr>
<tr><td rowspan="3">签字栏</td><td rowspan="2">建设（监理）单位</td><td>施工单位</td><td colspan="2">×××建筑工程公司</td></tr>
<tr><td>专业技术负责人</td><td>专业质检员</td><td>专业工长</td></tr>
<tr><td>×××</td><td>×××</td><td>×××</td><td>×××</td></tr>
</table>

《现场组装除尘器、空调机漏风检测记录》填表说明：

（1）资料流程：现场组装的除尘器壳体、组合式空气调节机组应做漏风量的检测，并做记录。

（2）相关规定与要求：

1）现场组装的组合式空气调节机组应做漏风量的检测，其漏风量必须符合现行国家标准《组合式空调机组》（GB/T 14294—2008）的标准。

2）检查方法：依据设计图核对，检查测试记录。

3）现场组装的除尘器壳体应做漏风量检测，在设计工作压力下允许漏风率为5%，其中离心式为3%。

4）检查方法：按图核对，检查测试记录和观察检查。

（3）注意事项：

1）工程名称与施工文件一致，且各专业应统一。

2）应根据试验的情况真实填写，内容要齐全、不得漏项，应以规程规范为依据，结论要准确。

3）签字栏必须本人手签，不得打印或他人代签。

（4）本表由施工单位填写并保存。

第四节 空调风系统工程

一、空调风系统工程质量员工作流程

空调风系统工程质量员工作流程见图3-4。

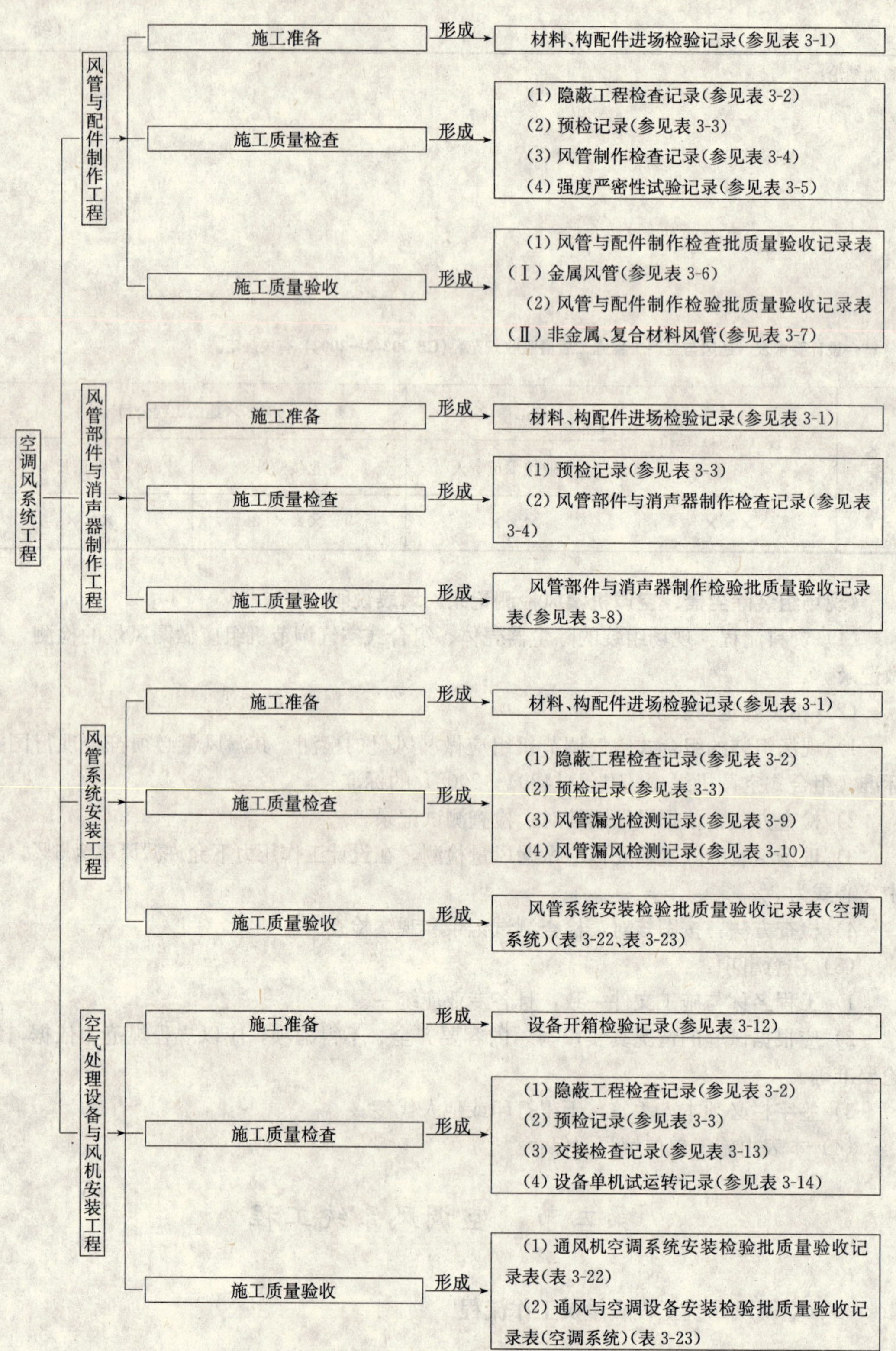

图 3-4 空调风系统工程质量员工作流程(一)

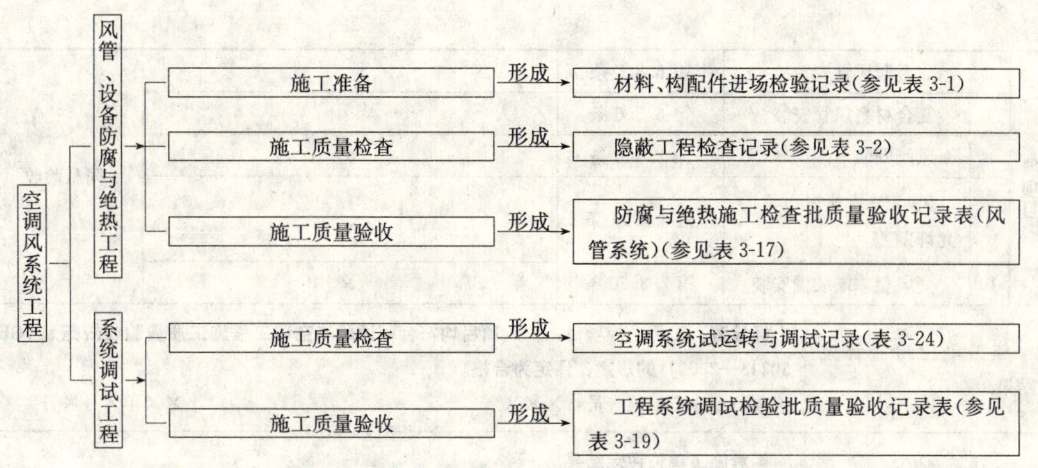

图3-4　空调风系统工程质量员工作流程（二）

二、空调风系统工程表格填写范例

（1）风管系统安装检验批质量验收记录表（空调系统）。

表3-22　风管系统安装检验批质量验收记录表（空调系统）
GB 50243—2002

080403□□

工程名称		××工程	分项工程名称	风管系统安装		验收部位	×××
施工单位		×××建筑工程集团公司		专业工长	×××	项目经理	×××
施工执行标准名称及编号		《通风与空调工程施工工艺标准》（QB ×××—2005）					
分包单位		××机电安装工程公司	分包项目经理	×××		施工班组长	×××
施工质量验收规范的规定				施工单位检查评定记录			监理（建设）单位验收记录
主控项目	1	风管穿越防火、防爆墙（楼板）	第6.2.1条	✓			同意验收
	2	风管安装安全要求	第6.2.2条	✓			
	3	高于80℃风管系统	第6.2.3条	✓			
	4	风管部件安装	第6.2.4条	✓			
	5	手动密闭阀安装	第6.2.9条	✓			
	6	风管严密性检验	第6.2.8条	✓			
一般项目	1	风管系统安装	第6.3.1条	✓			同意验收
	2	无法兰风管系统安装	第6.3.2条	✓			
	3	风管连接的质量	第6.3.3条	✓			
	4	风管支、吊架安装	第6.3.4条	✓			
	5	铝板、不锈钢板风管防护	第6.3.1-8条	✓			

（续）

<table>
<tr><td rowspan="5">一般项目</td><td>6</td><td>非金属风管安装</td><td>第 6.3.5 条</td><td></td><td rowspan="5">同意验收</td></tr>
<tr><td>7</td><td>复合材料风管安装</td><td>第 6.3.6 条</td><td>√</td></tr>
<tr><td>8</td><td>风阀安装</td><td>第 6.3.6 条</td><td>√</td></tr>
<tr><td>9</td><td>风口安装外观质量与允许偏差</td><td>第 6.3.11 条</td><td>√</td></tr>
<tr><td>10</td><td>变风量末端装置安装</td><td>第 7.3.20 条</td><td>√</td></tr>
<tr><td colspan="3">施工单位检查评定结果</td><td colspan="3">经检查，工程主控项目、一般项目均符合《通风与空调工程施工质量验收规范》（GB 50243—2002）的规定，评定为合格。
项目专业质量检查员：×××　　××年×月×日</td></tr>
<tr><td colspan="3">监理（建设单位验收结论）</td><td colspan="3">同意施工单位评定结果
监理工程师：×××
（建设单位项目专业技术负责人）　　××年×月×日</td></tr>
</table>

《风管系统安装检验批质量验收记录表（空调系统）》填表说明：

1）主控项目：

①风管穿越封闭防火、防爆墙或楼板应预埋管或防护套管，钢板厚≥1.6mm，间隙用不燃且对人体无害材料封堵。

②输送易燃易爆气体或处于易燃易爆环境风管应有良好接地，通过生活区或辅助车间时必须严密，且不得设置接口。

③固定拉索严禁拉在避雷针（网）上。

④输入空气温度高于80℃的风管，应按设计要求采取防护措施。

⑤风管部件及操作机构应能保证正常使用功能，并便于操作；斜插板风阀的阀板必须为向上拉启；水平安装时，阀板还应顺气流方向插入；止回风阀、自动排气活门安装方向应正确。

⑥手动密封阀阀门上标志的箭头方向必须与受冲击波方向一致。

⑦风管系统安装完毕后，应进行严密性检验，漏风量应符合设计与《通风与空调工程施工质量验收规范》（GB 50243—2002）第 4.2.5 条规定。

2）一般项目：

①风管安装前应清理干净。安装位置、标高、走向应符合设计要求。并符合《通风与空调工程施工质量验收规范》（GB 50243—2002）第 6.3.1 条规定。

②管连接处应完整无缺损，表面应平整，无明显扭曲，并符合《通风与空调工程施工质量验收规范》（GB 50243—2002）第 6.3.2 条规定。

③风管连接应平直、不扭曲。垂直、水平或倾斜安装要求，并符合《通风与空调工程施工质量验收规范》（GB 50243—2002）第 6.3.3 条规定。

④风管支、吊架符合《通风与空调工程施工质量验收规范》（GB 50243—2002）第 6.3.4 条规定。

⑤铝板、不锈钢板风管与碳素钢支架接触处，应有隔绝或防腐绝缘措施。

⑥非金属风管连接两法兰端面应平行、严密，螺栓两侧加镀锌垫圈。硬聚氯乙烯风管直段长度＞20m，按设计要求增伸缩节，干管不得承受支管重量，并符合《通风与空调工程施工质量验收规范》（GB 50243—2002）第 6.3.5 条规定。

⑦复合材料风管连接处接缝应牢固，无孔洞和开裂，插接连接接口应匹配、无松动，端口缝隙≤5mm。法兰连接应有防“冷桥”措施。并符合《通风与空调工程施工质量验收规范》(GB 50243—2002) 第 6.3.6 条规定。

⑧风阀位置便于操作和检修，操作装置应灵活、可靠，阀板关闭应严密。防火阀直径（边长）≤630mm 时宜独立设支、吊架。排烟阀（口）及手控装置位置符合设计要求；预埋套管不得有死弯及瘪陷。除尘系统吸入管段的调节阀，宜安装在垂直管段上并符合《通风与空调工程施工质量验收规范》(GB 50243—2002) 第 6.3.8 条规定。

⑨风口与风管连接应严密、牢固，与装饰面紧贴；表面平整、不变形，调节灵活、可靠。条形风口接缝处应衔接自然，无明显缝隙。同一室内相同风口安装高度应一致，排列应整齐。明装无吊顶风口，安装位置和标高偏差≤10mm。风口水平安装，水平度偏差≤3/1000。风口垂直度安装，垂直度偏差≤2/1000。

⑩变风量末端装置应设单独支、吊架，与风管连接前宜做动作试验并符合《通风与空调工程施工质量验收规范》(GB 50243—2002) 第 6.3.6 条规定。

(2) 通风与空调设备安装检验批质量验收记录表（空调系统）。

表 3-23　通风与空调设备安装检验批质量验收记录表（空调系统）

GB 50243—2002

080304□□

<table>
<tr><td colspan="4">单位（子单位）工程名称</td><td colspan="11">××工程</td></tr>
<tr><td colspan="4">分部（子分部）工程名称</td><td colspan="5">空调系统</td><td colspan="5">验收部位</td><td>六层</td></tr>
<tr><td colspan="4">施工单位</td><td colspan="5">××建筑工程公司</td><td colspan="5">项目经理</td><td>×××</td></tr>
<tr><td colspan="4">分包单位</td><td colspan="5">××机电安装工程公司</td><td colspan="5">分包项目经理</td><td>×××</td></tr>
<tr><td colspan="4">施工执行标准名称及编号</td><td colspan="11">《通风与空调工程施工工艺标准》(QB ×××—2004)</td></tr>
<tr><td colspan="5">施工质量验收规范的规定</td><td colspan="9">施工单位检查评定记录</td><td>监理（建设）单位验收记录</td></tr>
<tr><td rowspan="5">主控项目</td><td>1</td><td colspan="2">除尘器安装</td><td>第 7.2.4 条</td><td colspan="9">√</td><td rowspan="5">同意验收</td></tr>
<tr><td>2</td><td colspan="2">布袋与静电除尘器接地</td><td>第 7.2.4-3 条</td><td colspan="9">√</td></tr>
<tr><td>3</td><td colspan="2">静电空气过滤器安装</td><td>第 7.2.7 条</td><td colspan="9">√</td></tr>
<tr><td>4</td><td colspan="2">电加热器安装</td><td>第 7.2.8 条</td><td colspan="9"></td></tr>
<tr><td>5</td><td colspan="2">过滤吸收器安装</td><td>第 7.2.10 条</td><td colspan="9">√</td></tr>
<tr><td rowspan="12">一般项目</td><td>1</td><td colspan="2">除尘器部件及阀安装</td><td>第 7.3.5-2，3 条</td><td colspan="9">√</td><td rowspan="12">同意验收</td></tr>
<tr><td rowspan="5">2</td><td colspan="3">除尘设备安装允许偏差/mm</td><td colspan="9">√</td></tr>
<tr><td colspan="2">平面位移/mm</td><td>≤10</td><td>6</td><td>7</td><td>8</td><td>9</td><td>5</td><td>7</td><td>9</td><td>8</td><td>6</td><td>5</td></tr>
<tr><td colspan="2">标高/mm</td><td>±10</td><td>6</td><td>7</td><td>5</td><td>11</td><td>10</td><td>4</td><td>10</td><td>7</td><td>5</td><td>6</td></tr>
<tr><td rowspan="2">垂直度/mm</td><td>每料</td><td>≤2</td><td>0</td><td>2</td><td>1</td><td>1</td><td>0</td><td>2</td><td>1</td><td>0</td><td>2</td><td>1</td></tr>
<tr><td>总偏差</td><td>≤10</td><td>8</td><td>7</td><td>6</td><td>5</td><td>4</td><td>6</td><td>9</td><td>8</td><td>4</td><td>5</td></tr>
<tr><td>3</td><td colspan="2">现场组装静电除尘器安装</td><td>第 7.3.6 条</td><td colspan="10">√</td></tr>
<tr><td>4</td><td colspan="2">现场组装布袋除尘器安装</td><td>第 7.3.7 条</td><td colspan="10"></td></tr>
<tr><td>5</td><td colspan="2">消声器安装</td><td>第 7.3.13 条</td><td colspan="10">√</td></tr>
<tr><td>6</td><td colspan="2">空气过滤器安装</td><td>第 7.3.14 条</td><td colspan="10">√</td></tr>
<tr><td>7</td><td colspan="2">蒸汽加湿器安装</td><td>第 7.3.18 条</td><td colspan="10"></td></tr>
<tr><td>8</td><td colspan="2">空气风幕机安装</td><td>第 7.3.19 条</td><td colspan="10">√</td></tr>
</table>

（续）

施工单位检查评定结果	专业工长（施工员）	×××	施工班组长	×××
	主控项目全部合格，一般项目满足规范规定要求，检查评定结果为合格。 项目专业质量检查员：××× ××年×月×日			
监理（建设）单位验收结论	同意验收 专业监理工程师：××× （建设单位项目专业技术负责人） ××年×月×日			

《通风与空调设备安装检验批质量验收记录表（空调系统）》填表说明：

1）主控项目：

①除尘器型号、规格、进出口方向必须符合设计要求；现场组装的除尘器壳体应做漏风量检测，在设计工作压力下允许漏风率为5%，其中离心式除尘器为3%。

②布袋除尘器、电除尘器的壳体及辅助设备接地应可靠。1、2项对照图纸检查并检查测试记录和观察检查。

③静电空气过滤器金属外壳接地必须良好。检查材料，观察检查或进行电阻测定。

④电加热器与钢构架间的绝热层必须为不燃材料；接线柱外露的应加设安全防护罩；电加热器的金属外壳接地必须良好；连接电加热器的风管的法兰垫片应采用耐热不燃材料。核对材料、观察检查或进行电阻测定。

⑤过滤吸收器安装方向必须正确，并应设独立支架，与室外连接管段不得泄露。观察检查或进行检测。

2）一般项目：

①除尘器活动或转动部件动作应灵活、可靠，并应符合设计要求。排灰阀、卸料阀、排泥阀安装应严密，并便于操作与维护修理。观察尺量检查及检查施工记录。

②除尘设备安装允许偏差用经纬仪、拉线和尺量检查。

③静电除尘器振打锤装置固定应可靠；振打锤转动应灵活。锤头方向应正确；振打锤头与振打砧之间应保持良好的线接触状态，接触长度应大于锤头厚度的0.7倍。

允许偏差见下表。

部件	阳极板				阴极小框架		阴极大框架	
	平面度	对角度	电除尘器阴、阳极间距		平面度	对角线	平面度	对角线
允许偏差/mm	5	10	高≤7m为5	高>7m为10	5	10	15	10

观察尺量检查及检查施工记录。

④布袋除尘器外壳应严密、不漏，接口牢固。分室反吹袋式除尘器滤袋安装必须平

直，拉紧力为25～35N/m。机械回转扁袋袋式除尘器旋臂转动灵活可靠，净气室上部顶盖应密封不漏气，旋转应灵活，无卡阻现象。脉冲袋式除尘器的喷吹孔应对准文氏管的中心，同心度允许偏差2mm。观察尺量检查及检查施工记录。

⑤消声器安装前应干净，安装位置、方向应正确，与风道连接应严密、不受潮。同类型的不宜直接串联。组合式消声器组件排列、方向和位置符合设计要求，固定应牢固。消声器、消声弯管均应设独立支、吊架。手扳和观察检查，核对安装记录。

⑥空气过滤器安装平整、牢固，方向正确。过滤器与框架、框架与围护结构之间应严密无穿透缝；框架式或粗效、中效袋式空气过滤器四周与框架应均匀压紧，无可见缝隙，并应便于拆卸和更换滤料；卷绕式过滤器框架应平整，展开的滤料应松紧适度，上下筒体应平行。观察检查。

⑦蒸汽加湿器安装应设独立支架，固定牢固，接管尺寸正确，无渗漏。

⑧空气风幕机安装位置方向应正确、牢固可靠，纵向垂直度与横向水平度偏差均不应大于2/1000。

（3）空调系统试运转与调试记录。

表3-24　　空调系统试运转调试记录

编号：×××

工程名称	××工程	试运转调试日期	××年×月×日	
系统名称	**空调系统**	系统所在位置	**地下一层**	
实测总风量/（m^3/h）	**8200**	设计总风量/（m^3/h）	**8000**	
风机全压/Pa	**600**	实测风机全压/Pa	**600**	
试运转、调试内容： **因漏风量测试达到设计要求，所以测试系统管网末端处静压及全压满足设计要求。**				
试运转、调试结论： **符合设计要求及《通风与空调工程施工质量验收规范》（GB 50243—2002）有关规定。**				
签字栏	建设（监理）单位	施工单位	**×××建筑工程公司**	
		专业技术负责人	专业质检员	专业工长
	×××	×××	×××	×××

《空调系统试运转与调试记录》填表说明：

1）资料流程：通风与空调工程进行无生产负荷联合试运转及调试时，应对空调系统总风量进行测量调整，并做记录。

2）相关规定与要求：系统实际风量与设计风量的相对偏差不应大于10%，为调试合格。

3）注意事项：

①工程名称与施工文件一致，且各专业应统一。

②应根据试验的情况真实填写，内容要齐全，不得漏项，应以规程规范为依据，结论要准确。

③签字栏必须本人手签，不得打印或他人代签。

4）本表由施工单位填写，建设单位、施工单位、城建档案馆各保存一份。

第五节 净化空调系统工程

一、净化空调系统工程质量员工作流程

净化空调系统工程质量员工作流程见图 3-5。

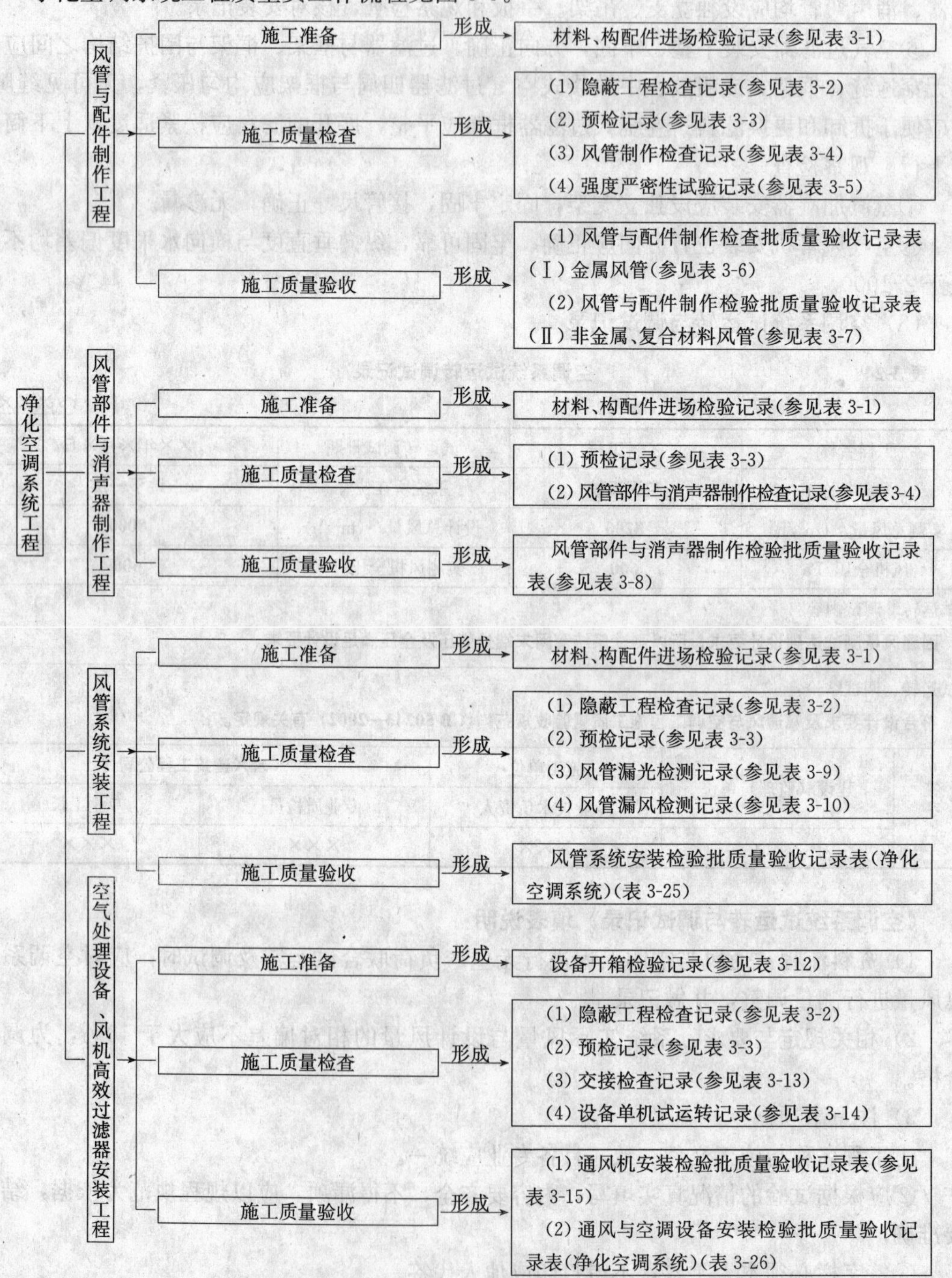

图 3-5 净化空调系统工程质量员工作流程(一)

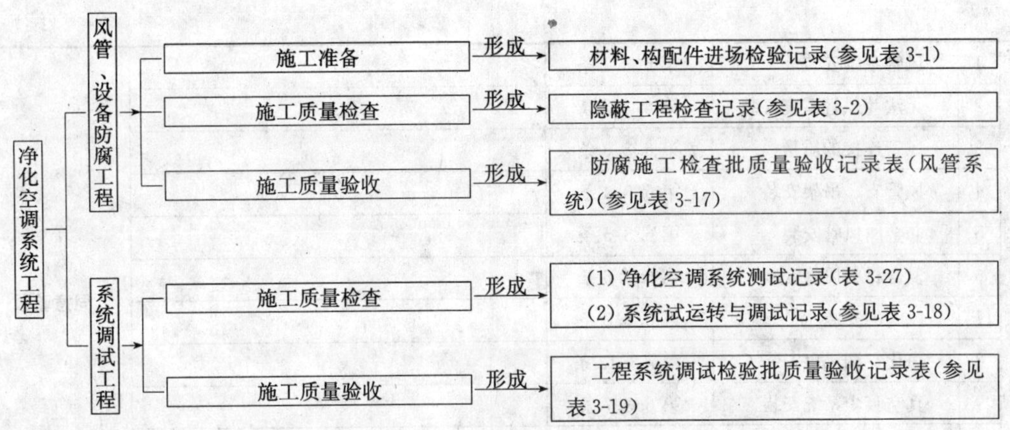

图 3-5 净化空调系统工程质量员工作流程（二）

二、净化空调系统工程表格填写范例

(1) 风管系统安装检验批质量验收记录表（净化空调系统）。

表 3-25　　风管系统安装检验批质量验收记录表（净化空调系统）

GB 50243—2002

080403□□

<table>
<tr><td colspan="2">工程名称</td><td>××工程</td><td>分项工程名称</td><td>风管系统安装</td><td>验收部位</td><td>×××</td></tr>
<tr><td colspan="2">施工单位</td><td colspan="2">×××建筑工程集团公司</td><td>专业工长 ×××</td><td>项目经理</td><td>×××</td></tr>
<tr><td colspan="2">施工执行标准名称及编号</td><td colspan="5">《通风与空调工程施工工艺标准》(QB ×××—2005)</td></tr>
<tr><td colspan="2">分包单位</td><td>××机电安装工程公司</td><td>分包项目经理</td><td>×××</td><td>施工班组长</td><td>×××</td></tr>
<tr><td colspan="4">施工质量验收规范的规定</td><td colspan="2">施工单位检查评定记录</td><td>监理（建设）单位验收记录</td></tr>
<tr><td rowspan="8">主控项目</td><td>1</td><td>风管穿越防火、防爆墙（楼板）</td><td>第 6.2.1 条</td><td colspan="2">✓</td><td rowspan="8">同意验收</td></tr>
<tr><td>2</td><td>风管安装安全要求</td><td>第 6.2.2 条</td><td colspan="2">✓</td></tr>
<tr><td>3</td><td>高于 80℃风管系统</td><td>第 6.2.3 条</td><td colspan="2">✓</td></tr>
<tr><td>4</td><td>风管部件安装</td><td>第 6.2.4 条</td><td colspan="2">✓</td></tr>
<tr><td>5</td><td>手动密闭阀安装</td><td>第 6.2.9 条</td><td colspan="2">✓</td></tr>
<tr><td>6</td><td>净化风管安装</td><td>第 6.2.6 条</td><td colspan="2">✓</td></tr>
<tr><td>7</td><td>集中式真空吸尘系统安装</td><td>第 6.2.7 条</td><td colspan="2">✓</td></tr>
<tr><td>8</td><td>风管严密性检验</td><td>第 6.2.8 条</td><td colspan="2">✓</td></tr>
</table>

（续）

一般项目	1	风管系统安装		第 6.3.1 条	√										同意验收
	2	无法兰风管系统安装		第 6.3.2 条	√										
	3	风管连接的质量		第 6.3.3 条	√										
	4	风管支、吊架安装		第 6.3.4 条	√										
	5	非金属风管安装		第 6.3.5 条											
	6	复合材料风管安装		第 6.3.6 条											
	7	风阀的安装		第 6.3.8 条	√										
	8	净化空调风口安装		第 6.3.12 条	√										
	9	真空吸尘系统安装		第 6.3.7 条	√										
	10	风口安装允许偏差	位置和标高	不应大于 10m	4	5	7	6	8	9	5	10	6	8	
			水平度	不应大于 3/1000	1	2	1	1.5	2	3	2.5	2	1	2	
			垂直度	不应大于 2/1000	1	1	2	1.5	2	1	2	2	1	2	
施工单位检查评定结果	经检查，工程主控项目、一般项目均符合《通风与空调工程施工质量验收规范》（GB 50243—2002）的规定，评定为合格。 项目专业质量检查员：××× ××年×月×日														
监理（建设单位验收结论）	同意施工单位评定结果。 监理工程师：××× （建设单位项目专业技术负责人） ××年×月×日														

《风管系统安装检验批质量验收记录表（净化空调系统）》填表说明：

1）主控项目：

①风管穿越封闭防火、防爆墙或楼板应预埋管或防护套管，钢板厚≥1.6mm，间隙用不燃且对人体无害材料封堵。

②送易燃易爆气体或处于易燃易爆环境风管应有良好接地，通过生活区或辅助车间时必须严密，且不得设置接口。固定拉索严禁拉在避雷针（网）上。

③输入空气温度高于 80℃的风管，应按设计要求采取防护措施。

④风管部件及操作机构应能保证正常使用功能，并便于操作。符合《通风与空调工程施工质量验收规范》（GB 50243—2002）第 6.2.4 条规定。

⑤手动密封阀阀门上标志的箭头方向必须与受冲击波方向一致。

⑥净化风管及部件必须擦净，符合《通风与空调工程施工质量验收规范》第 6.2.6 条规定。

⑦真空吸尘系统弯管曲率半径≥4 倍管径，内壁光滑。三通夹角≤45°，四通应采用两个斜三通做法。

⑧风管系统安装完毕后，应进行严密性检验，漏风量应符合设计与《通风与空调工程施工质量验收规范》（GB 50243—2002）第 4.2.5 条规定。

2）一般项目：

①风管安装前应清理干净。符合《通风与空调工程施工质量验收规范》（GB 50243—

2002）第 6.3.1 条规定。

②无法兰连接风管符合《通风与空调工程施工质量验收规范》（GB 50243—2002）第 6.3.2 条规定。尺量和观察检查。

③风管连接应平直、不扭曲。符合《通风与空调工程施工质量验收规范》（GB 50243—2002）第 6.3.3 条规定。

④风管支、吊架安装符合《通风与空调工程施工质量验收规范》（GB 50243—2002）第 6.3.4 条规定。

⑤非金属风管连接两法兰端面应平行、严密，螺栓两侧加镀锌垫圈。硬聚氯乙烯风管直段长度>20m，按设计要求增伸缩节，干管不得承受支管重量。

⑥复合材料风管连接处接缝应牢固，无孔洞和开裂，插接连接接口应匹配、无松动，端口缝隙≤5mm。法兰连接应有防“冷桥”措施。

⑦风阀位置便于操作和检修，操作装置应灵活、可靠，阀板关闭应严密。防火阀直径（边长）≤630mm 时宜独立设支、吊架。排烟阀（口）及手控装置位置符合设计要求；预埋套管不得有死弯及瘪陷。除尘系统吸入管段的调节阀宜安装在垂直管段上。

⑧风口安装前应清净，与其他构件接缝处密封不应漏风。带高效过滤器送风口应采用可分别调节高度的吊杆。

⑨真空吸尘系统吸尘管坡度宜为 5/1000，坡向立管及吸尘点。吸尘嘴与管道连接应牢固、严密。

⑩风口安装允许偏差。明装无吊顶风口，安装位置和标高偏差≤10mm；风口水平安装，水平度偏差≤3/1000；风口垂直度安装，垂直度偏差≤2/1000。

（2）通风与空调设备安装检验批质量验收记录表（净化空调系统）。

表 3-26　　通风与空调设备安装检验批质量验收记录表（净化空调系统）

GB 50243—2002

（Ⅲ）

080504□□

<table>
<tr><td colspan="3">单位（子单位）工程名称</td><td colspan="3">××工程</td></tr>
<tr><td colspan="3">分部（子分部）工程名称</td><td colspan="2">净化空调系统</td><td>验收部位</td><td>四层</td></tr>
<tr><td colspan="2">施工单位</td><td colspan="3">××建筑工程公司</td><td>项目经理</td><td>×××</td></tr>
<tr><td colspan="2">分包单位</td><td colspan="3">××机电安装工程公司</td><td>分包项目经理</td><td>×××</td></tr>
<tr><td colspan="3">施工执行标准名称及编号</td><td colspan="4">《通风与空调工程施工工艺标准》（QB ×××—2004）</td></tr>
<tr><td colspan="4">施工质量验收规范的规定</td><td>施工单位检查评定记录</td><td colspan="2">监理（建设）单位验收记录</td></tr>
<tr><td rowspan="6">主控项目</td><td>1</td><td>空调机组安装</td><td>第 7.2.3 条</td><td>√</td><td rowspan="6" colspan="2">符合设计及施工质量验收规范要求，同意验收</td></tr>
<tr><td>2</td><td>净化空调设备安装</td><td>第 7.2.6 条</td><td>√</td></tr>
<tr><td>3</td><td>高效过滤器安装</td><td>第 7.2.5 条</td><td>√</td></tr>
<tr><td>4</td><td>静电空气过滤器安装</td><td>第 7.2.7 条</td><td></td></tr>
<tr><td>5</td><td>电加热器的安装</td><td>第 7.2.8 条</td><td></td></tr>
<tr><td>6</td><td>干蒸汽加湿器安装</td><td>第 7.2.9 条</td><td></td></tr>
</table>

（续）

一般项目	1	组合式净化空调机组安装	第7.3.2条	√	符合设计及施工质量验收规范要求，同意验收
	2	净化空调设备安装	第7.3.8条	√	
	3	装配式洁净室安装	第7.3.9条	√	
	4	洁净层流罩安装	第7.3.10条	√	
	5	风机过滤单元安装	第7.3.11条	√	
	6	粗、中效空气过滤器安装	第7.3.14条	√	
	7	高效过滤器安装	第7.3.12条		
	8	消声器安装	第7.3.13条	√	
	9	蒸汽加湿器安装	第7.3.18条		
施工单位检查评定结果	专业工长（施工员）	×××	施工班组长	×××	
	主控项目全部合格，一般项目满足规范规定要求，检查评定结果为合格。 项目专业质量检查员：××× ××年×月×日				
监理（建设）单位验收结论	同意验收 监理工程师：××× （建设单位项目专业技术负责人） ××年×月×日				

《通风与空调设备安装检验批质量验收记录表》填表说明：

1）主控项目：

①设备型号、规格和技术参数必须符合设计要求，有合格证书和性能检测报告。安装位置、标高、管口方向必须符合设计要求。地脚螺栓垫铁位置正确、接触紧密，螺栓拧紧，有防松措施。检查产品质量合格证书和性能检测报告，对照图纸核对设备型号、规格。

②设备的混凝土基础必须进行质量交接验收，合格后方可安装。

③制冷器外表清洁完整，空气隔壁制冷剂呈逆向流动，堵严外壳四周缝隙，冷凝水排放畅通。

④燃油系统设备与管道等位置和连接方法应符合设计与消防要求。燃气系统设备安装应符合设计和消防要求。调压装置、过滤器安装和调节应符合设备技术文件规定，且应可靠接地。按图纸核对、观察、查阅接地测试记录。

⑤制冷设备严密性试验和试运行的技术数据，均应符合规定。对组装式制冷机组和现场充注制冷剂机组，必须进行吹污、气密性试验、真空试验和充注制冷剂检漏试验。观察检查和检查试运行记录。

⑥制冷系统管道、管件和阀门的型号、材质及工作压力等必须符合设计要求。检查合格证明文件，观察、水平仪测量、查阅调校记录。

⑦燃油管道系统必须设置可靠的防静电接地装置，法兰应有导体跨接，且接合良好。检查试验记录。

⑧燃气系统管道与机组连接不得使用非金属软管。燃气管道吹扫和压力试验应为压缩空气氮气，严禁用水。观察检查，检查探伤报告和试验记录。

⑨氨制冷剂系统管道、附件、阀门及填料不得采用铜或铜合金材料（磷青铜除外），管内不得镀锌。检查探伤报告和试验记录。

⑩输送乙二醇溶液的管道系统，不得使用内镀锌管道及配件。检查安装记录。

⑪制冷管道系统应进行强度、气密性试验及真空试验，且必须合格。检查试验记录。

2）一般项目：

①整体制冷机组，其机身纵横向水平度及附属设备水平度和垂直度允许偏差为1/1000。制冷设备或附属设备，隔振器安装位置应正确；各隔振器的压缩量，均匀一致，偏差≤2mm；设置弹簧隔振的制冷机组，应设有防止机组运行时水平位移的定位装置。在机座或指定的基准面上用水平仪、水准仪等检测、尺量与观察检查。

②模块式冷水机单元多台并联时，接口应牢固，且严密不漏。外表应平整、完好，无明显的扭曲。尺量、观察检查。

③油泵和载冷剂泵纵、横向水平度允许偏差为1/1000，轴芯轴向倾斜允许偏差为0.2/1000，径向位移为0.05mm。在机座或指定的基准面上，用水准仪等检测，尺量和观察检查。

④管道、管件支座吊架形式、位置、间距及标高应符合设计要求。

⑤焊接连接铜管，插接深度按《通风与空调工程施工质量验收规范》（GB 50243—2002）规定检查；管道穿越墙体楼板按《通风与空调工程施工质量验收规范》（GB 50243—2002）规定执行。

⑥阀门安装位置、方向和高度应符合设计要求。阀门手柄不应朝下，应朝向便于操作的位置。电磁阀、调节阀、热力膨胀阀、升降止回阀等的阀头应朝上，热力膨胀阀位置应高于感温包，且应绑扎紧密。安全阀应垂直安装且便于检修。

⑦阀门安装应进行强度和严密性试验。检查试验记录。

⑧制冷系统应采用为0.6MPa干燥压缩空气或氮气进行吹扫排污。检查吹扫记录。

（3）净化空调系统测试记录。

表3-27 净化空调系统测试记录

编号：×××

<table>
<tr><td colspan="2">工程名称</td><td>××工程</td><td>试验日期</td><td colspan="2">××年×月×日</td></tr>
<tr><td colspan="2">系统名称</td><td>空调系统</td><td>洁净室级别</td><td colspan="2">4级</td></tr>
<tr><td colspan="2">仪器型号</td><td>×××</td><td>仪器编号</td><td colspan="2">×××</td></tr>
<tr><td rowspan="2">高效过滤器</td><td>型号</td><td>×××</td><td>数量</td><td colspan="2">×××</td></tr>
<tr><td>测试内容</td><td colspan="4">依据《通风与空调工程施工质量验收规范》（GB 50243—2002）附录B中B.3条要求。在检测过程中，对计数器突然递增的部位进行定点扫描。</td></tr>
<tr><td>室内洁净度</td><td>测试内容</td><td colspan="4">依据《通风与空调工程施工质量验收规范》（GB 50243—2002）附录B中B.4条要求，由测定人员记录数据评价。</td></tr>
<tr><td colspan="6">测试结论：
试验结果符合设计要求和《通风与空调工程施工质量验收规范》（GB 50243—2002）规定。</td></tr>
<tr><td rowspan="3">签字栏</td><td rowspan="2">建设（监理）单位</td><td>施工单位</td><td colspan="3">×××建筑工程公司</td></tr>
<tr><td>专业技术负责人</td><td>专业质检员</td><td colspan="2">专业工长</td></tr>
<tr><td>×××</td><td>×××</td><td>×××</td><td colspan="2">×××</td></tr>
</table>

《净化空调系统测试记录》填表说明：

1）资料流程：净化空调系统无生产负荷试运转时，应对系统中的高效过滤器进行泄漏测试，并对室内洁净度进行测定，并做记录。

2）注意事项：

①工程名称与施工文件一致，且各专业应统一。

②应根据试验的情况真实填写，内容要齐全，不得漏项，应以规程规范为依据，结论要准确。

③签字栏必须本人手签，不得打印或他人代签。

3）本表由施工单位填写，建设单位、施工单位、城建档案馆各保存一份。

第六节　制冷设备系统工程

一、制冷设备系统工程质量员工作流程

制冷设备系统工程质量员工作流程见图 3-6。

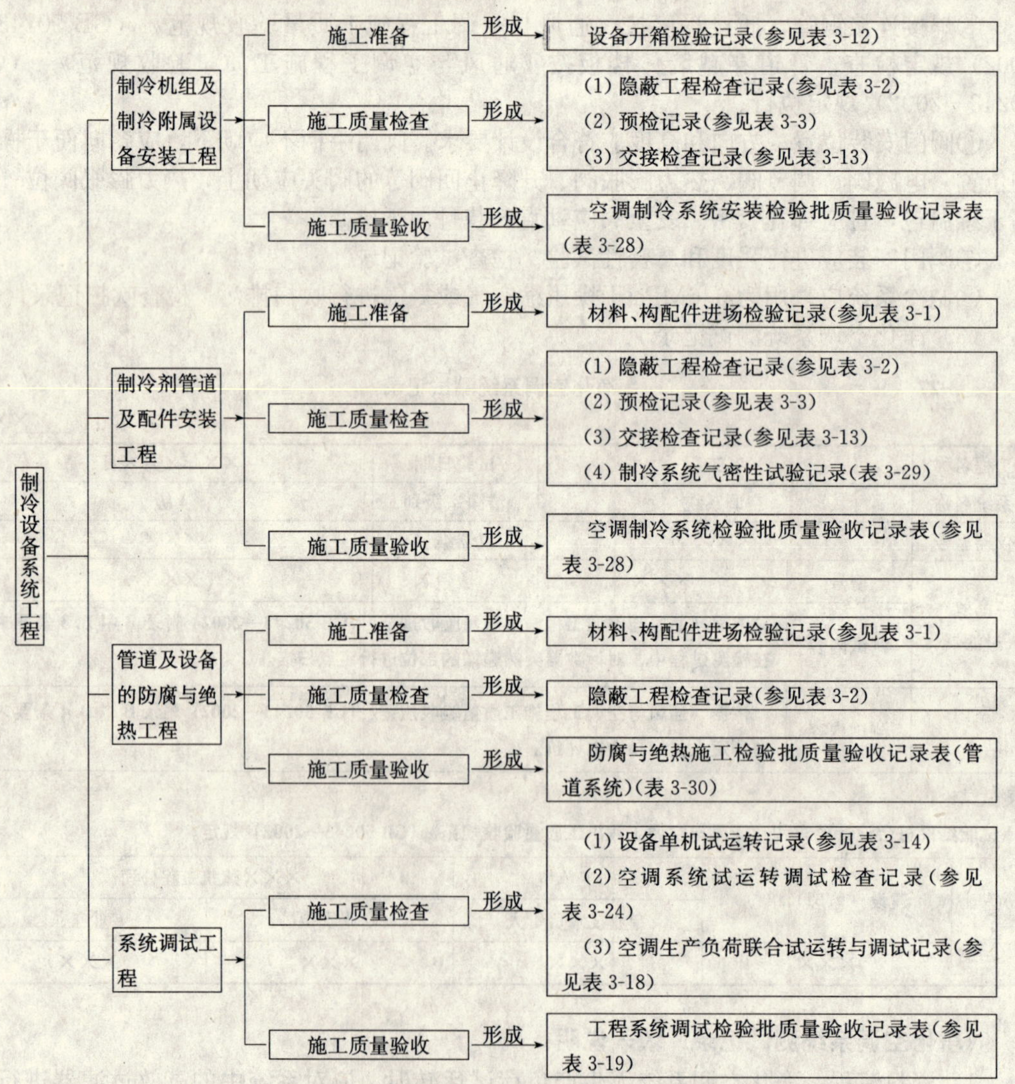

图 3-6　制冷设备系统工程质量员工作流程

二、制冷机组及制冷附属设备安装工程表格填写范例

空调制冷系统安装检验批质量验收记录表。

表 3-28　　空调制冷系统安装检验批质量验收记录表

GB 50243—2002

080601□□

单位（子单位）工程名称		××工程			
分部（子分部）工程名称		制冷系统		验收部位	五层
施工单位		××建筑工程公司		项目经理	×××
分包单位		××机电安装工程公司		分包项目经理	×××
施工执行标准名称及编号		《通风与空调工程施工工艺标准》（QB ×××—2004）			
施工质量验收规范的规定				施工单位检查评定记录	监理（建设）单位验收记录
主控项目	1	制冷设备与附属设备安装	第 8.2.1-1，3 条	√	同意验收
	2	设备混凝土基础验收	第 8.2.1-2 条	√	
	3	表冷器的安装	第 8.2.2 条	√	
	4	制冷、燃气系统设备安装	第 8.2.3 条	√	
	5	制冷设备严密性试验及试运行	第 8.2.4 条	√	
	6	制冷管道及管配件安装	第 8.2.5 条	√	
	7	燃油管道系统接地	第 8.2.6 条	√	
	8	燃气系统安装	第 8.2.7 条	√	
	9	氨管道焊缝无损检测	第 8.2.8 条	√	
	10	乙二醇管道系统规定	第 8.2.9 条	√	
	11	制冷剂管道试验	第 8.2.10 条	√	
一般项目	1	制冷及附属设备安装　平面位移/mm	10	√	同意验收
		制冷及附属设备安装　标高/mm	±10	√	
	2	模块式冷水机组安装	第 8.3.2 条	√	
	3	泵安装	第 8.3.3 条	√	
	4	制冷剂管道安装	第 8.3.4-1，2，3，4 条	√	
	5	管道焊接	第 8.3.4-5，6 条	√	
	6	阀门安装	第 8.3.5-2～5 条	√	
	7	阀门试压	第 8.3.5-1 条	√	
	8	制冷系统吹扫	第 8.3.6 条	√	
施工单位检查评定结果	专业工长（施工员）	×××		施工班组长	×××
	主控项目全部合格，一般项目满足规范规定要求，检查评定结果为合格。 项目专业质量检查员：×××				××年×月×日
监理（建设）单位验收结论	**同意验收** 监理工程师：××× （建设单位项目专业技术负责人）				××年×月×日

《空调制冷系统安装检验批质量验收记录表》填表说明：

（1）主控项目：

1）设备型号、规格和技术参数必须符合设计要求，有合格证书和性能检测报告。安装位置、标高、管口方向必须符合设计要求。地脚螺栓垫铁位置正确、接触紧密，螺栓拧

紧，有防松措施。

检查产品质量合格证书和性能检测报告，对照图纸核对设备型号、规格。

2）设备的混凝土基础必须进行质量交接验收，合格后方可安装。

3）表面式冷却器外表清洁、完整，空气与制冷剂呈逆向流动，堵严外壳四周缝隙，冷凝水排放畅通。观察检查。

4）燃油系统设备与管道等位置和连接方法应符合设计与消防要求。燃气系统设备安装应符合设计和消防要求。调压装置、过滤器安装和调节应符合设备技术文件规定，且应可靠接地。按图纸核对、观察、查阅接地测试记录。

5）制冷设备严密性试验和试运行的技术数据，均应符合规定。对组装式制冷机组和现场充注制冷剂机组，必须进行吹污、气密性试验、真空试验和充注制冷剂检漏试验。观察检查和检查试运行记录。

6）制冷系统管道、管件和阀门的型号、材质及工作压力等必须符合设计要求：法兰、螺纹等处的密封材料应与管内的介质性能相适应；制冷剂液体管不得向上装成“Ω”形，气体管道不得向下装成“Ʊ”形；液体支管必须从干管底部或侧面接出；气体支管必须从上管顶部或侧面接出；有两根以上的支管从干管引出时，连接部位应错开，间距不应小于2倍支管直径，且≥200mm。制冷机与附属设备之间制冷剂管道坡度与坡向应符合设计要求。当设计无规定时，应按《通风与空调工程施工质量验收规范》（GB 50243—2002）（以下简称本规范）表8.2.5规定检查。制冷系统投入运行前，应对安全阀进行调试校核，其开启和回座压力应符合设备技术文件要求。核查合格证明文件，观察、水平仪测量、查阅调校记录。

7）燃油管道系统必须设置可靠的防静电接地装置，法兰应有导体跨接，且接合良好。观察检查，检查试验记录。

8）燃气系统管道与机组连接不得使用非金属软管。燃气管道吹扫和压力试验应为压缩空气或氮气，严禁用水。当燃气供气管道压力大于0.005MPa时，超声波探伤不低于Ⅱ级为合格。观察检查，检查探伤报告和试验记录。

9）氨制冷剂系统管道、附件、阀门及填料不得采用铜或铜合金材料（磷青铜除外），管内不得镀锌。氨系统管道焊缝应进行射线照相检验，不低于Ⅲ级为合格。超声波检验不低于Ⅱ级为合格。观察检查，检查探伤报告和试验记录。

10）输送乙二醇溶液的管道系统，不得使用内镀锌管道及配件。观察检查，检查安装记录。

11）制冷管道系统应进行强度、气密性试验及真空试验，且必须合格。观察检查和检查试验记录。

（2）一般项目：

1）整体制冷机组，其机身纵横向水平度及附属设备水平度和垂直度允许偏差为1/1000。制冷设备或附属设备，隔振器安装位置应正确；各隔振器的压缩量，均匀一致，偏差≤2mm；设置弹簧隔振的制冷机组，应设有防止机组运行时水平位移的定位装置。在机座或指定的基准面上用水平仪、水准仪等检测、尺量与观察检查。

2）机组单元多台并联组合时，接口应牢固，且严密不漏。外表应平整、完好，无明显的扭曲。尺量、观察检查。

3）油泵和载冷剂泵纵、横向水平度允许偏差为 1/1000，联轴器两轴芯轴向倾斜允许偏差为 0.2/1000，径向位移为 0.05mm。在机座或指定的基准面上，用水平仪、水准仪等检测，尺量和观察检查。

4）管道、管件支吊架形式、位置、间距及标高应符合设计要求。排气管道应设单独支架；管径≤20mm 的铜管道，在阀门处应设置支架；管道上下平行敷设时，吸气管在下方；管道弯管弯曲半径≥3.5D，最大外径与最小外径之差≤0.08D；管口翻边应保持同心，不得有开裂及皱褶。

5）焊接连接铜管，插接深度按本规范表 8.3.4 规定检查；管道穿超墙体楼板按本规范第 9 章有关规定执行。4、5 项为尺量和观察检查。

6）阀门安装位置、方向和高度应符合设计要求。阀门手柄不应朝下，且应朝向便于操作的位置。电磁阀、调节阀、热力膨胀阀、升降式止回阀等的阀头应朝上，热力膨胀阀位置应高于感温包，且应绑扎紧密。安全阀应垂直安装且便于检修。

7）阀门安装应进行强度和严密性试验，试验规定见本规范第 8.3.5-1 条。6、7 项为尺量、观察检查、旁站或检查试验记录。

8）制冷系统应采用压力为 0.6MPa 干燥压缩空气或氮气进行吹扫排污。检查吹扫记录和观察检查。

三、制冷剂管道及配件安装工程表格填写范例

制冷系统气密性试验记录。

表 3-29 制冷系统气密性试验记录

编号：×××

工程名称	××工程		试验时间	××年×月×日
试验项目	**制冷系统气密性**		试验部位	**冷水机组**
管道编号	气密性试验			
	试验介质	试验压力（MPa）	停压时间	试验结果
1	**氮气**	**1.6**	×××	**不掉压**
管道编号	真空试验			
	设计真空度（kPa）	试验真空度（kPa）	试验时间	试验结果
1	**101.30**	**100**	**24h**	**不掉压（<5.3kPa）**
管道编号	充制制冷试验			
	充制冷剂压力（MPa）	检漏仪器	补漏位置	试验结果
试验结论： **试验结果符合设计和《通风与空调工程施工质量验收规范》（GB 50243—2002）规定。**				

签字栏	建设（监理）单位	施工单位	×××	
		专业技术负责人	专业质检员	专业工长
	×××	×××	×××	×××

《制冷系统气密性试验记录》填表说明：

（1）资料流程：应对制冷系统的工作性能进行试验，并做记录。

（2）相关规定与要求：组装式制冷机组和现场充注制冷剂的机组，必须进行吹污、气密性试验、真空试验和充注制冷剂检漏试验，其相应技术数据必须符合产品技术文件和有关现行国家标准、规范的规定。

（3）注意事项：

1）工程名称与施工文件一致，且各专业应统一。

2）应根据试验的情况真实填写，内容要齐全，不得漏项，应以规程规范为依据，结论要准确。

3）签字栏必须本人手签，不得打印或他人代签。

（4）本表由施工单位填写，建设单位、施工单位、城建档案馆各保存一份。

四、管道及设备的防腐与绝热工程表格填写范例

防腐与绝热施工检验批质量验收记录表（管道系统）。

表 3-30　防腐与绝热施工检验批质量验收记录表
（管道系统）

工程名称	××工程	分项工程名称	制冷管道系统	验收部位	×××
施工单位	×××建筑工程建设公司		专业工长 ×××	项目经理	×××
施工执行标准名称及编号	《通风与空调工程施工工艺标准》（QB ×××—2005）				
分包单位	××机电安装工程公司	分包项目经理	×××	施工班组长	×××
施工质量验收规范的规定			施工单位检查评定记录		监理（建设）单位验收记录
主控项目	1. 材料的验证	第 10.2.1 条	✓		同意验收
	2. 防腐涂料或油漆质量	第 10.2.2 条	✓		
	3. 电加热器与防火墙 2m 管道	第 10.2.3 条			
	4. 冷冻水管道的绝热	第 10.2.4 条	✓		
	5. 洁净室内管道	第 10.2.5 条			
一般项目	1. 防腐涂层质量	第 10.3.1 条	✓		同意验收
	2. 空调设备、部件油漆或绝热	第 10.3.2、10.3.3 条			
	3. 绝热材料厚度及平整度	第 10.3.4 条	✓		
	4. 绝热涂料	第 10.3.7 条	✓		
	5. 玻璃布保护层的施工	第 10.3.8 条			
	6. 管道阀门的绝热	第 10.3.9 条	✓		
	7. 管道绝热层的施工	第 10.3.10 条			
	8. 管道防潮层的施工	第 10.3.11 条	✓		
	9. 金属保护层的施工	第 10.3.12 条			
	10. 机房内制冷管道色标	第 10.3.13 条	✓		

（续）

施工单位检查评定结果	**经检查，工程主控项目全部合格，一般项目满足规范规定要求，检查评定结果为合格。** 项目专业质量检查员：×××　　　　××年×月×日
监理（建设）单位验收结论	**同意验收** 监理工程师：××× （建设单位项目专业技术负责人）　　　　××年×月×日

《防腐与绝热施工检验批质量验收记录表（管道系统）》填表说明：

（1）主控项目：

1）空调工程系统风管和管道使用的绝热材料必须是不燃或难燃材料，不得为可燃材料。

2）防腐涂料和油漆都有一定的有效期，超过期限后，其性能会发生很大的变化。工程中当然不得使用过期的和不合格的产品。

3）本条文主要是为了防止电加热器可能引起绝热材料的自燃和杜绝邻室火灾通过风管或管道绝热材料传递的通道。

4）空调冷媒水系统的管道，当采用通孔性的绝热材料时，隔气层（防潮层）必须完整、密封。否则，凝结水的产生将进一步降低材料的热阻，加速空气的对流，随着时间的推迟最终导致绝热层失效。

5）洁净室控制的主要对象就是空气中的浮尘数量，室内管道的绝热材料如采用易产尘的材料（如玻璃纤维、短纤维矿棉等），显然对洁净室内的洁净度达标不利。故条文规定不应采用易产尘的材料。

（2）一般项目：

1）对空调工程油漆施工质量的基本质量要求作出了规定。

2）空调工程施工中，一些空调设备或风管与管道的部件，需要进行油漆修补或重新涂刷。在操作中不注意对设备标志的保护与对风口等的转动轴、叶片活动面的防护，会造成标志无法辨认或叶片粘连影响正常使用等问题；对风管部件绝热施工的基本质量要求作出了规定。

3）对空调工程中绝热层施工的拼接和厚度控制的基本质量要求作出了规定。

4）绝热涂料是一种新型的不燃绝热材料，施工时直接涂抹在风管、管道或设备的表面，经干燥固化后即形成绝热层。该材料的施工，主要是涂抹性的湿作业，故规定要涂层均匀，不应有气泡和漏涂等缺陷。当涂层较厚时，应分层施工。

5）对玻璃布保护层安装的基本质量要求作出了规定。

6）对空调水系统的管道阀门、法兰等部位的绝热施工，规定为可单独拆卸的结构，以方便系统的维修和保养。

7）对空调水系统管道绝热施工的基本质量要求作出了规定。

8）对空调水系统管道绝热防潮层施工的基本质量要求作出了规定。

9）对绝热层金属保护壳安装的基本质量要求作出了规定。

10）为了方便系统的管理和维修，应根据国家有关规定作出标识。

第七节　空调水系统工程

一、空调水系统工程质量员工作流程

空调水系统工程质量员工作流程见图 3-7。

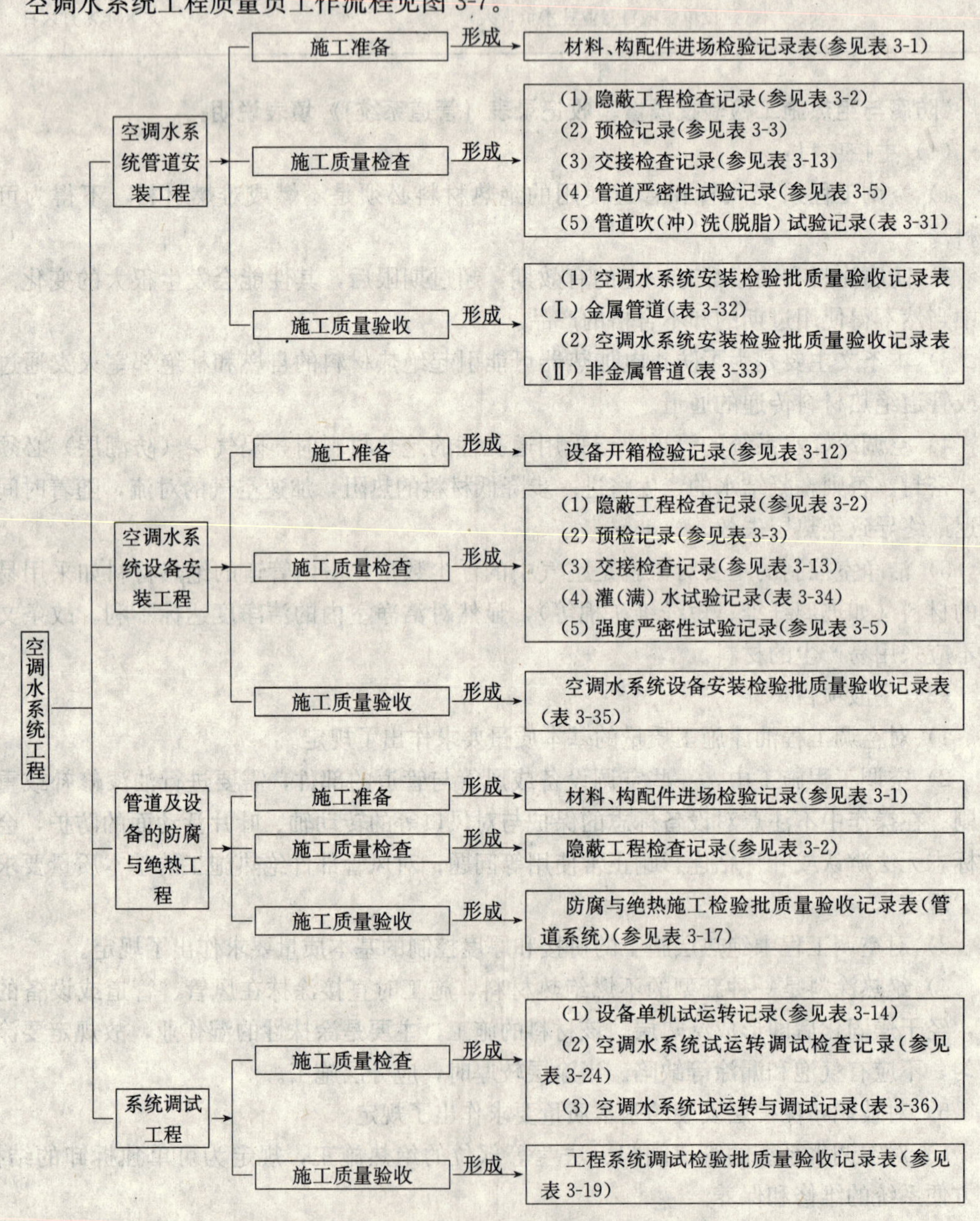

图 3-7　空调水系统安装工程质量员工作流程

二、空调水系统管道安装工程表格填写范例

（1）管道吹（冲）洗（脱脂）试验记录。

表 3-31　　管道吹（冲）洗（脱脂）试验记录

编号：×××

工程名称	××工程	试验日期	××年×月×日
试验项目	空调水系统冲洗	试验部位	地下三层至四层空调水系统
试验介质	水	通水冲洗	通水冲洗
试验记录： 以地下三层空调供水管口为冲洗起点，压力值为 1.2MPa，空调回水管为泄水点进行冲洗，直到泄水点水色透明度与进水目测一致，不含杂物并排除管道系统中的空气为止，停止冲洗。			
试验结论： 试验结果符合设计要求及《通风与空调工程施工质量验收规范》（GB 50243—2002）规定。			

签字栏	建设（监理）单位	施工单位	×××建筑工程公司	
		专业技术负责人	专业质检员	专业工长
	×××	×××	×××	×××

《管道吹（冲）洗（油脂）试验记录》填表说明：

1）形成流程：空调管道及设计有要求的管道应在使用前做冲洗试验；介质为气体的管道系统应按有关设计要求及规范规定做吹洗试验。设计有要求时还应做脱脂处理。

2）相关规定与要求：空调管道试压合格后，应进行冲洗。

3）注意事项：

①工程名称与施工文件一致，且各专业应统一。

②应根据试验的情况真实填写。内容要齐全，不得漏项。应以规程规范为依据，结论要准确。

③签字栏必须本人手签，不得打印或他人代签。

4）本表由施工单位填写并保存。

（2）空调水系统安装检验批质量验收记录表（Ⅰ）金属管道。

表 3-32　　空调水系统安装检验批质量验收记录表

GB 50243—2002

（Ⅰ）金属管道

080701□□

工程名称	××工程	分项工程名称	空调水系统安装		验收部位	×××
施工单位	×××建筑工程集团公司		专业工长	×××	项目经理	×××
施工执行标准名称及编号	《通风与空调工程施工工艺标准》（QB ×××—2005）					
分包单位	××机电安装工程公司	分包项目经理	×××		施工班组长	×××

（续）

		施工质量验收规范的规定				施工单位检查评定记录										监理（建设）单位验收记录
主控项目	1	系统的管材与配件验收			第 9.2.1 条	✓										同意验收
	2	管道柔性接管安装			第 9.2.2-3 条	✓										
	3	管道套管			第 9.2.2-5 条	✓										
	4	管道补偿器安装及固定支架			第 9.2.5 条	✓										
	5	系统与设备贯通冲洗、排污			第 9.2.2-4 条	✓										
	6	阀门安装			第 9.2.4-1，2 条	✓										
	7	阀门试压			第 9.2.4-3 条	✓										
	8	系统试压			第 9.2.3 条	✓										
	9	隐蔽管道验收			第 9.2.2-1 条	✓										
	10	焊接、镀锌钢管焊号			第 9.2.2-2 条	✓										
一般项目	1	管道焊接连接			第 9.3.2 条	✓										同意验收
	2	管道螺纹连接			第 9.3.3 条	✓										
	3	管道法兰连接			第 9.3.4 条											
	4 钢制管道安装允许偏差/mm	（1）坐标	架空及地沟	室外	25											
				室内	15	8	10	12	9	13	4	7	15	8	6	
			埋地		60											
		（2）标高	架空及地沟	室外	±20											
				室内	±15	+8	−7	+6	+5	−4	+7	+9	−8	+10	−5	
			埋地		±25											
		（3）水平管平直度	DN≤100mm		2L%，最大 40	15	20	25	18	32	29	17	26	18	24	
			DN>100mm		3L%，最大 40											
		（4）立管垂直度			5L%，最大 25	15	22	19	10	23	9	12	14	20	21	
		（5）成排管段间距			15	10	13	9	10	14	7	8	12	9	10	
		（6）成排管段或成排阀门在同一平面上			3	2	1	3	1	1	2	2	3	1	3	
	5	钢塑复合管道安装			第 9.3.6 条											
	6	管道沟槽式连接			第 9.3.6 条											
	7	管道支、吊架			第 9.3.8 条	✓										
	8	阀门及其他部件安装			第 9.3.10 条	✓										
	9	系统放气阀与排水阀			第 9.3.10-4 条	✓										

施工单位检查评定结果	**经检查，工程主控项目、一般项目均符合《通风与空调工程施工质量验收规范》（GB 50243—2002）的规定，评定为合格。** 项目专业质量检查员：××× ××年×月×日
监理（建设单位验收结论）	**同意施工单位评定结果。** 监理工程师：××× （建设单位项目专业技术负责人） ××年×月×日

《空调水系统安装检验批质量验收记录表（Ⅰ）金属管道》填表说明：

1）主控项目：

①空调水系统设备，附属设备，管道，配件，阀门的型号、规格、材质及连接形式应符合设计规定。

②管道与水泵、制冷机组必须柔性连接，与其连接的管道应设置独立支架。

③管道接口不得设于套管内，竖直套管应高出地面 20～50mm，其他部位套管应与面层平齐。套管不得作为管道支撑。保温套管及其周围应用不燃绝热材料填塞。

④补偿器安装位置必须符合设计要求，且应进行预拉（压）。并在预拉（压）前固定。固定支架结构形式、固定位置、导向支架设置应符合设计要求。

⑤水系统应在冲洗、排污合格，水质正常后才能与制冷机组、空调设备贯通。

⑥阀门安装位置、高度、进出口方向必须符合设计要求，连接牢固紧密。保温管上阀门连接牢固紧密，手柄均不得向下。

⑦工作压力大于 1.0MPa 及主干管切断阀门应进行验收和严密性试验。

⑧管道安装完毕后应按设计要求进行水压试验，水压试验可采取分区、分层和系统进行。

⑨隐蔽管道必须按《通风与空调工程施工质量验收规范》（GB 50243—2002）第 3.0.11 条规定执行。

⑩焊接钢管、镀锌钢管严禁采用热煨弯。

2）一般项目：

①管道焊接材料品种、规格、性能应符合设计要求。焊口组对和坡口形式符合《通风与空调工程施工质量验收规范》（GB 50243—2002）表 9.3.2 的规定。焊缝表面干净，外观质量不低于《通风与空调工程施工质量验收规范》（GB 50243—2002）第 11.3.3 条的Ⅳ级规定（氨管为Ⅲ级）。

②螺纹连接的管道，螺纹应清洁、规整，根部外露螺纹为 2～3 扣，注意保护镀锌层，破损处应防腐。

③法兰连接法兰面与管道中心垂直且同心，对接应平行。连接螺栓长度一致，螺母在同侧，均匀拧紧，衬垫按设计要求。

④钢制管道安装按《通风与空调工程施工质量验收规范》第9.3.5 条执行，允许偏差按规范表 9.3.5 规定。

⑤钢塑复合管与管道配件连接深度和扭矩符合规范表 9.3.6—1 规定。

⑥沟槽式连接时，沟槽与橡胶密封圈和卡箍套必须为配套合格产品，支、吊架的间距应符合规范表 9.3.6-2 规定。

⑦管道支、吊架形式、位置、间距、标高应符合设计或有关技术标准要求。若设计无规定，则按《通风与空调工程施工质量验收规范》（GB 50243—2002）第 9.3.8 条规定执行。

⑧阀门、集气罐、自动排气装置、除污器（水过滤器）等管道部件安装在符合设计要求的基础上，同时应符合《通风与空调工程施工质量验收规范》（GB 50243—2002）第 9.3.10 条规定。

⑨闭式系统管路应在系统最高处及所有可能积聚空气的高点设置排气阀，最低点设排水管、排水阀。

（3）空调水系统安装工程检验批质量验收记录表（Ⅱ）非金属管道。

表 3-33 空调水系统安装检验批质量验收记录表

GB 50243—2002

（Ⅱ）非金属管道

080701□□

工程名称	××工程	分项工程名称	空调水系统安装		验收部位	×××
施工单位	×××建筑工程集团公司		专业工长	×××	项目经理	×××
施工执行标准名称及编号	《通风与空调工程施工工艺标准》（QB ×××—2005）					
分包单位	××机电安装工程公司	分包项目经理	×××		施工班组长	×××

		施工质量验收规范的规定		施工单位检查评定记录	监理（建设）单位验收记录
主控项目	1	系统管材与配件验收	第 9.2.1 条	√	同意验收
	2	管道柔性接管安装	第 9.2.2-3 条	√	
	3	管道套管	第 9.2.2-5 条	√	
	4	管道补偿器安装及固定支架	第 9.2.5 条		
	5	系统冲洗、排污	第 9.2.2-4 条	√	
	6	阀门安装	第 9.2.4-1，2 条		
	7	阀门试压	第 9.2.4-3 条	√	
	8	系统试压	第 9.2.3 条	√	
	9	隐蔽管道验收	第 9.2.2-1 条	√	
一般项目	1	PCV—U 管道安装	第 9.3.1 条		同意验收
	2	PP—R 管道安装	第 9.3.1 条		
	3	PEX 管道安装	第 9.3.1 条	√	
	4	管道与金属支吊架间隔绝	第 9.3.9 条	√	
	5	管道支、吊架	第 9.3.8 条	√	
	6	阀门安装	第 9.3.10 条	√	
	7	系统放气阀与排水阀	第 9.3.10-4 条	√	

施工单位检查评定结果	经检查，工程主控项目、一般项目均符合《通风与空调工程施工质量验收规范》（GB 50243—2002）的规定，评定为合格。 项目专业质量检查员：××× ××年×月×日
监理（建设单位验收结论）	同意施工单位评定结果 监理工程师：××× （建设单位项目专业技术负责人） ××年×月×日

《空调水系统管道安装检验批质量验收记录表（Ⅱ）非金属管道》填表说明：

1）主控项目：

①空调水系统设备，附属设备，管道，配件，阀门的型号、规格、材质及连接形式应符合设计规定。

②管道与水泵、制冷机组必须柔性连接，与其连接的管道应设置独立支架。

③管道接口不得设于套管内，竖直套管应高出地面 20～50mm，其他部位套管应与面层平齐。套管不得作为管道支撑，保温套管及其周围用不燃绝热材料填塞。

④补偿器安装位置必须符合设计要求，且应进行预拉（压）并在预拉（压）前固定。固定支架结构形式、固定位置、导向支架设置应符合设计要求。

⑤水系统应在冲洗、排污合格，水质正常后才能制冷机组、空调设备贯通。

⑥阀门安装位置、高度、进出口方向必须符合设计要求，连接牢固紧密。保温管上阀门连接牢固紧密，手柄均不得向下。

⑦工作压力大于 1.0MPa 及主干管切断阀门应进行验收和严密性试验。试验要求按《通风与空调工程施工质量验收规范》（GB 50243—2002）第 9.2.4-3 条执行。

⑧管道安装完毕后应按设计要求进行水压试验，水压试验可采取分区、分层和系统进行。试压要求按《通风与空调工程施工质量验收规范》（GB 50243—2002）第 9.2.3 条执行。

⑨隐蔽管道必须按《通风与空调工程施工质量验收规范》（GB 50243—2002）第 3.0.11 条规定执行。

2）一般项目：

①当采用硬聚氯乙烯（PVC－U）、聚丙烯（PP－R）、聚丁烯（PB）与联聚乙烯（PEX）等有机材料管道时，其连接方法应符合设计要求和产品技术要求的规定。

②金属管道与金属支吊架之间应有隔绝措施，不可直接接触。热水管道还应加宽接触面积。

③管道支、吊架形式、位置、间距、标高应符合设计或有关技术标准要求。若设计无规定，则按《通风与空调工程施工质量验收规范》（GB 50243—2002）第 9.3.8 条规定执行。

④阀门、集气罐、自动排气装置、除污器（水过滤器）等管道部件安装在符合设计要求的基础上，同时应符合《通风与空调工程施工质量验收规范》（GB 50243—2002）第 9.3.10 条规定。

⑤闭式系统管路应在系统最高处及所有可能积聚空气的高点设置排气阀，最低点设排水管、排水阀。

三、空调水系统设备安装工程表格填写范例

灌（满）水试验记录。

表 3-34　　　　灌（满）水试验记录

编号：×××

<table>
<tr><td>工程名称</td><td>××工程</td><td>试验日期</td><td colspan="2">××年×月×日</td></tr>
<tr><td>试验项目</td><td>空调水补水箱</td><td>试验部位</td><td colspan="2">顶层水箱</td></tr>
<tr><td>材质</td><td>不锈钢</td><td>规格</td><td colspan="2">×××</td></tr>
<tr><td colspan="5">试验要求：
从水箱注水满水后停止供水，持续 5min 液面不降，管道及接口无渗漏为合格。</td></tr>
<tr><td colspan="5">试验记录：
对进行试验水箱的其他管段敞口用盲板封闭，满水 5min 液面不下降，经检查不渗不漏，符合规范要求，验收合格。</td></tr>
<tr><td colspan="5">试验结论：
试验结果符合设计要求及《通风与空调工程施工质量验收规范》（GB 50243—2002）规范规定，同意验收。</td></tr>
<tr><td rowspan="3">签字栏</td><td rowspan="2">建设（监理）单位</td><td>施工单位</td><td colspan="2">×××建筑工程公司</td></tr>
<tr><td>专业技术负责人</td><td>专业质检员</td><td>专业工长</td></tr>
<tr><td>×××</td><td>×××</td><td>×××</td><td>×××</td></tr>
</table>

《灌（满）水试验记录》填表说明：

（1）资料流程：非承压管道系统和设备包括开式水箱等，在系统和设备安装完毕后应进行灌（满）水试验，并做记录。

（2）相关规定与要求：

1）敞口箱、罐安装前应做满水试验。

2）凝结水系统采用充水试验，应以不渗漏为合格。

（3）注意事项：

1）工程名称与施工文件一致，且各专业应统一。

2）应根据试验的情况真实填写，内容要齐全，不得漏项，应以规程规范为依据，结论要准确。

3）签字栏必须本人手签，不得打印或他人代签。

（4）本表由施工单位填写并保存。

四、空调水系统设备安装工程表格填写范例

空调水系统设备安装检验批质量验收记录表。

表 3-35 空调水系统设备安装检验批质量验收记录表
GB 50243—2002

080701□□

工程名称		××工程	分项工程名称	空调水系统安装		验收部位	×××
施工单位		×××建筑工程集团公司		专业工长	×××	项目经理	×××
施工执行标准名称及编号		《通风与空调工程施工工艺标准》(QB ×××—2005)					
分包单位		××机电安装工程公司	分包项目经理	×××		施工班组长	×××
施工质量验收规范的规定				施工单位检查评定记录			监理（建设）单位验收记录
主控项目	1	系统设备与附属设备	第 9.2.1 条	√			同意验收
	2	冷却塔安装	第 9.2.6 条	√			
	3	水泵安装	第 9.2.7 条	√			
	4	其他附属设备安装	第 9.2.8 条	√			
一般项目	1	风机盘管机组等与管道连接	第 9.3.7 条	√			同意验收
	2	冷却塔安装	第 9.3.11 条	√			
	3	水泵及附属设备安装	第 9.3.12 条	√			
	4	水箱、集水缸、分水缸、储冷罐等设备安装	第 9.3.13 条	√			
	5	水过滤器等设备安装	第 9.3.10-3 条	√			
施工单位检查评定结果		经检查，工程主控项目、一般项目均符合《通同与空调工程施工质量验收规范》(GB 50243—2002) 的规定，评定为合格。 项目专业质量检查员：××× ××年×月×日					
监理（建设单位验收结论）		同意施工单位评定结果 监理工程师：××× （建设单位项目专业技术负责人） ××年×月×日					

《空调水系统设备安装检验批质量验收记录表》填表说明：

(1) 主控项目：

1) 空调水系统设备与附属设备，管道，管配件及阀门型号、规格、材质及连接形式应符合设计规定。

2) 冷却塔的型号、规格、技术参数必须符合设计要求。对含有易燃材料冷却塔安装，必须严格执行施工防火安全规定。

3）水泵规格、型号、技术参数应符合设计要求和产品性能指标。试运行时间≥2h。

4）水箱、集水缸、分水缸、储冷灌的满水试验或水压试验必须符合设计要求。储冷灌内壁防腐涂层材质、涂抹质量、厚度必须符合设计要求，灌与底座必须进行绝热处理。

（2）一般项目：

1）风机盘管机组及其他空调设备宜采用弹性接管或软接管连接，其耐压值≥1.5倍工作压力，牢固，不应有强扭和瘪管。

2）冷却塔安装按《通风与空调工程施工质量验收规范》（GB 50243—2002）第9.3.11条规定执行。

3）水泵及附属设备安装按《通风与空调工程施工质量验收规范》（GB 50243—2002）第9.3.12条规定执行。

4）水箱、集水器、分水器、储冷罐等设备的安装，支架或底座的尺寸、位置符合设计要求。设备与支架或底座接触紧密，安装平正、牢固。平面位置允许偏差15mm，标高允许偏差±5mm，垂直度允许偏差1/1000。膨胀水箱安装的位置及连接管的连接，应符合设计文件的要求。

5）冷冻水和冷却水的除污器（水过滤器）应安装在进机组前的管道上，方向正确且便于清污；与管道连接牢固、严密，其安装位置应便于滤网的拆装和清洗。过滤器滤网的材质、规格和包扎方法应符合设计要求。

五、系统调试工程表格填写范例

空调水系统试运转与调试记录。

表3-36　空调水系统试运转调试记录

编号：×××

工程名称	××工程	试运转调试日期	××年×月×日
设计空调冷（热）水总流量 $Q_{设}$/（m^3/h）	195	相对差 $\delta=(Q_{设}-Q_{实})/Q_{设}$	7.7%
实际空调冷（热）水总流量 $Q_{实}$/（m^3/h）	210		
空调冷（热）水供水温度/℃	8	空调冷（热）水回水温度（℃）	13
设计冷却水总流量 $Q_{设}$/（m^3/h）	240	相对差 $\delta=(Q_{设}-Q_{实})/Q_{设}$	4.2%
实际冷却水总流量 $Q_{实}$/（m^3/h）	250		
冷却水供水温度/℃	32	冷却水回水温度（℃）	37
试运转、调试内容： **系统冲洗干净、不含杂物，排净管道系统中的空气，各空调机组的水流量达到设计要求。**			
试运转、调试结论： **符合设计要求及《通风与空调工程施工质量验收规范》（GB 50243—2002）有关规定。**			

签字栏	建设（监理）单位	施工单位	×××建筑工程公司	
		专业技术负责人	专业质检员	专业工长
	×××	×××	×××	×××

《空调水系统试运转调试记录》填表说明：

(1) 资料流程：通风与空调工程进行无生产负荷联合试运转及调试时，应对空调冷(热)水、冷却水总流量、供回水温度进行测量、调整，并做记录。

(2) 相关规定与要求：空调冷(热)水、冷却水总流量的实际流量与设计流量的相对偏差不应大于10%，为调试合格。空调冷(热)水、冷却水进出水温度应符合设计要求及规范规定。

(3) 注意事项：

1) 工程名称与施工文件一致，且各专业应统一。

2) 应根据试验的情况真实填写、内容要齐全、不得漏项，应以规程规范为依据，结论要准确。

3) 签字栏必须本人手签，不得打印或他人代签。

(4) 本表由施工单位填写，建设单位、施工单位、城建档案馆各保存一份。

第四章 智能建筑工程

第一节 通信网络系统工程

一、通信网络系统工程质量员工作流程

通信网络系统工程质量员工作流程见图4-1。

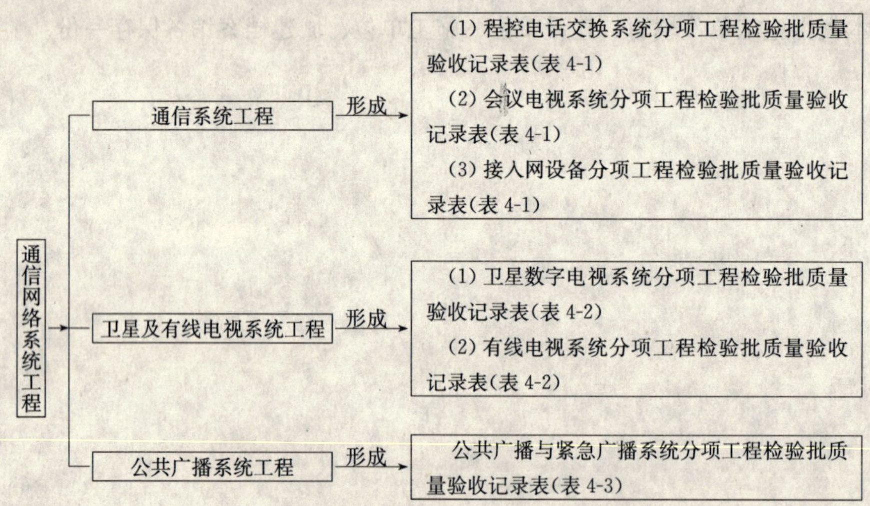

图4-1 通信网络系统工程质量员工作流程

二、通信系统工程表格填写范例

程控电话交换系统分项工程检验批质量验收记录表。

表4-1 程控电话交换系统分项工程检验批质量验收记录表

GB 50339—2003

070101212

<table>
<tr><td>工程名称</td><td>××工程</td><td>分项工程名称</td><td colspan="2">程控电话交换系统</td><td>验收部位</td><td>×××</td></tr>
<tr><td>施工单位</td><td colspan="2">×××建筑工程集团公司</td><td>专业工长</td><td>×××</td><td>项目经理</td><td>×××</td></tr>
<tr><td>施工执行标准名称及编号</td><td colspan="6">《智能建筑工程施工工艺标准》(QB ×××—2005)</td></tr>
<tr><td>分包单位</td><td colspan="2">××机电安装工程公司</td><td>分包项目经理</td><td>×××</td><td>施工班组长</td><td>×××</td></tr>
<tr><td colspan="4">检测项目(主控项目)
执行《智能建筑工程质量验收规范》(GB 50339—2003)
第4.2.6、4.2.7、4.2.8条的规定</td><td colspan="2">检查评定记录</td><td>备 注</td></tr>
</table>

（续一）

1	通电测试前检查	标称工作电压为−48V		✓	允许变化范围−57～−40V
2	硬件检查测试	可见可闻报警信号工作正常		✓	
		装入测试程序，通过自检，确认硬件系统无故障		✓	
3	系统检查测试	系统各类呼叫、维护管理、信号方式及网络支持功能		✓	
4	初验测试	可靠性	不得导致50%以上的用户线、中继线不能进行呼叫处理	✓	执行YD/T 5077—2005规定
			每一用户群通话中断或停止接续，每群每月不大于0.1次	✓	
			中继群通话中断或停止接续： 0.15次/月（≤64话路）； 0.1次/月（64～480话路）。	✓	
			个别用户不正常呼入、呼出接续： 每千门用户，≤0.5户次/月； 每百条中继，≤0.5线次/月。	✓	
			一个月内，处理机再启动指标为1～5次。（包括3类再启动）	✓	
			软件测试故障不大于8个/月，硬件更换印刷电路板次数每月不大于0.05次/100户及0.005次/30路PCM系统	✓	
			长时间通话，12对话机保持48h	✓	
		障碍率测试：局内障碍率不大于3.4×10^{-4}		✓	同时40个用户模拟呼叫10万次
		性能测试	本局呼叫	✓	每次抽测3～5次
			出、入局呼叫	✓	中继100%测试
			汇接中继测试（各种方式）	✓	各抽测5次
			其他各类呼叫	✓	
			计费差错率指标不超过10^{-4}	✓	
			特服业务（特别为110、119、120等）	✓	作100%测试
			用户线接入调制解调器，传输速率为2400bps，数据误码率不大于1×10^{-5}	✓	
			2B+D用户测试	✓	
		中继测试：中继电路呼叫测试，抽测2～3条电路（包括各种呼叫状态）		✓	
		接通率测试	局间接通率应达99.96%以上	✓	60对用户，10万次
			局间接通率应达98%以上	✓	呼叫200次
		采用人机命令进行故障诊断测试		✓	

（续二）

施工单位检查评定结果	经检查，符合《智能建筑工程质量验收规范》（GB 50339—2003）的规定及设计要求，评定为合格。 项目专业质量检查员：×××　　××年×月×日
监理（建设）单位验收结论	同意施工单位评定结果 监理工程：××× （建设单位项目专业技术负责人）　　××年×月×日

《程控电话交换系统分项工程检验批质量验收记录表》填表说明：

《智能建筑工程质量验收规范》（GB 50339—2003）相关条文内容：

4.2.6　智能建筑通信系统安装工程的检测阶段、检测内容、检测方法及性能指标要求应符合《程控电话交换设备安装工程验收规范》（YD/T 5077—2005）等有关国家现行标准的要求。

4.2.7　通信系统接入公用通信网信道的传输速率、信号方式、物理接口和接口协议应符合设计要求。

4.2.8　通信系统的工程实施及质量控制和系统检测的内容应符合表 4.2.8 的要求。

表 4.2.8　　通信系统工程检测项目表

Ⅰ　程控电话交换设备安装工程	
序　号	检 测 内 容
1	安装验收检查
(1)	机房环境要求
(2)	设备器材进场检验
(3)	设备机柜加固安装检查
(4)	设备模块配置检查
(5)	设备间及机架内缆线布放
(6)	电源及电力线布放检查
(7)	设备至各类配线设备间缆线布放
(8)	缆线导通检查
(9)	各种标签检查
(10)	接地电阻值检查
(11)	接地引入线及接地装置检查
(12)	机房内防火措施
(13)	机房内安全措施
2	通电测试前硬件检查
(1)	按施工图设计要求检查设备安装情况

（续一）

序　号	检 测 内 容
(2)	设备接地良好，检测接地电阻值
(3)	供电电源电压及极性
3	硬件测试
(1)	设备供电正常
(2)	告警指示工作正常
(3)	硬件通电无故障
4	系统检测
(1)	系统功能
(2)	中继电路测试
(3)	用户连通性能测试
(4)	基本业务与可选业务
(5)	冗余设备切换
(6)	路由选择
(7)	信号与接口
(8)	过负荷测试
(9)	计费功能
5	系统维护管理
(1)	软件版本符合合同管理
(2)	人机命令核实
(3)	告警系统
(4)	故障诊断
(5)	数据生成
6	网路支撑
(1)	网管功能
(2)	同步功能
7	模拟测试
(1)	呼叫接通率
(2)	计费准确率

Ⅱ　会议电话系统安装工程

序　号	检 测 内 容
1	安装环境检查
(1)	机房环境
(2)	会议室照明、音响及色调
(3)	电源供给
(4)	接地电阻值
2	设备安装

（续二）

序　号	检 测 内 容
(1)	管线敷设
(2)	话筒、扬声器布置
(3)	摄像机布置
(4)	监视器及大屏幕布置
3	系统测试
(1)	单机测试
(2)	信道测试
(3)	传输性能指标测试
(4)	画面显示效果与切换
(5)	系统控制方式检查
(6)	时钟与同步
4	监测管理系统检测
(1)	系统故障检测与诊断
(2)	系统实时显示功能
5	计费功能
Ⅲ　接入网设备（非对称数字用户环路 ADSL）安装工程	
序　号	检 测 内 容
1	安装环境检查
(1)	机房环境
(2)	电源供给
(3)	接地电阻值
2	设备安装验收检查
(1)	管线敷设
(2)	设备机柜及模块安装检查
3	系统检测
(1)	收发器线路接口测试（功率谱密度，纵向平衡损耗，过压保护）
(2)	用户网路接口（UNI）测试
	a. 25. 6Mbit/s 接口
	b. 10BASE－T 接口
	c. 通用串行总线（USB）接口
	d. PCI 总线接口
(3)	业务节点接口（SNI）测试
	a. STM－1（155Mbit/s）光接口
	b. 电信接口（34Mbit/s、155Mbit/s）
(4)	分离器测试（包括局端和远端）
	a. 直流电阻

（续三）

序 号	检 测 内 容
	b. 交流组抗特性
	c. 纵向转换损耗
	d. 损耗/频率失真
	e. 时延失真
	f. 脉冲噪声
	g. 话音频带插入损耗
	h. 频带信号衰减
（5）	传输性能测试
（6）	功能验证测试
	a. 传递功能（具备同时传送 IP、POTS 或 ISDN 业务能力）
	b. 管理功能（包括配置管理、性能管理和故障管理）

三、卫星及有线电视系统工程表格填写范例

卫星数字电视系统分项工程检验批质量验收记录表。

表 4-2　　卫星数字电视系统分项工程检验批质量验收记录表
GB 50339—2003

070104□□

工程名称	××工程	分项工程名称	卫星数字电视系统	验收部位	×××
施工单位	×××建筑工程集团公司	专业工长	×××	项目经理	×××
施工执行标准名称及编号	《智能建筑工程施工工艺标准》（QB ×××—2005）				
分包单位	××机电安装工程公司	分包项目经理	×××	施工班组长	×××
	检测项目（主控项目） 执行《智能建筑工程质量验收规范》（GB 50339—2003） 第 4.2.9 条的规定			检查评定记录	备 注
1	卫星天线的安装质量			√	符合国家现行标准的合格
2	高频头至室内单元的线距			√	
3	功放器及接收站位置			√	
4	缆线连接的可靠性			√	
5	系统输出电平（dBμV）			√	**−30～−60**
6					
7					
施工单位检查评定结果	**经检查，符合《智能建筑工程质量验收规范》（GB 50339—2003）的规定及设计要求，评定为合格。** 项目专业质量检查员：×××　　××年×月×日				
监理（建设）单位验收结论	**同意施工单位评定结果** 监理工程师：××× （建设单位项目专业技术负责人）　　××年×月×日				

《卫星数字电视系统分项工程检验批质量验收记录表》填表说明：

《智能建筑工程质量验收规范》（GB 50339—2003）相关条文内容：

4.2.9 卫星数字电视及有线电视系统的系统检测应符合下列要求：

1. 卫星数字电视及有线电视系统安装质量检查应符合国家现行标准的有关规定。

2. 在工程实施及质量控制阶段，应检查卫星天线的安装质量、高频头至室内单元的线距、功放器及接收站位置、缆线连接的可靠性。符合设计要求为合格。

3. 卫星数字电视的输出电平应符合国家现行标准的有关规定。

4. 采用主观评测检查有线电视系统的性能，主要技术指标应符合表 4.2.9-1 的规定。

表 4.2.9-1　　有线电视主要技术指标

序号	项目名称	测试频道	主观评测标准
	系统输出电平（dBμV）	系统内的所有频道	60～80
	系统载噪比	系统总频道的 10%且不少于 5 个，不足 5 个全检，且分布于整个工作频道的高、中、低段	无噪波，即无“雪花干扰”
	载波互调比	系统总频道的 10%且不少于 5 个，不足 5 个全检，且分布于整个工作频道的高、中、低段	图像中无垂直、倾斜或水平条纹
	交扰调制比	系统总频道的 10%且不少于 5 个，不足 5 个全检，且分布于整个工作频道的高、中、低段	图像中无移动、垂直或斜图案，即无“窜台”
	回波值	系统总频道的 10%且不少于 5 个，不足 5 个全检，且分布于整个工作频道的高、中、低段	图像中无沿水平方向分布在右边的一条或多条轮廓线，即无“重影”
	色/亮度时延差	系统总频道的 10%且不少于 5 个，不足 5 个全检，且分布于整个工作频道的高、中、低段	图像中色、亮信息对齐，即无“彩色鬼影”
	载波交流声	系统总频道的 10%且不少于 5 个，不足 5 个全检，且分布于整个工作频道的高、中、低段	图像中无上下移动的水平条纹，即无“滚道”现象
	伴音和调频广播的声音	系统总频道的 10%且不少于 5 个，不足 5 个全检，且分布于整个工作频道的高、中、低段	无背景噪声，如咝咝声、哼声、蜂鸣声和串音等

5. 电视图像质量的主观评价应不低于 4 分。具体标准见表 4.2.9-2。

表 4.2.9-2　　图像主观评价标准

等级	图像质量损伤程度
5 分	图像上不觉察有损伤或干扰存在
4 分	图像上有稍可觉察的损伤或干扰，但不令人讨厌
3 分	图像上有可明显觉察的损伤或干扰，令人讨厌
2 分	图像上损伤或干扰较严重，令人相当讨厌
1 分	图像上损伤或干扰极严重，不能观看

6. HFC 网络和双向数字电视系统正向测试的调制误差率和相位抖动，反向测试的侵入噪声、脉冲噪声和反向隔离度的参数指标应满足设计要求；并检测其数据通信、VOD、图文播放等功能；HFC 用户分配网应采用中心分配结构，具有可寻址路权控制及上行信

号汇集均衡等功能；应检测系统的频率配置、抗干扰性等，其用户输出电平应取 62～68 dBμV。

四、公共广播系统工程表格填写范例

公共广播与紧急广播系统分项工程检验批质量验收记录表。

表 4-3　　公共广播与紧急广播系统分项工程检验批质量验收记录表

GB 50339—2003

070106□□

<table>
<tr><td>工程名称</td><td colspan="2">××工程</td><td>分项工程名称</td><td>公共广播与紧急广播系统</td><td>验收部位</td><td>×××</td></tr>
<tr><td>施工单位</td><td colspan="2">×××建筑工程集团公司</td><td>专业工长</td><td>×××</td><td>项目经理</td><td>×××</td></tr>
<tr><td>施工执行标准名称及编号</td><td colspan="6">《智能建筑工程施工工艺标准》(QB ×××—2005)</td></tr>
<tr><td>分包单位</td><td colspan="2">××机电安装工程公司</td><td>分包项目经理</td><td>×××</td><td>施工班组长</td><td>×××</td></tr>
<tr><td colspan="5">执行《质量验收规范的规定》(GB 50339—2003) 第 4.2.10 条的规定</td><td>检测记录</td><td>备注</td></tr>
<tr><td rowspan="15">主控项目</td><td rowspan="4">1</td><td rowspan="4">安装质量</td><td colspan="2">不平衡度</td><td>√</td><td rowspan="15">符合设计要求为合格</td></tr>
<tr><td colspan="2">音频线敷设</td><td>√</td></tr>
<tr><td colspan="2">接地及安装</td><td>√</td></tr>
<tr><td colspan="2">阻抗匹配</td><td>√</td></tr>
<tr><td>2</td><td colspan="3">放声系统分布</td><td>√</td></tr>
<tr><td rowspan="4">3</td><td rowspan="4">音质音量</td><td colspan="2">最高输出电平</td><td>√</td></tr>
<tr><td colspan="2">输出信噪比</td><td>√</td></tr>
<tr><td colspan="2">声压级</td><td>√</td></tr>
<tr><td colspan="2">频宽</td><td>√</td></tr>
<tr><td>4</td><td colspan="3">音响效果主观评价</td><td>√</td></tr>
<tr><td rowspan="4">5</td><td rowspan="4">功能检测</td><td colspan="2">业务内容</td><td>√</td></tr>
<tr><td colspan="2">消防联动</td><td>√</td></tr>
<tr><td colspan="2">功放冗余</td><td>√</td></tr>
<tr><td colspan="2">分区划分</td><td>√</td></tr>
<tr><td colspan="2">施工单位检查评定结果</td><td colspan="5">经检查，主控项目，一般项目均符合《智能建筑工程质量验收规范》(GB 50339—2003) 的规定，评定为合格。
项目专业质量检查员：×××　　××年×月×日</td></tr>
<tr><td colspan="2">监理（建设）单位验收结论</td><td colspan="5">同意施工单位评定结果
监理工程师：×××
（建设单位项目专业技术负责人）　　××年×月×日</td></tr>
</table>

《公共广播与紧急广播系统分项工程检验批质量验收记录表》填表说明：

执行《质量验收规范的规定》GB 50339—2003（以下简称本规范）第 4.2.10 条的规定相关条文内容：

4.2.10　公共广播与紧急广播系统检测应符合下列要求：

1. 系统的输入输出不平衡度、音频线的敷设、接地形式及安装质量应符合设计要求，设备之间阻抗匹配合理；

2. 放声系统应分布合理，符合设计要求；

3. 最高输出电平、输出信噪比、声压级和频宽的技术指标应符合设计要求；

4. 通过对响度、音色和音质的主观评价，评定系统的音响效果；

5. 功能检测应包括：

1）业务宣传、背景音乐和公共寻呼插播；

2）紧急广播与公共广播共用设备时，其紧急广播由消防分机控制，具有最高优先权，在火灾和突发事故发生时，应能强制切换为紧急广播并以最大音量播出；紧急广播功能检测按本规范第 7 章的有关规定执行；

3）功率放大器应冗余配置，并在主机故障时，按设计要求备用机自动投入运行；

4）公共广播系统应分区控制，分区的划分不得与消防分区的划分产生矛盾。

第二节　办公自动化系统工程

一、办公自动化系统工程质量员工作流程

办公自动化系统工程质量员工作流程见图 4-2。

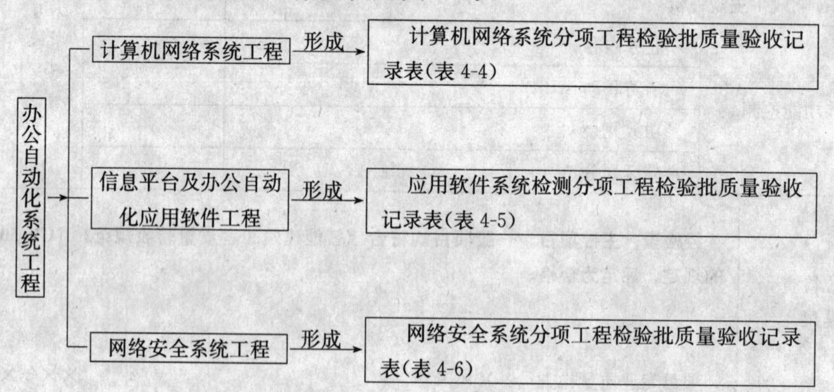

图 4-2　办公自动化系统工程质量员工作流程

二、计算机网络系统工程表格填写范例

计算机网络系统分项工程检验批质量验收记录表。

表 4-4　计算机网络系统分项工程检验批质量验收记录表

GB 50339—2003

070201□□

工程名称	××工程	分项工程名称	计算机网络系统	验收部位	×××
施工单位	×××建筑工程集团公司	专业工长	×××	项目经理	×××
施工执行标准名称及编号	《智能建筑工程施工工艺标准》(QB ×××—2005)				
分包单位	××机电安装工程公司	分包项目经理	×××	施工班组长	×××
质量验收规范的规定				检测记录	备注
主控项目	1	网络设备连通性		√	
	2	各用户间通信性能	允许通信	√	执行 GB 50339—2003 第 5.3.5 条的规定
			不允许通信	√	
			符合设计规定	√	
	3	局域网与公用网连通性		√	
	4	路由检测		√	
一般项目	1	容错功能检测	故障判断	√	执行 GB 50339—2003 第 5.3.5 条的规定
			自动恢复	√	
			切换时间	√	
			故障隔离	√	
			自动切换	√	
	2	网络管理功能检测	拓扑图	√	执行 GB 50339—2003 第 5.3.6 条的规定
			设备连接图	√	
			自诊断	√	
			节点流量	√	
			广播率	√	
			错误率	√	
施工单位检查评定结果	经检查，工程主控项目、一般项目均符合《智能建筑工程质量验收规范》(GB 50339—2003) 的规定，评定为合格。 项目专业质量检查员：×××　　××年×月×日				
监理（建设）单位验收结论	同意施工单位评定结果 监理工程师：××× （建设单位项目专业技术负责人）　　××年×月×日				

《计算机网络系统分项工程检验批质量验收记录表》填表说明：

(1) 主控项目：

1) 连通性检测应符合以下要求：

①根据网络设备的连通图，网管工作站应能够和任何一台网络设备通信。

②各子网（虚拟专网）内用户之间的通信功能检测：根据网络配置方案要求，允许通

信的计算机之间可以进行资源共享和信息交换，不允许通信的计算机之间无法通信；并保证网络节点符合设计规定的通讯协议和适用标准。

③根据配置方案的要求，检测局域网内的用户与公用网之间的通信能力。

2）对计算机网络进行路由检测，路由检测方法可采用相关测试命令进行测试，或根据设计要求使用网络测试仪测试网络路由设置的正确性。

（2）一般项目：

1）容错功能的检测方法应采用人为设置网络故障，检测系统正确判断故障及故障排除后系统自动恢复的功能；切换时间应符合设计要求。检测内容应包括以下两个方面：

①对具备容错能力的网络系统，应具有错误恢复和故障隔离功能，主要部件应冗余设置，并在出现故障时可自动切换；

②对有链路冗余配置的网络系统，当其中的某条链路断开或有故障发生时，整个系统仍应保持正常工作，并在故障恢复后应能自动切换回主系统运行。

2）网络管理功能检测应符合下列要求：

①网管系统应能够搜索到整个网络系统的拓扑结构图和网络设备连接图；

②网络系统应具备自诊断功能，当某台网络设备或线路发生故障后，网管系统应能够及时报警和定位故障点；

③应能够对网络设备进行远程配置和网络性能检测，提供网络节点的流量、广播率和错误率等参数。

三、信息平台及办公自动化应用软件工程表格填写范例

应用软件系统检测分项工程检验批质量验收记录表。

表 4-5　　应用软件系统检测分项工程检验批质量验收记录表

GB 50339—2003

070201□□

<table>
<tr><td colspan="3">工程名称</td><td>××工程</td><td>分项工程名称</td><td>应用软件系统</td><td>验收部位</td><td>×××</td></tr>
<tr><td colspan="3">施工单位</td><td>×××建筑工程集团公司</td><td>专业工长</td><td>×××</td><td>项目经理</td><td>×××</td></tr>
<tr><td colspan="3">施工执行标准名称及编号</td><td colspan="5">《智能建筑工程施工工艺标准》(QB ×××—2005)</td></tr>
<tr><td colspan="3">分包单位</td><td>××机电安装工程公司</td><td>分包项目经理</td><td>×××</td><td>施工班组长</td><td>×××</td></tr>
<tr><td colspan="5">质量验收规范的规定</td><td>检测记录</td><td colspan="2">备注</td></tr>
<tr><td rowspan="8">主控项目</td><td>1</td><td colspan="3">软件产品质量检查</td><td>√</td><td colspan="2">执行 GB 50339—2003 第 5.4.3 条的规定</td></tr>
<tr><td rowspan="2">2</td><td rowspan="2">功能测试</td><td colspan="2">安装：按安装手册中的规定成功安装</td><td>√</td><td colspan="2" rowspan="7">执行 GB 50339—2003 第 5.4.4 条的规定</td></tr>
<tr><td colspan="2">功能：按使用说明书中的范例逐项测试</td><td>√</td></tr>
<tr><td rowspan="4">3</td><td rowspan="4">性能测试</td><td colspan="2">响应时间</td><td>√</td></tr>
<tr><td colspan="2">吞吐量</td><td>√</td></tr>
<tr><td colspan="2">辅助存储区</td><td>√</td></tr>
<tr><td colspan="2">处理精度</td><td>√</td></tr>
<tr><td>4</td><td colspan="3">文档测试</td><td>√</td></tr>
</table>

（续）

<table>
<tr><td rowspan="3">一般项目</td><td>1</td><td>操作界面测试</td><td></td><td>√</td><td>执行 GB 50339—2003 第 5.4.5 条的规定</td></tr>
<tr><td>2</td><td>可扩展性测试</td><td></td><td>√</td><td rowspan="2">执行 GB 50339—2003 第 5.4.6 条的规定</td></tr>
<tr><td>3</td><td>可维护性测试</td><td></td><td>√</td></tr>
<tr><td colspan="2">施工单位检查评定结果</td><td colspan="4">经检查，工程主控项目、一般项目均符合《智能建筑工程质量验收规范》（GB 50339—2003）的规定，评定为合格。
项目专业质量检查员：×××　　××年×月×日</td></tr>
<tr><td colspan="2">监理（建设）单位验收结论</td><td colspan="4">同意施工单位评定结果。
监理工程师：×××
（建设单位项目专业技术负责人）　　××年×月×日</td></tr>
</table>

《应用软件系统检测分项工程检验批质量验收记录表》填表说明：

（1）主控项目：

1）软件产品质量检查应按照《智能建筑工程质量验收规范》（GB 50339—2003）第 3.2.6 条的规定执行。应采用系统的实际数据和实际应用案例进行测试。

2）应用软件检测时，被测软件的功能、性能确认宜采用黑盒法进行，主要测试内容应包括：

①功能测试：在规定的时间内运行软件系统的所有功能，以验证系统是否符合功能需求；

②性能测试：检查软件是否满足设计文件中规定的性能，应对软件的响应时间、吞吐量、辅助存储区、处理精度进行检测；

③文档测试：检测用户文档的清晰性和准确性，用户文档中所列应用案例必须全部测试；

④可靠性测试：对比软件测试报告中可靠性的评价与实际试运行中出现的问题，进行可靠性验证；

⑤互连测试：应验证两个或多个不同系统之间的互连性；

⑥回归测试：软件修改后，应经回归测试验证是否因修改引出新的错误，即验证修改后的软件是否仍能满足系统的设计要求。

（2）一般项目：

1）应用软件的操作命令界面应为标准图形交互界面，要求风格统一，层次简洁，操作命令的命名不得具有二义性。

2）应用软件应具有可扩展性，系统应预留可升级空间以供纳入新功能，宜采用能适应最新版本的信息平台，并能适应信息系统管理功能的变动。

四、网络安全系统工程表格填写范例

网络安全系统分项工程检验批质量验收记录表。

表 4-6　　网络安全系统分项工程检验批质量验收记录表

GB 50339—2003

070203□□

工程名称	××工程	分项工程名称	网络安全系统	验收部位	×××
施工单位	×××建筑工程集团公司	专业工长	×××	项目经理	×××
施工执行标准名称及编号	《智能建筑工程施工工艺标准》(QB ×××—2005)				
分包单位	××机电安装工程公司	分包项目经理	×××	施工班组长	×××
质量验收规范的规定				检测记录	备注
主控项目	1	安全产品认证		√	执行 GB 50339—2003 第 5.5.2 条的规定
	2	安全系统配置	防火墙	√	执行 GB 50339—2003 第 5.5.3 条的规定
			防病毒系统	√	
	3	信息安全性	来自防火墙外的模拟网络攻击	√	执行 GB 50339—2003 第 5.5.4 条的规定
			对内部终端机的访问控制	√	
			信息网络与控制网络的隔离	√	
			防病毒系统测试	√	
			入侵检测系统功能	√	
			内容过滤系统的有效性	√	
	4	操作系统安全性	操作系统	√	执行 GB 50339—2003 第 5.5.5 条的规定
			文件系统	√	
			用户账号	√	
			服务器	√	
			审计系统	√	
	5	应用系统安全性	身份认证	√	执行 GB 50339—2003 第 5.5.6 条的规定
			访问控制	√	
一般项目	1	物理层安全	安全管理制度	√	执行 GB 50339—2003 第 5.5.7 条的规定
			中心机房的环境要求	√	
			涉密单位的保密要求	√	
	2	应用系统安全	数据完整性	√	执行 GB 50339—2003 第 5.5.8 条的规定
			数据保密性	√	
			安全审计	√	
施工单位检查评定结果	**经检查，工程主控项目、一般项目均符合《智能建筑工程质量验收规范》(GB 50339—2003) 的规定，评定为合格。** 项目专业质量检查员：×××　　××年×月×日				
监理（建设）单位验收结论	**同意施工单位评定结果** 监理工程师：××× （建设单位项目专业技术负责人）　　××年×月×日				

《网络安全系统分项工程检验批质量验收记录表》填表说明：

（1）主控项目：

1）计算机信息系统安全专用产品必须具有公安部计算机管理监察部门审批颁发的“计算机信息系统安全专用产品销售许可证”；特殊行业有其他规定时，还应遵守行业的相关规定。

2）如果与因特网连接，智能建筑网络安全系统必须安装防火墙和防病毒系统。

3）网络层安全的安全性检测应符合以下要求：

①防攻击：信息网络应能抵御来自防火墙以外的网络攻击，使用流行的攻击手段进行模拟攻击，不能攻破判为合格。

②因特网访问控制：信息网络应根据需求控制内部终端机的因特网连接请求和内容，使用终端机用不同身份访问因特网的不同资源，符合设计要求判为合格。

③信息网络与控制网络的安全隔离：测试方法应按《智能建筑工程质量验收规范》（GB 50339—2003）第 5.3.2 条的要求，保证做到未经授权，从信息网络不能进入控制网络；符合此要求者判为合格。

④防病毒系统的有效性：将含有当前已知流行病毒的文件（病毒样本）通过文件传输、邮件附件、网上邻居等方式向各点传播，各点的防病毒软件应能正确地检测到该含病毒文件，并执行杀毒操作；符合本要求者判为合格。

⑤入侵检测系统的有效性：如果安装了入侵检测系统，使用流行的攻击手段进行模拟攻击（如 DOS 拒绝服务攻击），这些攻击应被入侵检测系统发现和阻断；符合此要求者判为合格。

⑥内容过滤系统的有效性：如果安装了内容过滤系统，则尝试访问若干受限网址或者访问受限内容，这些尝试应该被阻断；然后，访问若干未受限的网址或者内容，应该可以正常访问；符合此要求者为合格。

4）系统层安全应满足以下要求：

①操作系统应选用经过实践检验的具有一定安全强度的操作系统。

②使用安全性较高的文件系统。

③严格管理操作系统的用户账号，要求用户必须使用满足安全要求的口令。

④服务器应只提供必需的服务，其他无关的服务应关闭，对可能存在漏洞的服务或操作系统，应更换或者升级相应的补丁程序；扫描服务器，无漏洞者为合格。

⑤认真设置并正确利用审计系统，对一些非法的侵入尝试必须有记录；模拟非法尝试，审计日志中有正确记录者判为合格。

5）应用层安全应符合下列要求：

①身份认证：用户口令应该加密传输，或者禁止在网络上传输；严格管理用户账号，要求用户必须使用满足安全要求的口令。

②访问控制：必须在身份认证的基础上根据用户及资源对象实施访问控制；用户能正确访问其获得授权的对象资源，同时不能访问未获得授权的资源；符合此要求者判为合格。

（2）一般项目：

1）物理层安全应符合下列要求：

①中心机房的电源与接地及环境要求应符合《智能建筑工程质量验收规范》（GB

50339—2003）第 11 章、第 12 章的规定。

②对于涉及国家秘密的党政机关、企事业单位的信息网络工程，应按《涉密信息设备使用现场的电磁泄漏发射保护要求》BMB5、《涉及国家秘密的计算机信息系统保密技术要求》BMZ1 和《涉及国家秘密的计算机信息系统安全保密评测指南》BMZ3 等国家现行标准的相关规定进行检测和验收。

2）应用层安全应符合下列要求：

①完整性：数据在存储、使用和网络传输过程中，不得被篡改、破坏。

②保密性：数据在存储、使用和网络传输过程中，不应被非法用户获得。

③安全审计：对应用系统的访问应有必要的审计记录。

第三节　建筑设备监控系统工程

一、建筑设备监控系统工程质量员工作流程

建筑设备监控系统工程质量员工作流程见图 4-3。

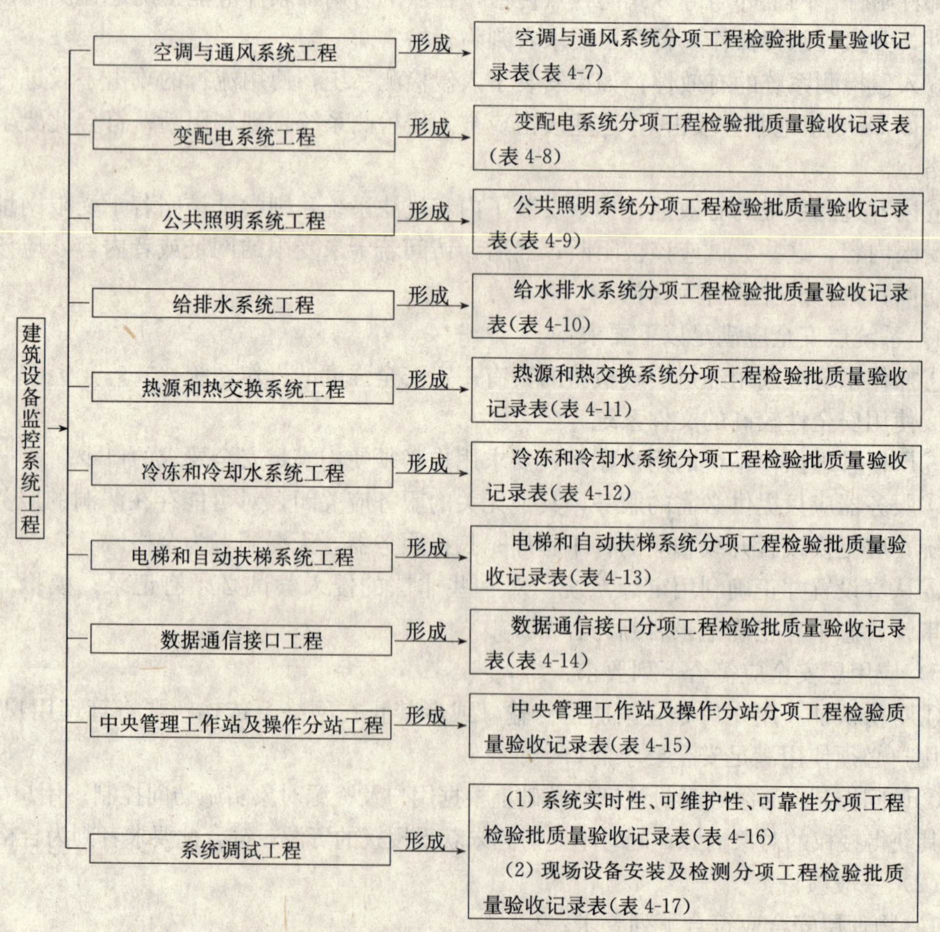

图 4-3　建筑设备监控系统工程质量员工作流程

二、建筑设备监控系统工程表格填写范例

（1）空调与通风系统分项工程检验批质量验收记录表。

表 4-7　空调与通风系统分项工程检验批质量验收记录表
GB 50339—2003

070301□□

<table>
<tr><td>工程名称</td><td colspan="2">××工程</td><td colspan="2">分项工程名称</td><td>空调与通风系统</td><td>验收部位</td><td>×××</td></tr>
<tr><td>施工单位</td><td colspan="2">×××建筑工程集团公司</td><td colspan="2">专业工长</td><td>×××</td><td>项目经理</td><td>×××</td></tr>
<tr><td>施工执行标准名称及编号</td><td colspan="7">《智能建筑工程施工工艺标准》（QB ×××—2005）</td></tr>
<tr><td>分包单位</td><td colspan="2">××机电安装工程公司</td><td colspan="2">分包项目经理</td><td>×××</td><td>施工班组长</td><td>×××</td></tr>
<tr><td colspan="5">质量验收规范的规定</td><td>检测记录</td><td colspan="2">备注</td></tr>
<tr><td rowspan="20">主控项目</td><td rowspan="3">1</td><td rowspan="3">空调系统温度控制</td><td colspan="2">控制稳定性</td><td>√</td><td colspan="2" rowspan="20"></td></tr>
<tr><td colspan="2">响应时间</td><td>√</td></tr>
<tr><td colspan="2">控制效果</td><td>√</td></tr>
<tr><td rowspan="3">2</td><td rowspan="3">空调系统相对湿度控制</td><td colspan="2">控制稳定性</td><td>√</td></tr>
<tr><td colspan="2">响应时间</td><td>√</td></tr>
<tr><td colspan="2">控制效果</td><td>√</td></tr>
<tr><td rowspan="3">3</td><td rowspan="3">新风量自动控制</td><td colspan="2">控制稳定性</td><td>√</td></tr>
<tr><td colspan="2">响应时间</td><td>√</td></tr>
<tr><td colspan="2">控制效果</td><td>√</td></tr>
<tr><td rowspan="3">4</td><td rowspan="3">预定时间表自动启停</td><td colspan="2">稳定性</td><td>√</td></tr>
<tr><td colspan="2">响应时间</td><td>√</td></tr>
<tr><td colspan="2">控制效果</td><td>√</td></tr>
<tr><td rowspan="3">5</td><td rowspan="3">节能优化控制</td><td colspan="2">稳定性</td><td>√</td></tr>
<tr><td colspan="2">响应时间</td><td>√</td></tr>
<tr><td colspan="2">控制效果</td><td>√</td></tr>
<tr><td rowspan="2">6</td><td rowspan="2">设备连锁控制</td><td colspan="2">正确性</td><td>√</td></tr>
<tr><td colspan="2">实时性</td><td>√</td></tr>
<tr><td rowspan="2">7</td><td rowspan="2">故障报警</td><td colspan="2">正确性</td><td>√</td></tr>
<tr><td colspan="2">实时性</td><td>√</td></tr>
<tr></tr>
<tr><td colspan="2">施工单位检查评定结果</td><td colspan="7">经检查，工程质量符合《智能建筑工程质量验收规范》（GB 50339—2003）的规定及设计要求，评定为合格。

项目专业质量检查员：×××　　××年×月×日</td></tr>
<tr><td colspan="2">监理（建设）单位验收结论</td><td colspan="7">同意施工单位评定结果

监理工程师：×××
（建设单位项目专业技术负责人）　　××年×月×日</td></tr>
</table>

《空调与通风系统分项工程检验批质量验收记录表》填表说明：

主控项目：

建筑设备监控系统应对空调系统进行温湿度及新风量自动控制、预定时间表自动启停、节能优化控制等控制功能进行检测。应着重检测系统测控点（温度、相对湿度、压差和压力等）与被控设备（风机、风阀、加湿器及电动阀门等）的控制稳定性、响应时间和控制效果，并检测设备连锁控制和故障报警的正确性。

检测数量为每类机组按总数的20%抽检，且不得少于5台，每类机组不足5台时全部检测。

被检测机组全部符合设计要求为检测合格。

（2）变配电系统分项工程检验批质量验收记录表。

表 4-8　　变配电系统分项工程检验批质量验收记录表

GB 50339—2003

070302□□

<table>
<tr><td colspan="2">工程名称</td><td>××工程</td><td>分项工程名称</td><td colspan="2">变配电系统</td><td>验收部位</td><td>×××</td></tr>
<tr><td colspan="2">施工单位</td><td>×××建筑工程集团公司</td><td>专业工长</td><td colspan="2">×××</td><td>项目经理</td><td>×××</td></tr>
<tr><td colspan="2">施工执行标准名称及编号</td><td colspan="6">《智能建筑工程施工工艺标准》（QB ×××—2005）</td></tr>
<tr><td colspan="2">分包单位</td><td>××机电安装工程公司</td><td>分包项目经理</td><td>×××</td><td>施工班组长</td><td colspan="2">×××</td></tr>
<tr><td colspan="4">质量验收规范的规定</td><td colspan="2">检测记录</td><td colspan="2">备注</td></tr>
<tr><td rowspan="9">主控项目</td><td>1</td><td colspan="2">电气参数测量</td><td colspan="2">√</td><td colspan="2" rowspan="9"></td></tr>
<tr><td>2</td><td colspan="2">电气设备工作状态测量</td><td colspan="2">√</td></tr>
<tr><td>3</td><td colspan="2">变配电系统故障报警</td><td colspan="2">√</td></tr>
<tr><td>4</td><td colspan="2">高低压配电柜运行状态</td><td colspan="2">√</td></tr>
<tr><td>5</td><td colspan="2">电力变压器温度</td><td colspan="2">√</td></tr>
<tr><td>6</td><td colspan="2">应急发电机组工作状态</td><td colspan="2">√</td></tr>
<tr><td>7</td><td colspan="2">储油罐液位</td><td colspan="2">√</td></tr>
<tr><td>8</td><td colspan="2">蓄电池组及充电设备工作状态</td><td colspan="2">√</td></tr>
<tr><td>9</td><td colspan="2">不间断电源工作状态</td><td colspan="2">√</td></tr>
<tr><td colspan="2">施工单位检查评定结果</td><td colspan="6">经检查，工程质量符合《智能建筑工程质量验收规范》（GB 50339—2003）的规定，评定为合格。
项目专业质量检查员：×××　　　　××年×月×日</td></tr>
<tr><td colspan="2">监理（建设）单位验收结论</td><td colspan="6">同意施工单位评定结果
监理工程师：×××
（建设单位项目专业技术负责人）　　　　××年×月×日</td></tr>
</table>

《变配电系统分项工程检验批质量验收记录表》填表说明：

主控项目：

建筑设备监控系统应对变配电系统的电气参数和电气设备工作状态进行检测，检测时应利用工作站数据读取和现场测量的方法对电压、电流、有功（无功）功率、功率因数、用电量等各项参数的测量和记录进行准确性和真实性检查，显示的电力负荷及上述各参数的动态图形能比较准确地反映参数变化情况，并对报警信号进行验证。

检测方法为抽检，抽检数量按每类参数抽 20%，且数量不得少于 20 点，数量少于 20 点时全部检测。被检参数合格率 100%时为检测合格。

对高低压配电柜的运行状态、电力变压器的温度、应急发电机组的工作状态、储油罐的液位、蓄电池组及充电设备的工作状态、不间断电源的工作状态等参数进行检测时，应全部检测，合格率 100%时为检测合格。

（3）公共照明系统分项工程检验批质量验收记录表。

表 4-9　　公共照明系统分项工程检验批质量验收记录表

GB 50339—2003

070303□□

工程名称	××工程		分项工程名称	公共照明系统	验收部位	×××
施工单位	×××建筑工程集团公司		专业工长	×××	项目经理	×××
施工执行标准名称及编号	《智能建筑工程施工工艺标准》(QB ×××—2005)					
分包单位	××机电安装工程公司		分包项目经理	×××	施工班组长	×××
质量验收规范的规定					检测记录	备注
主控项目	1	公共照明设备监控	公共区域 1		√	
			公共区域 2		√	
			公共区域 3		√	
			公共区域 4		√	
			公共区域 5		√	
			公共区域 6（园区或景观）		√	
			公共区域 7（园区或景观）		√	
	2	检查手动开关功能			√	
施工单位检查评定结果	经检查，工程质量符合《智能建筑工程质量验收规范》(GB 50339—2003）的规定，评定为合格。 项目专业质量检查员：×××　　××年×月×日					
监理（建设）单位验收结论	同意施工单位评定结果 监理工程师：××× （建设单位项目专业技术负责人）　　××年×月×日					

《公共照明系统分项工程检验批质量验收记录表》填表说明：

主控项目：

建筑设备监控系统应对公共（公共区域、过道、园区和景观）照明设备进行检测，应以光照度、时间表等为控制依据，设置程序控制灯组的开关，检测时应检查控制动作的正确性；并检查其手动开关功能。

检测方式为抽检，按照明回路总数的20%抽检，数量不得少于10路，总数少于10路时应全部检测。

抽检数量合格率100%时为检测合格。

（4）给水排水系统分项工程检验批质量验收记录表。

表4-10　给水排水系统分项工程检验批质量验收记录表

GB 50339—2003

070304□□

<table>
<tr><td>工程名称</td><td colspan="2">××工程</td><td colspan="2">分项工程名称</td><td>给水排水系统</td><td>验收部位</td><td>×××</td></tr>
<tr><td>施工单位</td><td colspan="2">×××建筑工程集团公司</td><td colspan="2">专业工长</td><td>×××</td><td>项目经理</td><td>×××</td></tr>
<tr><td>施工执行标准名称及编号</td><td colspan="7">《智能建筑工程施工工艺标准》(QB ×××—2005)</td></tr>
<tr><td>分包单位</td><td colspan="2">××机电安装工程公司</td><td colspan="2">分包项目经理</td><td>×××</td><td>施工班组长</td><td>×××</td></tr>
<tr><td colspan="5">质量验收规范的规定</td><td>检测记录</td><td colspan="2">备注</td></tr>
<tr><td rowspan="15">主控项目</td><td rowspan="6">1</td><td rowspan="6">给水系统</td><td rowspan="3">参数检测</td><td>液位</td><td>√</td><td colspan="2" rowspan="15"></td></tr>
<tr><td>压力</td><td>√</td></tr>
<tr><td>水泵运行状态</td><td>√</td></tr>
<tr><td colspan="2">自动调节水泵转速</td><td>√</td></tr>
<tr><td colspan="2">水泵投运切换</td><td>√</td></tr>
<tr><td colspan="2">故障报警及保护</td><td>√</td></tr>
<tr><td rowspan="6">2</td><td rowspan="6">排水系统</td><td rowspan="3">参数检测</td><td>液位</td><td>√</td></tr>
<tr><td>压力</td><td>√</td></tr>
<tr><td>水泵运行状态</td><td>√</td></tr>
<tr><td colspan="2">自动调节水泵转速</td><td>√</td></tr>
<tr><td colspan="2">水泵投运切换</td><td>√</td></tr>
<tr><td colspan="2">故障报警及保护</td><td>√</td></tr>
<tr><td rowspan="3">3</td><td rowspan="3">中水系统监控</td><td colspan="2">液位</td><td>√</td></tr>
<tr><td colspan="2">压力</td><td>√</td></tr>
<tr><td colspan="2">水泵运行状态</td><td>√</td></tr>
<tr><td>施工单位检查评定结果</td><td colspan="7">经检查，工程质量符合《智能建筑工程质量验收规范》(GB 50339—2003)的规定，评定为合格。
项目专业质量检查员：×××　　　××年×月×日</td></tr>
<tr><td>监理（建设）单位验收结论</td><td colspan="7">同意施工单位评定结果
监理工程师：×××
（建设单位项目专业技术负责人）　　　××年×月×日</td></tr>
</table>

《给排水系统分项工程检验批质量验收记录表》填表说明：

主控项目：

建筑设备监控系统应对给水系统、排水系统和中水系统进行液位、压力等参数检测及水泵运行状态的监控和报警进行验证。检测时应通过工作站参数设置或人为改变现场测控点状态，监视设备的运行状态，包括自动调节水泵转速、投运水泵切换及故障状态报警和保护等项是否满足设计要求。

检测方式为抽检，抽检数量按每类系统的50%，且不得少于5套，总数少于5套时全部检测。

被检系统合格率100%时为检测合格。

（5）热源和热交换系统分项工程检验批质量验收记录表。

表 4-11　热源和热交换系统分项工程检验批质量验收记录表

GB 50339—2003

070305□□

<table>
<tr><td colspan="2">工程名称</td><td>××工程</td><td>分项工程名称</td><td>热源和热交换系统</td><td>验收部位</td><td>×××</td></tr>
<tr><td colspan="2">施工单位</td><td>×××建筑工程集团公司</td><td>专业工长</td><td>×××</td><td>项目经理</td><td>×××</td></tr>
<tr><td colspan="2">施工执行标准名称及编号</td><td colspan="5">《智能建筑工程施工工艺标准》（QB ×××—2005）</td></tr>
<tr><td colspan="2">分包单位</td><td>××机电安装工程公司</td><td>分包项目经理</td><td>×××</td><td>施工班组长</td><td>×××</td></tr>
<tr><td colspan="5">质量验收规范的规定</td><td>检测记录</td><td>备注</td></tr>
<tr><td rowspan="11">主控项目</td><td rowspan="5">1</td><td rowspan="5">热源系统</td><td colspan="2">参数检测</td><td>✓</td><td rowspan="11"></td></tr>
<tr><td colspan="2">系统负荷调节</td><td>✓</td></tr>
<tr><td colspan="2">预定时间表启停</td><td>✓</td></tr>
<tr><td colspan="2">节能优化控制</td><td>✓</td></tr>
<tr><td colspan="2">故障检测记录与报警</td><td>✓</td></tr>
<tr><td rowspan="5">2</td><td rowspan="5">热交换系统</td><td colspan="2">参数检测</td><td>✓</td></tr>
<tr><td colspan="2">系统负荷调节</td><td>✓</td></tr>
<tr><td colspan="2">预定时间表启停</td><td>✓</td></tr>
<tr><td colspan="2">节能优化控制</td><td>✓</td></tr>
<tr><td colspan="2">故障检测记录与报警</td><td>✓</td></tr>
<tr><td>3</td><td colspan="3">能耗计量与统计</td><td>✓</td></tr>
<tr><td colspan="2">施工单位检查评定结果</td><td colspan="5">经检查，工程质量符合《智能建筑工程质量验收规范》（GB 50339—2003）的规定，评定为合格。
项目专业质量检查员：×××　　××年×月×日</td></tr>
<tr><td colspan="2">监理（建设）单位验收结论</td><td colspan="5">同意施工单位评定结果
监理工程师：×××
（建设单位项目专业技术负责人）　　××年×月×日</td></tr>
</table>

《热源和热交换系统分项工程检验批质量验收记录表》填表说明：

主控项目：

建筑设备监控系统应对热源和热交换系统进行系统负荷调节、预定时间表自动启停和节能优化控制进行检测。检测时应通过工作站或现场控制器对热源和热交换系统的设备运行状态、故障等的监视、记录与报警进行检测，并检测对设备的控制功能。

核实热源和热交换系统能耗计量与统计资料。

检测方式为全部检测，被检系统合格率100%时为检测合格。

（6）冷冻和冷却水系统分项工程检验批质量验收记录表。

表 4-12　　冷冻和冷却水系统分项工程检验批质量验收记录表

GB 50339—2003

070306□□

工程名称			××工程	分项工程名称	冷冻和冷却水系统	验收部位	×××
施工单位			×××建筑工程集团公司	专业工长	×××	项目经理	×××
施工执行标准名称及编号			《智能建筑工程施工工艺标准》(QB ×××—2005)				
分包单位			××机电安装工程公司	分包项目经理	×××	施工班组长	×××
质量验收规范的规定				检测记录		备注	
主控项目	1	冷冻水系统	参数检测	√			
			系统负荷调节	√			
			预定时间表启停	√			
			节能优化控制	√			
			故障检测记录与报警	√			
			设备运行联动	√			
	2	冷却水系统	参数检测	√			
			系统负荷调节	√			
			预定时间表启停	√			
			节能优化控制	√			
			故障检测记录与报警	√			
			设备运行联动	√			
	3	能耗计量与统计		√			
施工单位检查评定结果			**经检查，工程质量符合《智能建筑工程质量验收规范》(GB 50339—2003) 的规定，评定为合格。** 项目专业质量检查员：×××　　××年×月×日				
监理（建设）单位验收结论			**同意施工单位评定结果** 监理工程师：××× （建设单位项目专业技术负责人）　　××年×月×日				

《冷冻和冷却水系统分项工程检验批质量验收记录表》填表说明：

主控项目：

建筑设备监控系统应对冷水机组、冷冻冷却水系统进行系统负荷调节、预定时间表自动启停和节能优化控制进行检测。检测时应通过工作站对冷水机组、冷冻冷却水系统设备控制和运行参数、状态、故障等的监视、记录与报警情况进行检查，并检查设备运行的联动情况。

核实冷冻冷却水系统能耗计量与统计资料。

检测方式为全部检测，满足设计要求时为检测合格。

（7）电梯和自动扶梯系统分项工程检验批质量验收记录表。

表 4-13　电梯和自动扶梯系统分项工程检验批质量验收记录表
GB 50339—2003

070307□□

<table>
<tr><td>工程名称</td><td colspan="2">××工程</td><td>分项工程名称</td><td>电梯和自动扶梯系统</td><td>验收部位</td><td>×××</td></tr>
<tr><td>施工单位</td><td colspan="2">×××建筑工程集团公司</td><td>专业工长</td><td>×××</td><td>项目经理</td><td>×××</td></tr>
<tr><td>施工执行标准名称及编号</td><td colspan="6">《智能建筑工程施工工艺标准》（QB ×××—2005）</td></tr>
<tr><td>分包单位</td><td colspan="2">××机电安装工程公司</td><td>分包项目经理</td><td>×××</td><td>施工班组长</td><td>×××</td></tr>
<tr><td colspan="4">质量验收规范的规定</td><td>检测记录</td><td colspan="2">备注</td></tr>
<tr><td rowspan="4">主控项目</td><td rowspan="2">1</td><td rowspan="2">电梯系统</td><td>电梯运行状态</td><td>√</td><td colspan="2" rowspan="4"></td></tr>
<tr><td>故障检测记录与报警</td><td>√</td></tr>
<tr><td rowspan="2">2</td><td rowspan="2">自动扶梯系统</td><td>扶梯运行状态</td><td>√</td></tr>
<tr><td>故障检测记录与报警</td><td>√</td></tr>
<tr><td>施工单位检查评定结果</td><td colspan="6">经检查，工程质量符合《智能建筑工程质量验收规范》（GB 50339—2003）的规定，评定为合格。

项目专业质量检查员：×××　　××年×月×日</td></tr>
<tr><td>监理（建设）单位验收结论</td><td colspan="6">同意施工单位评定结果

监理工程师：×××
（建设单位项目专业技术负责人）　　××年×月×日</td></tr>
</table>

《电梯与自动扶梯系统分项工程检验批质量验收记录表》填表说明：

主控项目：

建筑设备监控系统应对建筑物内电梯和自动扶梯系统进行检测。检测时应通过工作站对系统的运行状态与故障进行监视，并与电梯和自动扶梯系统的实际工作情况进行核实。

检测方式为全部检测，合格率100%时为检测合格。

（8）数据通信接口分项工程检验批质量验收记录表。

表 4-14　数据通信接口分项工程检验批质量验收记录表

GB 50339—2003

070308□□

<table>
<tr><td>工程名称</td><td colspan="2">××工程</td><td>分项工程名称</td><td>数据通信接口</td><td>验收部位</td><td>×××</td></tr>
<tr><td>施工单位</td><td colspan="2">×××建筑工程集团公司</td><td>专业工长</td><td>×××</td><td>项目经理</td><td>×××</td></tr>
<tr><td>施工执行标准名称及编号</td><td colspan="6">《智能建筑工程施工工艺标准》(QB ×××—2005)</td></tr>
<tr><td>分包单位</td><td colspan="2">××机电安装工程公司</td><td>分包项目经理</td><td>×××</td><td>施工班组长</td><td>×××</td></tr>
<tr><td colspan="4">质量验收规范的规定</td><td>检测记录</td><td colspan="2">备注</td></tr>
<tr><td rowspan="12">主控项目</td><td rowspan="3">1</td><td rowspan="3">子系统1</td><td>工作状态参数</td><td>√</td><td colspan="2" rowspan="12"></td></tr>
<tr><td>报警信息</td><td>√</td></tr>
<tr><td>控制命令响应</td><td>√</td></tr>
<tr><td rowspan="3">2</td><td rowspan="3">子系统2</td><td>工作状态参数</td><td>√</td></tr>
<tr><td>报警信息</td><td>√</td></tr>
<tr><td>控制命令响应</td><td>√</td></tr>
<tr><td rowspan="3">3</td><td rowspan="3">子系统3</td><td>工作状态参数</td><td>√</td></tr>
<tr><td>报警信息</td><td>√</td></tr>
<tr><td>控制命令响应</td><td>√</td></tr>
<tr><td rowspan="3">4</td><td rowspan="3">子系统4</td><td>工作状态参数</td><td>√</td></tr>
<tr><td>报警信息</td><td>√</td></tr>
<tr><td>控制命令响应</td><td>√</td></tr>
<tr><td>施工单位检查评定结果</td><td colspan="6">经检查，工程质量符合《智能建筑工程质量验收规范》（GB 50339—2003）的规定，评定为合格。
项目专业质量检查员：×××　　××年×月×日</td></tr>
<tr><td>监理（建设）单位验收结论</td><td colspan="6">同意施工单位评定结果
监理工程师：×××
（建设单位项目专业技术负责人）　　××年×月×日</td></tr>
</table>

《数据通信接口分项工程检验批质量验收记录表》填表说明：

主控项目：

建筑设备监控系统与带有通信接口的各子系统以数据通信的方式相联时，应在工作站监测子系统的运行参数（含工作状态参数和报警信息），并和实际状态核实，确保准确性和响应时间符合设计要求；对可控的子系统，应检测系统对控制命令的响应情况。

数据通信接口应按《智能建筑工程质量验收规范》（GB 50339—2003）第 3.2.7 条的规定对接口进行全部检测，检测合格率 100%时为检测合格。

（9）中央管理工作站及操作分站分项工程检验批质量验收记录表。

表 4-15　　中央管理工作站及操作分站分项工程检验批质量验收记录表

GB 50339—2003

070309□□

<table>
<tr><td colspan="2">工程名称</td><td>××工程</td><td>分项工程名称</td><td colspan="2">中央管理工作站及操作分站</td><td>验收部位</td><td>×××</td></tr>
<tr><td colspan="2">施工单位</td><td>×××建筑工程集团公司</td><td>专业工长</td><td colspan="2">×××</td><td>项目经理</td><td>×××</td></tr>
<tr><td colspan="2">施工执行标准名称及编号</td><td colspan="6">《智能建筑工程施工工艺标准》（QB ×××—2005）</td></tr>
<tr><td colspan="2">分包单位</td><td>××机电安装工程公司</td><td>分包项目经理</td><td>×××</td><td>施工班组长</td><td colspan="2">×××</td></tr>
<tr><td colspan="4">质量验收规范的规定</td><td colspan="2">检测记录</td><td colspan="2">备注</td></tr>
<tr><td rowspan="10">主控项目</td><td>1</td><td colspan="2">数据测量显示</td><td colspan="2">√</td><td colspan="2" rowspan="10"></td></tr>
<tr><td>2</td><td colspan="2">设备运行状态显示</td><td colspan="2">√</td></tr>
<tr><td>3</td><td colspan="2">报警信息显示</td><td colspan="2">√</td></tr>
<tr><td>4</td><td colspan="2">报警信息存储统计和打印</td><td colspan="2">√</td></tr>
<tr><td>5</td><td colspan="2">设备控制和管理</td><td colspan="2">√</td></tr>
<tr><td>6</td><td colspan="2">数据存储和统计</td><td colspan="2">√</td></tr>
<tr><td>7</td><td colspan="2">历史数据趋势图</td><td colspan="2">√</td></tr>
<tr><td>8</td><td colspan="2">数据报表生成和打印</td><td colspan="2">√</td></tr>
<tr><td>9</td><td colspan="2">人机界面</td><td colspan="2">√</td></tr>
<tr><td>10</td><td colspan="2">操作权限设定</td><td colspan="2">√</td></tr>
<tr><td colspan="2">施工单位检查评定结果</td><td colspan="6">经检查，工程质量符合《智能建筑工程质量验收规范》（GB 50339—2003）的规定，评定为合格。
项目专业质量检查员：×××　　××年×月×日</td></tr>
<tr><td colspan="2">监理（建设）单位验收结论</td><td colspan="6">同意施工单位评定结果
监理工程师：×××
（建设单位项目专业技术负责人）　　××年×月×日</td></tr>
</table>

《中央管理工作站及操作分站分项工程检验批质量验收记录表》填表说明：

主控项目：

对建筑设备监控系统中央管理工作站与操作分站功能进行检测时，应主要检测其监控和管理功能，检测时应以中央管理工作站为主，对操作分站主要检测其监控和管理权限以及数据与中央管理工作站的一致性。

应检测中央管理工作站显示和记录的各种测量数据、运行状态、故障报警等信息的实时性和准确性，以及对设备进行控制和管理的功能，并检测中央管理站控制命令的有效性和参数设定的功能，保证中央管理工作站的控制命令被无冲突地执行。

应检测中央管理工作站数据的存储和统计（包括检测数据、运行数据）、历史数据趋势图显示、报警存储统计（包括各类参数报警、通讯报警和设备报警）情况，中央管理工作站存储的历史数据时间应大于 3 个月。

应检测中央管理工作站数据报表生成及打印功能，故障报警信息的打印功能。

应检测中央管理工作站操作的方便性，人机界面应符合友好、汉化、图形化要求，图形切换流程清楚易懂，便于操作。对报警信息的显示和处理应直观有效。

应检测操作权限，确保系统操作的安全性。

以上功能全部满足设计要求时为检测合格。

（10）系统实时性、可维护性、可靠性分项工程检验批质量验收记录表。

表 4-16　　系统实时性、可维护性、可靠性分项工程检验批质量验收记录表

GB 50339—2003

070310□□

<table>
<tr><td colspan="2">工程名称</td><td>××工程</td><td>分项工程名称</td><td colspan="2">系统实时性、可维护性、可靠性</td><td>验收部位</td><td>×××</td></tr>
<tr><td colspan="2">施工单位</td><td>×××建筑工程集团公司</td><td>专业工长</td><td colspan="2">×××</td><td>项目经理</td><td>×××</td></tr>
<tr><td colspan="2">施工执行标准名称及编号</td><td colspan="6">《智能建筑工程施工工艺标准》(QB ×××—2005)</td></tr>
<tr><td colspan="2">分包单位</td><td>××机电安装工程公司</td><td>分包项目经理</td><td>×××</td><td>施工班组长</td><td colspan="2">×××</td></tr>
<tr><td colspan="4">质量验收规范的规定</td><td colspan="2">检测记录</td><td colspan="2">备注</td></tr>
<tr><td rowspan="17">主控项目</td><td rowspan="2">1</td><td rowspan="2">关键数据采样速度</td><td>满足合同文件</td><td colspan="2">√</td><td colspan="2" rowspan="17"></td></tr>
<tr><td>满足设备性能指标</td><td colspan="2">√</td></tr>
<tr><td rowspan="2">2</td><td rowspan="2">系统响应时间</td><td>满足合同文件</td><td colspan="2">√</td></tr>
<tr><td>满足设备性能指标</td><td colspan="2">√</td></tr>
<tr><td rowspan="2">3</td><td rowspan="2">报警信号响应速度</td><td>满足合同文件</td><td colspan="2">√</td></tr>
<tr><td>满足设备性能指标</td><td colspan="2">√</td></tr>
<tr><td rowspan="2">4</td><td rowspan="2">应用软件在线编程和修改功能</td><td>在线编程及修改</td><td colspan="2">√</td></tr>
<tr><td>软件下载</td><td colspan="2">√</td></tr>
<tr><td rowspan="2">5</td><td rowspan="2">设备故障自检测</td><td>现场故障指示</td><td colspan="2">√</td></tr>
<tr><td>工作站显示和报警</td><td colspan="2">√</td></tr>
<tr><td rowspan="2">6</td><td rowspan="2">网络通信故障自检测</td><td>网络故障指示</td><td colspan="2">√</td></tr>
<tr><td>工作站显示和报警</td><td colspan="2">√</td></tr>
<tr><td rowspan="3">7</td><td rowspan="3">系统可靠性</td><td>启停设备时</td><td colspan="2">√</td></tr>
<tr><td>电源切换为 UPS 供电时</td><td colspan="2">√</td></tr>
<tr><td>中央站冗余主机自动投入时</td><td colspan="2">√</td></tr>
<tr><td colspan="2">施工单位检查评定结果</td><td colspan="6">经检查，工程质量符合《智能建筑工程质量验收规范》(GB 50339—2003) 的规定，评定为合格。
项目专业质量检查员：×××　　××年×月×日</td></tr>
<tr><td colspan="2">监理（建设）单位验收结论</td><td colspan="6">同意施工单位评定结果
监理工程师：×××
（建设单位项目专业技术负责人）　　××年×月×日</td></tr>
</table>

《系统实时性、可维护性、可靠性分项工程检验批质量验收记录表》填表说明：

主控项目：

1）系统实时性检测：

采样速度、系统响应时间应满足合同技术文件与设备工艺性能指标的要求；抽检10%且不少于10台，少于10台时全部检测，合格率90%及以上时为检测合格。

报警信号响应速度应满足合同技术文件与设备工艺性能指标的要求；抽检20%且不少于10台，少于10台时全部检测，合格率100%时为检测合格。

2）系统可维护性检测：

应检测应用软件的在线编程（组态）和修改功能，在中央站或现场进行控制器或控制模块应用软件的在线编程（组态）、参数修改及下载，全部功能得到验证为合格，否则为不合格。

设备、网络通信故障的自检测功能，自检必须指示出相应设备的名称和位置，在现场设置设备故障和网络故障，在中央站观察结果显示和报警，输出结果正确且故障报警准确者为合格，否则为不合格。

3）系统可靠性检测：

系统运行时，启动或停止现场设备，不应出现数据错误或产生干扰，影响系统正常工作。检测时采用远动或现场手动启/停现场设备，观察中央站数据显示和系统工作情况，工作正常的为合格，否则为不合格。

切断切换为UPS供电时，系统运行不得中断。电源转换时系统工作正常的为合格，否则为不合格。

中央站冗余主机自动投入时，系统运行不得中断；切换时系统工作正常的为合格，否则为不合格。

（11）现场设备安装及检测分项工程检验批质量验收记录表。

表4-17　　现场设备安装及检测分项工程检验批质量验收记录表

GB 50339—2003

070311□□

工程名称	××工程	分项工程名称		现场设备安装及检测	验收部位	×××
施工单位	×××建筑工程集团公司	专业工长		×××	项目经理	×××
施工执行标准名称及编号	《智能建筑工程施工工艺标准》（QB ×××—2005）					
分包单位	××机电安装工程公司	分包项目经理		×××	施工班组长	×××
质量验收规范的规定				检测记录		备注
主控项目	1	现场设备安装	传感器安装	√		
			执行器安装	√		
			控制箱（柜）安装	√		
			其他	√		

（续）

<table>
<tr><td rowspan="9">主
控
项
目</td><td rowspan="4">2</td><td rowspan="4">设备性能检测</td><td>传感器安装</td><td>√</td><td rowspan="9"></td></tr>
<tr><td>执行器安装</td><td>√</td></tr>
<tr><td>控制箱（柜）安装</td><td>√</td></tr>
<tr><td>其他</td><td>√</td></tr>
<tr><td rowspan="5">3</td><td rowspan="5">评测项目</td><td>控制网络</td><td>√</td></tr>
<tr><td>数据库</td><td>√</td></tr>
<tr><td>系统冗余配置</td><td>√</td></tr>
<tr><td>系统可扩展性</td><td>√</td></tr>
<tr><td>节能措施</td><td>√</td></tr>
<tr><td colspan="2">施工单位检查评定结果</td><td colspan="4">经检查，工程质量符合《智能建筑工程质量验收规范》（GB 50339—2003）的规定，评定为合格。

项目专业质量检查员：×××　　××年×月×日</td></tr>
<tr><td colspan="2">监理（建设）单位验收结论</td><td colspan="4">同意施工单位评定结果

监理工程师：×××
（建设单位项目专业技术负责人）　　××年×月×日</td></tr>
</table>

《现场设备安装及检测分项工程检验批质量验收记录表》填表说明：

1）现场设备安装质量检查：

现场设备安装质量应符合《智能建筑工程质量验收规范》（GB 50339—2003）第 6 章及第 7 章及设计文件和产品技术文件的要求，检查合格率达到 100％时为合格。

①传感器：每种类型传感器抽检 10％且不少于 10 台，传感器少于 10 台时全部检查。

②执行器：每种类型执行器抽检 10％且不少于 10 台，执行器少于 10 台时全部检查。

③控制箱（柜）：各类控制箱（柜）抽检 20％且不少于 10 台，少于 10 台时全部检查。

2）现场设备性能检测：

①传感器精度测试，检测传感器采样显示值与现场实际值的一致性；依据设计要求及产品技术条件，按照设计总数的 10％进行抽测，且不得少于 10 个，总数少于 10 个时全部检测，合格率达到 100％时为检测合格。

②控制设备及执行器性能测试，包括控制器、电动风阀、电动水阀和变频器等，主要测定控制设备的有效性、正确性和稳定性；测试核对电动调节阀在零开度、50％和 80％的行程处与控制指令的一致性及响应速度；测试结果应满足合同技术文件及控制工艺对设备

性能的要求。

检测为20%抽测，但不得少于5个，设备数量少于5个时全部测试，检测合格率达到100%时为检测合格。

3）根据现场配置和运行情况对以下项目做出评测：

①控制网络和数据库的标准化、开放性。

②系统的冗余配置，主要指控制网络、工作站、服务器、数据库和电源等。

③系统可扩展性，控制器I/O口的备用量应符合合同技术文件要求，但不应低于I/O口实际使用数的10%；机柜至少应留有10%的卡件安装空间和10%的备用接线端子。

④节能措施评测，包括空调设备的优化控制、冷热源自动调节、照明设备自动控制、风机变频调速、VAV变风量控制等。根据合同技术文件的要求，通过对系统数据库记录分析、现场控制效果测试和数据计算后做出是否满足设计要求的评测。

结论为符合设计要求或不符合设计要求。

第四节 火灾报警及消防联动系统

一、火灾报警及消防联动系统工程质量员工作流程

火灾报警及消防联动系统工程质量员工作流程见图4-4。

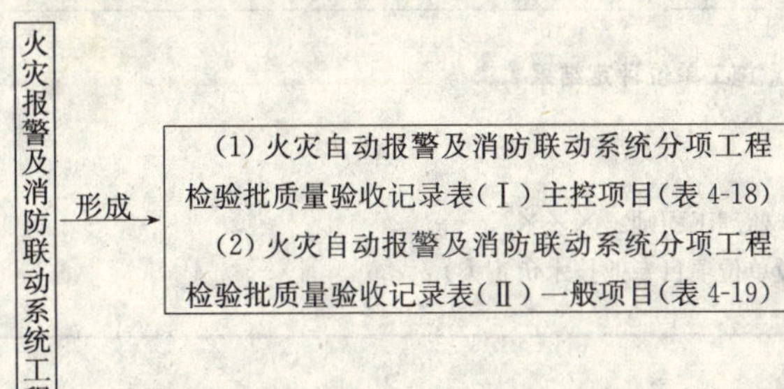

图4-4 火灾报警及消防联动系统工程质量员工作流程

二、火灾报警及消防联动系统工程表格填写范例

(1) 火灾自动报警及消防联动系统分项工程检验批质量验收记录表（Ⅰ）（主控项目）。

表4-18 火灾自动报警及消防联动系统分项工程检验批质量验收记录表 GB 50339—2003

070401□□

工程名称	××工程	分项工程名称	火灾自动报警及消防联动系统		验收部位	×××
施工单位	×××建筑工程集团公司	专业工长	×××		项目经理	×××
施工执行标准名称及编号	《智能建筑工程施工工艺标准》(QB ×××—2005)					
分包单位	××机电安装工程公司	分包项目经理	×××	施工班组长	×××	
质量验收规范的规定				检测记录	备注	

（续）

主控项目	1	系统检测	执行 GB 50166 规范	√	
			系统应为独立系统	√	
	2	系统联动	与其他系统联动	√	
	3	系统电磁兼容性防护		√	
	4	火灾报警控制器人机界面	汉化图形界面	√	
			中文屏幕菜单	√	
	5	接口通信功能	消防控制室与建筑设备监控系统	√	
			消防控制室与安全防范系统	√	
	6	系统关联功能	公共广播与紧急广播共用	√	
			安全防范子系统对火灾响应与操作	√	
施工单位检查评定结果	经检查，工程质量符合《智能建筑工程质量验收规范》（GB 50339—2003）的规定，评定为合格。 项目专业质量检查员：××× ××年×月×日				
监理（建设）单位验收结论	同意施工单位评定结果 监理工程师：××× （建设单位项目专业技术负责人） ××年×月×日				

《火灾自动报警及消防联动系统分项工程检验批质量验收记录表（Ⅰ）》填表说明：

主控项目：

1）在智能建筑工程中，火灾自动报警及消防联动系统的检测应按《火灾自动报警系统施工及验收规范》（GB 50166—1998）的规定执行。

2）火灾自动报警及消防联动系统应是独立的系统。

3）除（GB 50166—1998）中规定的各种联动外，当火灾自动报警及消防联动系统还与其他系统具备联动关系时，其检测按《智能建筑工程质量验收规范》（GB 50339—2003）3.4.2 条规定拟定检测方案，并按检测方案进行，但检测程序不得与（GB 50166—1998）的规定相抵触。

4）火灾自动报警系统的电磁兼容性防护功能，应符合《消防电子产品环境试验方法及严酷等级》（GB 16838—2005）的有关规定。

5）检测火灾报警控制器的汉化图形显示界面及中文屏幕菜单等功能，并进行操作试验。

6）检测消防控制室向建筑设备监控系统传输、显示火灾报警信息的一致性和可靠性，检测与建筑设备监控系统的接口、建筑设备监控系统对火灾报警的响应及其火灾运行模式，应采用在现场模拟发出火灾报警信号的方式进行。

7）检测消防控制室与安全防范系统等其他子系统的接口和通信功能。

8）检测智能型火灾探测器的数量、性能及安装位置，普通型火灾探测器的数量及安装位置。

9）新型消防设施的设置情况及动能检测应包括：

①早期烟雾探测火灾报警系统。

②大空间早期火灾智能检测系统、大空间红外图像矩阵火灾报警及灭火系统。

③可燃气体泄漏报警及联动控制系统。

10）公共广播与紧急广播系统共用时，应符合《火灾自动报警系统设计规范》（GB 50116—1988）的要求，并执行本规范第 4.2.10 条的规定。

11）安全防范系统中相应的视频安防监控（录像、录音）系统、门禁系统、停车场（库）管理系统等对火灾报警的响应及火灾模式操作等功能的检测，应采用在现场模拟发出火灾报警信号的方式进行。

12）当火灾自动报警及消防联动系统与其他系统合用控制室时，应满足《火灾自动报警系统设计规范》（GB 50116—1998）和《智能建筑设计标准》（GB/T 50314—2006）的相应规定，但消防控制系统应单独设置，其他系统也应合理布置。

（2）火灾自动报警及消防联动系统分项工程检验批质量验收记录表（Ⅱ）（一般项目）。

表 4-19　火灾自动报警及消防联动系统分项工程检验批质量验收记录表

GB 50339—2003

070402□□

工程名称	××工程	分项工程名称	火灾自动报警及消防联动系统	验收部位	×××
施工单位	××建筑工程集团公司	专业工长	×××	项目经理	×××
施工执行标准名称及编号	《智能建筑工程质量验收规范》QB ×××—2005				
分包单位	××机电安装工程公司	分包项目经理	×××	施工班组长	×××
质量验收规范的规定				检测记录	
一般项目	1	火灾探测器性能及安装状况	智能性	√	
			普通性	√	
	2	新型消防设施设置及功能	早期烟雾探测	√	
			大空间早期检测	√	
			大空间红外图像矩阵火灾报警及灭火	√	
			可燃气体泄漏警及联动	√	
	3	消防控制室	控制室与其他系统合用时要求	符合 GB 50166、GB 50314 有关规定	

（续）

施工单位检查评定结果	经检查，一般项目符合《火灾自动报警施工及验收规范》（GB 50166—1998）、《智能建筑工程质量验收规范》（GB 50339—2003）标准及施工图设计要求，检查合格。 项目专业质量检查员：×××　　××年×月×日
监理（建设）单位验收结论	一般项目符合国家施工质量验收规范标准及施工图设计要求，验收合格。 监理工程师：××× （建设单位项目专业技术负责人）　　××年×月×日

《火灾自动报警及消防联动系统分项工程检验批质量验收记录表（Ⅱ）》填表说明：

一般项目：

1）检测智能型火灾探测器的数量、性能及安装位置，普通型火灾探测器的数量及安装位置。

2）新型消防设施的设置情况及功能检测应包括：

①早期烟雾探测火灾报警系统；

②大空间早期火灾智能检测系统、大空间红外图像矩阵火灾报警及灭火系统；

③可燃气体泄漏报警及联动控制系统。

3）公共广播与紧急广播系统共用时，应符合《火灾自动报警系统设计规范》（GB 50116—1998）的要求，并执行以下的规定：

①系统的输入输出不平衡度、音频线的敷设、接地形式及安装质量应符合设计要求，设备之间阻抗匹配合理；

②放声系统应分布合理，符合设计要求；

③最高输出电平、输出信噪比、声压级和频宽的技术指标应符合设计要求；

④通过对响度、音色和音质的主观评价，评定系统的音响效果；

⑤功能检测应包括：

a. 业务宣传、背景音乐和公共寻呼插播

b. 紧急广播与公共广播共用设备时，其紧急广播刷消防分机控制，具有最高优先权，在火灾和突发事故发生时，应能强制切换为紧急广播屏以最大音量播出；紧急广播功能检测按《智能建筑工程质量验收规范》（GB 50339—2003）中 4.2.10 的有关规定执行；

c. 功率放大器应冗余配置，并在主机故障时，按设计要求备用机自动投入运行；

d. 公共广播系统应分区控制，分区的划分不得与消防分区的划分产生矛盾。

4）安全防范系统中相应的视频安防监控（录像、录音）系统、门禁系统、停车场（库）管理系统等对火灾报警的响应及火灾模式操作等功能的检测，应采用在现场模拟发出火灾报警信号的方式进行。

5）当火灾自动报警及消防联动系统与其他系统合用控制室时，应满足《火灾自动报警系统设计规范》（GB 50166—1998）和《智能建筑设计标准》（GB/T 50314—2006）的相应规定，但消防控制系统应单独设置，其他系统也应合理布置。

第五节　安全防范系统工程

一、安全防范系统工程质量员工作流程

安全防范系统工程质量员工作流程见图 4-5。

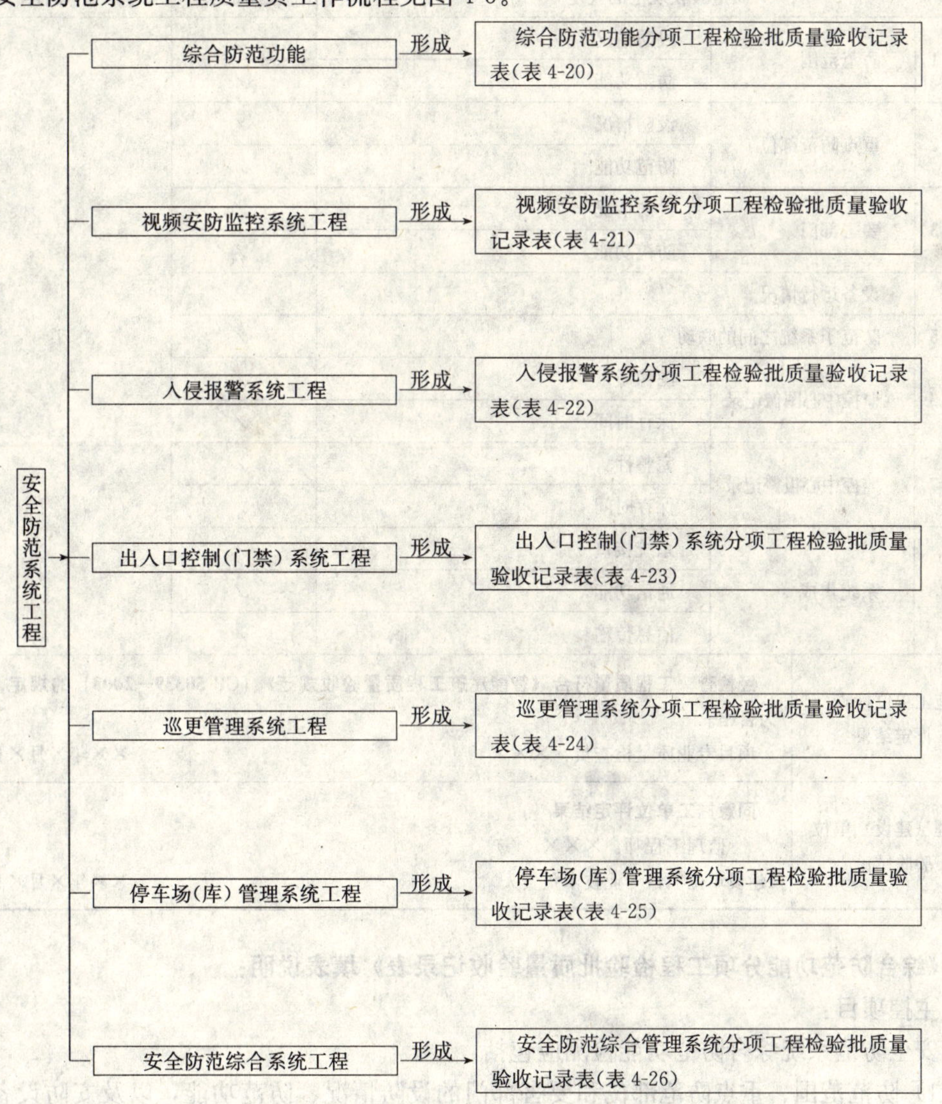

图 4-5　安全防范系统工程质量员工作流程

二、安全防范系统工程表格填写范例

（1）综合防范功能分项工程检验批质量验收记录表。

表 4-20　　综合防范功能分项工程检验批质量验收记录表

GB 50339—2003

070501□□

<table>
<tr><td>工程名称</td><td>××工程</td><td>分项工程名称</td><td colspan="2">综合防范功能</td><td>验收部位</td><td>×××</td></tr>
<tr><td>施工单位</td><td>×××建筑工程集团公司</td><td>专业工长</td><td colspan="2">×××</td><td>项目经理</td><td>×××</td></tr>
<tr><td>施工执行标准名称及编号</td><td colspan="6">《智能建筑工程施工工艺标准》(QB ×××—2005)</td></tr>
<tr><td>分包单位</td><td>××机电安装工程公司</td><td>分包项目经理</td><td>×××</td><td>施工班组长</td><td colspan="2">×××</td></tr>
<tr><td colspan="4">质量验收规范的规定</td><td>检测记录</td><td colspan="2">备注</td></tr>
<tr><td rowspan="17">主控项目</td><td rowspan="2">1</td><td rowspan="2">防范范围</td><td>设防情况</td><td>√</td><td colspan="2" rowspan="17"></td></tr>
<tr><td>防范功能</td><td>√</td></tr>
<tr><td rowspan="2">2</td><td rowspan="2">重点防范部位</td><td>设防情况</td><td>√</td></tr>
<tr><td>防范功能</td><td>√</td></tr>
<tr><td rowspan="2">3</td><td rowspan="2">要害部门</td><td>设防情况</td><td>√</td></tr>
<tr><td>防范功能</td><td>√</td></tr>
<tr><td>4</td><td colspan="2">设备运行情况</td><td>√</td></tr>
<tr><td>5</td><td colspan="2">防范子系统之间的联动</td><td>√</td></tr>
<tr><td rowspan="2">6</td><td rowspan="2">监控中心图像记录</td><td>图像质量</td><td>√</td></tr>
<tr><td>保存时间</td><td>√</td></tr>
<tr><td rowspan="2">7</td><td rowspan="2">监控中心报警记录</td><td>完整性</td><td>√</td></tr>
<tr><td>保存时间</td><td>√</td></tr>
<tr><td rowspan="3">8</td><td rowspan="3">系统集成</td><td>系统接口</td><td>√</td></tr>
<tr><td>通信功能</td><td>√</td></tr>
<tr><td>信息传输</td><td>√</td></tr>
<tr><td>施工单位检查评定结果</td><td colspan="6">经检查，工程质量符合《智能建筑工程质量验收规范》(GB 50339—2003) 的规定，评定为合格。
项目专业质量检查员：×××　　××年×月×日</td></tr>
<tr><td>监理（建设）单位验收结论</td><td colspan="6">同意施工单位评定结果
监理工程师：×××
（建设单位项目专业技术负责人）　　××年×月×日</td></tr>
</table>

《综合防范功能分项工程检验批质量验收记录表》填表说明：

主控项目：

安全防范系统综合防范功能检测应包括：

1）防范范围、重点防范部位和要害部门的设防情况、防范功能，以及安防设备的运行是否达到设计要求，有无防范盲区。

2）各种防范子系统之间的联动是否达到设计要求。

3）监控中心系统记录（包括监控的图像记录和报警记录）的质量和保存时间是否达到设计要求。

4）安全防范系统与其他系统进行系统集成时，应按《智能建筑工程质量验收规范》（GB 50339—2003）第 3.2.7 条的规定检查系统的接口、通信功能和传输的信息等是否达到设计要求。

（2）视频安防监控系统分项工程检验批质量验收记录表。

表 4-21　　视频安防监控系统分项工程检验批质量验收记录表

GB 50339—2003

070502□□

<table>
<tr><td colspan="2">工程名称</td><td>××工程</td><td>分项工程名称</td><td>视频安防监控系统</td><td>验收部位</td><td>×××</td></tr>
<tr><td colspan="2">施工单位</td><td>×××建筑工程集团公司</td><td>专业工长</td><td>×××</td><td>项目经理</td><td>×××</td></tr>
<tr><td colspan="2">施工执行标准名称及编号</td><td colspan="5">《智能建筑工程施工工艺标准》（QB ×××—2005）</td></tr>
<tr><td colspan="2">分包单位</td><td>××机电安装工程公司</td><td>分包项目经理</td><td>×××</td><td>施工班组长</td><td>×××</td></tr>
<tr><td colspan="5">质量验收规范的规定</td><td>检测记录</td><td>备注</td></tr>
<tr><td rowspan="21">主控项目</td><td rowspan="4">1</td><td rowspan="4">设备功能</td><td colspan="2">云台转动</td><td>✓</td><td rowspan="21"></td></tr>
<tr><td colspan="2">镜头调节</td><td>✓</td></tr>
<tr><td colspan="2">图像切换</td><td>✓</td></tr>
<tr><td colspan="2">防护罩效果</td><td>✓</td></tr>
<tr><td rowspan="2">2</td><td rowspan="2">图像质量</td><td colspan="2">图像清晰度</td><td>✓</td></tr>
<tr><td colspan="2">抗干扰能力</td><td>✓</td></tr>
<tr><td rowspan="13">3</td><td rowspan="13">系统功能</td><td colspan="2">监控范围</td><td>✓</td></tr>
<tr><td colspan="2">设备接入率</td><td>✓</td></tr>
<tr><td colspan="2">完好率</td><td>✓</td></tr>
<tr><td rowspan="4">矩阵主机</td><td>切换控制</td><td>✓</td></tr>
<tr><td>编程</td><td>✓</td></tr>
<tr><td>巡检</td><td>✓</td></tr>
<tr><td>记录</td><td>✓</td></tr>
<tr><td rowspan="6">数字视频</td><td>主机死机</td><td>✓</td></tr>
<tr><td>显示速度</td><td>✓</td></tr>
<tr><td>联网通信</td><td>✓</td></tr>
<tr><td>存储速度</td><td>✓</td></tr>
<tr><td>检索</td><td>✓</td></tr>
<tr><td>回放</td><td>✓</td></tr>
<tr><td>4</td><td colspan="3">联动功能</td><td>✓</td></tr>
<tr><td>5</td><td colspan="3">图像记录保存时间</td><td>✓</td></tr>
<tr><td colspan="2">施工单位检查评定结果</td><td colspan="5">经检查，工程质量符合《智能建筑工程质量验收规范》（GB 50339—2003）的规定，评定为合格。
项目专业质量检查员：×××　　××年×月×日</td></tr>
<tr><td colspan="2">监理（建设）单位验收结论</td><td colspan="5">同意施工单位评定结果
监理工程师：×××
（建设单位项目专业技术负责人）　　××年×月×日</td></tr>
</table>

《视频安防监控系统工程检验批质量验收记录表》填表说明：

主控项目：

1）检测内容：

①系统功能检测：云台转动，镜头、光圈的调节，调焦、变倍，图像切换，防护罩功能的检测。

②图像质量检测：在摄像机的标准照度下进行图像的清晰度及抗干扰能力的检测。

检测方法：按《智能建筑工程质量验收规范》（GB 50339—2003）第 4.2.9 条的规定对图像质量进行主观评价，主观评价应不低于 4 分；抗干扰能力按《视频安防监控系统技术要求》（GA/T 367—2001）进行检测。

③系统整体功能检测：功能检测应包括视频安防监控系统的监控范围、现场设备的接入率及完好率，矩阵监控主机的切换、控制、编程、巡检、记录等功能。

对数字视频录像式监控系统还应检查主机死机记录、图像显示和记录速度、图像质量、对前端设备的控制功能以及通信接口功能、远端联网功能等。

对数字硬盘录像监控系统除检测其记录速度外，还应检测记录的检索、回放等功能。

④系统联动功能检测：联动功能检测应包括与出入口管理系统、入侵报警系统、巡更管理系统、停车场（库）管理系统等的联动控制功能。

⑤视频安防监控系统的图像记录保存时间应满足管理要求。

2）摄像机抽检的数量应不低于 20%且不少于 3 台，摄像机数量少于 3 台时应全部检测；被抽检设备的合格率 100%时为合格；系统功能和联动功能全部检测，功能符合设计要求时为合格，合格率 100%时为系统功能检测合格。

（3）入侵报警系统分项工程检验批质量验收记录表。

表 4-22　入侵报警系统分项工程检验批质量验收记录表

GB 50339—2003

070503□□

<table>
<tr><td colspan="2">工程名称</td><td>××工程</td><td>分项工程名称</td><td>入侵报警系统</td><td>验收部位</td><td>×××</td></tr>
<tr><td colspan="2">施工单位</td><td>×××建筑工程集团公司</td><td>专业工长</td><td>×××</td><td>项目经理</td><td>×××</td></tr>
<tr><td colspan="2">施工执行标准名称及编号</td><td colspan="5">《智能建筑工程施工工艺标准》（QB ×××—2005）</td></tr>
<tr><td colspan="2">分包单位</td><td>××机电安装工程公司</td><td>分包项目经理</td><td>×××</td><td>施工班组长</td><td>×××</td></tr>
<tr><td colspan="5">质量验收规范的规定</td><td>检测记录</td><td>备注</td></tr>
<tr><td rowspan="6">主控项目</td><td rowspan="2">1</td><td rowspan="2">探测器设置</td><td colspan="2">探测器盲区</td><td>√</td><td rowspan="6"></td></tr>
<tr><td colspan="2">防动物功能</td><td>√</td></tr>
<tr><td rowspan="3">2</td><td rowspan="3">探测器防破坏功能</td><td colspan="2">防拆报警</td><td>√</td></tr>
<tr><td colspan="2">信号开路、短路报警</td><td>√</td></tr>
<tr><td colspan="2">电源线被剪报警</td><td>√</td></tr>
<tr><td>3</td><td>探测器灵敏度</td><td colspan="2">是否符合设计要求</td><td>√</td></tr>
</table>

（续）

主控项目	4	系统控制功能	系统撤防	√	
			系统布防	√	
			关机报警	√	
			后备电源自动切换	√	
	5	系统通信功能	报警信息传输	√	
			报警响应	√	
	6	现场设备	接入率	√	
			完好率	√	
	7	系统联动功能		√	
	8	报警系统管理软件		√	
	9	报警事件数据存储		√	
	10	报警信号联网		√	
施工单位检查评定结果	经检查，工程质量符合《智能建筑工程质量验收规范》（GB 50339—2003）的规定，评定为合格。 项目专业质量检查员：××× ××年×月×日				
监理（建设）单位验收结论	同意施工单位评定结果 监理工程师：××× （建设单位项目专业技术负责人） ××年×月×日				

《入侵报警系统分项工程检验批质量验收记录表》填表说明：

主控项目：

1）检测内容：

①探测器的盲区检测，防动物功能检测。

②探测器的防破坏功能检测应包括报警器的防拆报警功能，信号线开路、短路报警功能，电源线被剪的报警功能。

③探测器灵敏度检测。

④系统控制功能检测应包括系统的撤防、布防功能，关机报警功能，系统后备电源自动切换功能等。

⑤系统通信功能检测应包括报警信息传输、报警响应功能。

⑥现场设备的接入率及完好率测试。

⑦系统的联动功能检测应包括报警信号对相关报警现场照明系统的自动触发、对监控摄像机的自动启动、视频安防监视画面的自动调入，相关出入口的自动启闭，录像设备的自动启动等。

⑧报警系统管理软件（含电子地图）功能检测。

⑨报警信号联网上传功能的检测。

⑩报警系统报警事件存储记录的保存时间应满足管理要求。

2）探测器抽检的数量应不低于20%且不少于3台，探测器数量少于3台时应全部检测；被抽检设备的合格率100%时为合格；系统功能和联动功能全部检测，功能符合设计要求时为合格，合格率 100%时为系统功能检测合格。

（4）出入口控制（门禁）系统分项工程检验批质量验收记录表。

表 4-23　　出入口控制（门禁）系统分项工程检验批质量验收记录表

GB 50339—2003

070504□□

工程名称	××工程		分项工程名称	出入口控制（门禁）系统	验收部位	×××
施工单位	×××建筑工程集团公司		专业工长	×××	项目经理	×××
施工执行标准名称及编号	《智能建筑工程施工工艺标准》(QB ×××—2005)					
分包单位	××机电安装工程公司		分包项目经理	×××	施工班组长	×××
质量验收规范的规定				检测记录		备注
主控项目	1	控制器独立工作时	准确性	√		
			实时性	√		
			信息存储	√		
	2	系统主机接入时	控制器工作情况	√		
			信息传输功能	√		
	3	备用电源启动	准确性	√		
			实时性	√		
			信息的存储和恢复	√		
	4	系统报警功能	非法强行入侵报警	√		
	5	现场设备状态	接入率	√		
			完好率	√		
	6	出入口管理系统	软件功能	√		
			数据存储记录	√		
	7	系统性能要求	实时性	√		
			稳定性	√		
			图形化界面	√		
	8	系统安全性	分级授权	√		
			操作信息记录	√		
	9	软件综合评审	需求一致性	√		
			文档资料标准化	√		
	10	联动功能	是否符合设计要求	√		
施工单位检查评定结果	经检查，工程质量符合《智能建筑工程质量验收规范》(GB 50339—2003) 的规定，评定为合格。 项目专业质量检查员：×××　　××年×月×日					
监理（建设）单位验收结论	同意施工单位评定结果 监理工程师：××× （建设单位项目专业技术负责人）　　××年×月×日					

《出入口控制（门禁）系统分项工程检验批质量验收记录表》填表说明：

主控项目：

1）检测内容：

①出入口控制（门禁）系统的功能检测：

a. 系统主机在离线的情况下，出入口（门禁）控制器独立工作的准确性、实时性和储存信息的功能。

b. 系统主机对出入口（门禁）控制器在线控制时，出入口（门禁）控制器工作的准确性、实时性和储存信息的功能，以及出入口（门禁）控制器和系统主机之间的信息传输功能。

c. 检测掉电后，系统启用备用电源应急工作的准确性、实时性和信息的存储和恢复能力。

d. 通过系统主机、出入口（门禁）控制器及其他控制终端，实时监控出入控制点的人员状况。

e. 系统对非法强行入侵及时报警的能力。

f. 检测本系统与消防系统报警时的联动功能。

g. 现场设备的接入率及完好率测试。

h. 出入口管理系统的数据存储记录保存时间应满足管理要求。

②系统的软件检测：

a. 演示软件的所有功能，以证明软件功能与任务书或合同书要求一致。

b. 根据需求说明书中规定的性能要求，包括时间、适应性、稳定性等以及图形化界面友好程度，对软件逐项进行测试；对软件的检测按《智能建筑工程质量验收规范》（GB 50339—2003）第 3.2.6 条中的要求执行。

c. 对软件系统操作的安全性进行测试，如系统操作人员的分级授权、系统操作人员操作信息的存储记录等。

d. 在软件测试的基础上，对被验收的软件进行综合评审，给出综合评审结论，包括软件设计与需求的一致性、程序与软件设计的一致性、文档（含软件培训、教材和说明书）描述与程序的一致性、完整性、准确性和标准化程度等。

2）出入口控制器抽检的数量应不低于 20%且不少于 3 台，数量少于 3 台时应全部检测；被抽检设备的合格率 100%时为合格；系统功能和软件全部检测，功能符合设计要求为合格，合格率 100%时为系统功能检测合格。

（5）巡更管理系统分项工程检验批质量验收记录表。

表 4-24　　巡更管理系统分项工程检验批质量验收记录表

GB 50339—2003

070505□□

工程名称	××工程	分项工程名称	巡更管理系统		验收部位	×××
施工单位	×××建筑工程集团公司	专业工长	×××		项目经理	×××
施工执行标准名称及编号	《智能建筑工程施工工艺标准》（QB ×××—2005）					
分包单位	××机电安装工程公司	分包项目经理	×××	施工班组长	×××	

（续）

<table>
<tr><td colspan="5">质量验收规范的规定</td><td>检测记录</td><td>备注</td></tr>
<tr><td rowspan="15">主
控
项
目</td><td rowspan="2">1</td><td rowspan="2" colspan="2">系统设备功能</td><td>巡更终端</td><td>√</td><td></td></tr>
<tr><td>读卡器</td><td>√</td><td></td></tr>
<tr><td rowspan="2">2</td><td rowspan="2" colspan="2">现场设备</td><td>接入率</td><td>√</td><td></td></tr>
<tr><td>完好率</td><td>√</td><td></td></tr>
<tr><td rowspan="8">3</td><td rowspan="8" colspan="2">系统设备功能</td><td>编程、修改功能</td><td>√</td><td></td></tr>
<tr><td>撤防、布防功能</td><td>√</td><td></td></tr>
<tr><td>系统运行状态</td><td>√</td><td></td></tr>
<tr><td>信息传输</td><td>√</td><td></td></tr>
<tr><td>故障报警及准确性</td><td>√</td><td></td></tr>
<tr><td>对巡更人员的监督和记录</td><td>√</td><td></td></tr>
<tr><td>安全保障措施</td><td>√</td><td></td></tr>
<tr><td>报警处理手段</td><td>√</td><td></td></tr>
<tr><td rowspan="2">4</td><td rowspan="2" colspan="2">联网巡更管理系统</td><td>电子地图显示</td><td>√</td><td></td></tr>
<tr><td>报警信号指示</td><td>√</td><td></td></tr>
<tr><td>5</td><td colspan="3">联动功能</td><td>√</td><td></td></tr>
<tr><td colspan="3">施工单位检查
评定结果</td><td colspan="4">经检查，工程质量符合《智能建筑工程质量验收规范》（GB 50339—2003）的规定，评定为合格。
项目专业质量检查员：×××　　××年×月×日</td></tr>
<tr><td colspan="3">监理（建设）单位
验收结论</td><td colspan="4">同意施工单位评定结果
监理工程师：×××
（建设单位项目专业技术负责人）　　××年×月×日</td></tr>
</table>

《巡更管理系统分项工程检验批质量验收记录表》填表说明：

主控项目：

1）检测内容：

①按照巡更路线图检查系统的巡更终端、读卡器的响应功能。

②现场设备的接入率及完好率测试。

③检查巡更管理系统编程、修改功能以及撤防、布防功能。

④检查系统的运行状态、信息传输、故障报警和指示故障位置的功能。

⑤检查巡更管理系统对巡更人员的监督和记录情况、安全保障措施和对意外情况及时报警的处理手段。

⑥对在线联网式巡更管理系统还需要检查电子地图上的显示信息，遇有故障时的报警信号以及和视频安防监控系统等的联动功能。

⑦巡更系统的数据存储记录保存时间应满足管理要求。

2）巡更终端抽检的数量应不低于20%且不少于3台，探测器数量少于3台时应全部检测，被抽检设备的合格率为100%时为合格；系统功能全部检测，功能符合设计要求为合格，合格率100%时为系统功能检测合格。

(6) 停车场（库）管理系统分项工程检验批质量验收记录表。

表 4-25　停车场（库）管理系统分项工程检验批质量验收记录表

GB 50339—2003

070506□□

工程名称	××工程	分项工程名称	停车场（库）管理系统	验收部位	×××
施工单位	×××建筑工程集团公司	专业工长	×××	项目经理	×××
施工执行标准名称及编号	《智能建筑工程施工工艺标准》(QB ×××—2005)				
分包单位	××机电安装工程公司	分包项目经理	×××	施工班组长	×××

		质量验收规范的规定		检测记录	备注
主控项目	1	车辆探测器	出入车辆探测灵敏度	√	
			抗干扰性能	√	
	2	自动栅栏	升降功能	√	
			防砸车功能	√	
	3	读卡器	无效卡识别	√	
			非接触卡读卡距离和灵敏度	√	
	4	发卡（票）器	吐卡功能	√	
			入场日期及时间记录	√	
	5	满位显示器	功能是否正常	√	
	6	管理中心	计费	√	
			显示	√	
			收费	√	
			统计	√	
			信息存储记录	√	
			与监控站通信	√	
			防折返	√	
			空车位显示	√	
			数据记录	√	
	7	有图像功能的管理系统	图像记录清晰度	√	
			调用图像情况	√	
	8	联动功能		√	

施工单位检查评定结果	经检查，工程质量符合《智能建筑工程质量验收规范》(GB 50339—2003) 的规定，评定为合格。 项目专业质量检查员：×××　　××年×月×日
监理（建设）单位验收结论	同意施工单位评定结果 监理工程师：××× （建设单位项目专业技术负责人）　　××年×月×日

《停车场（库）管理系统分项工程检验批质量验收记录表》填表说明：

主控项目：

1）检测内容：停车场（库）管理系统功能检测应分别对入口管理系统、出口管理系统和管理中心的功能进行检测。

①车辆探测器对出入车辆的探测灵敏度检测，抗干扰性能检测。

②自动栅栏升降功能检测，防砸车功能检测。

③读卡器功能检测，对无效卡的识别功能。对非接触 IC 卡读卡器还应检测读卡距离和灵敏度。

④发卡（票）器功能检测，吐卡功能是否正常，入场日期、时间等记录是否正确。

⑤满位显示器功能是否正常。

⑥管理中心的计费、显示、收费、统计、信息存储等功能的检测。

⑦出/入口管理监控站及与管理中心站的通信是否正常。

⑧管理系统的其他功能，如“防折返”功能检测。

⑨对具有图像对比功能的停车场（库）管理系统应分别检测出/入口车牌和车辆图像记录的清晰度、调用图像信息的符合情况。

⑩检测停车场（库）管理系统与消防系统报警时的联动功能，电视监控系统摄像机对进出车库车辆的监视等。

⑪空车位及收费显示。

⑫管理中心监控站的车辆出入数据记录保存时间应满足管理要求。

2）停车场（库）管理系统功能应全部检测，功能符合设计要求为合格，合格率 100% 时为系统功能检测合格。

其中，车牌识别系统对车牌的识别率达 98%时为合格。

（7）安全防范综合管理系统分项工程检验批质量验收记录表。

表 4-26　　安全防范综合管理系统分项工程检验批质量验收记录表

GB 50339—2003

070507□□

工程名称	××工程	分项工程名称	安全防范综合管理系统	验收部位	×××
施工单位	×××建筑工程集团公司	专业工长	×××	项目经理	×××
施工执行标准名称及编号	《智能建筑工程施工工艺标准》（QB ×××—2005）				
分包单位	××机电安装工程公司	分包项目经理	×××	施工班组长	×××
质量验收规范的规定				检测记录	备注
主控项目	1	数据通信接口	对子系统工作状态观测并核实	√	
			对各子系统报警信息观测并核实	√	
			发送命令时子系统响应情况	√	
	2	综合管理系统	正确显示子系统工作状态	√	
			对各类报警信息显示、记录、统计情况	√	
			数据报表打印	√	
			报警打印	√	
			操作方便性	√	
			人机界面友好、汉化、图形化	√	
			对子系统的控制功能	√	

（续）

施工单位检查评定结果	经检查，工程质量符合《智能建筑工程质量验收规范》（GB 50339—2003）的规定，评定为合格。 项目专业质量检查员：×××　　　　××年×月×日
监理（建设）单位验收结论	同意施工单位评定结果 监理工程师：××× （建设单位项目专业技术负责人）　　　　××年×月×日

《安全防范综合管理系统分项工程检验批质量验收记录表》填表说明：

综合管理系统完成安全防范系统中央监控室对各子系统的监控功能，具体内容按工程设计文件要求确定。

1）检测内容：

①各子系统的数据通信接口：各子系统与综合管理系统以数据通信方式连接时，应能在综合管理监控站上观测到子系统的工作状态和报警信息，并和实际状态核实，确保准确性和实时性，对具有控制功能的子系统，应检测从综合管理监控站发送命令时，子系统响应的情况。

②综合管理系统监控站：对综合管理系统监控站的软、硬件功能的检测，包括：

a. 检测子系统监控站与综合管理系统监控站对系统状态和报警信息记录的一致性；

b. 综合管理系统监控站对各类报警信息的显示、记录、统计等功能；

c. 综合管理系统监控站的数据报表打印、报警打印功能；

d. 综合管理系统监控站操作的方便性，人机界面应友好、汉化、图形化。

2）综合管理系统功能应全部检测，功能符合设计要求为合格，合格率为100%时为系统功能检测合格。

第六节　综合布线系统工程

一、综合布线系统工程质量员工作流程

综合布线系统工程质量员工作流程见图4-6。

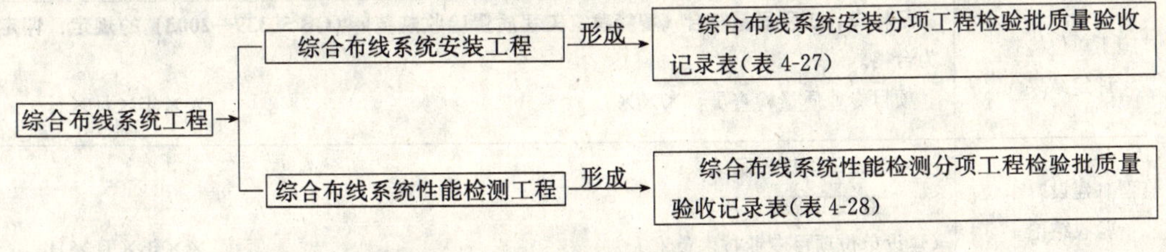

图4-6　综合布线系统工程质量员工作流程

二、综合布线系统工程表格填写范例

（1）综合布线系统安装分项工程检验批质量验收记录表。

表 4-27　　综合布线系统安装分项工程检验批质量验收记录表

GB 50339—2003

070601□□

工程名称	××工程	分项工程名称	综合布线系统安装	验收部位	×××
施工单位	×××建筑工程集团公司	专业工长	×××	项目经理	×××
施工执行标准名称及编号	《智能建筑工程施工工艺标准》(QB ×××—2005)				
分包单位	××机电安装工程公司	分包项目经理	×××	施工班组长	×××
质量验收规范的规定				检测记录	备注
主控项目	1	缆线的弯曲半径		√	
	2	预埋线槽和暗管的线缆敷设		√	
	3	电源线、综合布线系统缆线应分隔布放		√	
	4	电、光缆暗管敷设及与其他管线最小净距		√	
	5	对绞电缆芯线的终接		√	
	6	光纤连接损耗值		√	
	7	架空、管道、直埋电、光缆敷设		√	
	8	机柜、机架、配线架的安装	符合规定	√	
			色标一致	√	
			色谱组合	√	
			线序及排列	√	
	9	信息插座安装	安装位置	√	
			防水防尘	√	
一般项目	1	缆线终接		√	
	2	各类跳线的终接		√	
	3	机柜、机架、配线架的安装	符合规定	√	
			设备底座	√	
			预留空间	√	
			紧固状况	√	
			距地面距离	√	
			与桥架线槽连接	√	
			接线端子标志	√	
	4	信息插座的安装		√	
	5	光缆芯线终端的安装连接标志		√	
施工单位检查评定结果	**经检查，工程质量符合《智能建筑工程质量验收规范》(GB 50339—2003）的规定，评定为合格。** 项目专业质量检查员：×××　　××年×月×日				
监理（建设）单位验收结论	**同意施工单位评定结果** 监理工程师：××× （建设单位项目专业技术负责人）　　××年×月×日				

《综合布线系统安装分项工程检验批质量验收记录表》填表说明：

1）主控项目：

①缆线敷设和终接的检测除应符合《综合布线系统工程验收规范》(GB 50312—2007)中有关规定，应对以下项目进行检测：

a. 缆线的弯曲半径。

b. 预埋线槽和暗管的敷设。

c. 电源线与综合布线系统缆线应分隔布放，缆线间的最小净距应符合设计要求。

d. 建筑物内电、光缆暗管敷设及与其他管线之间的最小净距。

e. 对绞电缆芯线终接。

f. 光纤连接损耗值。

②建筑群子系统采用架空、管道、直埋敷设电、光缆的检测要求应按照本地网通信线路工程验收的相关规定执行。

③机柜、机架、配线架安装的检测，除应符合《综合布线系统工程验收规范》(GB 50312—2007)有关规定外，还应符合以下要求：

a. 卡入配线架连接模块内的单根线缆色标应和线缆的色标相一致，大对数电缆按标准色谱的组合规定进行排序。

b. 端接于RJ45口的配线架的线序及排列方式按有关国际标准规定的两种端接标准(T568A或T568B)之一进行端接，但必须与信息插座模块的线序排列使用同一种标准。

④信息插座安装在活动地板或地面上时，接线盒应严密防水、防尘。

2）一般项目：

①缆线终接应符合《综合布线系统工程验收规范》(GB 50312—2007)有关规定。

②各类跳线的终接应符合《综合布线系统工程验收规范》(GB 50312—2007)有关规定。

③机柜、机架、配线架安装，除应符合《综合布线系统工程验收规范》(GB 50312—2007)有关规定外，还应符合以下要求：

a. 机柜不应直接安装在活动地板上，应按设备的底平面尺寸制作底座，底座直接与地面固定，机柜固定在底座上，底座高度应与活动地板高度相同，然后铺设活动地板，底座水平误差每平方米不应大于2mm；

b. 安装机架面板，架前应预留有800mm空间，机架背面离墙距离应大于600mm；

c. 背板式跳线架应经配套的金属背板及接线管理架安装在墙壁上，金属背板与墙壁应紧固；

d. 壁挂式机柜底面距地面不宜小于300mm；

e. 桥架或线槽应直接进入机架或机柜内；

f. 接线端子各种标志应齐全。

④信息插座的安装要求应执行《综合布线系统工程验收规范》(GB 50312—2007)有关规定。

⑤光缆芯线终端的连接盒面板应有标志。

(2) 综合布线系统性能检测分项工程检验批质量验收记录表。

表 4-28　　综合布线系统性能检测分项工程检验批质量验收记录表

GB 50339—2003

070602□□

<table>
<tr><td>工程名称</td><td>××工程</td><td>分项工程名称</td><td colspan="2">综合布线系统性能检测</td><td>验收部位</td><td>×××</td></tr>
<tr><td>施工单位</td><td>×××建筑工程集团公司</td><td>专业工长</td><td colspan="2">×××</td><td>项目经理</td><td>×××</td></tr>
<tr><td>施工执行标准名称及编号</td><td colspan="6">《智能建筑工程施工工艺标准》(QB ×××—2005)</td></tr>
<tr><td>分包单位</td><td>××机电安装工程公司</td><td>分包项目经理</td><td>×××</td><td>施工班组长</td><td colspan="2">×××</td></tr>
<tr><td colspan="4">质量验收规范的规定</td><td>检测记录</td><td colspan="2">备注</td></tr>
<tr><td rowspan="10">主控项目</td><td rowspan="5">1</td><td rowspan="5">工程电气性能检测</td><td>连接图</td><td>√</td><td colspan="2" rowspan="10"></td></tr>
<tr><td>长度</td><td>√</td></tr>
<tr><td>衰减</td><td>√</td></tr>
<tr><td>近端串音（两段）</td><td>√</td></tr>
<tr><td>其他特殊规定的测试内容</td><td>√</td></tr>
<tr><td rowspan="5">2</td><td rowspan="5">光纤特性检测</td><td>连通性</td><td>√</td></tr>
<tr><td>衰减</td><td>√</td></tr>
<tr><td>长度</td><td>√</td></tr>
<tr><td></td><td></td></tr>
<tr><td></td><td></td></tr>
<tr><td rowspan="6">一般项目</td><td colspan="3">综合布线管理系统</td><td></td><td colspan="2" rowspan="6"></td></tr>
<tr><td colspan="3">中文平台系统管理软件</td><td>√</td></tr>
<tr><td colspan="3">硬件设备图</td><td>√</td></tr>
<tr><td colspan="3">楼层图</td><td>√</td></tr>
<tr><td colspan="3">干线子系统及配线子系统配置</td><td>√</td></tr>
<tr><td colspan="3">硬件设施工作状态</td><td>√</td></tr>
<tr><td>施工单位检查评定结果</td><td colspan="6">经检查，工程主控项目、一般项目均符合《智能建筑工程质量验收规范》(GB 50339—2003) 的规定，评定为合格。
项目专业质量检查员：×××　　××年×月×日</td></tr>
<tr><td>监理（建设）单位验收结论</td><td colspan="6">同意施工单位评定结果
监理工程师：×××
（建设单位项目专业技术负责人）　　××年×月×日</td></tr>
</table>

《综合布线系统性能检测分项工程检验批质量验收记录表》填表说明：

1）主控项目：

系统监测应包括工程电气性能检测和光纤特性检测，按《综合布线系统工程验收规范》（GB 50312—2007）中有关规定执行。

2）一般项目：

采用计算机进行综合布线系统管理和维护时，应按下列内容进行检测：

①中文平台、系统管理软件。

②显示所有硬件设备及其楼层平面图。

③显示干线子系统和配线子系统的元件位置。

④实时显示和登录各种硬件设施的工作状态。

第七节　智能化集成系统工程

一、智能化集成系统工程质量员工作流程

智能化集成系统工程质量员工作流程见图 4-7。

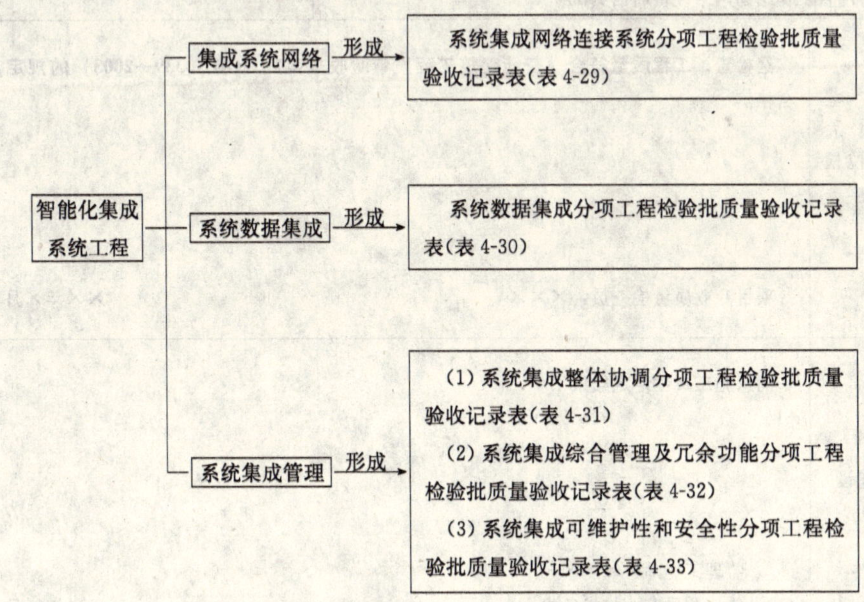

图 4-7　智能化集成系统工程质量员工作流程

二、集成系统网络表格填写范例

系统集成网络连接系统分项工程检验批质量验收记录表。

表 4-29　　系统集成网络连接系统分项工程检验批质量验收记录表
GB 50339—2003

070710□□

<table>
<tr><td colspan="2">工程名称</td><td colspan="2">××工程</td><td>分项工程名称</td><td colspan="2">系统集成网络连接系统</td><td>验收部位</td><td>×××</td></tr>
<tr><td colspan="2">施工单位</td><td colspan="4">×××建筑工程集团公司</td><td>专业工长 ×××</td><td>项目经理</td><td>×××</td></tr>
<tr><td colspan="2">施工执行标准名称及编号</td><td colspan="7">《智能建筑工程施工工艺标准》(QB ×××—2005)</td></tr>
<tr><td colspan="2">分包单位</td><td colspan="2">××机电安装工程公司</td><td>分包项目经理</td><td colspan="2">×××</td><td>施工班组长</td><td>×××</td></tr>
<tr><td colspan="5">施工质量验收规范的规定</td><td colspan="3">施工单位检查评定记录</td><td>备　注</td></tr>
<tr><td rowspan="8">主控项目</td><td>1</td><td colspan="3">连接线测试</td><td colspan="3">√</td><td rowspan="8"></td></tr>
<tr><td>2</td><td colspan="3">通信连接测试</td><td colspan="3">√</td></tr>
<tr><td>3</td><td colspan="3">专用网关接口连接测试</td><td colspan="3">√</td></tr>
<tr><td>4</td><td colspan="3">计算机网卡连接测试</td><td colspan="3">√</td></tr>
<tr><td>5</td><td colspan="3">通用路由器连接测试</td><td colspan="3">√</td></tr>
<tr><td>6</td><td colspan="3">交换机连接测试</td><td colspan="3">√</td></tr>
<tr><td>7</td><td colspan="3">系统连通性测试</td><td colspan="3">√</td></tr>
<tr><td>8</td><td colspan="3">网管工作站和网络设备通信测试</td><td colspan="3">√</td></tr>
<tr><td colspan="2">施工单位检查评定结果</td><td colspan="7">经检查，工程质量符合《智能建筑工程质量验收规范》(GB 50339—2003)的规定，评定为合格。

项目专业质量检查员：×××　　　　××年×月×日</td></tr>
<tr><td colspan="2">监理（建设）单位验收结论</td><td colspan="7">同意施工单位评定结果

监理工程师：×××
（建设单位项目专业技术负责人）　　　　××年×月×日</td></tr>
</table>

《系统集成网络连接系统分项工程检验批质量验收记录表》填表说明：

主控项目：

子系统之间的硬线连接、串行通信连接、专用网关（路由器）接口连接等应符合设计文件、产品标准和产品技术文件或接口规范的要求，检测时应全部检测，100%合格为检测合格。

计算机网卡、通用路由器和交换机的连接测试可按照《智能建筑工程质量验收规范》(GB 50339—2003)第5.3.2条有关内容进行。

三、系统数据集成表格填写范例

系统数据集成分项工程检验批质量验收记录表。

表4-30　系统数据集成分项工程检验批质量验收记录表

GB 50339—2003

070702□□

<table>
<tr><td colspan="3">工程名称</td><td>××工程</td><td>分项工程名称</td><td>系统数据集成</td><td>验收部位</td><td>×××</td></tr>
<tr><td colspan="3">施工单位</td><td colspan="2">×××建筑工程集团公司</td><td>专业工长</td><td>×××　项目经理</td><td>×××</td></tr>
<tr><td colspan="3">施工执行标准名称及编号</td><td colspan="5">《智能建筑工程施工工艺标准》(QB ×××—2005)</td></tr>
<tr><td colspan="3">分包单位</td><td>××机电安装工程公司</td><td>分包项目经理</td><td>×××</td><td>施工班组长</td><td>×××</td></tr>
<tr><td colspan="5">施工质量验收规范的规定</td><td colspan="2">施工单位检查评定记录</td><td>备　注</td></tr>
<tr><td rowspan="9">主控项目</td><td rowspan="3">1</td><td rowspan="3">服务器端</td><td colspan="2">人机界面</td><td colspan="2">√</td><td rowspan="9"></td></tr>
<tr><td colspan="2">显示数据</td><td colspan="2">√</td></tr>
<tr><td colspan="2">响应时间</td><td colspan="2">√</td></tr>
<tr><td rowspan="3">2</td><td rowspan="3">客户端1</td><td colspan="2">人机界面</td><td colspan="2">√</td></tr>
<tr><td colspan="2">显示数据</td><td colspan="2">√</td></tr>
<tr><td colspan="2">响应时间</td><td colspan="2">√</td></tr>
<tr><td rowspan="3">3</td><td rowspan="3">客户端2</td><td colspan="2">人机界面</td><td colspan="2">√</td></tr>
<tr><td colspan="2">显示数据</td><td colspan="2">√</td></tr>
<tr><td colspan="2">响应时间</td><td colspan="2">√</td></tr>
<tr><td colspan="2">施工单位检查评定结果</td><td colspan="6">经检查，工程质量符合《智能建筑工程质量验收规范》(GB 50339—2003)的规定，评定为合格。
项目专业质量检查员：×××　　××年×月×日</td></tr>
<tr><td colspan="2">监理（建设）单位验收结论</td><td colspan="6">同意施工单位评定结果
监理工程师：×××
（建设单位项目专业技术负责人）　　××年×月×日</td></tr>
</table>

《系统数据集成分项工程检验批质量验收记录表》填表说明：

主控项目：

检查系统数据集成功能时，应在服务器和客户端分别进行检查，各系统的数据应在服务器统一界面下显示，界面应汉化和图形化，数据显示应准确，响应时间等性能指标应符合设计要求。对各子系统应全部检测，100%合格为检测合格。

四、系统集成管理表格填写范例

（1）系统集成整体协调分项工程检验批质量验收记录表。

表 4-31　　系统集成整体协调分项工程检验批质量验收记录表

GB 50339—2003

070703□□

<table>
<tr><td>工程名称</td><td>××工程</td><td>分项工程名称</td><td colspan="2">系统集成整体协调</td><td>验收部位</td><td>×××</td></tr>
<tr><td>施工单位</td><td colspan="2">×××建筑工程集团公司</td><td>专业工长</td><td>×××</td><td>项目经理</td><td>×××</td></tr>
<tr><td>施工执行标准名称及编号</td><td colspan="6">《智能建筑工程施工工艺标准》(QB ×××—2005)</td></tr>
<tr><td>分包单位</td><td>××机电安装工程公司</td><td>分包项目经理</td><td colspan="2">×××</td><td>施工班组长</td><td>×××</td></tr>
<tr><td colspan="4">施工质量验收规范的规定</td><td colspan="2">施工单位检查评定记录</td><td>备　注</td></tr>
<tr><td rowspan="7">主控项目</td><td rowspan="2">1</td><td rowspan="2">系统的报警信息及处理</td><td>服务器端</td><td colspan="2">√</td><td rowspan="7"></td></tr>
<tr><td>有权限的客户端</td><td colspan="2">√</td></tr>
<tr><td rowspan="2">2</td><td rowspan="2">设备联锁控制</td><td>服务器端</td><td colspan="2">√</td></tr>
<tr><td>有权限的客户端</td><td colspan="2">√</td></tr>
<tr><td rowspan="3">3</td><td rowspan="3">应急状态的联动逻辑检测</td><td>现场模拟火灾信号</td><td colspan="2">√</td></tr>
<tr><td>现场模拟非法侵人</td><td colspan="2">√</td></tr>
<tr><td>其他</td><td colspan="2">√</td></tr>
<tr><td>施工单位检查评定结果</td><td colspan="6">经检查，工程主控项目、一般项目均符合《智能建筑工程质量验收规范》(GB 50339—2003)的规定，评定为合格。
项目专业质量检查员：×××　　××年×月×日</td></tr>
<tr><td>监理（建设）单位验收结论</td><td colspan="6">同意施工单位评定结果
监理工程师：×××
（建设单位项目专业技术负责人）　　××年×月×日</td></tr>
</table>

《系统集成整体协调分项工程检验批质量验收记录表》填表说明：

主控项目：

系统的报警信息及处理、设备联锁控制功能应在服务器和有操作权限的客户端检测。

对各子系统应全部检测，每个子系统检测数量为子系统所含设备数量的20%，抽检项目100%合格为检测合格。

应急状态的联动逻辑的检测方法为：

1）在现场模拟火灾信号，在操作员站观察报警和做出判断情况，记录视频安防监控系统、门禁系统、紧急广播系统、空调系统、通风系统和电梯及自动扶梯系统的联动逻辑是否符合设计文件要求。

2）在现场模拟非法侵入（越界或入户），在操作员站观察报警和做出判断情况，记录视频安防监控系统、门禁系统、紧急广播系统和照明系统的联动逻辑是否符合设计文件要求。

3）系统集成商与用户商定的其他方法。

以上联动情况应做到安全、正确、及时和无冲突。符合设计要求的为检测合格，否则为检测不合格。

（2）系统集成综合管理及冗余功能分项工程检验批质量验收记录表。

表 4-32　　系统集成综合管理及冗余功能分项工程检验批质量验收记录表

GB 50339—2003

070704□□

<table>
<tr><td colspan="2">工程名称</td><td colspan="2">××工程</td><td>分项工程名称</td><td>系统集成综合管理及冗余功能</td><td>验收部位</td><td>×××</td></tr>
<tr><td colspan="2">施工单位</td><td colspan="3">×××建筑工程集团公司</td><td>专业工长 ×××</td><td>项目经理</td><td>×××</td></tr>
<tr><td colspan="2">施工执行标准名称及编号</td><td colspan="6">《智能建筑工程施工工艺标准》（QB ×××—2005）</td></tr>
<tr><td colspan="2">分包单位</td><td colspan="2">××机电安装工程公司</td><td>分包项目经理</td><td>×××</td><td>施工班组长</td><td>×××</td></tr>
<tr><td colspan="5">施工质量验收规范的规定</td><td colspan="2">施工单位检查评定记录</td><td>备　注</td></tr>
<tr><td rowspan="14">主控项目</td><td>1</td><td colspan="3">综合管理功能</td><td colspan="2">√</td><td rowspan="14"></td></tr>
<tr><td>2</td><td colspan="3">信息管理功能</td><td colspan="2">√</td></tr>
<tr><td>3</td><td colspan="3">信息服务功能</td><td colspan="2">√</td></tr>
<tr><td rowspan="3">4</td><td rowspan="3">视频图像接入时</td><td colspan="2">图像显示</td><td colspan="2">√</td></tr>
<tr><td colspan="2">图像切换</td><td colspan="2">√</td></tr>
<tr><td colspan="2">图像传输</td><td colspan="2">√</td></tr>
<tr><td rowspan="7">5</td><td rowspan="7">系统冗余和容错功能</td><td colspan="2">双机备份及切换</td><td colspan="2">√</td></tr>
<tr><td colspan="2">数据库备份</td><td colspan="2">√</td></tr>
<tr><td colspan="2">备用电源及切换</td><td colspan="2">√</td></tr>
<tr><td colspan="2">通信链路冗余及切换</td><td colspan="2">√</td></tr>
<tr><td colspan="2">故障自诊断</td><td colspan="2">√</td></tr>
<tr><td colspan="2">事故条件下的安全保障措施</td><td colspan="2">√</td></tr>
<tr><td colspan="2"></td><td colspan="2"></td></tr>
<tr><td>6</td><td colspan="3">与火灾自动报警系统相关性</td><td colspan="2">√</td></tr>
</table>

（续）

施工单位检查评定结果	经检查，工程质量符合《智能建筑工程质量验收规范》（GB 50339—2003）的规定，评定为合格。 项目专业质量检查员：×××　　××年×月×日
监理（建设）单位验收结论	同意施工单位评定结果 监理工程师：××× （建设单位项目专业技术负责人）　　××年×月×日

《系统集成综合管理及冗余功能分项工程检验批质量验收记录表》填表说明：

主控项目：

1）系统集成的综合管理功能、信息管理功能和信息服务功能的检测应符合《智能建筑工程质量验收规范》（GB 50339—2003）第5.4节的规定，并根据合同技术文件的有关要求进行。检测的方法，应通过现场实际操作使用，运用案例验证满足功能需求的方法来进行。

2）视频图像接入时，显示应清晰，图像切换应正常，网络系统的视频传输应稳定、无拥塞。

3）系统集成的冗余和容错功能（包括双机备份及切换、数据库备份、备用电源及切换和通信链路冗余切换）、故障自诊断，事故情况下的安全保障措施的检测应符合设计文件要求。

4）系统集成不得影响火灾自动报警及消防联动系统的独立运行，应对其系统相关性进行连带测试。

（3）系统集成可维护性和安全性分项工程检验批质量验收记录表。

表 4-33　系统集成可维护性和安全性分项工程检验批质量验收记录表
GB 50339—2003

070705□□

工程名称	××工程	分项工程名称	系统集成可维护性和安全性	验收部位	×××
施工单位	×××建筑工程集团公司	专业工长	×××	项目经理	×××
施工执行标准名称及编号	《智能建筑工程施工工艺标准》(QB ×××—2005)				
分包单位	××机电安装工程公司	分包项目经理	×××	施工班组长	×××

		施工质量验收规范的规定		施工单位检查评定记录	备注
主控项目	1	系统可靠性维护	可靠性维护说明及措施	√	
			设定系统故障检查	√	
	2	系统集成安全性	身份认证	√	
			访问控制	√	
			信息加密和解密	√	
			抗病毒攻击能力	√	
	3	工程实施及质量控制记录	真实性	√	
			准确性	√	
			完整性	√	
施工单位检查评定结果	经检查，工程质量符合《智能建筑工程质量验收规范》(GB 50339—2003)的规定，评定为合格。 项目专业质量检查员：×××　　××年×月×日				
监理（建设）单位验收结论	同意施工单位评定结果 监理工程师：××× （建设单位项目专业技术负责人）　　××年×月×日				

《系统集成可维护性和安全性分项工程检验批质量验收记录表》填表说明：

主控项目：

1）系统集成商应提供系统可靠性维护说明书，包括可靠性维护重点和预防性维护计划、故障查找及迅速排除故障的措施等内容。可靠性维护检测，应通过设定系统故障，检查系统的故障处理能力和可靠性维护性能。

2）系统集成安全性，包括安全隔离身份认证、访问控制、信息加密和解密、抗病毒攻击能力等内容的检测，按《智能建筑工程质量验收规范》（GB 50339—2003）第 5.5 节有关规定进行。

3）对工程实施及质量控制记录进行审查，要求真实、准确、完整。

第八节　电源与接地工程

一、电源与接地工程质量员工作流程

电源与接地工程质量员工作流程见图 4-8。

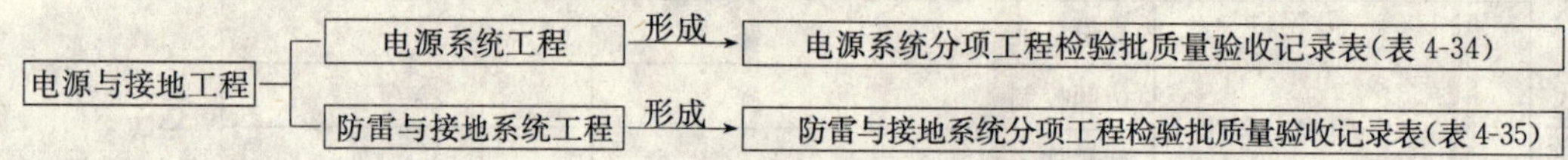

图 4-8　电源与接地工程质量员工作流程

二、电源与接地工程表格填写范例

（1）电源系统分项工程检验批质量验收记录表。

表 4-34　　电源系统分项工程检验批质量验收记录表

GB 50339—2003

070801□□

工程名称		××工程	分项工程名称	电源系统		验收部位	×××
施工单位		×××建筑工程集团公司		专业工长	×××	项目经理	×××
施工执行标准名称及编号		《智能建筑工程施工工艺标准》(QB ×××—2005)					
分包单位		××机电安装工程公司	分包项目经理		×××	施工班组长	×××
施工质量验收规范的规定				施工单位检查评定记录			备　注
主控项目	1	系统电源引接	引接按 GB 50303 验收合格的公用电源	√			GB 50303 第 11.2.1 条
	2	稳流稳压、不间断电源装置	核对规格、型号和接线检查	√			GB 50303 第 9.1.1 条
			电气交接试验及调整	√			GB 50303 第 9.1.2 条
			装置间的连线绝缘电阻值测试	√			GB 50303 第 9.1.3 条
			输出端中性线的重复接地	√			GB 50303 第 9.1.4 条

（续）

<table>
<tr><td colspan="4">施工质量验收规范的规定</td><td>施工单位检查评定记录</td><td>备 注</td></tr>
<tr><td rowspan="9">主控项目</td><td rowspan="4">3</td><td rowspan="4">应急发电机组</td><td>电气交接试验</td><td>√</td><td>GB 50303 第8.1.1条</td></tr>
<tr><td>馈电线路的绝缘电阻测试和耐压试验</td><td>√</td><td>GB 50303 第8.1.2条</td></tr>
<tr><td>相序检验</td><td>√</td><td>GB 50303 第8.1.3条</td></tr>
<tr><td>中性线与接地干线的连接</td><td>√</td><td>GB 50303 第8.1.4条</td></tr>
<tr><td>4</td><td colspan="2">蓄电池组及充电设备蓄电池组充放电</td><td>√</td><td>GB 50303 第6.1.8条</td></tr>
<tr><td>5</td><td colspan="2">专用电源设备及电源箱交接试验</td><td>√</td><td>GB 50303 第10.1.2条</td></tr>
<tr><td rowspan="2">6</td><td rowspan="2">智能化主机房集中供电专用电源线路安装质量</td><td>金属电缆桥架、支架和金属导管的接地</td><td>√</td><td rowspan="2">GB 50303 第12.1、13.1、14.1、15.1条</td></tr>
<tr><td>电缆敷设检查</td><td>√</td></tr>
<tr></tr>
<tr><td rowspan="11">一般项目</td><td rowspan="4">1</td><td rowspan="4">稳流稳压、不间断电源装置</td><td>主回路和控制电线、电缆敷设及连接</td><td>√</td><td>GB 50303 第9.2.2条</td></tr>
<tr><td>可接近裸露导体的接地或接零</td><td>√</td><td>GB 50303 第9.2.3条</td></tr>
<tr><td>运行时噪音的检查</td><td>√</td><td>GB 50303 第9.2.4条</td></tr>
<tr><td>机架组装紧固且水平度、垂直度偏差≤15%</td><td>√</td><td>GB 50303 第9.2.1条</td></tr>
<tr><td rowspan="3">2</td><td rowspan="3">应急发电机组</td><td>随带控制器的检查</td><td>√</td><td>GB 50303 第8.2.1条</td></tr>
<tr><td>可接近裸露导体的接地或接零</td><td>√</td><td>GB 50303 第8.2.2条</td></tr>
<tr><td>受电侧低压配电柜的试验和机组整体负荷试验</td><td>√</td><td>GB 50303 第8.2.3条</td></tr>
<tr><td rowspan="3">3</td><td rowspan="3">专用电源设备及电源箱</td><td>电压、电流及指示仪表检查</td><td>√</td><td>GB 50303 第10.2.1条</td></tr>
<tr><td>试通电检查</td><td>√</td><td>GB 50303 第10.2.2条</td></tr>
<tr><td>电线或母线连接处温升检查</td><td>√</td><td>GB 50303 第10.2.4条</td></tr>
<tr><td>4</td><td colspan="2">智能化主机房集中供电专用电源线路安装质量</td><td>√</td><td>GB 50303 第12.2、13.2、14.2、15.2节</td></tr>
<tr><td colspan="2">施工单位检查评定结果</td><td colspan="4">经检查，工程主控项目、一般项目均符合《智能建筑工程质量验收规范》（GB 50339—2003）的规定，评定为合格。
项目专业质量检查员：×××　　××年×月×日</td></tr>
<tr><td colspan="2">监理（建设）单位验收结论</td><td colspan="4">同意施工单位评定结果
监理工程师：×××
（建设单位项目专业技术负责人）　　××年×月×日</td></tr>
</table>

《电源系统分项工程检验批质量验收记录表》填表说明：

1）主控项目：

①智能化系统应引接依《建筑电气工程施工质量验收规范》（GB 50303—2002）验收合格的公用电源。

②智能化系统自主配置的稳流稳压、不间断电源装置的检测，应执行 GB 50303—2002 中第 9.1 节的规定。

③智能化系统自主配置的应急发电机组的检测，应执行 GB 50303—2002 中第 8.1 节的规定。

④智能化系统自主配置的蓄电池组及充电设备的检测，应执行 GB 50303—2002 中第 6.1.8 条的规定。

⑤智能化系统主机房集中供电专用电源设备、各楼层设置用户电源箱的安装质量检测，应执行 GB 50303 中第 10.1.2 条的规定。

⑥智能化系统主机房集中供电专用电源线路的安装质量检测，应执行 GB 50303—2002 中第 12.1、13.1、14.1、15.1 节的规定。

2）一般项目：

①智能化系统自主配置的稳流稳压、不间断电源装置的检测，应执行 GB 50303—2002 中第 9.2 节的规定。

②智能化系统自主配置的应急发电机组的检测，应执行 GB 50303—2002 中第 8.2 节的规定。

③智能化系统主机房集中供电专用电源设备、各楼层设置用户电源箱的安装检测，应执行 GB 50303—2002 中第 10.2 节的规定。

④智能化系统主机房集中供电专用电源线路的安装质量检测，应执行 GB 50303—2002 中第 12.2、13.2、14.2、15.2 节的规定。

（2）防雷与接地系统分项工程检验批质量验收记录表。

表 4-35　防雷与接地系统分项工程检验批质量验收记录表

GB 50339—2003

070802□□

<table>
<tr><td colspan="3">工程名称</td><td>××工程</td><td>分项工程名称</td><td>防雷与接地系统</td><td>验收部位</td><td>×××</td></tr>
<tr><td colspan="3">施工单位</td><td colspan="2">×××建筑工程集团公司</td><td>专业工长</td><td>×××</td><td>项目经理</td><td>×××</td></tr>
<tr><td colspan="3">施工执行标准名称及编号</td><td colspan="6">《智能建筑工程施工工艺标准》(QB ×××—2005)</td></tr>
<tr><td colspan="3">分包单位</td><td>××机电安装工程公司</td><td>分包项目经理</td><td>×××</td><td>施工班组长</td><td>×××</td></tr>
<tr><td colspan="5">施工质量验收规范的规定</td><td colspan="2">施工单位检查评定记录</td><td>备　注</td></tr>
<tr><td rowspan="6">主控项目</td><td>1</td><td colspan="3">防雷与接地系统引接按 GB 50303—2002 验收合格的共用接地装置</td><td colspan="2" rowspan="2">√</td><td rowspan="2">GB 50303—2002 第 11.3.1 条</td></tr>
<tr><td>2</td><td colspan="3">建筑物金属体作接地装置接地电阻不应大于 1Ω</td></tr>
<tr><td rowspan="4">3</td><td rowspan="4">采用单独接地装置</td><td colspan="2">接地装置测试点的设置</td><td colspan="2">√</td><td>GB 50303—2002 第 24.1.1 条</td></tr>
<tr><td colspan="2">接地电阻值测试</td><td colspan="2">√</td><td>GB 50303—2002 第 24.1.2 条</td></tr>
<tr><td colspan="2">接地模块的埋设深度、间距和基坑尺寸</td><td colspan="2">√</td><td>GB 50303—2002 第 24.1.4 条</td></tr>
<tr><td colspan="2">接地模块设置应垂直或水平就位</td><td colspan="2">√</td><td>GB 50303—2002 第 24.1.5 条</td></tr>
</table>

（续）

<table>
<tr><th colspan="3">施工质量验收规范的规定</th><th>施工单位检查评定记录</th><th>备　注</th></tr>
<tr><td rowspan="5">主控项目</td><td rowspan="3">4</td><td rowspan="3">其他接地装置</td><td>防过流、过压元件接地装置</td><td>√</td><td rowspan="3">其设置应符合设计要求，连接可靠</td></tr>
<tr><td>防电磁干扰屏蔽接地装置</td><td>√</td></tr>
<tr><td>防静电接地装置</td><td>√</td></tr>
<tr><td rowspan="2">5</td><td rowspan="2">等电位联结</td><td>建筑物等电位联结干线的连接及局部等电位箱间的连接</td><td>√</td><td>GB 50303—2002 第27.1.1条</td></tr>
<tr><td>等电位联结的线路最小允许截面积</td><td>√</td><td>GB 50303—2002 第27.1.2条</td></tr>
<tr><td rowspan="5">一般项目</td><td rowspan="3">1</td><td rowspan="3">防过流和防过压接地装置、防电磁干扰屏蔽接地装置、防静电接地装置</td><td>接地装置埋设深度、间距和搭接长度</td><td>√</td><td>GB 50303—2002 第24.2.1条</td></tr>
<tr><td>接地装置的材质和最小允许规格</td><td>√</td><td>GB 50303—2002 第24.2.2条</td></tr>
<tr><td>接地模块与干线的连接和干线材质选用</td><td>√</td><td>GB 50303—2002 第24.2.3条</td></tr>
<tr><td rowspan="2">2</td><td rowspan="2">等电位联结</td><td>等电位联结的可接近裸露导体或其他金属部件、构件与支线的连接可靠，导通正常</td><td>√</td><td>GB 50303—2002 第27.2.1条</td></tr>
<tr><td>需等电位联结的高级装修金属部件或零件等电位联结的连接</td><td>√</td><td>GB 50303—2002 第27.2.2条</td></tr>
<tr><td colspan="2">施工单位检查评定结果</td><td colspan="4">经检查，工程主控项目、一般项目均符合《智能建筑工程质量验收规范》（GB 50339—2003）的规定，评定为合格。

项目专业质量检查员：×××　　　　××年×月×日</td></tr>
<tr><td colspan="2">监理（建设）单位验收结论</td><td colspan="4">同意施工单位评定结果

监理工程师：×××
（建设单位项目专业技术负责人）　　　　××年×月×日</td></tr>
</table>

《防雷与接地系统分项工程检验批质量验收记录表》填表说明：

1）主控项目：

①智能化系统的防雷及接地系统应引接依《建筑电气工程施工质量验收规范》（GB 50303—2002）验收合格的建筑物共用接地装置。采用建筑物金属体作为接地装置时，接

地电阻不应大于 1Ω。

②智能化系统的单独接地装置的检测，应执行 GB 50303—2002 中第 24.1.1、24.1.2、24.1.4、24.1.5 条的规定，接地电阻应按设备要求的最小值确定。

③智能化系统的防过流、过压元件的接地装置，防电磁干扰屏蔽的接地装置，防静电接地装置的检测，其设置应符合设计要求，连接可靠。

④智能化系统与建筑物等电位联结的检测，应执行 GB 50303—2002 中第 27.1 节的规定。

2）一般项目：

①智能化系统的单独接地装置，防过流和防过压元件的接地装置、防电磁干扰屏蔽的接地装置及防静电接地装置的检测，应执行 GB 50303—2002 中第 24.2 节的规定。

②智能化系统与建筑物等电位联结的检测，应执行 GB 50303—2002 中第 27.2 节的规定。

第九节 环境工程

一、环境工程质量员工作流程

环境工程质量员工作流程见图 4-9。

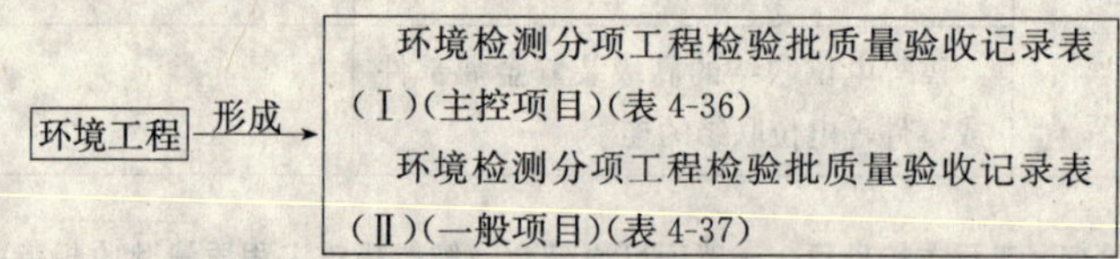

图 4-9 环境工程质量员工作流程

二、环境工程表格填写范例

（1）环境检测分项工程检验批质量验收记录表（Ⅰ）。

表 4-36 环境检测分项工程检验批质量验收记录表（Ⅰ）（主控项目）

GB 50339—2003

070901□□

工程名称	××工程		分项工程名称	环境检测	验收部位	×××
施工单位	×××建筑工程集团公司		专业工长	×××	项目经理	×××
施工执行标准名称及编号	《智能建筑工程施工工艺标准》(QB ×××—2005)					
分包单位	××机电安装工程公司	分包项目经理		×××	施工班组长	×××
施工质量验收规范的规定				施工单位检查评定记录		备　注

（续）

<table>
<tr><td rowspan="12">主控项目</td><td rowspan="3">1</td><td rowspan="3">空间环境</td><td>主要办公区域天花板净高不小于 2.7m</td><td>√</td><td rowspan="11">按 20%进行抽样检测，满足规范要求和设计要求时为合格，合率达到 100%时为该项检测合格</td></tr>
<tr><td>楼板满足预埋地下线槽（线管）的条件，架空地板、网络地板的铺设满足设计要求</td><td>√</td></tr>
<tr><td>网络布线及其他系统布线配线间</td><td>√</td></tr>
<tr><td rowspan="5">2</td><td rowspan="5">室内空调环境</td><td>室内温度、湿度控制</td><td>√</td></tr>
<tr><td>室内温度，冬季 18～22℃，夏季 24～28℃</td><td>√</td></tr>
<tr><td>室内相对湿度，冬季 40%～60%，夏季 40%～65%</td><td>√</td></tr>
<tr><td>室内风速，夏季不大于 0.3m/s
室内风速，冬季不大于 0.2m/s</td><td>√</td></tr>
<tr style="display:none"></tr>
<tr><td rowspan="3">3</td><td rowspan="3">视觉照明环境</td><td>工作面水平照度不小于 500lx</td><td>√</td></tr>
<tr><td>灯具满足眩光控制要求</td><td>√</td></tr>
<tr><td>灯具布置应模数化，消除频闪</td><td>√</td></tr>
<tr><td>4</td><td>电磁环境</td><td>符合 GB 9175 和 GB 8702 的要求</td><td>√</td><td>符合时为合格</td></tr>
<tr><td colspan="2">施工单位检查评定结果</td><td colspan="4">经检查，工程质量符合《智能建筑工程质量验收规范》（GB 50339—2003）的规定，评定为合格。
项目专业质量检查员：×××　　××年×月×日</td></tr>
<tr><td colspan="2">监理（建设）单位验收结论</td><td colspan="4">同意施工单位评定结果
监理工程师：×××
（建设单位项目专业技术负责人）　　××年×月×日</td></tr>
</table>

《环境检测分项工程检验批质量验收记录表（Ⅰ）》填表说明：

主控项目：

1）空间环境的检测应符合下列要求：

①主要办公区域顶棚净高不小于 2.7m。

②楼板满足预埋地下线槽（线管）的条件，架空地板、网络地板的铺设应满足设计要求。

③为网络布线留有足够的配线间。

2）室内空调环境检测应符合下列要求：

①实现对室内温度、湿度的自动控制，并符合设计要求。

②室内温度，冬季 18～22℃，夏季 24～28℃。

③室内相对湿度，冬季 40%～60%，夏季 40%～65%。

④舒适性空调的室内风速，冬季应不大于 0.2m/s，夏季应不大于 0.3m/s。

3）视觉照明环境检测应符合下列要求：

①工作面水平照度不小于500lx。

②灯具满足眩光控制要求。

③灯具布置应模数化，消除频闪。

4）环境电磁辐射的检测应执行《环境电磁波卫生标准》（GB 9175—1998）和《电磁辐射防护规定》（GB 8702—1988）的有关规定。

（2）环境检测分项工程检验批质量验收记录表（Ⅱ）。

表 4-37　环境检测分项工程检验批质量验收记录表（Ⅱ）（一般项目）

GB 50339—2003

070902□□

<table>
<tr><td>工程名称</td><td colspan="2">××工程</td><td>分项工程名称</td><td colspan="2">环境检测</td><td>验收部位</td><td>×××</td></tr>
<tr><td>施工单位</td><td colspan="3">×××建筑工程集团公司</td><td>专业工长</td><td>×××</td><td>项目经理</td><td>×××</td></tr>
<tr><td>施工执行标准名称及编号</td><td colspan="7">《智能建筑工程施工工艺标准》（QB ×××—2005）</td></tr>
<tr><td>分包单位</td><td colspan="2">××机电安装工程公司</td><td colspan="2">分包项目经理</td><td>×××</td><td>施工班组长</td><td>×××</td></tr>
<tr><td colspan="4">施工质量验收规范的规定</td><td colspan="3">施工单位检查评定记录</td><td>备　注</td></tr>
<tr><td rowspan="7">一般项目</td><td rowspan="3">1</td><td rowspan="3">空间环境</td><td>室内装饰色彩合理组合
装修用材符合 GB 50305 规定</td><td colspan="3">√</td><td rowspan="7">按10%进行抽样检测，满足有关规定和设计要求时为合格，合格率达到90%时为该项检测合格</td></tr>
<tr><td>地毯静电泄漏在 $1.0\times10^5\sim1.0\times10^8\Omega$ 之间</td><td colspan="3">√</td></tr>
<tr><td>降低噪声和隔声措施</td><td colspan="3">√</td></tr>
<tr><td rowspan="2">2</td><td rowspan="2">室内空调环境</td><td>室内 CO 含量率小于 $10\times10^{-6}g/m^3$</td><td colspan="3">√</td></tr>
<tr><td>室内 CO2 含量率小于 $1000\times10^{-6}g/m^3$</td><td colspan="3">√</td></tr>
<tr><td rowspan="2">3</td><td rowspan="2">室内噪声</td><td>办公室推荐值 40～45dBA</td><td colspan="3">√</td></tr>
<tr><td>监控室推荐值 35～40dBA</td><td colspan="3">√</td></tr>
<tr><td>施工单位检查评定结果</td><td colspan="7">经检查，工程质量符合《智能建筑工程质量验收规范》（GB 50339—2003）的规定，评定为合格。

项目专业质量检查员：×××　　××年×月×日</td></tr>
<tr><td>监理（建设）单位验收结论</td><td colspan="7">同意施工单位评定结果

监理工程师：×××
（建设单位项目专业技术负责人）　　××年×月×日</td></tr>
</table>

《环境检测分项工程检验批质量验收记录表（Ⅱ）》填表说明：

一般项目：

1）空间环境检测应符合下列要求：

①室内装饰色彩合理组合，建筑装修用材应符合《建筑装饰装修工程施工质量验收规范》（GB 50210—2001）的有关规定。

②防静电、防尘地毯，静电泄漏电阻在 1.0×10^5～$1.0\times10^8\Omega$ 之间。

③采取的降低噪声和隔声措施应恰当。

2）室内空调环境检测应符合下列要求：

①室内 CO 含量率小于 $10\times10^{-6}g/m^3$。

②室内 CO_2 含量率小于 $1000\times10^{-6}g/m^3$。

3）室内噪声测试推荐值：办公室 40～45dBA，智能化子系统的监控室35～40dBA。

第十节　住宅（小区）智能化系统工程

一、住宅（小区）智能化系统工程质量员工作流程

住宅（小区）智能化系统工程质量员工作流程见图 4-10。

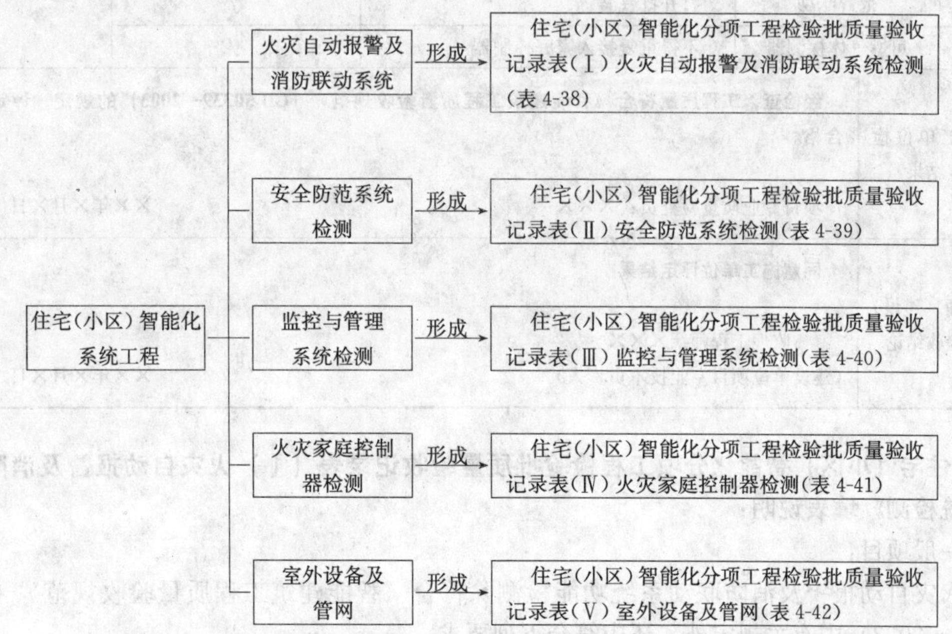

图 4-10　住宅（小区）智能化系统工程质量员工作流程

二、火灾自动报警及消防联动系统表格填写范例

住宅（小区）智能化分项工程检验批质量验收记录表（Ⅰ）火灾自动报警及消防联动系统检测。

表 4-38　　住宅（小区）智能化分项工程检验批质量验收记录表（Ⅰ）

火灾自动报警及消防联动系统检测

GB 50339—2003

071001□□

<table>
<tr><td colspan="3">工程名称</td><td>××工程</td><td>分项工程名称</td><td>住宅（小区）智能化</td><td>验收部位</td><td>×××</td></tr>
<tr><td colspan="3">施工单位</td><td colspan="2">×××建筑工程集团公司</td><td>专业工长 ×××</td><td>项目经理</td><td>×××</td></tr>
<tr><td colspan="3">施工执行标准名称及编号</td><td colspan="5">《智能建筑工程施工工艺标准》(QB ×××—2005)</td></tr>
<tr><td colspan="3">分包单位</td><td>××机电安装工程公司</td><td>分包项目经理</td><td>×××</td><td>施工班组长</td><td>×××</td></tr>
<tr><td colspan="5">施工质量验收规范的规定</td><td colspan="2">施工单位检查评定记录</td><td>备　注</td></tr>
<tr><td rowspan="6">一般项目</td><td>1</td><td>火灾自动报警及消防联动系统检测</td><td colspan="2">符合 GB 50339—2003 中有关规定</td><td colspan="2">√</td><td rowspan="6">满足设计要求及范规定时为检测合格</td></tr>
<tr><td rowspan="2">2</td><td rowspan="2">可燃气体泄漏报警系统检测</td><td colspan="2">可靠性</td><td colspan="2">√</td></tr>
<tr><td colspan="2">报警效果</td><td colspan="2">√</td></tr>
<tr><td rowspan="2">3</td><td rowspan="2">可燃气体泄漏报警联动</td><td colspan="2">自动切断气源</td><td colspan="2">√</td></tr>
<tr><td colspan="2">打开排气装置</td><td colspan="2">√</td></tr>
<tr><td>4</td><td>可燃气体探测器</td><td colspan="2">不得重复接入家庭控制器</td><td colspan="2">√</td></tr>
<tr><td colspan="3">施工单位检查评定结果</td><td colspan="5">经检查，工程质量符合《智能建筑工程质量验收规范》（GB 50339—2003）的规定，评定为合格。
项目专业质量检查员：×××　　××年×月×日</td></tr>
<tr><td colspan="3">监理（建设）单位验收结论</td><td colspan="5">同意施工单位评定结果
监理工程师：×××
（建设单位项目专业技术负责人）　　××年×月×日</td></tr>
</table>

《住宅（小区）智能化分项工程检验批质量验收记录表（Ⅰ）火灾自动报警及消防联动系统检测》填表说明：

一般项目：

火灾自动报警及消防联动系统功能检测除符合《智能建筑工程质量验收规范》（GB 50339—2003）中有关规定外，还应符合下列要求：

（1）可燃气体泄漏报警系统的可靠性检测。

（2）可燃气体泄漏报警时自动切断气源及打开排气装置的功能检测。

（3）已纳入火灾自动报警及消防联动系统的探测器不得重复接入家庭控制器。

三、安全防范系统检测表格填写范例

住宅（小区）智能化分项工程检验批质量验收记录表（Ⅱ）安全防范系统检测。

表 4-39　　住宅（小区）智能化分项工程检验批质量验收记录表（Ⅱ）

安全防范系统检测

GB 50339—2003

071002□□

<table>
<tr><td colspan="2">工程名称</td><td>××工程</td><td>分项工程名称</td><td>住宅（小区）智能化</td><td>验收部位</td><td>×××</td></tr>
<tr><td colspan="2">施工单位</td><td colspan="2">×××建筑工程集团公司</td><td>专业工长 ×××</td><td>项目经理</td><td>×××</td></tr>
<tr><td colspan="2">施工执行标准名称及编号</td><td colspan="5">《智能建筑工程施工工艺标准》(QB ×××—2005)</td></tr>
<tr><td colspan="2">分包单位</td><td>××机电安装工程公司</td><td>分包项目经理</td><td>×××</td><td>施工班组长</td><td>×××</td></tr>
<tr><td colspan="4">施工质量验收规范的规定</td><td>施工单位检查评定记录</td><td colspan="2">备 注</td></tr>
<tr><td rowspan="13">一般项目</td><td>1</td><td>视频安防监控系统、入侵报警系统、出入口控制系统、巡更管理系统符合</td><td>符合 GB 50339 第 8 章规定</td><td>√</td><td colspan="2" rowspan="13">满足设计要求及规范规定时为检测合格</td></tr>
<tr><td rowspan="12">2</td><td rowspan="12">访客对讲系统</td><td>室内机门铃及双方通话应清晰</td><td>√</td></tr>
<tr><td>通话保密性</td><td>√</td></tr>
<tr><td>开锁</td><td>√</td></tr>
<tr><td>呼叫</td><td>√</td></tr>
<tr><td>可视对讲夜视效果</td><td>√</td></tr>
<tr><td>密码开锁</td><td>√</td></tr>
<tr><td>紧急情况电控锁释放</td><td>√</td></tr>
<tr><td>通信及联网管理</td><td>√</td></tr>
<tr><td>备用电源工作 8 小时</td><td>√</td></tr>
<tr><td>定时关机</td><td>√</td></tr>
<tr><td>可视图像清晰</td><td>√</td></tr>
<tr><td>对门口机图像可监视</td><td>√</td></tr>
<tr><td colspan="2">施工单位检查评定结果</td><td colspan="5">经检查，工程质量符合《智能建筑工程质量验收规范》(GB 50339—2003) 的规定，评定为合格。
项目专业质量检查员：×××　　××年×月×日</td></tr>
<tr><td colspan="2">监理（建设）单位验收结论</td><td colspan="5">同意施工单位评定结果
监理工程师：×××
（建设单位项目专业技术负责人）　　××年×月×日</td></tr>
</table>

《住宅（小区）智能化分项工程检验批质量验收记录表（Ⅱ）安全防范系统检测》填表说明：

1）主控项目：

访客对讲系统的检测应符合下列要求：

①室内机门铃提示、访客通话及与管理员通话应清晰，通话保密功能与室内开启单元

门的开锁功能应符合设计要求。

②门口机呼叫住户和管理员机的功能、CCD红外夜视（可视对讲）功能、电控锁密码开锁功能、在火警等紧急情况下电控锁的自动释放功能应符合设计要求。

③管理员机与门口机的通信及联网管理功能，管理员机与门口机、室内机互相呼叫和通话的功能应符合设计要求。

④市电掉电后，备用电源应能保证系统正常工作8小时以上。

2）一般项目：

访客对讲系统室内机应具有自动定时关机功能，可视访客图像应清晰；管理员机对门口机的图像可进行监视。

四、监控与管理系统检测表格填写范例

住宅（小区）智能化分项工程检验批质量验收记录表（Ⅲ）监控与管理系统检测。

表4-40　住宅（小区）智能化分项工程检验批质量验收记录表（Ⅲ）

监控与管理系统检测

GB 50339—2003

071003□□

<table>
<tr><td colspan="3">工程名称</td><td>××工程</td><td>分项工程名称</td><td colspan="2">住宅（小区）智能化</td><td>验收部位</td><td>×××</td></tr>
<tr><td colspan="3">施工单位</td><td colspan="2">×××建筑工程集团公司</td><td>专业工长</td><td>×××</td><td>项目经理</td><td>×××</td></tr>
<tr><td colspan="3">施工执行标准名称及编号</td><td colspan="6">《智能建筑工程施工工艺标准》（QB ×××—2005）</td></tr>
<tr><td colspan="3">分包单位</td><td>××机电安装工程公司</td><td colspan="2">分包项目经理</td><td>×××</td><td>施工班组长</td><td>×××</td></tr>
<tr><td colspan="4">施工质量验收规范的规定</td><td colspan="3">施工单位检查评定记录</td><td colspan="2">备　注</td></tr>
<tr><td rowspan="13">主控项目</td><td rowspan="9">1</td><td rowspan="9">表具数据自动抄收及远传系统</td><td>水、电、气、热（冷）表具选择</td><td colspan="3">√</td><td colspan="2" rowspan="9">表具应符合国家产品标准，具有产品合格证书和计量检定证书，功能检测符合设计要求时为合格</td></tr>
<tr><td>系统查询</td><td colspan="3">√</td></tr>
<tr><td>统计</td><td colspan="3">√</td></tr>
<tr><td>打印</td><td colspan="3">√</td></tr>
<tr><td>费用计算</td><td colspan="3">√</td></tr>
<tr><td>断电数据保存四个月以上</td><td colspan="3">√</td></tr>
<tr><td>电源恢复数据不丢失</td><td colspan="3">√</td></tr>
<tr><td>系统时钟</td><td colspan="3">√</td></tr>
<tr><td>故障报警</td><td colspan="3">√</td></tr>
<tr><td rowspan="3">2</td><td rowspan="3">建筑设备监控系统</td><td>符合GB 50339中有关规定</td><td colspan="3">√</td><td colspan="2" rowspan="4">符合设计要求时为检测合格</td></tr>
<tr><td>饮用水过滤设备报警</td><td colspan="3">√</td></tr>
<tr><td>消毒设备故障报警</td><td colspan="3">√</td></tr>
<tr><td>3</td><td>公共广播与紧急广播系统</td><td>符合GB 50339第4.2.10条的规定</td><td colspan="3">√</td></tr>
</table>

（续）

<table>
<tr><th colspan="4">施工质量验收规范的规定</th><th>施工单位检查评定记录</th><th>备　注</th></tr>
<tr><td rowspan="16">主控项目</td><td rowspan="16">4</td><td rowspan="16">住宅（小区）物业管理系统</td><td>人员管理</td><td>√</td><td rowspan="16">符合设计要求时为检测合格</td></tr>
<tr><td>房产维修</td><td>√</td></tr>
<tr><td>费用查询、收取</td><td>√</td></tr>
<tr><td>公共设施管理</td><td>√</td></tr>
<tr><td>工程图纸管理</td><td>√</td></tr>
<tr><td>家政服务</td><td>√</td></tr>
<tr><td>电子商务</td><td>√</td></tr>
<tr><td>远程教育</td><td>√</td></tr>
<tr><td>远程医疗</td><td>√</td></tr>
<tr><td>电子银行</td><td>√</td></tr>
<tr><td>娱乐项目</td><td>√</td></tr>
<tr><td>物业人事管理</td><td>√</td></tr>
<tr><td>企业管理</td><td>√</td></tr>
<tr><td>财务管理</td><td>√</td></tr>
<tr><td>信息安全</td><td>√</td></tr>
<tr><td>其他</td><td>√</td></tr>
<tr><td rowspan="11">一般项目</td><td>1</td><td>表具数据自动抄收及远传系统</td><td>表具采集与远传数据一致性</td><td>√</td><td>每类表具按10%抽检，且不得少于10，合格率100%时为检测合格</td></tr>
<tr><td rowspan="6">2</td><td rowspan="6">建筑设备监控系统</td><td>园区照明时间设定</td><td>√</td><td rowspan="6">符合设计要求时为检测合格</td></tr>
<tr><td>控制回路开启设定</td><td>√</td></tr>
<tr><td>灯光场景设定</td><td>√</td></tr>
<tr><td>照度调整</td><td>√</td></tr>
<tr><td>浇灌水泵监视控制</td><td>√</td></tr>
<tr><td>中水设备监视控制</td><td>√</td></tr>
<tr><td rowspan="4">3</td><td rowspan="4">住宅（小区）物业管理系统</td><td>房产出租管理</td><td>√</td><td rowspan="4">符合设计要求时为检测合格，其中管理系统软件检测应符合《智能建筑工程质量验收规范》（GB 50339—2003）第5.4节的要求</td></tr>
<tr><td>房产二次装修管理</td><td>√</td></tr>
<tr><td>住户投诉处理</td><td>√</td></tr>
<tr><td>数据资料的记录、保存、查询</td><td>√</td></tr>
</table>

（续）

施工单位检查评定结果	经检查，工程主控项目、一般项目均符合《智能建筑工程质量验收规范》（GB 50339—2003）的规定，评定为合格。 项目专业质量检查员：××× ××年×月×日
监理（建设）单位验收结论	同意施工单位评定结果 监理工程师：××× （建设单位项目专业技术负责人） ××年×月×日

《住宅（小区）智能化分项工程检验批质量验收记录表（Ⅲ）监控与管理系统检测》填表说明：

（1）主控项目：

1）表具数据自动抄收及远传系统的检测应符合下列要求：

①水、电、气、热（冷）等表具应采用现场计量、数据远传，选用的表具应符合国家产品标准，表具应具有产品合格证书和计量检定证书。

②水、电、气、热（冷）等表具远程传输的各种数据，通过系统可进行查询、统计、打印、费用计算等。

③电源断电时，系统不应出现误读数并有数据保存措施，数据保存至少四个月以上；电源恢复后，保存数据不应丢失。

④系统应具有时钟、故障报警、防破坏报警功能。

2）建筑设备监控系统除参照《智能建筑工程质量验收规范》（GB 50339—2003）第6章有关规定外，还应具备饮用水蓄水池过滤设备、消毒设备的故障报警的功能。

3）公共广播与紧急广播系统的检测应符合《智能建筑工程质量验收规范》（GB 50339—2003）4.2.10条的要求。

4）住宅（小区）物业管理系统的检测除执行《智能建筑工程质量验收规范》（GB 50339—2003）第5.4节规定外，还应进行以下内容的检测，使用功能满足设计要求的为合格，否则为不合格。

①住宅（小区）物业管理系统应包括住户人员管理、住户房产维修、住户物业费等各项费用的查询及收取、住宅（小区）公共设施管理、住宅（小区）工程图纸管理等。

②信息服务项目可包括家政服务、电子商务、远程教育、远程医疗、电子银行、娱乐等；应按设计要求的内容进行检测。

③物业管理公司人事管理、企业管理和财务管理等内容的检测应根据设计要求进行。

④住宅（小区）物业管理系统的信息安全要求应符合《智能建筑工程质量验收规范》（GB 50339—2003）第5.5节的要求。

（2）一般项目：

1）表具现场采集的数据与远传的数据应一致，每类表具总数达到100个及以上的按10%抽检，少于100个的抽检10个。

2）建筑设备监控系统除执行本规范第6.3节有关规定外，还应进行以下内容的检测：

①室外园区艺术照明的开启、关闭时间设定，控制回路的开启设定和灯光场景的设定及照度调整。

②园林绿化浇灌水泵的控制、监视功能和中水设备的控制、监视功能。

③住宅（小区）物业管理系统房产出租、房产二次装修管理，住户投诉处理，数据资料的记录、保存、查询等功能检测可按《智能建筑工程质量验收规范》（GB 50339—2003）第5.4节有关内容进行。

五、火灾家庭控制器检测表格填写范例

住宅（小区）智能化分项工程检验批质量验收记录表（Ⅳ）火灾家庭控制器检测。

表4-41　　住宅（小区）智能化分项工程检验批质量验收记录表（Ⅳ）

火灾家庭控制器检测

GB 50339—2003

071004□□

<table>
<tr><td colspan="2">工程名称</td><td>××工程</td><td>分项工程名称</td><td>住宅（小区）智能化</td><td>验收部位</td><td>×××</td></tr>
<tr><td colspan="2">施工单位</td><td colspan="2">×××建筑工程集团公司</td><td>专业工长 ×××</td><td>项目经理</td><td>×××</td></tr>
<tr><td colspan="2">施工执行标准名称及编号</td><td colspan="5">《智能建筑工程施工工艺标准》（QB ×××—2005）</td></tr>
<tr><td colspan="2">分包单位</td><td>××机电安装工程公司</td><td>分包项目经理</td><td>×××</td><td>施工班组长</td><td>×××</td></tr>
<tr><td colspan="5">施工质量验收规范的规定</td><td>施工单位检查评定记录</td><td>备　注</td></tr>
<tr><td rowspan="12">主控项目</td><td rowspan="4">1</td><td rowspan="4">家庭报警功能检测</td><td colspan="2">感烟探测器、感温探测器、燃气探测器</td><td>√</td><td rowspan="4">探测器检测应符合国家现行产品标准；入侵报警探测器检测执行《智能建筑工程质量验收规范》（GB 50339—2003）第8.3.7条规定；其他符合设计要求</td></tr>
<tr><td colspan="2">入侵报警探测器</td><td>√</td></tr>
<tr><td colspan="2">家庭报警撤防、布防</td><td>√</td></tr>
<tr><td colspan="2">控制功能</td><td>√</td></tr>
<tr><td rowspan="4">2</td><td rowspan="4">家庭紧急求助报警装置功能检测</td><td colspan="2">可靠性</td><td>√</td><td rowspan="4">符合设计要求时为检测合格</td></tr>
<tr><td colspan="2">可操作性</td><td>√</td></tr>
<tr><td colspan="2">防破坏报警</td><td>√</td></tr>
<tr><td colspan="2">故障报警</td><td>√</td></tr>
<tr><td rowspan="4">3</td><td rowspan="4">家用电器监控功能检测</td><td colspan="2">监控功能</td><td>√</td><td rowspan="4">符合设计要求时为检测合格；发射频率及功率检测应符合国家有关规定</td></tr>
<tr><td colspan="2">误操作处理</td><td>√</td></tr>
<tr><td colspan="2">故障报警处理</td><td>√</td></tr>
<tr><td colspan="2">发射频率及功率</td><td>√</td></tr>
</table>

（续）

<table>
<tr><td rowspan="4">一般项目</td><td rowspan="4">家庭紧急求助报警装置检测</td><td>每户宜装一处以上的紧急求助报警装置</td><td>√</td><td rowspan="4"></td></tr>
<tr><td>宜有一种以上的报警方式（手动、遥控、感应等）</td><td>√</td></tr>
<tr><td>区别求助内容</td><td>√</td></tr>
<tr><td>夜间显示</td><td>√</td></tr>
<tr><td colspan="2">施工单位检查评定结果</td><td colspan="3">经检查，工程主控项目、一般项目均符合《智能建筑工程质量验收规范》（GB 50339—2003）的规定，评定为合格。

项目专业质量检查员：×××　　××年×月×日</td></tr>
<tr><td colspan="2">监理（建设）单位验收结论</td><td colspan="3">同意施工单位评定结果

监理工程师：×××
（建设单位项目专业技术负责人）　　××年×月×日</td></tr>
</table>

《住宅（小区）智能化分项工程检验批质量验收记录表（Ⅳ）火灾家庭控制器检测》填表说明：

（1）主控项目：

1）家庭报警功能的检测应符合下列要求：

①感烟探测器、感温探测器、燃气探测器的检测应符合国家现行产品标准的要求。

②入侵报警探测器的检测应执行《智能建筑工程质量验收规范》（GB 50339—2003）第 8.3.7 条的规定。

③家庭报警的撤防、布防、转换及控制功能。

2）家庭紧急求助报警装置的检测应符合下列要求：

①可靠性：准确、及时地传输紧急求助信号。

②可操作性：老年人和未成年人在紧急情况下应能方便地发出求助信号。

③应具有防破坏和故障报警功能。

3）家用电器的监控功能的检测应符合设计要求。

4）家用电器控制器应对误操作或出现故障报警具有相应的处理能力。

5）无线报警的发射频率及功率的检测。

（2）一般项目：

家庭紧急求助报警装置的检测应符合下列要求：

1）每户宜安装一处以上的紧急求助报警装置（如起居室、卧室等）。

2）紧急求助报警装置宜有一种以上的报警方式（如手动、遥控、感应等）。

3）报警信号宜区别求助内容。

4）紧急求助报警装置宜加夜间显示。

六、室外设备及管网表格填写范例

住宅（小区）智能化分项工程检验批质量验收记录表（Ⅴ）室外设备及管网。

表 4-42　住宅（小区）智能化分项工程检验批质量验收记录表（Ⅴ）

室外设备及管网

GB 50339—2003

071005□□

<table>
<tr><td colspan="3">工程名称</td><td>××工程</td><td>分项工程名称</td><td colspan="2">住宅（小区）智能化</td><td>验收部位</td><td>×××</td></tr>
<tr><td colspan="3">施工单位</td><td colspan="2">×××建筑工程集团公司</td><td>专业工长</td><td>×××</td><td>项目经理</td><td>×××</td></tr>
<tr><td colspan="3">施工执行标准名称及编号</td><td colspan="6">《智能建筑工程施工工艺标准》（QB ×××—2005）</td></tr>
<tr><td colspan="3">分包单位</td><td>××机电安装工程公司</td><td colspan="2">分包项目经理</td><td>×××</td><td>施工班组长</td><td>×××</td></tr>
<tr><td colspan="5">施工质量验收规范的规定</td><td colspan="3">施工单位检查评定记录</td><td>备　注</td></tr>
<tr><td rowspan="5">主控项目</td><td rowspan="3">1</td><td rowspan="3">室外设备箱安装</td><td colspan="2">应有防水、防潮、防晒、防锈措施</td><td colspan="3">√</td><td></td></tr>
<tr><td colspan="2">设备浪涌过电压防护器设置</td><td colspan="3">√</td><td></td></tr>
<tr><td colspan="2">接地联结</td><td colspan="3">√</td><td></td></tr>
<tr><td rowspan="2">2</td><td rowspan="2">室外电缆导管及线路敷设</td><td colspan="2">室外电缆导管敷设</td><td colspan="3">√</td><td></td></tr>
<tr><td colspan="2">室外线路敷设</td><td colspan="3">√</td><td></td></tr>
<tr><td colspan="3">施工单位检查评定结果</td><td colspan="6">经检查，工程质量符合《智能建筑工程质量验收规范》（GB 50339—2003）的规定，评定为合格。
项目专业质量检查员：×××　　　　××年×月×日</td></tr>
<tr><td colspan="3">监理（建设）单位验收结论</td><td colspan="6">同意施工单位评定结果
监理工程师：×××
（建设单位项目专业技术负责人）　　　　××年×月×日</td></tr>
</table>

《住宅（小区）智能化分项工程检验批质量验收记录表（Ⅴ）室外设备及管网》填表说明：

主控项目：

（1）安装在室外的设备箱应有防水、防潮、防晒、防锈等措施；设备浪涌过电压防护器设置、接地联结应符合国家现行标准及设计要求。

（2）室外电缆导管及线路敷设，应执行《建筑电气安装工程施工质量验收规范》（GB 50303）中有关规定。

第五章 电梯工程

第一节 电力驱动的曳引式或强制式电梯安装工程

一、电力驱动的曳引式或强制式电梯安装工程质量员工作流程

电力驱动的曳引式或强制式电梯安装工程质量员工作流程见图 5-1。

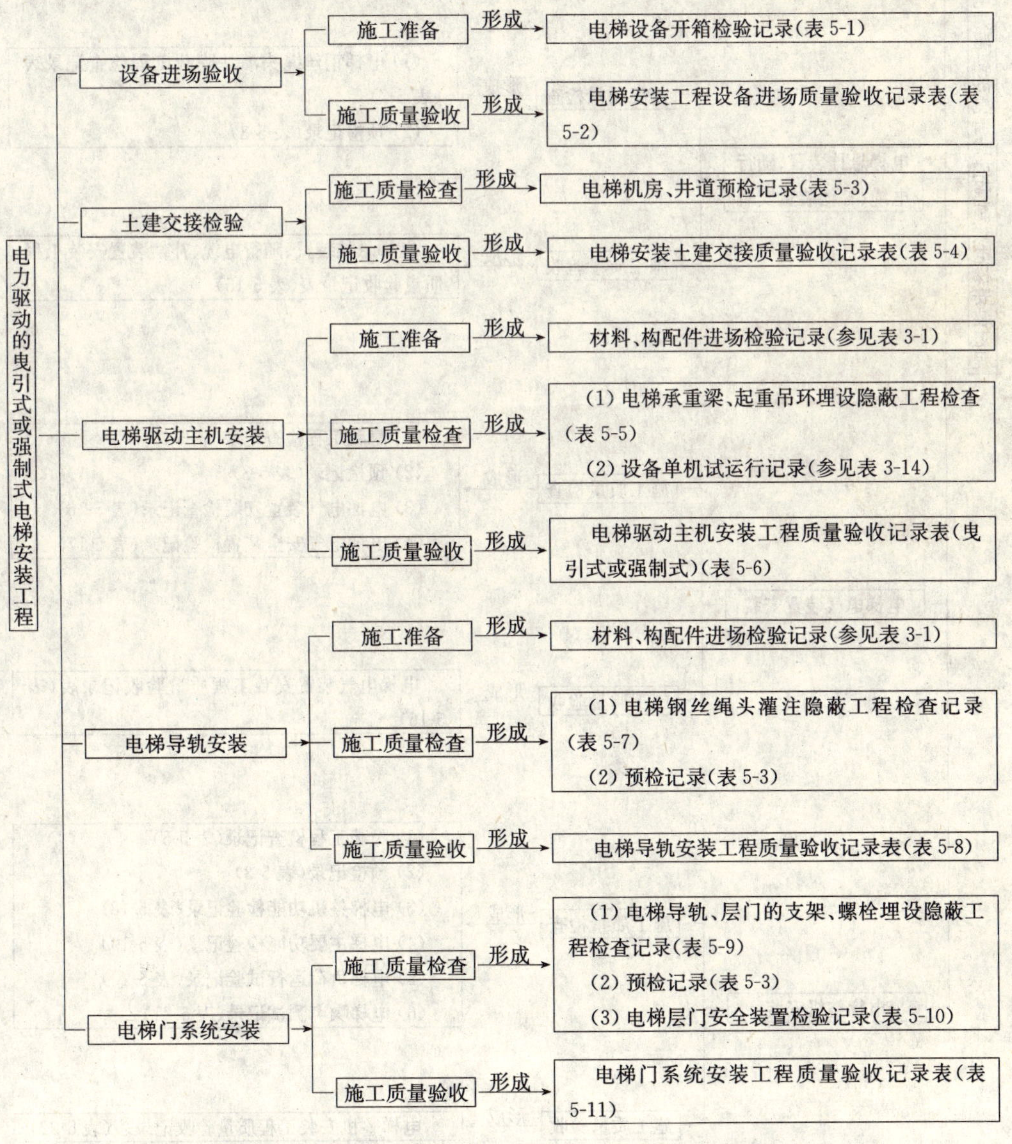

图 5-1 电力驱动的曳引式或强制式电梯安装工程质量员工作流程（一）

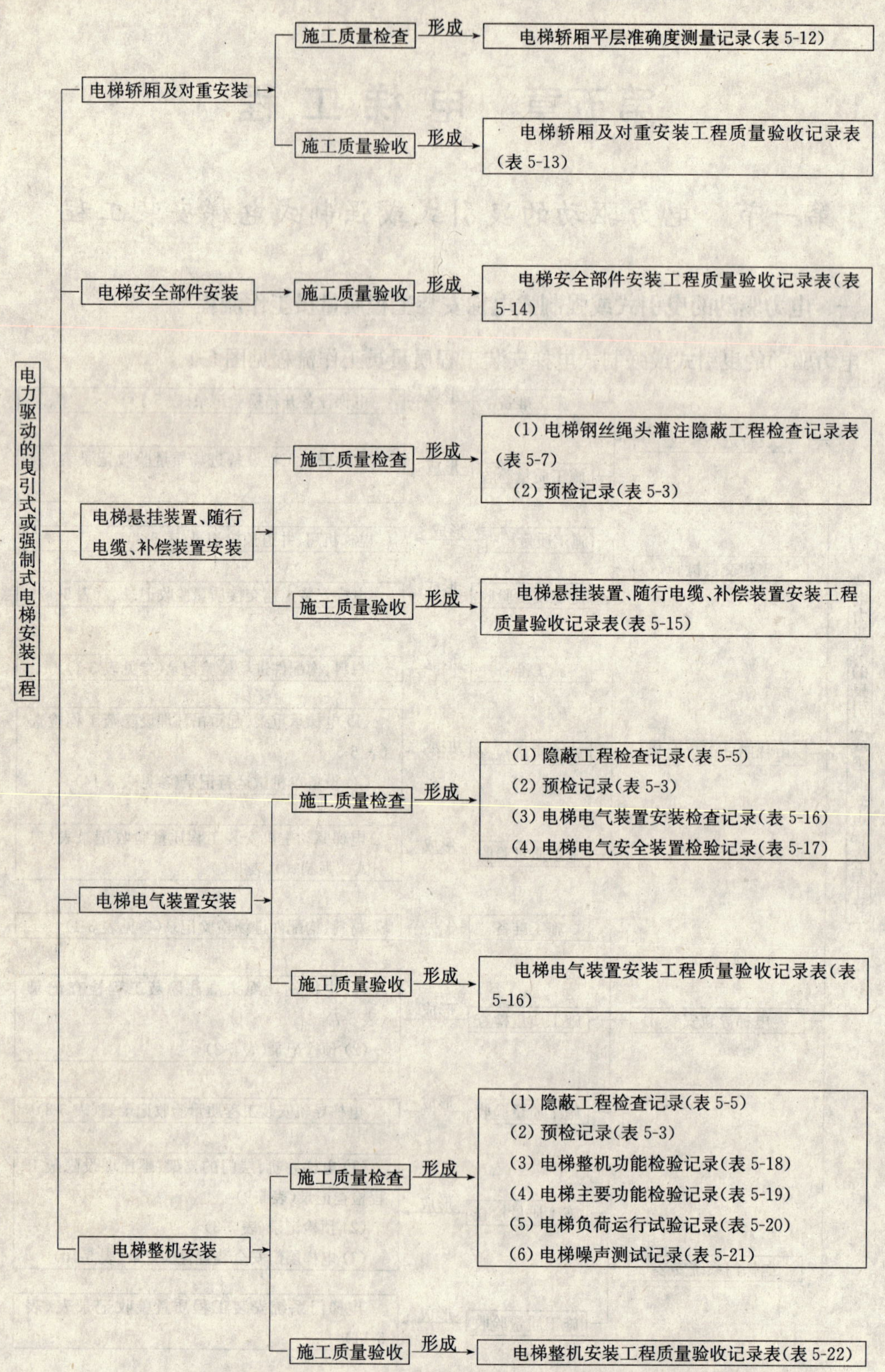

图 5-1 电力驱动的曳引式或强制式电梯安装工程质量员工作流程（二）

二、电力驱动的曳引式或强制式电梯安装工程表格填写范例

1. 设备进场验收

(1) 电梯设备开箱检验记录。

表 5-1　　　　电梯设备开箱检验记录

编号：×××

工程名称	××工程			产品合同号	×××
设备名称及规格型号	×××			出厂日期	××年×月×日
装箱单号	03271-412	检验数量	1台	开箱日期	××年×月×日
检查内容及规范标准要求					检查结果
包装情况	零部件应按类别及装箱单完好地装入箱内，并应垫平、卡紧、固定，精密加工、表面装饰的部件应防止相对移动。驱动主机应整体包装。包装及密封应完好，规格应符合设计要求，附件、备件齐全，外观应完好。设备、材料、零部件无损伤、锈蚀及其他异常情况				完整齐全
随机文件	1）文件目录；2）装箱清单；3）产品合格证；4）机房、井道布置图；5）使用维护说明书（含润滑汇总表及电梯功能表）；6）电气原理图、接线图及其符号说明；7）主要部件安装图；8）安装（调试）说明书；9）安全部件形式试验报告结论副本；10）易损件目录				完整齐全
机械部件	曳引机标牌应注明：1）产品名称、型号；2）额定速度；3）额定载重量；4）减速比；5）出厂编号；6）标准编号；7）质量等级标志；8）厂名、商标；9）出厂日期。 限速器、缓冲器、安全钳装置、门锁等安全部件的标牌应标明：1）名称、型号及主要性能、参数；2）厂名；3）形式试验标志及试验单位				完整齐全
电气部件	电动机、控制柜等各种电气部件应装入防潮箱内，并应作防震处理，必须存放室内。控制柜标牌应标明：型号、规格、制造厂名称及其识别标志或商标				—
进口设备	还应有进口货物报关单、商检合格证书以及国际标准化组织认证的产品证书、产品检验标准和有关资料。产品各部件的标志、标识、须知、说明等，均应清晰、易懂、耐用，并优先使用中文汉字				—
处理意见	开箱检查，电梯设备零部件完整齐全，无缺损现象，符合施工图设计及施工规范的要求。				
签字栏	建设（监理）单位		供应单位		安装单位
	×××		×××		×××

注：本表由施工单位填写，建设单位、施工单位各保存一份。

（2）电梯安装工程设备进场质量验收记录表。

表 5-2　电梯安装工程设备进场质量验收记录表

GB 50310—2002

090201□□

<table>
<tr><td colspan="3">单位（子单位）工程名称</td><td colspan="4">××工程</td></tr>
<tr><td colspan="3">分部（子分部）工程名称</td><td colspan="2">电梯安装</td><td>验收部位</td><td>×××</td></tr>
<tr><td colspan="3">施工单位</td><td colspan="2">××建筑工程公司</td><td>项目经理</td><td>×××</td></tr>
<tr><td colspan="3">分包单位</td><td colspan="2">××电梯设备安装公司</td><td>分包项目经理</td><td>×××</td></tr>
<tr><td colspan="3">施工执行标准名称及编号</td><td colspan="4">《电梯工程施工工艺标准》(QB ×××—2006)</td></tr>
<tr><td colspan="5">施工质量验收规范的规定</td><td>施工单位检查评定记录</td><td>监理（建设）单位验收记录</td></tr>
<tr><td rowspan="3">主控项目</td><td rowspan="3" colspan="2">随机文件必须包括</td><td>土建布置图</td><td rowspan="3">《电梯工程施工质量验收规范》(GB 50310—2002) 第 4.1.1 条 第 5.1.1 条</td><td>✓</td><td rowspan="3">同意验收</td></tr>
<tr><td>产品出厂合格证</td><td>✓</td></tr>
<tr><td>门锁装置、退速器、安全钳及缓冲器的形式试验证书复印件</td><td>✓</td></tr>
<tr><td rowspan="6">一般项目</td><td rowspan="4">1</td><td rowspan="4">随机文件还应包括</td><td>装箱单</td><td rowspan="4">《电梯工程施工质量验收规范》(GB 50310—2002) 第 4.1.2 条 第 5.1.2 条</td><td>✓</td><td rowspan="6">同意验收</td></tr>
<tr><td>安装、使用维护说明书</td><td>✓</td></tr>
<tr><td>动力和安全电路的电气原理图</td><td>✓</td></tr>
<tr><td>液压系统原理图</td><td>✓</td></tr>
<tr><td>2</td><td colspan="2">设备零部件与装箱单</td><td>内容相符</td><td>✓</td></tr>
<tr><td>3</td><td colspan="2">设备外观</td><td>无明显损坏</td><td>✓</td></tr>
<tr><td colspan="2" rowspan="2">施工单位检查评定结果</td><td colspan="2">专业工长（施工员）</td><td>×××</td><td>施工班组长</td><td>×××</td></tr>
<tr><td colspan="5">经检查，主控项目、一般项目均符合《电梯工程施工质量验收规范》(GB 50310—2002) 的规定，评定为合格。
项目专业质量检查员：×××　　××年×月×日</td></tr>
<tr><td colspan="2">监理（建设）单位验收结论</td><td colspan="5">同意施工单位评定结果，验收合格。
专业监理工程师：×××
（建设单位项目专业技术负责人）　　××年×月×日</td></tr>
</table>

《电梯安装工程设备进场质量验收记录表》填表说明：

1）主控项目：

随机文件必须包括下列资料：

①土建布置图。

②产品出厂合格证。

③门锁装置、限速器、安全钳及缓冲器的形式试验证书复印件。

2）一般项目：

①随机文件还应包括下列资料：

a. 装箱单。

b. 安装、使用维护说明书。

c. 动力电路和安全电路的电气原理图。

②设备零部件应与装箱单内容相符。

③设备外观不应存在明显的损坏。

2. 土建交接检验

(1) 电梯机房、井道预检记录。

表 5-3 **电梯机房、井道预检记录**

编号：×××

<table>
<tr><td>工程名称</td><td colspan="2">××工程</td><td>检查日期</td><td colspan="2">××年×月×日</td></tr>
<tr><td>土建设计图号</td><td colspan="2">×××</td><td>电梯厂设计图号</td><td colspan="2">×××</td></tr>
<tr><td>同机房电梯数</td><td>2 台</td><td>同井道电梯数</td><td>1 台</td><td>楼层数</td><td>18 层</td></tr>
<tr><td colspan="2">检测内容</td><td>设计要求</td><td>检测数据</td><td>偏差数值</td><td>具体部位</td></tr>
<tr><td colspan="2">机房高度</td><td>2450mm</td><td>2440mm</td><td>－10mm</td><td>整体低于设计高度</td></tr>
<tr><td colspan="2">机房宽度</td><td>3140mm</td><td>3120mm</td><td>－20mm</td><td>整体窄于设计宽度</td></tr>
<tr><td colspan="2">机房深度</td><td>5655mm</td><td>5640mm</td><td>－15mm</td><td>整体小于设计深度</td></tr>
<tr><td colspan="2">地板承重</td><td>R1＝6600kg
R2＝4800kg</td><td>安装无误</td><td></td><td></td></tr>
<tr><td colspan="2">预留孔洞</td><td>250mm×250mm</td><td>250mm×250mm</td><td>±0</td><td></td></tr>
<tr><td colspan="2">吊钩埋设</td><td>2700kg</td><td>2700kg</td><td></td><td></td></tr>
<tr><td colspan="2">井道宽度</td><td>2100mm</td><td>2080mm</td><td>－20mm</td><td>整体</td></tr>
<tr><td colspan="2">井道深度</td><td>2220mm</td><td>2180mm</td><td>－40mm</td><td>整体</td></tr>
<tr><td colspan="2">顶层高度</td><td>5100mm</td><td>5050mm</td><td>－50mm</td><td>整体</td></tr>
<tr><td colspan="2">标准层高</td><td>3350mm</td><td>3350mm</td><td>±0mm</td><td></td></tr>
<tr><td colspan="2">底坑深度</td><td>1550mm</td><td>1550mm</td><td>±0mm</td><td></td></tr>
<tr><td colspan="2">井道偏斜</td><td>30mm</td><td>30mm</td><td>±0</td><td></td></tr>
<tr><td colspan="2">混凝土梁间距</td><td>2200mm</td><td>2200mm</td><td>±0</td><td></td></tr>
<tr><td colspan="2">埋铁位置</td><td>/</td><td></td><td>/</td><td></td></tr>
<tr><td colspan="2">层门尺寸</td><td>1100mm×2200mm</td><td>1100mm×2200mm</td><td>±0</td><td>厅门</td></tr>
<tr><td rowspan="2">盒洞</td><td>召唤开关</td><td>100mm×240mm</td><td>150mm×250mm</td><td>(＋50)×(＋10)</td><td>厅门外</td></tr>
<tr><td>楼层指示</td><td>250mm×520mm</td><td>240mm×550mm</td><td>(－10)×(＋30)</td><td>整体</td></tr>
<tr><td colspan="6">检查意见：

实测机房井道有偏差，但不影响电梯安装及运行。</td></tr>
<tr><td colspan="2">土建单位</td><td>××建筑工程公司</td><td>安装单位</td><td colspan="2">××电梯设备安装公司</td></tr>
<tr><td rowspan="2">签字栏</td><td>土建技术负责人</td><td>专业技术负责人</td><td>专业质检员</td><td colspan="2">专业工长</td></tr>
<tr><td>×××</td><td>×××</td><td>×××</td><td colspan="2">×××</td></tr>
</table>

注：本表由施工单位填写并保存。

(2) 电梯安装土建交接质量验收记录表。

表 5-4　　电梯安装土建交接质量验收记录表
GB 50310—2002

090102□□
090202□□

<table>
<tr><td colspan="3">单位（子单位）工程名称</td><td colspan="4">××工程</td></tr>
<tr><td colspan="3">分部（子分部）工程名称</td><td colspan="2">电梯安装</td><td>验收部位</td><td>×××</td></tr>
<tr><td colspan="3">施工单位</td><td colspan="2">××建筑工程公司</td><td>项目经理</td><td>×××</td></tr>
<tr><td colspan="3">分包单位</td><td colspan="2">××电梯设备安装公司</td><td>分包项目经理</td><td>×××</td></tr>
<tr><td colspan="3">施工执行标准名称及编号</td><td colspan="4">《电梯工程施工工艺标准》(QB ×××—2006)</td></tr>
<tr><td colspan="4">施工质量验收规范的规定</td><td colspan="2">施工单位检查评定记录</td><td>监理（建设）单位验收记录</td></tr>
<tr><td rowspan="3">主控项目</td><td>1</td><td>机房内部、井道土建（钢架）结构布置</td><td>必须符合电梯土建布置图要求</td><td colspan="2">√</td><td rowspan="3">同意验收</td></tr>
<tr><td>2</td><td>主电源开关</td><td>第 4.2.2 条</td><td colspan="2">√</td></tr>
<tr><td>3</td><td>井道</td><td>第 4.2.3 条</td><td colspan="2">√</td></tr>
<tr><td rowspan="2">一般项目</td><td>1</td><td>机房还应符合的规定</td><td>第 4.2.4 条</td><td colspan="2">√</td><td rowspan="2">同意验收</td></tr>
<tr><td>2</td><td>井道还应符合的规定</td><td>第 4.2.5 条</td><td colspan="2">√</td></tr>
<tr><td colspan="2" rowspan="2">施工单位检查评定结果</td><td>专业工长（施工员）</td><td>×××</td><td>施工班组长</td><td colspan="2">×××</td></tr>
<tr><td colspan="5">经检查，主控项目、一般项目均符合《电梯工程施工质量验收规范》(GB 50310—2002) 的规定，评定为合格。

项目专业质量检查员：×××　　××年×月×日</td></tr>
<tr><td colspan="2">监理（建设）单位验收结论</td><td colspan="5">同意施工单位评定结果，验收合格。

专业监理工程师：×××
（建设单位项目专业技术负责人）　　××年×月×日</td></tr>
</table>

《电梯安装土建交接质量验收记录表》填表说明：

1）主控项目：

①机房（如果有）内部、井道土建（钢架）结构及布置必须符合电梯土建布置图的要求。

②主电源开关必须符合下列规定：

a. 主电源开关应能够切断电梯正常使用情况下最大电流。

b. 对有机房电梯该开关应能从机房入口处方便地接近。

c. 对无机房电梯该开关应设置在井道外工作人员方便接近的地方，且应具有必要的安全防护。

③井道必须符合下列规定：

a. 当底坑底面下有人员能到达的空间存在，且对重（或平衡重）上未设有安全钳装置时，对重缓冲器必须能安装在（或平衡重运行区域的下边必须）一直延伸到坚固地面上的实心桩墩上。

b. 电梯安装之前，所有层门预留孔必须设有高度不小于1.2m的安全保护围封，并应保证有足够的强度。

c. 当相邻两层门地坎间的距离大于11m时，其间必须设置井道安全门，井道安全门严禁向井道内开启，且必须装有安全门处于关闭时电梯才能运行的电气安全装置。当相邻轿厢间有相互救援用轿厢安全门时，可不执行本要求。

2）一般项目：

①机房（如果有）还应符合下列规定：

a. 机房内应设有固定的电气照明，地板表面上的照度不应小于200lx。机房内应设置一个或多个电源插座。在机房内靠近入口的适当高度处应设有一个开关或类似装置控制机房照明电源。

b. 机房内应通风，从建筑物其他部分抽出的陈腐空气，不得排入机房内。

c. 应根据产品供产商的要求，提供设备进场所需要的通道和搬运空间。

d. 电梯工作人员应能方便地进入机房或滑轮间，而不需要临时借助于其他辅助设施。

e. 机房应采用经久耐用且不易产生灰尘的材料建造，机房内的地板应采用防滑材料。

注：此项可在电梯安装后验收。

f. 在一个机房内，当有两个以上不同平面的工作平台，且相邻平台高度差大于0.5m时，应设置楼梯或台阶，并应设置高度不小于0.9m的安全防护栏杆。当机房地面有深度大于0.5m的凹坑或槽坑时，均应盖住。供人员活动空间和工作台面以上的净高度不应小于1.8m。

g. 供人员进出的检修活板门应有不小于0.8m×0.8m的净通道，开门到位后应能自行保持在开启位置。检修活板门关闭后应能支撑两个人的重量（每个人按在门的任意

0.2m×0.2m 面积上作用 1000N 的力计算），不得有永久性变形。

h. 门或检修活板门应装有带钥匙的锁，它应从机房内不用钥匙打开。只供运送器材的活板门，可只在机房内部锁住。

i. 电源零线和接地线应分开，机房内接地装置的接地电阻值不应大于 4Ω。

j. 机房应有良好的防渗、防漏水保护。

②井道还应符合下列规定：

a. 井道尺寸是指垂直于电梯设计运行方向的井道截面沿电梯设计运行方向投影所测定的井道最小净空尺寸，该尺寸应和土建布置图所要求的一致，允许偏差应符合下列规定：

a）当电梯行程高度小于等于 30m 时为 0～＋25mm。

b）当电梯行程高度大于 30m 且小于等于 60m 时为 0～＋35mm。

c）当电梯行程高度大于 60m 且小于等于 90m 时为 0～＋50mm。

d）当电梯行程高度大于 90m 时，允许偏差应符合土建布置图要求。

b. 全封闭或部分封闭的井道，井道的隔离保护、井道壁、底坑底面和顶板应具有安装电梯部件所需要的足够强度，应采用非燃烧材料建造，且应不易产生灰尘。

c. 当底坑深度大于 2.5m 且建筑物布置允许时，应设置一个符合安全门要求的底坑进口；当没有进入底坑的其他通道时，应设置一个从层门进入底坑的永久性装置，且此装置不得凸入电梯运行空间。

d. 井道应为电梯专用，井道内不得装设与电梯无关的设备、电缆等。井道可装设采暖设备，但不得采用蒸汽和水作为热源，且采暖设备的控制与调节装置应装在井道外面。

e. 井道内应设置永久性电气照明，井道内照度应不小于 50lx，井道最高点和最低点 0.5m 以内应各装一盏灯，再设中间灯，并分别在机房和底坑设置一控制开关。

f. 装有多台电梯的井道内各电梯的底坑之间应设置最低点离底坑地面不大于 0.3m，且至少延伸到最底层站楼面以上 2.5m 高度的隔障，在隔障宽度方向上隔障与井道壁之间的间隙不应大于 150mm。

当轿顶边缘和相邻电梯运动部件（轿厢、对重与平衡重）之间的水平距离小于 0.5m 时，隔障应延长贯穿整个井道的高度。隔障的宽度不得小于被保护的运动部件（或其部分）的宽度每边再各加 0.1m。

g. 底坑内应有良好的防渗、防漏水保护，底坑内不得有积水。

h. 每层楼面应有水平面基准标识。

3. 电梯驱动主机安装

（1）电梯承重梁、起重吊环埋设隐蔽工程检查记录。

表 5-5　　电梯承重梁、起重吊环埋设隐蔽工程检查记录

编号：×××

工程名称	××工程	隐检项目	承重梁、起重吊环埋设		
检查部位	电梯机房承重梁	填写日期	××年×月×日		
施工日期	××年×月×日	天气情况	晴	气温（℃）	28

≥20
1－砖墙
2－承重梁
3－钢筋混凝土梁
4－墙中心线
≥75
墙中心线
曳引机承重钢梁
δ>16 钢板

承重梁规格	2700mm×280mm×120mm	数量	2 根	承重墙类型	现浇	厚度	240mm
埋设长度	160mm	过墙中心	40mm	梁垫规格	20mm×200mm×170mm		
焊接情况	满焊	防腐措施	防锈漆	梁端封固	型钢焊接、混凝土灌注		

起重吊环设计荷载	3000kg		起重吊环材料规格	A3，ϕ24
混凝土承重梁位置规格	2620mm×2000mm		吊环与钢筋锚固形式	焊接
A3 圆钢吊环荷载	ϕ16，1.5t	ϕ20，2.1t	ϕ22，2.7t	ϕ24，3.3t

检查意见	复查意见
承重梁两端埋深超过墙体中心 40mm，埋设长度 160mm，梁下垫 20mm 钢板，固定可靠，焊接牢固。 日期：××年×月×日	经查，承重梁架设平稳牢固，埋设深度符合规范要求，复查合格。 日期：××年×月×日

签字栏	建设（监理）单位	安装单位	××电梯设备安装公司	
		专业技术负责人	专业质检员	专业工长
	×××	×××	×××	×××

注：本表由施工单位填写，建设单位、施工单位、城建档案馆各保存一份。

（2）电梯驱动主机安装工程质量验收记录表（曳引式或强制式）。

表 5-6　　电梯驱动主机安装工程质量验收记录表（曳引式或强制式）

GB 50310—2002

090103□□

单位（子单位）工程名称	××工程				
分部（子分部）工程名称	电梯安装			验收部位	×××
施工单位	××建筑工程公司			项目经理	×××
分包单位	××电梯设备安装工程公司			分包项目经理	×××
施工执行标准名称及编号	《电梯工程施工工艺标准》（QB ×××—2006）				
施工质量验收规范的规定				施工单位检查评定记录	监理（建设）单位验收记录
主控项目	驱动主机安装		第 4.3.1 条	√	同意验收
一般项目	1	主机承重埋设	第 4.3.2 条	√	同意验收
	2	制动器动作、制动间隙	第 4.3.3 条	√	
	3	驱动主机及其底座与梁安装	产品设计要求	√	
	4	驱动主机减速箱内油量	应在限定范围内	√	
	5	机房内钢丝绳与楼板孔洞间隙	第 4.3.6 条	√	
	专业工长（施工员）		×××	施工班组长	×××
施工单位检查评定结果	经检查，主控项目、一般项目均符合《电梯工程施工质量验收规范》（GB 50310—2002）的规定，评定为合格。 项目专业质量检查员：×××　　××年×月×日				
监理（建设）单位验收结论	同意施工单位评定结果，验收合格。 专业监理工程师：××× （建设单位项目专业技术负责人）　　××年×月×日				

《电梯驱动主机安装工程质量验收记录表》填表说明：

1）主控项目：紧急操作装置动作必须正常。可拆卸的装置必须置于驱动主机附近易接近处，紧急救援操作说明必须贴于紧急操作时易见处。

2）一般项目：

①当驱动主机承重梁需埋入承重墙时，埋入端长度应超过墙厚中心至少 20mm，且支承长度不应小于 75mm。

②制动器动作应灵活，制动间隙调整应符合产品设计要求。

③驱动主机、驱动主机底座与承重梁的安装应符合产品设计要求。

④驱动主机减速箱（如果有）内油量应在油标所限定的范围内。

⑤机房内钢丝绳与楼板孔洞边间隙应为 20～40mm，通向井道的孔洞四周应设置高度不小于 50mm 的台缘。

4. 电梯导轨安装

(1) 电梯钢丝绳头灌注隐蔽工程检查记录。

表 5-7　电梯钢丝绳头灌注隐蔽工程检查记录

编号：×××

<table>
<tr><td>工程名称</td><td colspan="3">××工程</td><td>隐检项目</td><td colspan="3">钢丝绳头灌注</td></tr>
<tr><td>操作场地</td><td colspan="3">×××</td><td>填写日期</td><td colspan="3">××年×月×日</td></tr>
<tr><td>操作日期</td><td colspan="3">××年×月×日</td><td>天气情况</td><td>阴</td><td>气温/℃</td><td>28</td></tr>
<tr><td>钢绳用途</td><td>曳引</td><td>钢绳规格</td><td>ϕ16</td><td>锥套数</td><td colspan="3">共 19 个</td></tr>
<tr><td>隐检内容</td><td colspan="7">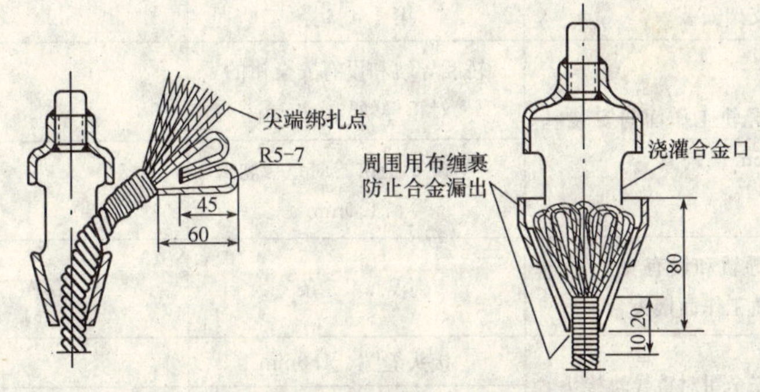

将钢丝绳清洗干净，绳头分段后，每股端部绑扎防止散丝；去掉麻芯，各绳股向中心弯曲后，拉入锥套内；将锥金加热 40～50℃，熔化合金温度 270～400℃；必须一次与锥套浇平，严禁一个锥套二次浇灌。</td></tr>
<tr><td>检查意见</td><td colspan="3">监察绳头组合现场制作全过程，完全符合全部要求。
日期：××年×月×日</td><td>复查意见</td><td colspan="3">复查合格
日期：××年×月×日</td></tr>
<tr><td rowspan="3">签字栏</td><td rowspan="2">建设（监理）单位</td><td colspan="2">安装单位</td><td colspan="4">××电梯设备安装公司</td></tr>
<tr><td colspan="2">专业技术负责人</td><td colspan="2">专业质检员</td><td colspan="2">专业工长</td></tr>
<tr><td>×××</td><td colspan="2">×××</td><td colspan="2">×××</td><td colspan="2">×××</td></tr>
</table>

注：本表由施工单位填写，建设单位、施工单位、城建档案馆各保存一份。

(2) 电梯导轨安装工程质量验收记录表。

表 5-8 **电梯导轨安装工程质量验收记录表**

GB 50310—2002

090104□□

090204□□

<table>
<tr><td colspan="2">单位（子单位）工程名称</td><td colspan="4">××工程</td></tr>
<tr><td colspan="2">分部（子分部）工程名称</td><td colspan="2">电梯安装</td><td>验收部位</td><td>×××</td></tr>
<tr><td colspan="2">施工单位</td><td colspan="2">××建筑工程公司</td><td>项目经理</td><td>×××</td></tr>
<tr><td colspan="2">分包单位</td><td colspan="2">××电梯设备安装工程公司</td><td>分包项目经理</td><td>×××</td></tr>
<tr><td colspan="2">施工执行标准名称及编号</td><td colspan="4">《电梯工程施工工艺标准》（QB ×××—2006）</td></tr>
<tr><td colspan="4">施工质量验收规范的规定</td><td>施工单位检查评定记录</td><td>监理（建设）单位验收记录</td></tr>
<tr><td colspan="2">主控项目</td><td>导轨安装位置</td><td>设计要求</td><td>✓</td><td>同意验收</td></tr>
<tr><td rowspan="8">一般项目</td><td rowspan="2">1</td><td rowspan="2">两列导轨顶面间的距离偏差</td><td>轿厢导轨 0～+2mm</td><td>✓</td><td rowspan="8">同意验收</td></tr>
<tr><td>对重导轨 0～+3mm</td><td>✓</td></tr>
<tr><td>2</td><td>导轨支架安装</td><td>第 4.4.3 条</td><td>✓</td></tr>
<tr><td rowspan="2">3</td><td rowspan="2">每列导轨工作面与安装基准线每 5m 偏差值</td><td>轿厢导轨和设有安全钳的对重导轨≤0.6mm</td><td>✓</td></tr>
<tr><td>不设安全钳的对重导轨≤1.0mm</td><td></td></tr>
<tr><td>4</td><td>轿厢导轨和设有安全钳的对重导轨工作面接头</td><td>第 4.4.5 条</td><td>✓</td></tr>
<tr><td rowspan="2">5</td><td rowspan="2">不设安全钳对重导轨接头</td><td>接头缝隙≤1.0mm</td><td></td></tr>
<tr><td>接头台阶≤0.15mm</td><td></td></tr>
<tr><td rowspan="2" colspan="2">施工单位检查评定结果</td><td>专业工长（施工员）</td><td>×××</td><td>施工班组长</td><td>×××</td></tr>
<tr><td colspan="4">**经检查，主控项目、一般项目均符合《电梯工程施工质量验收规范》（GB 50310—2002）的规定，评定为合格。**
项目专业质量检查员：××× ××年×月×日</td></tr>
<tr><td colspan="2">监理（建设）单位验收结论</td><td colspan="4">**同意施工单位评定结果，验收合格。**
专业监理工程师：×××
（建设单位项目专业技术负责人） ××年×月×日</td></tr>
</table>

《电梯导轨安装工程质量验收记录表》填表说明：

1）主控项目：导轨安装位置必须符合土建布置图要求。

2）一般项目：

①两列导轨顶面间的距离偏差应为：轿厢导轨 0～+2mm；对重导轨 0～+3mm。

②导轨支架在井道壁上的安装应固定可靠。预埋件应符合土建布置图要求。锚栓（如膨胀螺栓等）固定应在井道壁的混凝土构件上使用，其连接强度与承受振动的能力应满足

电梯产品设计要求，混凝土构件的压缩强度应符合土建布置图要求。

③每列导轨工作面（包括侧面与顶面）与安装基准线每5m的偏差均不应大于下列数值：轿厢导轨和设有安全钳的对重（平衡重）导轨为小于等于0.6mm；不设安全钳的对重（平衡重）导轨为小于等于1.0mm。

④轿厢导轨和设有安全钳的对重（平衡重）导轨工作面接头处不应有连续缝隙，导轨接头处台阶不应大于0.05mm。如超过应修平，修平长度应大于150mm。

⑤不设安全钳的对重（平衡重）导轨接头处缝隙不应大于1.0mm，导轨工作面接头处台阶不应大于0.15mm。

5. 电梯门系统安装

(1) 电梯导轨、层门的支架、螺栓埋设隐蔽工程检查记录。

表 5-9　　电梯导轨、层门的支架、螺栓埋设隐蔽工程检查记录

编号：×××

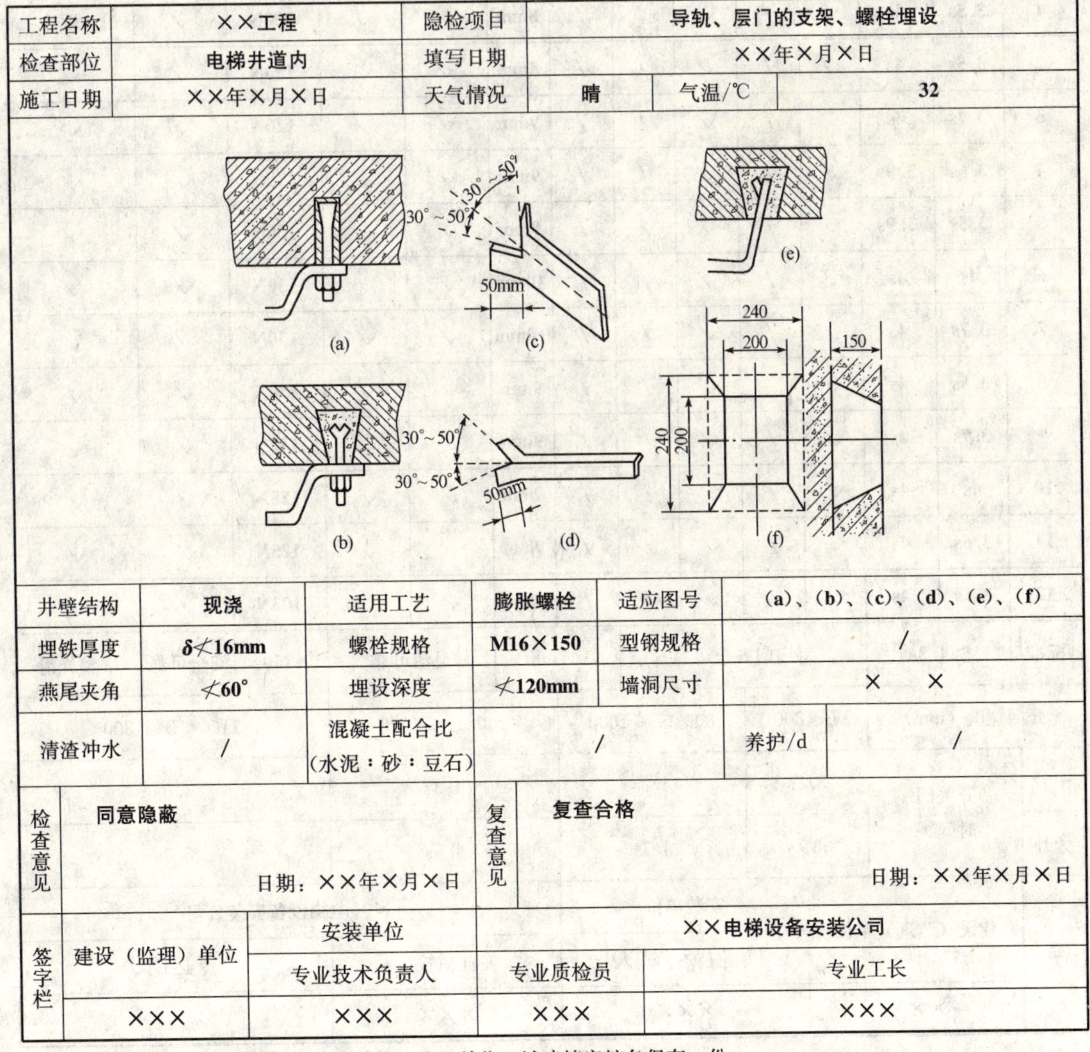

工程名称	××工程	隐检项目	导轨、层门的支架、螺栓埋设		
检查部位	电梯井道内	填写日期	××年×月×日		
施工日期	××年×月×日	天气情况	晴	气温/℃	32

井壁结构	现浇	适用工艺	膨胀螺栓	适应图号	(a)、(b)、(c)、(d)、(e)、(f)
埋铁厚度	δ≮16mm	螺栓规格	M16×150	型钢规格	/
燕尾夹角	≮60°	埋设深度	≮120mm	墙洞尺寸	× ×
清渣冲水	/	混凝土配合比（水泥：砂：豆石）	/	养护/d	/

检查意见	同意隐蔽 日期：××年×月×日	复查意见	复查合格 日期：××年×月×日

签字栏	建设（监理）单位	安装单位	××电梯设备安装公司	
		专业技术负责人	专业质检员	专业工长
	×××	×××	×××	×××

注：本表由施工单位填写，建设单位、施工单位、城建档案馆各保存一份。

（2）电梯层门安全装置检验记录。

表 5-10 电梯层门安全装置检验记录

编号：×××

工程名称	××工程				日期	××年×月×日	
层、站、门	12/12/12	开门方式	中分 ☑ 旁开 □	开门宽度 B（mm）	900	门扇数	2
门锁装置铭牌制造厂名称	×××电梯部件有限公司				有效期至	××年×月×日	
形式试验标志及试验单位	国家电梯质量监督检验中心						

层站	开门时间	关门时间	联锁安全触点				啮合长度		自闭功能		关门阻止力	紧急开锁装置	层门地坎护脚板
			左1	左2	右1	右2	左	右	左	右			
1	3.5s	4s	√	/	√	/	/	8mm	√	√	130N	√	√
2	3.5s	4s	√	/	√	/	/	8mm	√	√	130N	√	√
3	3.7s	4s	√	/	√	/	/	9mm	√	√	120N	√	√
4	3.6s	3.9s	√	/	√	/	/	9mm	√	√	125N	√	√
5	3.5s	3.9s	√	/	√	/	/	9mm	√	√	130N	√	√
6	4s	4s	√	/	√	/	/	10mm	√	√	130N	√	√
7	3.7s	4s	√	/	√	/	/	10mm	√	√	130N	√	√
8	3.6s	4s	√	/	√	/	/	9mm	√	√	130N	√	√
9	3.7s	4s	√	/	√	/	/	9mm	√	√	130N	√	√
10	4s	4s	√	/	√	/	/	9mm	√	√	125N	√	√
11	3.6s	4s	√	/	√	/	/	9mm	√	√	125N	√	√
12	3.5s	4s	√	/	√	/	/	10mm	√	√	103N	√	√
标准	≯4.3s		每扇门齐全可靠				≮7mm		灵活可靠		≯150N	安全可靠	平整光滑

开门宽度（mm）		B≤800	800<B≤1000	100<B≤1100	1100<B≤1300
中分	开关门时间≯	3.2s	4.0s	4.3s	4.9s
旁开		3.7s	4.3s	4.9s	5.9s

签字栏	建设（监理）单位	安装单位	××电梯设备安装公司	
		专业技术负责人	专业质检员	专业工长
	×××	×××	×××	×××

注：本表由施工单位填写，建设单位、施工单位、城建档案馆各保存一份。

（3）电力电梯门系统安装工程质量验收记录表。

表 5-11　　　　电梯门系统安装工程质量验收记录表

GB 50310—2002

090105□□

090205□□

<table>
<tr><td colspan="3">单位（子单位）工程名称</td><td colspan="3">××工程</td></tr>
<tr><td colspan="3">分部（子分部）工程名称</td><td>电梯安装</td><td>验收部位</td><td>×××</td></tr>
<tr><td colspan="3">施工单位</td><td>××建筑工程公司</td><td>项目经理</td><td>×××</td></tr>
<tr><td colspan="3">分包单位</td><td>××电梯设备安装公司</td><td>分包项目经理</td><td>×××</td></tr>
<tr><td colspan="3">施工执行标准名称及编号</td><td colspan="3">《电梯工程施工工艺标准》（QB ×××—2006）</td></tr>
<tr><td colspan="4">施工质量验收规范的规定</td><td>施工单位检查评定记录</td><td>监理（建设）单位验收记录</td></tr>
<tr><td rowspan="4">主控项目</td><td>1</td><td>层门地坎至轿厢地坎间距离偏差</td><td>第 4.5.1 条</td><td>✓</td><td rowspan="4">同意验收</td></tr>
<tr><td>2</td><td>层门强迫关门装置</td><td>必须动作正常</td><td>✓</td></tr>
<tr><td>3</td><td>水平滑动门关门开始 1/3 行程之后，阻止关门的力</td><td>≤150N</td><td>✓</td></tr>
<tr><td>4</td><td>层门锁钩动作</td><td>第 4.5.4 条</td><td>✓</td></tr>
<tr><td rowspan="5">一般项目</td><td>1</td><td>门刀与层门地坎、门锁滚轮与轿厢地坎间隙</td><td>≥5mm</td><td>✓</td><td rowspan="5">同意验收</td></tr>
<tr><td rowspan="2">2</td><td>层门地坎水平度</td><td>≤2/1000</td><td rowspan="2">✓</td></tr>
<tr><td>层门地坎应高出装修地面</td><td>2～5mm</td></tr>
<tr><td>3</td><td>层门指示灯、盒及各显示安装</td><td>第 4.5.7 条</td><td>✓</td></tr>
<tr><td>4</td><td>门扇及其与周边间隙</td><td>第 4.5.8 条</td><td>✓</td></tr>
<tr><td colspan="2" rowspan="2">施工单位检查评定结果</td><td>专业工长（施工员）</td><td>×××</td><td>施工班组长</td><td>×××</td></tr>
<tr><td colspan="4">经检查，主控项目、一般项目均符合《电梯工程施工质量验收规范》（GB 50310—2002）的规定，评定为合格。
项目专业质量检查员：×××　　××年×月×日</td></tr>
<tr><td colspan="2">监理（建设）单位验收结论</td><td colspan="4">同意施工单位评定结果，验收合格。
专业监理工程师：×××
（建设单位项目专业技术负责人）　　××年×月×日</td></tr>
</table>

《电梯门系统安装工程质量验收记录表》填表说明：

1）主控项目：

①层门地坎至轿厢地坎之间的水平距离偏差为 0～＋3mm，且最大距离严禁超过 35mm。

②层门强迫关门装置必须动作正常。

③动力操纵的水平滑动门在关门开始的 1/3 行程之后，阻止关门的力严禁超过 150N。

④层门锁钩必须动作灵活，在证实锁紧的电气安全装置动作之前，锁紧元件的最小啮合长度为 7mm。

2）一般项目：

①门刀与层门地坎、门锁滚轮与轿厢地坎间隙不应小于 5mm。

②层门地坎水平度不得大于 2/1000，地坎应高出装修地面 2～5mm。

③层门指示灯盒、召唤盒和消防开关盒应安装正确，其面板与墙面贴实，横竖端正。

④门扇与门扇、门扇与门套、门扇与门楣、门扇与门口处轿壁、门扇下端与地坎的间隙，乘客电梯不应大于 6mm，载货电梯不应大于 8mm。

6. 电梯轿厢及对重安装

(1) 轿厢平层准确度测量记录。

表 5-12　　轿厢平层准确度测量记录

编号：×××

工程名称	××工程				日期	××年×月×日	
额定速度（m/s）	1.6	层站	12/12	驱动方式	vvvf	层高（m）	36
达速层数	单层	标准	±15	测量工具	深度卡尺	单位	mm
上行				下行			
起层	停层	空载	满载	起层	停层	空载	满载
1	2	0.5	−0.3	12	11	1.2	1
2	3	0.4	0.6	11	10	1.3	0.7
3	4	0.5	0.7	10	9	0.5	0.5
4	5	−0.3	0.2	9	8	0.7	0.2
5	6	0.4	−0.4	8	7	−0.4	−0.5
6	7	0.5	−0.1	7	6	0.7	0.3
7	8	0.8	0.6	6	5	0.5	0.4
8	9	−0.05	−0.2	5	4	0.6	0.5
9	10	1	0.6	4	3	−0.5	−0.5
10	11	0.8	0.8	3	2	−0.4	−0.3
11	12	0.9	−0.3	2	1	0.3	0.5
12				1			

签字栏	建设（监理）单位	安装单位	××电梯设备安装公司	
		专业技术负责人	专业质检员	专业工长
	×××	×××	×××	×××

注：本表由施工单位填写，建设单位、施工单位各保存一份。

（2）电梯轿厢及对重安装工程质量验收记录表。

表 5-13　　**电梯轿厢及对重安装工程质量验收记录表**

GB 50310—2002

090106□□

090206□□

单位（子单位）工程名称		××工程			
分部（子分部）工程名称		电梯安装		验收部位	×××
施工单位		××建筑工程公司		项目经理	×××
分包单位		××电梯设备安装工程公司		分包项目经理	×××
施工执行标准名称及编号		《电梯工程施工工艺标准》（QB ×××—2006）			
施工质量验收规范的规定				施工单位检查评定记录	监理（建设）单位验收记录
主控项目	1	玻璃轿壁扶手的设置	第 4.6.1 条	√	同意验收
一般项目	1	反绳轮应设防护装置	第 4.6.2 条	√	同意验收
	2	轿顶防护及警示标识	第 4.6.3 条	√	
	3	反绳轮和挡绳装置	第 4.7.1 条	√	
	4	对重（平衡重）块安装	第 4.7.2 条	√	
施工单位检查评定结果	专业工长（施工员）	×××		施工班组长	×××
	经检查，主控项目、一般项目均符合《电梯工程施工质量验收规范》（GB 50310—2002）的规定，评定为合格。 项目专业质量检查员：×××				××年×月×日
监理（建设）单位验收结论	同意施工单位评定结果，验收合格。 专业监理工程师：××× （建设单位项目专业技术负责人）				××年×月×日

《电梯轿厢及对重安装工程质量验收记录表》填表说明：

1）主控项目：当距轿底面在 1.1m 以下使用玻璃轿壁时，必须在距轿底面 0.9～1.1m 的高度安装扶手，且扶手必须独立地固定，不得与玻璃有关。

2）一般项目：

①当轿厢有反绳轮时，反绳轮应设置防护装置和挡绳装置。

②当轿顶外侧边缘至井道壁水平方向的自由距离大于 0.3m 时，轿顶应装设防护栏及警示性标识。

③当对重（平衡重）架有反绳轮时，反绳轮应设置防护装置和挡绳装置。

④对重（平衡重）块安装应可靠固定。

7. 电梯安全部件安装

电梯安全部件安装工程质量验收记录表。

表 5-14　　　　**电梯安全部件安装工程质量验收记录表**

GB 50310—2002

090107□□

090207□□

<table>
<tr><td colspan="3">单位（子单位）工程名称</td><td colspan="4">××工程</td></tr>
<tr><td colspan="3">分部（子分部）工程名称</td><td colspan="2">电梯安装</td><td>验收部位</td><td>×××</td></tr>
<tr><td colspan="3">施工单位</td><td colspan="2">××建筑工程公司</td><td>项目经理</td><td>×××</td></tr>
<tr><td colspan="3">分包单位</td><td colspan="2">××电梯设备安装工程公司</td><td>分包项目经理</td><td>×××</td></tr>
<tr><td colspan="3">施工执行标准名称及编号</td><td colspan="4">《电梯工程施工工艺标准》（QB ×××—2006）</td></tr>
<tr><td colspan="4">施工质量验收规范的规定</td><td>施工单位检查评定记录</td><td colspan="2">监理（建设）单位验收记录</td></tr>
<tr><td rowspan="2">主控项目</td><td>1</td><td>限速器动作速度封记</td><td>第 4.8.1 条</td><td>√</td><td colspan="2" rowspan="2">同意验收</td></tr>
<tr><td>2</td><td>安全钳可调节封记</td><td>第 4.8.2 条</td><td>√</td></tr>
<tr><td rowspan="4">一般项目</td><td>1</td><td>限速器张紧位置安装位置</td><td>第 4.8.3 条</td><td>√</td><td colspan="2" rowspan="4">同意验收</td></tr>
<tr><td>2</td><td>安全钳与导轨间隙</td><td>设计要求</td><td>√</td></tr>
<tr><td>3</td><td>缓冲器撞板中心与缓冲器中心相关距离及偏差</td><td>第 4.8.5 条</td><td>√</td></tr>
<tr><td>4</td><td>液压缓冲器垂直度及充液量</td><td>第 4.8.6 条</td><td>√</td></tr>
<tr><td rowspan="2">施工单位检查评定结果</td><td colspan="2">专业工长（施工员）</td><td>×××</td><td>施工班组长</td><td colspan="2">×××</td></tr>
<tr><td colspan="6">经检查，主控项目、一般项目均符合《电梯工程施工质量验收规范》（GB 50310—2002）的规定，评定为合格。
项目专业质量检查员：×××　　　　××年×月×日</td></tr>
<tr><td>监理（建设）单位验收结论</td><td colspan="6">同意施工单位评定结果，验收合格。
专业监理工程师：×××
（建设单位项目专业技术负责人）　　　　××年×月×日</td></tr>
</table>

《电梯安全部件安装工程质量验收记录表》填表说明：

1）主控项目：

①限速器动作速度整定封记必须完好，且无拆动痕迹。

②当安全钳可调节时，整定封记应完好，且无拆动痕迹。

2）一般项目：

①限速器张紧装置与其限位开关相对位置安装应正确。

②安全钳与导轨的间隙应符合产品设计要求。

③轿厢在两端站平层位置时，轿厢、对重的缓冲器撞板与缓冲器顶面间的距离应符合土建布置图要求。轿厢、对重的缓冲器撞板中心与缓冲器中心的偏差不应大于 20mm。

④液压缓冲器柱塞铅垂度不应大于 0.5%，充液量应正确。

8. 电梯悬挂装置、随行电缆、补偿装置安装

电梯悬挂装置、随行电缆、补偿装置安装工程质量验收记录。

表 5-15　　电梯悬挂装置、随行电缆、补偿装置安装工程质量验收记录表

GB 50310—2002

090108□□

<table>
<tr><td colspan="3">单位（子单位）工程名称</td><td colspan="5">××工程</td></tr>
<tr><td colspan="3">分部（子分部）工程名称</td><td colspan="2">电梯安装</td><td colspan="2">验收部位</td><td>×××</td></tr>
<tr><td colspan="3">施工单位</td><td colspan="2">××建筑工程公司</td><td colspan="2">项目经理</td><td>×××</td></tr>
<tr><td colspan="3">分包单位</td><td colspan="2">××电梯设备安装工程公司</td><td colspan="2">分包项目经理</td><td>×××</td></tr>
<tr><td colspan="3">施工执行标准名称及编号</td><td colspan="5">《电梯工程施工工艺标准》(QB ×××—2006)</td></tr>
<tr><td colspan="4">施工质量验收规范的规定</td><td colspan="3">施工单位检查评定记录</td><td>监理（建设）单位验收记录</td></tr>
<tr><td rowspan="4">主控项目</td><td>1</td><td>绳头组合</td><td>第 4.9.1 条
第 5.9.1 条</td><td colspan="3">√</td><td rowspan="4">同意验收</td></tr>
<tr><td>2</td><td>钢丝绳严禁有死弯</td><td>第 4.9.2 条
第 5.9.2 条</td><td colspan="3">√</td></tr>
<tr><td>3</td><td>轿厢悬挂的二根绳（链）发生异常相对伸长时，电气安全开关动作可靠</td><td>第 4.9.3 条
第 5.9.3 条</td><td colspan="3">√</td></tr>
<tr><td>4</td><td>随行电缆严禁打结和波浪扭曲</td><td>第 4.9.4 条
第 5.9.4 条</td><td colspan="3">√</td></tr>
<tr><td rowspan="4">一般项目</td><td>1</td><td>每根钢丝绳张力与平均值偏差不大于5%</td><td>第 4.9.5 条
第 5.9.5 条</td><td colspan="3">√</td><td rowspan="4">同意验收</td></tr>
<tr><td>2</td><td>随行电缆的安装规定</td><td>第 4.9.6 条
第 5.9.6 条</td><td colspan="3">√</td></tr>
<tr><td>3</td><td>补偿绳、链、缆等补偿装置的端部应固定可靠</td><td>第 4.9.7 条</td><td colspan="3">√</td></tr>
<tr><td>4</td><td>张紧轮、补偿绳张紧的电气安全开关动作可靠，张紧轮应安防护装置</td><td>第 4.9.8 条</td><td colspan="3">√</td></tr>
<tr><td rowspan="2" colspan="2">施工单位检查评定结果</td><td colspan="2">专业工长（施工员）</td><td>×××</td><td colspan="2">施工班组长</td><td>×××</td></tr>
<tr><td colspan="6">经检查，主控项目、一般项目均符合《电梯工程施工质量验收规范》(GB 50310—2002)的规定，评定为合格。

项目专业质量检查员：×××　　××年×月×日</td></tr>
<tr><td colspan="2">监理（建设）单位验收结论</td><td colspan="6">同意施工单位评定结果，验收合格。

专业监理工程师：×××
（建设单位项目专业技术负责人）　　××年×月×日</td></tr>
</table>

《电梯悬挂装置、随行电缆、补偿装置安装工程质量验收记录表》填表说明：

1）主控项目：

①绳头组合必须安全可靠，且每个绳头组合必须安装防螺母松动和脱落的装置。

②钢丝绳严禁有死弯。

③当轿厢悬挂在两根钢丝绳或链条上，且其中一根钢丝绳或链条发生异常相对伸长时，为此装设的电气安全开关应动作可靠。

④随行电缆严禁有打结和波浪扭曲现象。

2）一般项目：

①每根钢丝绳张力与平均值偏差不应大于5%。

②随行电缆的安装应符合下列规定：

a. 随行电缆端部应固定可靠。

b. 随行电缆在运行中应避免与井道内其他部件干涉。当轿厢完全压在缓冲器上时，随行电缆不得与底坑地面接触。

③补偿绳、链、缆等补偿装置的端部应固定可靠。

④对补偿绳的张紧轮，验证补偿绳张紧的电气安全开关应动作可靠。张紧轮应安装防护装置。

9. 电梯电气装置安装

（1）电梯电气装置安装检查记录。

表 5-16　　电梯电气装置安装检查记录

编号：×××

施工名称		××工程	日期	××年×月×日
序号	检验项目	检验内容及其规范标准要求	检查结果	
1	主电源开关	位置在机房入口，各台易识别，容量适当，距地面1.3～1.5m	合格	
		不应切断与电源有关的照明、通风、插座及报警电路	合格	
2	机房照明	与电梯电源分开，在机房入口处设开关，地面照度不小于200lx	合格	
3	轿厢照明和通风电路	电源可由相应的主开关进线侧获得	合格	
		在相应主开关近旁设置电源开关进行控制	合格	
4	轿顶照明及插座	应装设照明装置，或设置安全电压的电源插座	合格	
		轿顶检修220V电源插座（2P+PE型）应设明显标志	合格	
5	井道照明	电源宜由机房照明回路获得，在机房和坑底设置控制开关	合格	
		在井道最高和最低处0.5m内各设一灯，并设中间灯，照度不小于50lx	合格	

（续一）

序号	检验项目	检验内容及其规范标准要求	检查结果
6	接地保护	所有电气设备的外露可导电部分均应可靠接地或接零	合格
		保护线和工作零线始终分开，保护线采用黄绿双色绝缘导线	合格
		保护干线截面积不得小于电源相线，支线应符合相关标准要求	合格
		各接地保护端应易识别，不得串联接地。接地电阻值应不大于 4Ω	合格
		电梯轿厢可利用随行电缆的钢芯或不少于 2 根芯线接地	合格
7	控制屏柜	布局合格，固定可靠，基础高出地面 50～100mm	**高 100mm**
		垂直度偏差不大于 1.5/1000	**≤1/1000**
		正面距门窗、维修侧距墙不小于 600mm，距机械设备不小于 500mm	合格
8	防护罩壳	在机房内必须防止直接触电。所有外壳防护等级最低为 IP2X	合格
9	线路敷设	各台电梯的供电电源应单独敷设或采取隔离措施	合格
		机房、井道内应使用金属电线管槽，严禁使用可燃性的管槽	合格

签字栏	建设（监理）单位	安装单位	**××电梯设备安装公司**	
		专业技术负责人	专业质检员	专业工长
	×××	×××	×××	×××

（续二）

序号	检验项目	检验内容及其规范标准要求		检查结果
序号	检验项目	检验内容及其规范标准要求		检查结果
10	电线管槽	距轿厢、钢绳	机房内不小于 50mm，井道内不小于 20mm	合格
		水平和垂直偏差	机房内不大于 2/1000	合格
			井道内不大于 5/1000，全长不大于 50mm	合格
		均应可靠接地或接零，但线槽、软管不得作保护接线使用		合格
		轿厢顶部电线应敷设在被固定的金属电线管、槽内		合格
11	电线槽	在机房地面敷设时，其壁厚不小于 1.5mm		合格
		位置正确，安装牢固，每根线槽不应少于 2 点固定		合格
		接口严密，出线口无毛刺，槽盖齐全平整，便于开启		合格
12	电线管	应用管卡子固定，间距均匀（符合电气安装标准）		合格
		与线槽、箱、盒连接处应用锁母锁紧，管口装设护口		合格
		暗敷设时，保护层厚度不小于 15mm		合格
13	金属软管	用于不易受机械损伤的分支线路，长度不大于 2m		合格
		不得损伤和松散，与箱、盒、设备连接处应使用专用接头		合格
		应安装平直牢固，固定点间距均匀且应不大于 1m		合格
		端头及拐弯处固定距离应不大于 0.3m，弯曲半径应不小于其外径的4 倍		合格
		与管、箱、盒应采用专用接地夹连接，保护线应采用截面积不小于 $4mm^2$ 的多股铜线		合格
14	轿厢操作盘及显示面板	应与轿壁贴实，洁净无划伤		合格
		按钮触动应灵活无卡阻，信号应清晰正确，无串光现象		合格
15	防腐	附属构架、电线槽、电线管等均应涂防锈漆或镀锌，无遗漏		合格

签字栏	建设（监理）单位	安装单位	××电梯设备安装公司	
		专业技术负责人	专业质检员	专业工长
	×××	×××	×××	×××

（续三）

序号	检验项目	检验内容及其规范标准要求	检查结果
16	导线敷设	应使用额定电压不低于500V的铜芯绝缘导线	合格
		电缆的绝缘或护套表面应有制造厂名、型号和电压的连续标志，标志应字迹清楚，容易辨认且耐擦	合格
		动力线路与控制线路应隔离敷设，抗干扰线路按产品要求	合格
		电线管、槽内无积水、污垢	合格
		接线编号齐全清晰。保护线端子、电压220V以上的端子和主电源断开后仍带电超过50V的端子应有明显标记	合格
		出入电线管、槽的电线应有护口或其他保护装置	合格
		电线槽拐弯、导线受力处应加绝缘衬垫，垂直部分应可靠固定	合格
		电线槽内导线总截面积不大于管内净截面积的40%	合格
		电线管内导线总截面积不大于槽内净截面积的60%	合格
		配线应绑扎整齐，留备用线，其长度与箱、盒内最长的导线相同	合格
		线槽内应减少接头，接头冷压端子压接可靠，绝缘良好	合格
		全部电线接头、连接端子及连接器应设置于柜、盒内或为此目的而设置的屏上	合格
		导线和电缆的保护外皮应完全进入开关和设备的壳体或应进入一个合适的封闭装置中	合格
		如果不需使用工具就能将连接件或插接式装置拔出时，则应保证重新插入时，绝不会插错	合格
17	绝缘电阻	导体之间、导体对地之间应大于1000Ω/V，动力电路和电气安全装置电路应大于等于0.5MΩ；控制回路和照明回路应大于等于0.25MΩ	合格

<table>
<tr><td rowspan="3">签字栏</td><td rowspan="2">建设（监理）单位</td><td>安装单位</td><td colspan="2">××电梯设备安装公司</td></tr>
<tr><td>专业技术负责人</td><td>专业质检员</td><td>专业工长</td></tr>
<tr><td>×××</td><td>×××</td><td>×××</td><td>×××</td></tr>
</table>

注：本表由施工单位填写，建设单位、施工单位各保存一份。

（2）电梯电气安全装置检验记录。

表 5-19　　**电梯电气安全装置检验记录**

编号：×××

施工名称	××工程	日期	××年×月×日

序号	检验项目	检验内容及其规范标准要求	检验结果
1	电源主开关	位置合理、容量适中、标志易识别	合格
2	断相、错相保护装置	断任一相电或错相，电梯停止，不能启动	正常
3	上、下限位开关	轿厢越程＞50mm时起作用	60mm
4	上、下极限开关	轿厢或对重撞缓冲器之前起作用	正常
5	上、下强迫缓速装置	位置符合产品设计要求，动作可靠	可靠
6	停止装置（安全、急停开关）	机房、底坑、轿顶进入位置不大于1m，红色、停止	合格
7	检修运行开关	轿顶优先、易接近、双稳态、防误操作	合格
8	紧急电动运行开关（机房内）	防误操作按钮、标明方向、直观主机位置	/
9	开、关门和运行方向接触器	机械或电气联锁动作可靠	/
10	限速器电气安全装置	动作速度之前、同时（额定速度115%时）	正常
11	安全钳电气安全装置	在安全钳动作以前或同时，使电动机停转	正常
12	限速器绳断裂、松弛保护装置	张紧轮下落大于50mm时	合格
13	轿厢位置传递装置的张紧度	钢带（钢绳、链条）断裂或松弛时	/
14	耗能型缓冲器复位保护	缓冲器被压缩时，安全触点强迫断开	合格
15	轿厢安全窗安全门锁闭状况	如锁紧失败，应使电梯停止	合格
16	轿厢自动门撞击保护装置	安全触板、光电保护、阻止关门力不大于150N	可靠
17	轿门的锁闭状况及关闭位置	安全触点，位置正确，无论是正常、检修或紧急电动操作均不能造成开门运行	合格
18	层门的锁闭状况及关闭位置		合格
19	补偿绳的张紧度及防跳装置	安全触点检查，动作时电梯停止运行	/
20	检修门、井道安全门	不得朝井道内开启，关闭时电梯才可能运行	/
21	消防专用开关	返基站、开门、解除应答、运行、动作可靠	可靠

签字栏	建设（监理）单位	安装单位	××电梯设备安装公司	
		专业技术负责人	专业质检员	专业工长
	×××	×××	×××	×××

注：本表由施工单位填写，建设单位、施工单位各保存一份。

10. 电梯整机安装

(1) 电梯整机功能检验记录。

表 5-18 **电梯整机功能检验记录**

编号：×××

<table>
<tr><td>工程名称</td><td colspan="2">××工程</td><td>日期</td><td colspan="2">××年×月×日</td></tr>
<tr><td>项目</td><td colspan="4">试验条件及其规范标准要求</td><td>检验结果</td></tr>
<tr><td rowspan="3">无故障运行</td><td colspan="4">轿厢分别以空载、50%额定载荷和额定载荷三种工况，在通电持续率40%情况下到达全程范围，按120次/h，每天不少于8h，各启、制动运行1000次。电梯应运行平稳、制动可靠、连续运行无故障</td><td>电梯运行平稳，制动可靠无故障</td></tr>
<tr><td colspan="4">制动器线圈温升和减速器油温升不超过60K，其温度不超过85℃，电动机温升不超过《交流电梯电动机通用技术条件》（GB/T 12974—1991）的规定。电动机、风机工作正常</td><td>电动机、风机工作正常</td></tr>
<tr><td colspan="4">曳引机除蜗杆轴伸出端渗漏油面积平均每小时不超过150cm^{2}外，其余各处不得渗漏油</td><td>合格</td></tr>
<tr><td>超载运行</td><td colspan="4">断开超载控制电路，电梯在110%额定载荷，通电持续率40%情况下，到达全行程范围。启、制动运行30次，电梯应能可靠地启动、运行和停止（平层不计），曳引机工作正常</td><td>正常</td></tr>
<tr><td rowspan="3">曳引检查</td><td colspan="4">电梯空载上行至端站及125%额定载荷下行至端站，分别停层3次以上，轿厢应可靠制停，在超载下行时切断供电，轿厢应被可靠制动</td><td>制停制动均可靠</td></tr>
<tr><td colspan="4">当对重压在缓冲器上时，空载轿厢不能被曳引绳提升起</td><td>合格</td></tr>
<tr><td colspan="4">当轿厢面积不能限制额定载荷时，需用150%额定载荷做曳引静载检查，历时10min，曳引绳无打滑现象</td><td>符合要求</td></tr>
<tr><td rowspan="2">安全钳装置</td><td colspan="4">对瞬时式安全钳装置，轿厢应有均匀分布的额定载重量，以检修速度下行，按《电梯试验方法》(GB/T 10059—2009）的要求进行试验</td><td>符合要求</td></tr>
<tr><td colspan="4">对渐进式安全钳装置，轿厢应有均匀分布的125%额定载重量，以检修速度或平层速度下行，按《电梯试验方法》（GB/T 10059—2009）中的要求进行试验</td><td>符合要求</td></tr>
<tr><td rowspan="2">缓冲试验</td><td colspan="4">蓄能型缓冲器：轿厢以额定载重量减低速度或轿厢空载对重装置分别对各自的缓冲器静压5min后脱离，缓冲器应回复正常位置</td><td>缓冲器经检验能回复正常位置</td></tr>
<tr><td colspan="4">耗能型缓冲器：轿厢和对重装置分别以检修速度下降将缓冲器全压缩，从离开缓冲器瞬间起，缓冲器柱塞复位时间不大于120s</td><td>符合要求</td></tr>
<tr><td rowspan="3">签字栏</td><td rowspan="2">建设（监理）单位</td><td>安装单位</td><td colspan="3">××电梯设备安装公司</td></tr>
<tr><td>专业技术负责人</td><td colspan="2">专业质检员</td><td>专业工长</td></tr>
<tr><td>×××</td><td>×××</td><td colspan="2">×××</td><td>×××</td></tr>
</table>

注：本表由施工单位填报，建设单位、施工单位、城建档案馆各保存一份。

（2）电梯主要功能检验记录。

表 5-19　　电梯主要功能检验记录

编号：×××

<table>
<tr><td colspan="2">工程名称</td><td>××工程</td><td>日期</td><td colspan="2">××年×月×日</td></tr>
<tr><td>序号</td><td>检验项目</td><td colspan="3">检验内容及其规范标准要求</td><td>检查结果</td></tr>
<tr><td>1</td><td>基站启用、关闭开关</td><td colspan="3">专用钥匙，运行、停止转换灵活可靠</td><td>/</td></tr>
<tr><td>2</td><td>工作状态选择开关</td><td colspan="3">操纵盘上司机、自动、检修钥匙开关可靠</td><td>可靠</td></tr>
<tr><td>3</td><td>轿内照明、通风开关</td><td colspan="3">功能正确、灵活可靠、标志清晰</td><td>合格</td></tr>
<tr><td>4</td><td>轿内应急照明</td><td colspan="3">自动充电，电源故障自动接通，大于 1W/h</td><td>合格</td></tr>
<tr><td>5</td><td>本层厅外开门</td><td colspan="3">按电梯停在某层的召唤按钮，应开门</td><td>合格</td></tr>
<tr><td>6</td><td>自动定向</td><td colspan="3">按先入为主原则，自动确定运行方向</td><td>合格</td></tr>
<tr><td>7</td><td>轿内指令记忆</td><td colspan="3">有多个选层指令时，电梯按顺序逐一停靠</td><td>合格</td></tr>
<tr><td>8</td><td>呼梯记忆、顺向截停</td><td colspan="3">记忆厅外全部召唤信号，按顺序停靠应答</td><td>合格</td></tr>
<tr><td>9</td><td>自动换向</td><td colspan="3">全部顺向指令完成后，自动应答反向指令</td><td>合格</td></tr>
<tr><td>10</td><td>轿内选层信号优先</td><td colspan="3">完成最后指令在门关闭前轿内优先登记定向</td><td>合格</td></tr>
<tr><td>11</td><td>自动关门待客</td><td colspan="3">完成全部指令后，电梯自动关门，时间 4～10s</td><td>7s</td></tr>
<tr><td>12</td><td>提早关门</td><td colspan="3">按关门按钮，门不经延时立即关门</td><td>正常</td></tr>
<tr><td>13</td><td>按钮开关</td><td colspan="3">在电梯未启动前，按开门按钮，门打开</td><td>正常</td></tr>
<tr><td>14</td><td>自动返基站</td><td colspan="3">电梯完成全部指令后，自动返基站</td><td>正常</td></tr>
<tr><td>15</td><td>司机直驶</td><td colspan="3">司机状态，按直驶钮后，厅外召唤不能截车</td><td>正常</td></tr>
<tr><td>16</td><td>营救运行</td><td colspan="3">电梯故障停在层间时，自动慢速就近平层</td><td>/</td></tr>
<tr><td>17</td><td>满载、超载装置</td><td colspan="3">满载时截车功能取消；超载时不能运行</td><td>合格</td></tr>
<tr><td>18</td><td>报警装置</td><td colspan="3">应采用警铃、对讲系统、外部电话</td><td>合格</td></tr>
<tr><td>19</td><td>最小负荷控制（防捣乱）</td><td colspan="3">使空载轿厢运行最近层站后，消除登记信号</td><td>合格</td></tr>
<tr><td>20</td><td>门机断电手动开门</td><td colspan="3">在开锁区，断电后，手扒开门的力不大于 300N</td><td>合格</td></tr>
<tr><td>21</td><td>紧急电源停层装置</td><td colspan="3">备用电源将电梯就近平层开门</td><td>/</td></tr>
<tr><td>22</td><td>集选、并联及机群控制</td><td colspan="3">按产品设计程序试验</td><td>/</td></tr>
<tr><td rowspan="3">签字栏</td><td rowspan="2">建设（监理）单位</td><td>安装单位</td><td colspan="3">××电梯设备安装公司</td></tr>
<tr><td>专业技术负责人</td><td colspan="2">专业质检员</td><td>专业工长</td></tr>
<tr><td>×××</td><td>×××</td><td colspan="2">×××</td><td>×××</td></tr>
</table>

注：本表由施工单位填写，建设单位、施工单位各保存一份。

（3）电梯负荷运行试验记录。

表 5-20　　电梯负荷运行试验记录

编号：×××

工程名称	××工程			日期	××年×月×日		
电梯编号	**A1#**	层站	**12/12**	额定载荷/kg	**1000**	额定速度/(m/s)	**1.6**
电机功率（kW）	**17**	电流（A）	**36**	额定转速/(r/min)	**1430**	实测速度/(m/s)	**1.6**
仪表型号	电流表：**M890**		电压表：**M890D**			转速表：**HT－331**	

工况荷重 %	工况荷重 kg	运行方向	电压/V	电流/A	电机转速/(r/min)	轿厢速度/(m/s)
0	0	上		**36.5**	**1505**	**1.76**
		下		**56.6**	**1505**	**1.75**
25（ ）	265	上		**26.5**	**1505**	**1.75**
		下		**39.7**	**1504**	**1.75**
40	400	上		**22.8**	**1504**	**1.76**
		下		**29.7**	**1504**	**1.76**
50	500	上		**24.7**	**1504**	**1.76**
		下		**24.8**	**1504**	**1.76**
75（ ）	760	上		**41.6**	**1504**	**1.75**
		下		**29.2**	**1507**	**1.76**
100	1000	上		**60.3**	**1504**	**1.74**
		下		**41.4**	**1507**	**1.76**
110	1100	上		**73.8**	**1505**	**1.74**
		下		**51.6**	**1508**	**1.76**

当轿内的载重量为额定载重量的 50%下行至全行程中部时的速度不得大于额定速度的 105%，且不得小于额定速度的 92%［可测曳引绳线速度，或按《电梯试验方法》（GB/T 10059—2009）中 4.2.1 公式计算］。

注：仅测量电源，用于交流电动机；测量电流并同时测量电压，则用于直流电动机。

签字栏	建设（监理）单位	安装单位	**××电梯设备安装公司**	
		专业技术负责人	专业质检员	专业工长
	×××	×××	×××	×××

注：本表由施工单位填写，建设单位、施工单位、城建档案馆各保存一份。

（4）电梯噪声测试记录。

表 5-21 **电梯噪声测试记录**

编号： ×××

工程名称	××工程	安装单位	××电梯设备安装公司
声级计型号	HS5033	计量单位	dB（A计权、快挡）

机房（驱动主机）									轿厢内
前	后	左	右	上		背景	上行	下行	背景
71.1	72.5	69.8	71	72.2	72.5	50.1	46.4	43.3	37
测试不少于3点 标准值：合格≤80（含货梯）液压梯≤85							≤55（v≤2.5m/s时≤60）		

层站	轿厢门			层站门			层站	轿厢门			层站门		
	开门	关门	背景	开门	关门	背景		开门	关门	背景	开门	关门	背景
1	**58.6**	**52.1**	**40.5**	**56**	**56**	**41**							
3	**54.6**	**55.6**	**40.0**	**55.1**	**56.7**	**40.8**							
5	**55.7**	**52.8**	**37.2**	**55.9**	**55.8**	**40.1**							
7	**56.3**	**54.7**	**39.7**	**57**	**56.1**	**40.0**							
8	**59.4**	**53.2**	**39.2**	**57.6**	**61.0**	**38.7**							
10	**69.7**	**55.8**	**38.5**	**51.2**	**53.8**	**40.1**							
12	**60.2**	**50.9**	**37.6**	**54.3**	**55.7**	**39.7**							

标准值：合格≤65

备注	各部位噪声测试均取最大值。轿厢内测试不含风机噪声。 背景噪声应比测试对象至少低10dB（A），如不能满足时，按《电梯试验方法》（GB/T 10059—2009）中表1修正。

测试日期	××年×月×日	审核人	×××	测试人	×××

注：本表由施工单位填写，建设单位、施工单位各保存一份。

(5) 电梯整机安装工程质量验收记录表。

表 5-22　　电梯整机安装工程质量验收记录表

GB 50310—2002

090110□□

<table>
<tr><td colspan="3">单位（子单位）工程名称</td><td colspan="4">××工程</td></tr>
<tr><td colspan="3">分部（子分部）工程名称</td><td colspan="2">电梯安装</td><td>验收部位</td><td>×××</td></tr>
<tr><td colspan="3">施工单位</td><td colspan="2">××建筑工程公司</td><td>项目经理</td><td>×××</td></tr>
<tr><td colspan="3">分包单位</td><td colspan="2">××电梯设备安装工程公司</td><td>分包项目经理</td><td>×××</td></tr>
<tr><td colspan="3">施工执行标准名称及编号</td><td colspan="4">《电梯工程施工质量验收规范》(GB 50310—2002)</td></tr>
<tr><td colspan="4">施工质量验收规范的规定</td><td colspan="2">施工单位检查评定记录</td><td>监理（建设）单位验收记录</td></tr>
<tr><td rowspan="4">主控项目</td><td>1</td><td>安全保护验收</td><td>第 4.11.1 条</td><td colspan="2">√</td><td rowspan="4">同意验收</td></tr>
<tr><td>2</td><td>限速器安全钳联动试验</td><td>第 4.11.2 条</td><td colspan="2">√</td></tr>
<tr><td>3</td><td>层门与轿门试验</td><td>第 4.11.3 条</td><td colspan="2">√</td></tr>
<tr><td>4</td><td>曳引式电梯曳引能力试验</td><td>第 4.11.4 条</td><td colspan="2">√</td></tr>
<tr><td rowspan="6">一般项目</td><td>1</td><td>曳引式电梯平衡系数</td><td>0.4～0.5</td><td colspan="2">√</td><td rowspan="6">同意验收</td></tr>
<tr><td>2</td><td>试运行试验</td><td>第 4.11.7 条</td><td colspan="2">√</td></tr>
<tr><td>3</td><td>噪声检验</td><td>第 4.11.7 条</td><td colspan="2">√</td></tr>
<tr><td>4</td><td>平层准确度检验</td><td>第 4.11.8 条</td><td colspan="2">√</td></tr>
<tr><td>5</td><td>运行速度检验</td><td>第 4.11.9 条</td><td colspan="2">√</td></tr>
<tr><td>6</td><td>观感检查</td><td>第 4.11.10 条</td><td colspan="2">√</td></tr>
<tr><td colspan="2" rowspan="2">施工单位检查评定结果</td><td colspan="2">专业工长（施工员） ×××</td><td colspan="2">施工班组长</td><td>×××</td></tr>
<tr><td colspan="5">经检查，主控项目、一般项目均符合《电梯工程施工质量验收规范》（GB 50310—2002）的规定，评定为合格。

项目专业质量检查员：×××　　××年×月×日</td></tr>
<tr><td colspan="2">监理（建设）单位验收结论</td><td colspan="5">同意施工单位评定结果，验收合格。

专业监理工程师：×××
（建设单位项目专业技术负责人）　　××年×月×日</td></tr>
</table>

《电梯整机安装工程质量验收记录表》填表说明：

1）主控项目：

①安全保护验收必须符合下列规定：

a. 必须检查以下安全装置或功能：

a）断相、错相保护装置或功能。当控制柜三相电源中任何一相断开或任何二相错接时，断相、错相保护装置或功能应使电梯不发生危险故障。

注：当错相不影响电梯正常运行时可没有错相保护装置或功能。

b）短路、过载保护装置。动力电路、控制电路、安全电路必须有与负载匹配的短路保护装置；动力电路必须有过载保护装置。

c）限速器。限速器上的轿厢（对重、平衡重）下行标志必须与轿厢（对重、平衡重）的实际下行方向相符。限速器铭牌上的额定速度、动作速度必须与被检电梯相符。

d）安全钳。安全钳必须与其形式试验证书相符。

e）缓冲器。缓冲器必须与其形式试验证书相符。

f）门锁装置。门锁装置必须与其形式试验证书相符。

g）上、下极限开关。上、下极限开关必须是安全触点，在端站位置进行动作试验时必须动作正常。在轿厢或对重（如果有）接触缓冲器之前必须动作，且缓冲器完全压缩时，保持动作状态。

h）轿顶、机房（如果有）、滑轮间（如果有）、底坑停止装置。位于轿顶、机房（如果有）、滑轮间（如果有）、底坑的停止装置的动作必须正常。

b. 下列安全开关，必须动作可靠。

a）限速器绳张紧开关。

b）液压缓冲器复位开关。

c）有补偿张紧轮时，补偿绳张紧开关。

d）当额定速度大于 3.5m/s 时，补偿绳轮防跳开关。

e）轿厢安全窗（如果有）开关。

f）安全门、底坑门、检修活板门（如果有）的开关。

g）对可拆卸式紧急操作装置所需要的安全开关。

h）悬挂钢丝绳（链条）为两根时，防松动安全开关。

②限速器安全钳联动试验必须符合下列规定：

a. 限速器与安全钳电气开关在联动试验中必须动作可靠，且应使驱动主机立即制动。

b. 对瞬时式安全钳，轿厢应载有均匀分布的额定载重量，对渐进式安全钳，轿厢应载有均匀分布的 125％额定载重量。当短接限速器及安全钳电气开关，轿厢以检修速度下行，人为使限速器机械动作时，安全钳应可靠动作，轿厢必须可靠制动，且轿底倾斜度不应大于 5％。

③层门与轿门的试验必须符合下列规定：

a. 每层层门必须能够用三角钥匙正常开启。

b. 当一个层门或轿门（在多扇门中任何一扇门）非正常打开时，电梯严禁启动或继续运行。

④曳引式电梯的曳引能力试验必须符合下列规定：

a. 轿厢在行程上部范围空载上行及行程下部范围载有125%额定载重量下行，分别停层3次以上时，轿厢必须可靠地制停（空载上行工况应平层）。轿厢载有125%额定载重量以正常运行速度下行时，切断电动机与制动器供电，电梯必须可靠制动。

b. 当对重完全压在缓冲器上，且驱动主机按轿厢上行方向连续运转时，空载轿厢严禁向上提升。

2）一般项目：

①曳引式电梯的平衡系数应为0.4～0.5。

②电梯安装后应进行试运行试验；轿厢分别在空载、额定载荷工况下，按产品设计规定的每小时启动次数和负载持续率各运行1000次（每天不少于8h），电梯应运行平稳、制动可靠、连续运行无故障。

③噪声检验应符合下列规定：

a. 机房噪声：对额定速度小于等于4m/s的电梯，不应大于80dB（A）；对额定速度大于4m/s的电梯，不应大于85dB（A）。

b. 乘客电梯和病床电梯运行中轿内噪声：对额定速度小于等于4m/s的电梯，不应大于55dB（A）；对额定速度大于4m/s的电梯，不应大于60dB（A）。

c. 乘客电梯和病床电梯的开关门过程噪声不应大于65dB（A）。

④平层准确度检验应符合下列规定：

a. 额定速度小于等于0.63m/s的交流双速电梯，应在±15mm的范围内；

b. 额定速度大于0.63m/s且小于等于1.0m/s的交流双速电梯，应在±30mm的范围内；

c. 其他调速方式的电梯，应在±15mm的范围内。

⑤运行速度检验应符合下列规定：

当电源为额定频率和额定电压、轿厢载有50%额定载荷时，向下运行至行程中段（除去加速加减速段）时的速度，不应大于额定速度的105%，且不应小于额定速度的92%。

⑥观感检查应符合下列规定：

a. 轿门带动层门开、关运行，门扇与门扇、门扇与门套、门扇与门楣、门扇与门口处轿壁、门扇下端与地坎应无刮碰现象。

b. 门扇与门扇、门扇与门套、门扇与门楣、门扇与门口处轿壁、门扇下端与地坎之间各自的间隙在整个长度上应基本一致。

c. 对机房（如果有）、导轨支架、底坑、轿顶、轿内、轿门、层门及门地坎等部位应进行清理。

第二节　液压电梯安装工程

一、液压电梯安装工程质量员工作流程

液压电梯安装工程质量员工作流程见图 5-2。

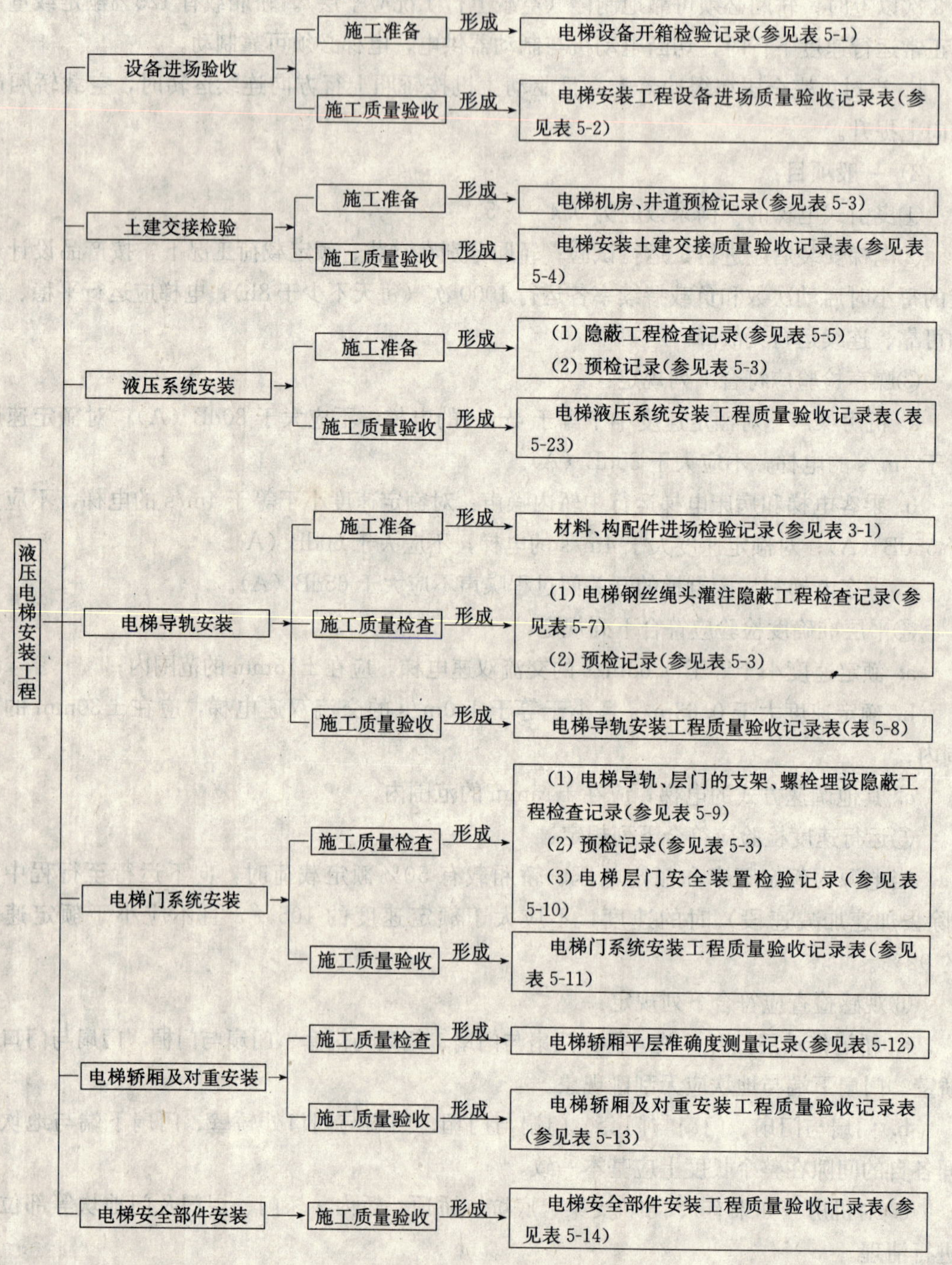

图 5-2　液压电梯安装工程质量员工作流程（一）

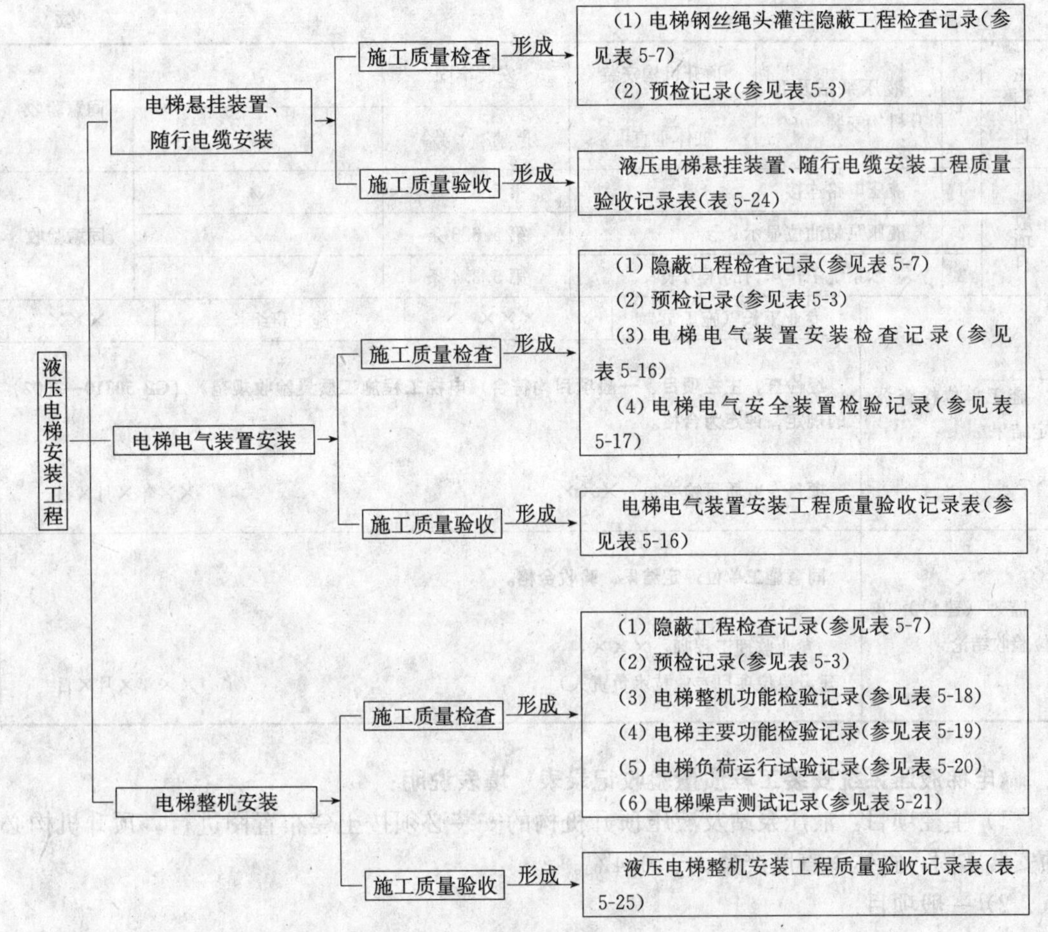

图 5-2 液压电梯安装工程质量员工作流程（二）

二、液压电梯安装工程表格填写范例

(1) 电梯液压系统安装工程质量验收记录表。

表 5-23　　电梯液压系统安装工程质量验收记录表

GB 50310—2002

090203□□

单位（子单位）工程名称	××工程		
分部（子分部）工程名称	电梯安装	验收部位	×××
施工单位	××建筑工程公司	项目经理	×××
分包单位	××电梯设备安装工程公司	分包项目经理	×××
施工执行标准名称及编号	《电梯工程施工工艺标准》(QB ×××—2006)		
施工质量验收规范的规定		施工单位检查评定记录	监理（建设）单位验收记录

（续）

主控项目	1	液压泵站及顶升机构安装	顶升机构安装	安装牢固	√	同意验收
			缸体垂直度	严禁＞0.4‰	√	
一般项目	1	液压电路连接		第5.3.2条	√	同意验收
	2	液压泵站油位显示		第5.3.3条	√	
	3	显示系统工作压力的压力表		第5.3.4条	√	
施工单位检查评定结果	专业工长（施工员）		×××	施工班组长	×××	
	经检查，主控项目、一般项目均符合《电梯工程施工质量验收规范》（GB 50310—2002）的规定，评定为合格。 项目专业质量检查员：××× ××年×月×日					
监理（建设）单位验收结论	同意施工单位评定结果，验收合格。 专业监理工程师：××× （建设单位项目专业技术负责人） ××年×月×日					

《电梯液压系统安装工程质量验收记录表》填表说明：

1）主控项目：液压泵站及液压顶升机构的安装必须按土建布置图进行。顶升机构必须安装牢固，缸体垂直度严禁大于0.4‰。

2）一般项目：

①液压管路应可靠连接，且无渗漏现象。

②液压泵站油位显示应清晰、准确。

③显示系统工作压力的压力表应清晰、准确。

(2) 液压电梯悬挂装置、随行电缆安装工程质量验收记录表。

表5-24　　液压电梯悬挂装置、随行电缆安装工程质量验收记录表

GB 50310—2002

090203□□

单位（子单位）工程名称	××工程		
分部（子分部）工程名称	电梯安装	验收部位	×××
施工单位	××建筑工程公司	项目经理	×××
分包单位	××电梯设备安装工程公司	分包项目经理	×××
施工执行标准名称及编号	《电梯工程施工工艺标准》（QB ×××—2006）		
施工质量验收规范的规定		施工单位检查评定记录	监理（建设）单位验收记录

（续）

主控项目	1	绳头组合	第5.9.1条	√	同意验收
	2	钢丝绳	严禁有死弯	√	
	3	轿厢悬挂要求	第5.9.3条	√	
	4	随行电缆要求	第5.9.4条	√	
一般项目	1	液压管路连接	第5.3.2条	√	同意验收
	2	液压泵站油位显示	第5.3.3条	√	
	3	显示系统工作压力的压力表	第5.3.4条	√	
施工单位检查评定结果	专业工长（施工员）	×××	施工班组长	×××	
	经检查，主控项目、一般项目均符合《电梯工程施工质量验收规范》（GB 50310—2002）的规定，评定为合格。 项目专业质量检查员：××× ××年×月×日				
监理（建设）单位验收结论	**同意施工单位评定结果，验收合格。** 专业监理工程师：××× （建设单位项目专业技术负责人） ××年×月×日				

《液压电梯悬挂装置、随行电缆安装工程质量验收记录表》填表说明：

1）主控项目：

①如果有绳头组合，必须安全可靠，且每个绳头组合必须安装防螺母松动和脱落的装置。

②如果有钢丝绳，严禁有死弯。

③当轿厢悬挂在两根钢丝或链条上，其中一根钢丝绳或链条发生异常相对伸长时，为此装设的电气安全开关必须动作可靠。对具有两个或多个液压顶升机构的液压电梯，每一组悬挂钢丝均应符合上述要求。

④随行电缆严禁有打结和波浪扭曲现象。

2）一般项目：

①如果有钢丝绳或链条，每根张力与平均值偏差不应大于5%。

②随行电缆的安装还应符合下列规定：

a. 随行电缆端部应固定可靠。

b. 随行电缆在运行中应避免与井道内其他部件干涉。当轿厢完全压在缓冲器上时，随行电缆不得与底坑地面接触。

（3）液压电梯整机安装工程质量验收记录表。

表 5-25　液压电梯整机安装工程质量验收记录表

GB 50310—2002

090210□□

<table>
<tr><td colspan="3">单位（子单位）工程名称</td><td colspan="4">××工程</td></tr>
<tr><td colspan="3">分部（子分部）工程名称</td><td colspan="2">电梯安装</td><td>验收部位</td><td>×××</td></tr>
<tr><td colspan="3">施工单位</td><td colspan="2">××建筑工程公司</td><td>项目经理</td><td>×××</td></tr>
<tr><td colspan="3">分包单位</td><td colspan="2">××电梯设备安装工程公司</td><td>分包项目经理</td><td>×××</td></tr>
<tr><td colspan="3">施工执行标准名称及编号</td><td colspan="4">《电梯工程施工工艺标准》(QB ×××—2006)</td></tr>
<tr><td colspan="4">施工质量验收规范的规定</td><td colspan="2">施工单位检查评定记录</td><td>监理（建设）单位验收记录</td></tr>
<tr><td rowspan="4">主控项目</td><td>1</td><td>液压电梯的安全保护</td><td>第 5.11.1 条</td><td colspan="2">√</td><td rowspan="4">同意验收</td></tr>
<tr><td>2</td><td>限速器安全钳联动试验</td><td>第 5.11.2</td><td colspan="2">√</td></tr>
<tr><td>3</td><td>层门与轿门试验</td><td>第 4.11.3 条</td><td colspan="2">√</td></tr>
<tr><td>4</td><td>超载试验，当轿厢载有 120%额定载荷时液压电梯严禁启动</td><td>第 5.11.4 条</td><td colspan="2">√</td></tr>
<tr><td rowspan="8">一般项目</td><td>1</td><td>试运行试验</td><td>第 5.11.5 条</td><td colspan="2">√</td><td rowspan="8">同意验收</td></tr>
<tr><td>2</td><td>噪声检验</td><td>第 5.11.6 条</td><td colspan="2">√</td></tr>
<tr><td>3</td><td>平层准确度检验</td><td>第 5.11.7 条</td><td colspan="2">√</td></tr>
<tr><td>4</td><td>运行速度检验</td><td>第 5.11.8 条</td><td colspan="2">√</td></tr>
<tr><td>5</td><td>额定载重沉降量试验</td><td>第 5.11.9 条</td><td colspan="2">√</td></tr>
<tr><td>6</td><td>液压泵站溢流阀压力检查</td><td>第 5.11.10 条</td><td colspan="2">√</td></tr>
<tr><td>7</td><td>超压静载试验</td><td>第 5.11.11 条</td><td colspan="2">√</td></tr>
<tr><td>8</td><td>观感检查</td><td>第 4.11.12 条</td><td colspan="2">√</td></tr>
<tr><td colspan="3" rowspan="2">施工单位检查评定结果</td><td>专业工长（施工员）</td><td>×××</td><td>施工班组长</td><td>×××</td></tr>
<tr><td colspan="4">经检查，主控项目、一般项目均符合《电梯工程施工质量验收规范》(GB 50310—2002)的规定，评定为合格。
项目专业质量检查员：×××　　××年×月×日</td></tr>
<tr><td colspan="3">监理（建设）单位验收结论</td><td colspan="4">同意施工单位评定结果，验收合格。
专业监理工程师：×××
（建设单位项目专业技术负责人）　　××年×月×日</td></tr>
</table>

《液压电梯整机安装工程质量验收记录表》填表说明：

1）主控项目：

①液压电梯安全保护验收必须符合下列规定：

a. 必须检查以下安全装置或功能：

a）断相、错相保护装置或功能；

b）短路、过载保护装置；

c）防止轿厢坠落、超速下降的装置；

d）门锁装置；

e）上、下极限开关；

f）机房、滑轮间（如果有）、轿顶、底坑停止装置；

g）液压油温升保护装置；

h）移动轿厢的装置。

b. 下列安全开关，必须动作可靠：

a）限速器（如果有）张紧开关；

b）液压缓冲器（如果有）复位开关；

c）轿厢安全容积（如果有）开关；

d）安全门、底坑门、检修活板门（如果有）的开关；

e）悬挂钢丝绳（链条）为两根时，防松动安全开关。

②限速器（安全绳）安全钳联动试验必须符合《电梯工程施工质量验收规范》（GB 50310—2002）第5.11.2条的规定。

③层门与轿门的试验：层门与轿门的试验必须符合《电梯工程施工质量验收规范》（GB 50310—2002）第4.11.3条的规定。

④超载试验必须符合下列规定：当轿厢载有120%额定载荷时液压电梯严禁启动。

2）一般项目：

①液压电梯安装后应进行试运行试验；轿厢在额定载重量工况下，按产品设计规定的每小时启动次数运行1000次（每天不少于8h），液压电梯应平稳、制动可靠、连续运行无故障。

②噪声检验应符合《电梯工程施工质量验收规范》（GB 50310—2002）第5.11.6条的规定。

③平层准确度检验应符合下列规定：液压电梯平层准确度应在±15mm范围内。

④运行速度检验应符合下列规定：空载轿厢上行速度与上行额定速度的差值不应大于上行额定速度的8%；载有额定载重量的轿厢下行速度与下行额定速度的差值不应大于下行额定速度的8%。

⑤载重量沉降量试验应符合下列规定：载有额定重量的轿厢停靠在最高层站时，停梯10min，沉降量不应大于10mm，但因油温变化而引起的油体积缩小所造成的沉降不包括在10mm内。

⑥超压静载试验应符合下列规定：将截止阀关闭，在轿内施加200%的额定载荷，持续5min后，液压系统应完好无损。

⑦超压静载试验应符合下列规定：将截止阀关闭，在轿内施加200%的额定载荷，持

续 5min 后，液压系统应完好无损。

⑧观感检查应符合《电梯工程施工质量验收规范》(GB 50310—2002) 第 4.11.10 条的规定。

第三节 自动扶梯、自动人行道安装工程

一、自动扶梯、自动人行道安装工程质量员工作流程

自动扶梯、自动人行道安装工程质量员工作流程见图 5-3。

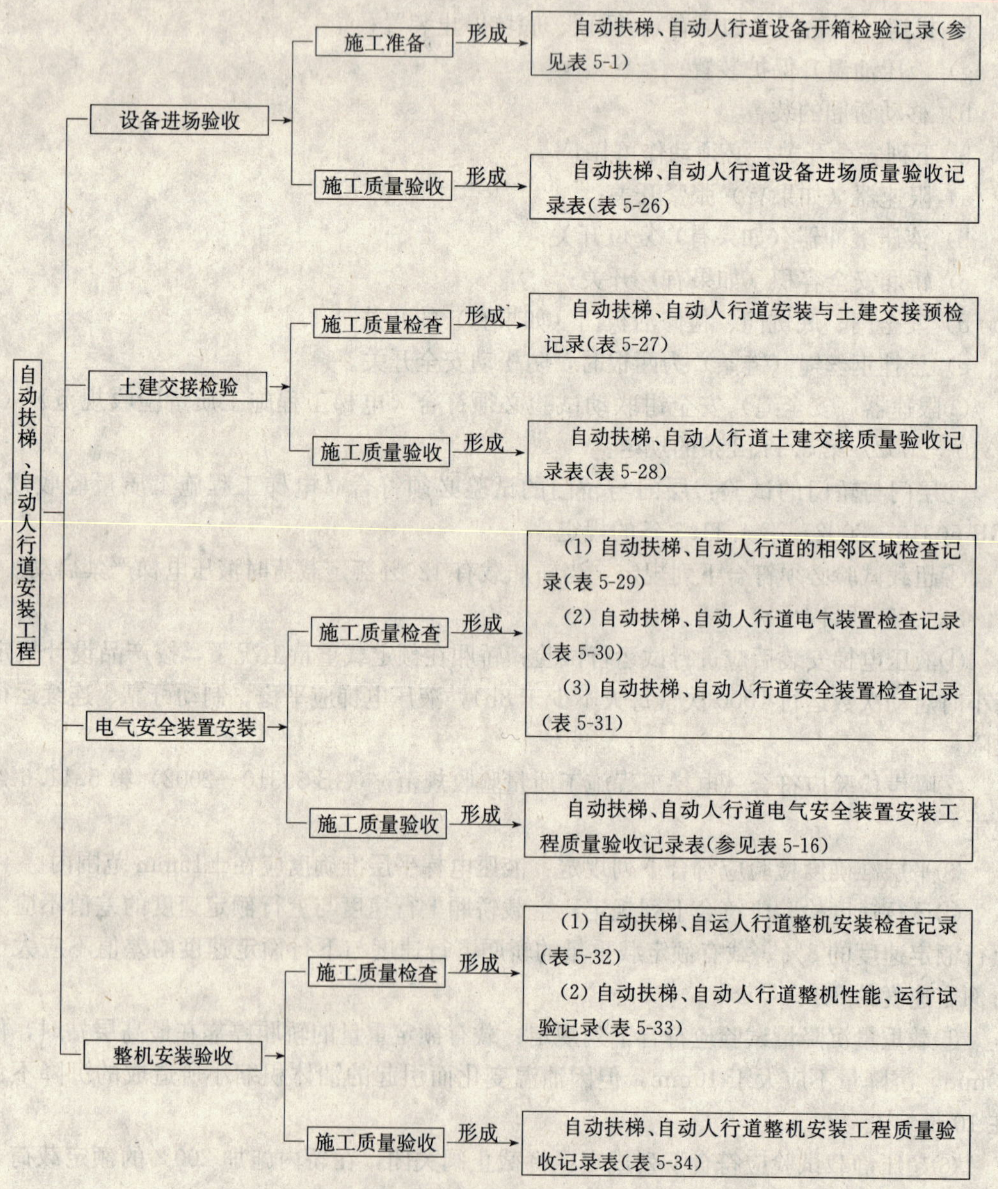

图 5-3 自动扶梯、自动人行道安装工程质量员工作流程

二、设备进场验收表格填写范例

自动扶梯、自动人行道设备进场质量验收记录表。

表 5-26　　自动扶梯、自动人行道设备进场质量验收记录表

GB 50310—2002

090301□□

<table>
<tr><td colspan="3">单位（子单位）工程名称</td><td colspan="5">××工程</td></tr>
<tr><td colspan="3">分部（子分部）工程名称</td><td colspan="2">自动扶梯安装</td><td colspan="2">验收部位</td><td>×××</td></tr>
<tr><td colspan="3">施工单位</td><td colspan="2">××建筑工程公司</td><td colspan="2">项目经理</td><td>×××</td></tr>
<tr><td colspan="3">分包单位</td><td colspan="2">××电梯设备安装工程公司</td><td colspan="2">分包项目经理</td><td>×××</td></tr>
<tr><td colspan="3">施工执行标准名称及编号</td><td colspan="5">《电梯工程施工工艺标准》（QB ×××—2006）</td></tr>
<tr><td colspan="4">施工质量验收规范的规定</td><td colspan="2">施工单位检查评定记录</td><td colspan="2">监理（建设）单位验收记录</td></tr>
<tr><td rowspan="4">主控项目</td><td rowspan="4">必须提供的资料</td><td rowspan="2">技术资料</td><td>梯级或踏板的形式试验报告复印件，或胶带的断裂强度证明文件复印件</td><td colspan="2">√</td><td colspan="2" rowspan="4">验收合格</td></tr>
<tr><td>对公共交通型自动扶梯、自动人行道应有扶手带的断裂强度证书复印件</td><td colspan="2">√</td></tr>
<tr><td rowspan="2">随机文件</td><td>土建布置图</td><td colspan="2">√</td></tr>
<tr><td>产品出厂合格证</td><td colspan="2">√</td></tr>
<tr><td rowspan="5">一般项目</td><td rowspan="3">1</td><td rowspan="3">随机文件还应提供</td><td>装箱单</td><td colspan="2">√</td><td colspan="2" rowspan="5">验收合格</td></tr>
<tr><td>安装、使用维护说明书</td><td colspan="2">√</td></tr>
<tr><td>动力及安全电路的电气原理图</td><td colspan="2">√</td></tr>
<tr><td>2</td><td>设备零部件</td><td>应与装箱单内容相符</td><td colspan="2">√</td></tr>
<tr><td>3</td><td>设备外观</td><td>不存在明显损坏</td><td colspan="2">√</td></tr>
<tr><td colspan="2" rowspan="2">施工单位检查评定结果</td><td colspan="2">专业工长（施工员）</td><td>×××</td><td colspan="2">施工班组长</td><td>×××</td></tr>
<tr><td colspan="6">经检查，主控项目、一般项目均符合《电梯工程施工质量验收规范》（GB 50310—2002）的规定，评定为合格。

项目专业质量检查员：×××　　　　××年×月×日</td></tr>
<tr><td colspan="2">监理（建设）单位验收结论</td><td colspan="6">同意施工单位评定结果，验收合格。

专业监理工程师：×××
（建设单位项目专业技术负责人）　　　　××年×月×日</td></tr>
</table>

《自动扶梯、自动人行道设备进场质量验收记录表》填表说明：

1）主控项目：

①必须提供以下资料：

a. 技术资料：

a）梯级或踏板的形式试验报告复印件，或胶带的断裂强度证明文件复印件；

b）对公共交通型自动扶梯、自动人行道应有扶手带的断裂强度证书复印件。

②随机文件：

a. 土建布置图；

b. 产品出厂合格证。

2）一般项目：

①随机文件还应提供以下资料：

a. 装箱单；

b. 安装、使用维护说明书；

c. 动力电路和安全电路的电气原理图。

②设备零部件应与装箱单内容相符。

③设备外观不应存在明显的损坏。

三、土建交接检验表格填写范例

（1）自动扶梯、自动人行道安装与土建交接预检记录。

表 5-27　自动扶梯、自动人行道安装与土建交接预检记录

编号：×××

<table>
<tr><td>工程名称</td><td colspan="3">××工程</td><td>日期</td><td colspan="2">××年×月×日</td></tr>
<tr><td colspan="7">土建布置图（可复印粘贴）

电梯随机文件中机房、井道布置图。</td></tr>
<tr><td colspan="2">检测项目</td><td>设计要求</td><td colspan="2">检测数据</td><td colspan="2">允许偏差/mm</td></tr>
<tr><td colspan="2">水平基准线标识</td><td>+500mm</td><td colspan="2">+501mm</td><td colspan="2"></td></tr>
<tr><td colspan="2">机房宽度</td><td>3250mm</td><td colspan="2">3220mm</td><td colspan="2">−30</td></tr>
<tr><td colspan="2">机房深度</td><td>5650mm</td><td colspan="2">5640mm</td><td colspan="2">−10</td></tr>
<tr><td colspan="2">支承宽度</td><td>160mm</td><td colspan="2">155mm</td><td colspan="2">−5</td></tr>
<tr><td colspan="2">支承长度</td><td>160mm</td><td colspan="2">155mm</td><td colspan="2">−5</td></tr>
<tr><td colspan="2">中间支承强度</td><td></td><td colspan="2"></td><td colspan="2"></td></tr>
<tr><td colspan="2">支承水平间距</td><td></td><td colspan="2"></td><td colspan="2">0～15</td></tr>
<tr><td colspan="2">扶梯提升高度</td><td>56800mm</td><td colspan="2">56790mm</td><td colspan="2">−15～+15</td></tr>
<tr><td colspan="2">支承预埋铁尺寸</td><td>20mm×200mm×170mm</td><td colspan="2">20mm×200mm×170mm</td><td colspan="2">0</td></tr>
<tr><td colspan="2">提升设备预留措施</td><td>250mm×250mm ϕ80</td><td colspan="2">250mm×250mm ϕ80</td><td colspan="2">0</td></tr>
<tr><td colspan="7">检查意见：

实测机房、井道有偏差，符合允许偏差范围。</td></tr>
<tr><td colspan="2">土建单位</td><td colspan="2">××建筑工程公司</td><td>安装单位</td><td colspan="2">××电梯设备安装公司</td></tr>
<tr><td rowspan="2">签字栏</td><td>土建技术负责人</td><td colspan="2">专业技术负责人</td><td colspan="2">专业质检员</td><td>专业工长</td></tr>
<tr><td>×××</td><td colspan="2">×××</td><td colspan="2">×××</td><td>×××</td></tr>
</table>

注：本表由施工单位填写并保存。

（2）自动扶梯、自动人行道土建交接质量验收记录。

表 5-28　　自动扶梯、自动人行道土建交接质量验收记录表

GB 50310—2002

090302□□

<table>
<tr><td colspan="3">单位（子单位）工程名称</td><td colspan="4">××工程</td></tr>
<tr><td colspan="3">分部（子分部）工程名称</td><td colspan="2">自动扶梯安装</td><td>验收部位</td><td>×××</td></tr>
<tr><td colspan="3">施工单位</td><td colspan="2">××建筑工程公司</td><td>项目经理</td><td>×××</td></tr>
<tr><td colspan="3">分包单位</td><td colspan="2">××电梯设备安装工程公司</td><td>分包项目经理</td><td>×××</td></tr>
<tr><td colspan="3">施工执行标准名称及编号</td><td colspan="4">《电梯工程施工工艺标准》（QB ×××—2006）</td></tr>
<tr><td colspan="5">施工质量验收规范的规定</td><td>施工单位检查评定记录</td><td>监理（建设）单位验收记录</td></tr>
<tr><td rowspan="2">主控项目</td><td>1</td><td colspan="2">梯级、踏板或胶带上空垂直净高</td><td>≥2.3m</td><td>√</td><td rowspan="2">同意验收</td></tr>
<tr><td>2</td><td colspan="2">安装前井道周围的栏杆或屏障高度</td><td>≥1.2m</td><td>√</td></tr>
<tr><td rowspan="5">一般项目</td><td rowspan="2">1</td><td rowspan="2">土建主要尺寸允许偏差</td><td>提升高度/mm</td><td rowspan="2">第6.2.3条</td><td>√</td><td rowspan="5">同意验收</td></tr>
<tr><td>跨度/mm</td><td>√</td></tr>
<tr><td>2</td><td colspan="2">设备进场</td><td>通道和搬运空间</td><td>√</td></tr>
<tr><td>3</td><td colspan="2">安装前土建单位提供</td><td>水平基准线标识</td><td>√</td></tr>
<tr><td>4</td><td colspan="2">电源零件与接地线应分开，接地装置电阻</td><td>≤4Ω</td><td>√</td></tr>
<tr><td colspan="2" rowspan="2">施工单位检查评定结果</td><td colspan="2">专业工长（施工员）</td><td>×××</td><td>施工班组长</td><td>×××</td></tr>
<tr><td colspan="5">经检查，主控项目、一般项目均符合《电梯工程施工质量验收规范》（GB 50310—2002）的规定，评定为合格。
项目专业质量检查员：×××　　××年×月×日</td></tr>
<tr><td colspan="2">监理（建设）单位验收结论</td><td colspan="5">同意施工单位评定结果，验收合格。
专业监理工程师：×××
（建设单位项目专业技术负责人）　　××年×月×日</td></tr>
</table>

《自动扶梯、自动人行道土建交接质量验收记录表》

1）主控项目：

①自动扶梯的梯级或自动人行道的踏板或胶带上空，垂直净高严禁小于2.3m。

②在安装之前，井道周围必须设有保证安全的栏杆或屏障，其高度严禁小于1.2m。

2）一般项目：

①土建工程应按照土建布置图进行施工，且其主要尺寸允许误差应为：

提升高度－15～＋15mm；跨度0～＋15mm。

②根据产品供应商的要求应提供设备进场所需的通道和搬运空间。

③在安装之前，土建施工单位应提供明显的水平基准线标识。

④电源零线和接地线应始终分开。接地装置的接地电阻值不应大于4Ω。

四、电气安全装置安装表格填写范例

（1）自动扶梯、自动人行道的相邻区域检查记录。

表 5-29　　自动扶梯、自动人行道的相邻区域检查记录

编号：×××

<table>
<tr><td colspan="2">施工名称</td><td>××工程　　日期</td><td>××年×月×日</td></tr>
<tr><td>序号</td><td>检验项目</td><td>检验内容及其规范标准要求</td><td>检查结果</td></tr>
<tr><td>1</td><td>出入口畅通区</td><td>其宽度不应小于扶手带中心线之间的距离，纵深尺寸从扶手带转向端起应不小于2.5mm；如该区宽度大于扶手带中心间距两倍时，其纵深尺寸可减至2m</td><td>合格</td></tr>
<tr><td>2</td><td>照明</td><td>地面处的光照度：室内应不小于50Lx，室外应不小于15Lx</td><td>合格</td></tr>
<tr><td>3</td><td>防碰挡板</td><td>当扶手带中心线与障碍物或自动扶梯、自动人行道的交叉间距小于0.5m时，应在外盖板上方设置无锐利边缘的垂直防碰挡板，其高度应不小于0.3m，软连接的链绳自由长度应不小于75mm</td><td>合格</td></tr>
<tr><td>4</td><td>净空高度</td><td>梯级、踏板或胶带上空垂直净高度严禁小于2.3m</td><td>合格</td></tr>
<tr><td>5</td><td>防护栏</td><td>自动扶梯与楼层地面开口部位之间应设置保证安全的栏杆或屏障，其高度严禁小于1.2m</td><td>合格</td></tr>
<tr><td>6</td><td>防护网</td><td>当开口与扶梯间距大于200mm时，应设防止物品下落的防护网，网孔密度不能让直径大于ϕ50的球落下，骨架应用钢材制作</td><td>合格</td></tr>
<tr><td>7</td><td>护板</td><td>出入口应设置防儿童钻爬的护板，其高度应不小于1.1m，与扶手装置及其他设施的间隙应不大于100mm</td><td>合格</td></tr>
<tr><td rowspan="2">8</td><td rowspan="2">扶手带外缘</td><td>与墙壁或障碍物的水平距离不应小于80mm，该距离应保持至梯级、踏板或胶带上方不小于2.1m的高度</td><td>合格</td></tr>
<tr><td>相邻平行或交叉设置的自动扶梯，其扶手带外缘间距不应小于120mm</td><td>合格</td></tr>
<tr><td>9</td><td>标志须知</td><td>应采用汉字，位置明显，材料经久耐用。内容应符合《自动扶梯和自动人行道的制造与安装安全规范》（GB 16899—1997）的规定</td><td>符合规定</td></tr>
</table>

<table>
<tr><td rowspan="3">签字栏</td><td rowspan="2">建设（监理）单位</td><td>安装单位</td><td colspan="2">××电梯设备安装公司</td></tr>
<tr><td>专业技术负责人</td><td>专业质检员</td><td>专业工长</td></tr>
<tr><td>×××</td><td>×××</td><td>×××</td><td>×××</td></tr>
</table>

注：本表由施工单位填写，建设单位、施工单位各保存一份。

（2）自动扶梯、自动人行道电气装置检查记录。

表 5-30　自动扶梯、自动人行道电气装置检查记录

编号：×××

<table>
<tr><td>施工名称</td><td colspan="2">××工程</td><td>日期</td><td colspan="2">××年×月×日</td></tr>
<tr><td>序号</td><td>检验项目</td><td colspan="3">检验内容及其规范标准要求</td><td>检查结果</td></tr>
<tr><td rowspan="2">1</td><td rowspan="2">主开关</td><td colspan="3">装设在驱动主机或控制装置附近，能迅速而容易地操纵，具有稳定的断开和闭合位置，并能保持在断开的位置</td><td>合格</td></tr>
<tr><td colspan="3">不应切断电源插座或检修照明电路的电源</td><td>合格</td></tr>
<tr><td rowspan="4">2</td><td rowspan="4">照明电路、开关、插座</td><td colspan="3">各分离机房、驱动和转向站内应设固定的照明和插座</td><td>合格</td></tr>
<tr><td colspan="3">在金属结构内应常备手提行灯，并配备足够的电源插座</td><td>合格</td></tr>
<tr><td colspan="3">插座应是 2P＋PE 型（2 级＋保护线）250V 或安全电压形式</td><td>合格</td></tr>
<tr><td colspan="3">电源应和主机电源分开，或由主开关之前的分支电缆供电。各回路的保护开关应位于主开关近旁，并应有明显的标志</td><td>合格</td></tr>
<tr><td>3</td><td>防护罩壳</td><td colspan="3">在各分离机房、驱动和转向站内应采用防护等级至少为 IP2X 的防护罩以防止直接触电</td><td>合格</td></tr>
<tr><td rowspan="4">4</td><td rowspan="4">接地保护</td><td colspan="3">电气设备金属罩壳均应有易识别的接地端。接地线应分别直接可靠地接至接地端上，不得互相串连后接地。接地电阻值应不大于 4Ω</td><td>合格</td></tr>
<tr><td colspan="3">接地保护线应采用黄绿双色绝缘铜芯导线，并应与零线始终分开</td><td>合格</td></tr>
<tr><td colspan="3">接地干线的截面积不得小于相线；支路采用裸铜线时应不小于 4mm²，采用绝缘铜芯导线时应不小于 1.5mm²</td><td>合格</td></tr>
<tr><td colspan="3">金属软管和线槽均应可靠接地或接零，但不得作为保护线使用</td><td>合格</td></tr>
<tr><td></td><td></td><td colspan="3"></td><td></td></tr>
<tr><td></td><td></td><td colspan="3"></td><td></td></tr>
<tr><td></td><td></td><td colspan="3"></td><td></td></tr>
<tr><td></td><td></td><td colspan="3"></td><td></td></tr>
<tr><td></td><td></td><td colspan="3"></td><td></td></tr>
<tr><td></td><td></td><td colspan="3"></td><td></td></tr>
<tr><td rowspan="3">签字栏</td><td rowspan="2">建设（监理）单位</td><td>安装单位</td><td colspan="3">××电梯设备安装公司</td></tr>
<tr><td>专业技术负责人</td><td colspan="2">专业质检员</td><td>专业工长</td></tr>
<tr><td>×××</td><td>×××</td><td colspan="2">×××</td><td>×××</td></tr>
</table>

（续）

施工名称	××工程		日期	××年×月×日
序号	检验项目	检验内容及其规范标准要求		检查结果
5	线路敷设	各台自动扶梯、自动人行道的电源线路应单独敷设或采取隔离措施		合格
		所有管线应采用不延燃型材料，并应有防止机械损伤的措施		合格
		导线敷设总截面积（包括外保护层）不得超过线槽净截面积的60%；不得超过线管净截面积的40%		合格
		动力线路与控制线路应隔离敷设，抗干扰线路按产品要求		合格
		配线应绑扎整齐，接线编号应齐全清晰		合格
6	金属软管	不得损伤或松散，与箱、盒、设备连接处应使用专用接头		合格
		应安装平直牢固，固定点间距均匀且应不大于1m，端头及拐弯处固定距离应不大于0.3m，弯曲半径应不小于其外径的4倍		合格
		与管、箱、盒应采用专用接地夹连接，保护线应采用截面积不小于 $4mm^2$ 的多股铜线		合格
7	导线连接	电缆的绝缘或护套表面有制造厂名、型号和电压的连续标志，标志应字迹清楚，容易辨认且耐擦		合格
		保护线端子、电压220V以上的端子和主电源断开后仍带电超过50V的端子应有明显标记		合格
		全部导线接头、连接端子及其连接器应设置于柜、箱、盒内；导线和电缆的保护外皮应完全进入开关和设备的壳体内		合格
8	绝缘电阻	导体之间、导体对地之间应＞1000Ω/V；动力电路和电气安全装置电路应不小于0.5MΩ；其余回路（控制、照明等）应不小于0.25MΩ		合格

签字栏	建设（监理）单位	安装单位	××电梯设备安装公司	
		专业技术负责人	专业质检员	专业工长
	×××	×××	×××	×××

注：本表由施工单位填写，建设单位、施工单位各保存一份。

(3) 自动扶梯、自动人行道安全装置检查记录。

表 5-31 自动扶梯、自动人行道安全装置检查记录

编号：×××

施工名称		××工程	日期	××年×月×日
序	检验项目	检验内容及其规范标准要求		检查结果
1	一般要求	各种安全装置固定可靠，但不得焊接固定，不得因正常运行的振动使开关产生位移、损坏或误动作		合格
		安全装置应直接作用在控制驱动主机供电的设备上，应能防止驱动主机启动或立即使其停止运行，工作制动器应制动		合格
		安全装置断开的动作必须通过安全触点或安全电路来完成		合格
2	断、错相保护	当电源断任一项电或错相、或三相电不平衡严重时		合格
3	电机短路过载保护	手动复位的自动开关能切断正常使用的最大电流；当过载检测绕组温升，断路器可在绕组冷却后自动闭合		合格
4	超速保护	当超过额定速度120%时，检查有无该装置及出厂调整数值；如驱动装置不是摩擦的，且转差率不超过1则可不用该保护		合格
5	非操纵逆转保护	正常运行未经任何操作，梯级、踏板或胶带自行改变规定运行方向时		合格
6	停止开关	设在出入口附近，明显易接近，应为红色，标有“停止”字样。应为手动的断开、闭合形式，具有清晰、永久的转换位置标记		合格
		当驱动和转向站内配备符合《自动扶梯和自动人行道的制造与安装安全规范》（GB 16899—1997）中13.4规定的主开关时，则可不在驱动和转向站内设停止开关		
7	附加急停装置的设置	当自动扶梯提升高度大于12m时，其开关间距应不大于15m		合格
		当自动人行道运行长度大于40m时，其开关间距应不大于40m		合格
8	扶手带保护	当手指或异物带入扶手带入口护罩时		合格
9	梳齿板保护	当梯级、踏板或胶带进入梳齿板处有异物夹住时		合格
10	驱动装置断裂保护	当驱动元件（如链条或齿条）的断裂或过分伸长时；驱动装置与转向装置之间的距离无意性缩短时		合格
11	梯级、踏板下陷保护	保护开关设在梳齿相交线之间，大于该梯的最大制停距离，以保证下陷的梯级或踏板不能到达梳齿相交线		合格
12	围裙板保护	当异物夹入梯级或踏板与围裙板间，阻力超允许值时		合格
13	扶手带破裂保护	当扶手带破断或拉长超允许值时。仅用于公共交通型，且没有扶手带破断强度不小于25kN试验证明时		合格
14	主驱动链断裂保护	设防护罩，当驱动链条断裂或拉长时		合格

签字栏	建设（监理）单位	安装单位	××电梯设备安装公司	
		专业技术负责人	专业质检员	专业工长
	×××	×××	×××	×××

（续）

施工名称	××工程	日期	××年×月×日
序	检验项目	检验内容及其规范标准要求	检查结果
15	三角皮带松断保护	至少用三条，并设防护罩，当任一皮带断裂或拉长时	合格
16	附加制动器	当超过额定速度 140%时，或改变规定运行方向时	合格
17	工作制动器	制动系统在动作过程中应无故意的延迟现象。在制动时应有均匀减速过程，直到保持停止状态	合格
		制动器的供电应有两套独立且串联的电气装置来实现，如停止后，其中任一套电气装置未能断开，则重新启动是不可能的	合格
		机一电式制动器应是持续通电来保持正常释放，在动力电源或控制电路断开后，制动器应立即制动	合格
		能用手打开的制动器应能用手的持续力使其保持松开状态	合格
18	梯级轮保护	当梯级轮任一只破损时，在到达梳齿前应停止	合格
19	弯曲部导轨安全装置	当异物在上部或下部夹入两梯级间阻力超允许时	合格
20	检修控制装置	在驱动、转向站和桁架内均应设检修控制插座，并应能使检修控制装置达到自动扶梯或自动人行道的任何位置	合格
		检修装置的连接软电缆应不小于 3m，并设有双稳态停止开关，只有持续按压操作元件时，扶梯才能运转。各开关应有明显的识别标记	正常
		当使用检修装置时，其他所有启动开关都应不起作用，安全回路和安全开关应仍起有效作用	合格
		当一个以上检修装置连接时，或都不起作用，或需同时都启动才能起作用	合格
21	自控装置	运行方向应预先确定，应有明显清晰的标志。在使用者走到梳齿相交线之前启动运行	合格
		如使用者从预定运行方向相反的方向进入时，当走到梳齿相交线之前，仍应按预定方向启动，运行时间应小于 10s	合格
		自动停止运行至少为预期乘客输送时间再加上 10s 以后	合格
		在两端梳齿交叉线再加 0.3m 的附加距离之间，应对梯级、踏板或胶带进行监控，当这个区域内没有人和物时，自动再启动的重复使用才是有效的	合格
		在自动控制装置使用过程中，各电气安全装置仍可靠有效	合格

签字栏	建设（监理）单位	安装单位	××电梯设备安装公司	
		专业技术负责人	专业质检员	专业工长
	×××	×××	×××	×××

注：本表由施工单位填写，建设单位、施工单位各保存一份。

五、整机安装验收表格填写范例

(1) 自动扶梯、自动人行道整机安装检查记录。

表 5-32　　自动扶梯、自动人行道整机安装检查记录

编号：×××

<table>
<tr><td colspan="2">施工名称</td><td colspan="2">××工程　　日期　　××年×月×日</td></tr>
<tr><td>序号</td><td>检验项目</td><td>检验内容及其规范标准要求</td><td>检查结果</td></tr>
<tr><td>1</td><td>一般要求</td><td>所有外露部件如装饰板、围裙板、扶手支架、扶手导轨、内外盖板、护壁板等应表面完整光滑，其接缝处的凸台不应大于 0.5mm</td><td>合格</td></tr>
<tr><td>2</td><td>装饰板（围板）</td><td>应有足够的机械强度和刚度，除梯级、踏板或胶带以及扶手带等以外的运动部分均应完全封闭在无孔的围板内（可设通风孔）</td><td>合格</td></tr>
<tr><td>3</td><td>护壁板（护栏板）</td><td>应有足够的强度和刚度，其边缘应呈圆角或倒角状，对接处间隙不应大于 4mm（玻璃护壁板之间应有间隙）</td><td>合格</td></tr>
<tr><td rowspan="3">4</td><td rowspan="3">围裙板梯级踏板</td><td>应设防夹装置或在梯级踏面两端提供黄色标记</td><td>合格</td></tr>
<tr><td>与梯级或踏板任一侧的水平间隙应不大于 4mm，两侧间隙总和应不大于 7mm</td><td>合格</td></tr>
<tr><td>与自动人行道踏板或胶带的间隙应不大于 4mm，围裙板垂直投影不允许与踏板或胶带产生水平间隙</td><td>合格</td></tr>
<tr><td rowspan="2">5</td><td rowspan="2">扶手带</td><td>截面形状与导向件组合后，不应挤夹手指，开口处与导向件的距离在任何情况均不得超过 8mm</td><td>合格</td></tr>
<tr><td>导向伴和张紧应能在正常工作时不会脱离扶手导轨</td><td>合格</td></tr>
<tr><td rowspan="2">6</td><td rowspan="2">桁架（机架）</td><td>应能承受扶梯满载重量，其最大挠度应符合《自动扶梯和自动人行道的制造与安装安全规范》(GB 16899—1997) 中 5.3 的要求（可核查有关证明文件）</td><td>合格</td></tr>
<tr><td>支承固定可靠，当提升高度大于 5m 时，应设中间支承或采取其他增强措施。金属结构表面应有防锈措施（可核查隐检记录）</td><td>合格</td></tr>
<tr><td rowspan="4">7</td><td rowspan="4">驱动装置</td><td>驱动主机运转时不得有杂音、冲击和异常的振动</td><td>合格</td></tr>
<tr><td>减速器箱体分割面、视孔、端盖处及油管接头均不应有渗漏油现象。驱动链、扶手驱动链、梯级链应保持良好润滑</td><td>合格</td></tr>
<tr><td>制动器与制动轮工作表面应保持清洁，动作应灵活可靠</td><td>合格</td></tr>
<tr><td>飞轮上应有与自动扶梯、自动人行道运行方向相对应的标志。手轮、制动盘等光滑圆形部件，至少应部分漆成黄色</td><td>合格</td></tr>
<tr><td rowspan="2">8</td><td rowspan="2">盘车装置</td><td>应操作方便、安全、可靠，不允许采用曲柄或多孔手轮</td><td>合格</td></tr>
<tr><td>手动盘车装置附近应备有使用说明</td><td>合格</td></tr>
<tr><td rowspan="3">9</td><td rowspan="3">应设置有效防护装置的部件</td><td>轴上的键和螺栓，电动机主轴伸出部分</td><td>合格</td></tr>
<tr><td>传动齿轮、链轮、传动皮带、链条、外露的限速器</td><td>合格</td></tr>
<tr><td>须在驱动或转向站内维修的梯级和踏板转向部分</td><td>合格</td></tr>
</table>

<table>
<tr><td rowspan="3">签字栏</td><td rowspan="2">建设（监理）单位</td><td>安装单位</td><td colspan="2">××电梯设备安装公司</td></tr>
<tr><td>专业技术负责人</td><td>专业质检员</td><td>专业工长</td></tr>
<tr><td>×××</td><td>×××</td><td>×××</td><td>×××</td></tr>
</table>

注：本表由施工单位填写，建设单位、施工单位各保存一份。

（2）自动扶梯、自动人行道整机性能、运行试验记录。

表 5-33　　　　　　自动扶梯、自动人行道整机性能、运行试验记录

编号：×××

<table>
<tr><td colspan="2">工程名称</td><td colspan="2">××工程</td><td>日期</td><td>××年×月×日</td></tr>
<tr><td>序</td><td colspan="4">检验内容及其规范标准要求</td><td>检查结果</td></tr>
<tr><td>1</td><td colspan="4">在额定频率和额定电压下，梯级踏板或胶带的空载运行速度与额定速度之间的允许偏差为±5%</td><td>合格</td></tr>
<tr><td>2</td><td colspan="4">扶手带的运行速度相对于梯级、踏板或胶带的速度允许偏差为0～+2%</td><td>合格</td></tr>
<tr><td>3</td><td colspan="4">空载运行时，梯级、踏板或胶带及出入口盖板上1m处所测的噪音值应不大于68dB（A）</td><td>≯65dB（A）</td></tr>
<tr><td rowspan="7">4</td><td colspan="4">空载和有载下行的制停距离应在下列范围内：</td><td></td></tr>
<tr><td>额定速度（m/s）</td><td colspan="2">制停距离范围（m）</td><td>实测（m）</td><td></td></tr>
<tr><td>0.50</td><td colspan="2">0.20～1.00</td><td>0.5</td><td>合格</td></tr>
<tr><td>0.65</td><td colspan="2">0.30～1.30</td><td>0.75</td><td>合格</td></tr>
<tr><td>0.75</td><td colspan="2">0.35～1.50</td><td>1.1</td><td>合格</td></tr>
<tr><td>0.90</td><td colspan="2">0.40～1.70（自动人行道）</td><td>1.3</td><td>合格</td></tr>
<tr><td colspan="4">若额定速度在上述数值之间，制停距离用插入法计算。制停距离应从电气制动装置动作时开始测量</td><td></td></tr>
<tr><td>5</td><td colspan="4">各联结件、紧固件无松动、异常响声，运行平稳；所有梯级、踏板或胶带应顺利通过梳齿板，与围裙板无刮碰现象；相临梯级踏板与踏板的齿合过程无摩擦</td><td>合格</td></tr>
<tr><td rowspan="2">6</td><td colspan="4">空载情况下，连续上下运行2h，电动机、减速器温升不大于60K，油温不大于85℃，各部件运行正常，不得有任何故障发生</td><td>合格</td></tr>
<tr><td colspan="4">手动或自动加油装置应油量适中，工作正常</td><td>正常</td></tr>
<tr><td>7</td><td colspan="4">功能试验应根据制造厂提供的功能表进行，应齐全可靠</td><td>正常</td></tr>
<tr><td>8</td><td colspan="4">扶手带材质应耐腐蚀，外表面应光滑平整，无刮痕，无尖锐物外露</td><td>合格</td></tr>
<tr><td>9</td><td colspan="4">对梯级（踏板或胶带）、梳齿板、扶手带、护壁板、围裙板、内外盖板、前沿板及活动盖板等部位的外表面应清理</td><td>合格</td></tr>
<tr><td></td><td colspan="4"></td><td></td></tr>
<tr><td></td><td colspan="4"></td><td></td></tr>
<tr><td></td><td colspan="4"></td><td></td></tr>
<tr><td rowspan="3">签字栏</td><td rowspan="2">建设（监理）单位</td><td>安装单位</td><td colspan="3">××电梯设备安装公司</td></tr>
<tr><td>专业技术负责人</td><td colspan="2">专业质检员</td><td>专业工长</td></tr>
<tr><td>×××</td><td>×××</td><td colspan="2">×××</td><td>×××</td></tr>
</table>

注：本表由施工单位填写，城建档案馆、建设单位、施工单位各保存一份。

（3）自动扶梯、自动人行道整机安装工程质量验收记录表。

表 5-34　　自动扶梯、自动人行道整机安装工程质量验收记录表

GB 50310—2002

090303□□

<table>
<tr><td colspan="3">单位（子单位）工程名称</td><td colspan="5">××工程</td></tr>
<tr><td colspan="3">分部（子分部）工程名称</td><td colspan="3">自动扶梯安装</td><td>验收部位</td><td>×××</td></tr>
<tr><td colspan="3">施工单位</td><td colspan="3">××建筑工程公司</td><td>项目经理</td><td>×××</td></tr>
<tr><td colspan="3">分包单位</td><td colspan="3">××电梯设备安装工程公司</td><td>分包项目经理</td><td>×××</td></tr>
<tr><td colspan="3">施工执行标准名称及编号</td><td colspan="5">《电梯工程施工质量验收规范》（GB 50310—2002）</td></tr>
<tr><td colspan="5">施工质量验收规范的规定</td><td colspan="2">施工单位检查评定记录</td><td>监理（建设）单位验收记录</td></tr>
<tr><td rowspan="3">主控项目</td><td>1</td><td colspan="2">自动停止运行规定</td><td>第 6.3.1 条</td><td colspan="2">√</td><td rowspan="3">同意验收</td></tr>
<tr><td>2</td><td colspan="2">不同回路导线对地绝缘电阻测量</td><td>第 6.3.2 条</td><td colspan="2">√</td></tr>
<tr><td>3</td><td colspan="2">电器设备接地</td><td>第 4.10.3 条</td><td colspan="2">√</td></tr>
<tr><td rowspan="5">一般项目</td><td>1</td><td colspan="2">整机安装检查</td><td>第 6.3.4 条</td><td colspan="2">√</td><td rowspan="5">同意验收</td></tr>
<tr><td>2</td><td colspan="2">性能试验</td><td>第 6.3.5 条</td><td colspan="2">√</td></tr>
<tr><td>3</td><td colspan="2">制动试验</td><td>第 6.3.6 条</td><td colspan="2">√</td></tr>
<tr><td>4</td><td colspan="2">电气装置</td><td>第 6.3.7 条</td><td colspan="2">√</td></tr>
<tr><td>5</td><td colspan="2">观感检查</td><td>第 6.3.8 条</td><td colspan="2">√</td></tr>
<tr><td colspan="2" rowspan="2">施工单位检查评定结果</td><td colspan="2">专业工长（施工员）</td><td>×××</td><td colspan="2">施工班组长</td><td>×××</td></tr>
<tr><td colspan="6">经检查，主控项目、一般项目均符合《电梯工程施工质量验收规范》（GB 50310—2002）的规定，评定为合格。

项目专业质量检查员：×××　　　　××年×月×日</td></tr>
<tr><td colspan="2">监理（建设）单位验收结论</td><td colspan="6">同意施工单位评定结果，验收合格。

专业监理工程师：×××
（建设单位项目专业技术负责人）　　　　××年×月×日</td></tr>
</table>

《自动扶梯、自动人行道整机安装工程质量验收记录表》填表说明：

1）主控项目：

①在下列情况下，自动扶梯、自动人行道必须自动停止运行，且第 d. 项至第 k. 项情况下的开关断开的动作必须通过安全触点或安全电路来完成。

a. 无控制电压；

b. 电路接地的故障；

c. 过载；

d. 控制装置在超速度和运行方向非操纵逆转下动作；

e. 附加制动器（如果有）动作；

f. 直接驱动梯级、踏板或胶带的部件（如外链条或齿条）断裂或过分伸长；

g. 驱动装置与转向装置之间的距离（无意性）缩短；

h. 梯级、踏板或胶带进入梳齿板处的异物夹住，且产生损坏梯级、踏板或胶带支承结构；

i. 无中间出口的连续安装的多台自动扶梯、自动人行道中的一台停止运行；

j. 扶手带入口保护装置动作；

k. 梯级或踏板下陷。

②应测量不同回路导线对地的绝缘电阻。测量时，电子元件应断开。

a. 导体之间和导体对地之间的绝缘电阻大于 1000Ω/V；

b. 动力电路和电气安全装置电路绝缘电阻应不小于 0.5MΩ；

c. 其他电路（控制、照明、信号等）绝缘电阻应不小于 0.25MΩ。

③电气设备接地必须符合下列规定：

a. 所有电气设备及导管、线槽的外露可导电部分必须可靠接地；

b. 接地支线分别直接接至接地干线接线标上，不得互相串联后再接地。

2）一般项目：

①整机安装检查应符合《电梯工程施工质量验收规范》（GB 50310—2002）第 6.3.4 条的规定。

②性能试验应符合下列规定：

a. 在额定频率和额定电压下，梯级、踏板或胶带沿运行方向空载时的速度与额定速度之间的允许偏差为±5%；

b. 扶手带的运行速度相对梯级、踏板或胶带的速度允许偏差为 0～+2%。

③自动扶梯、自动人行道制动试验应符合下列规定：

a. 自动扶梯、自动人行道应进行空载制动试验，制停距离应符合《电梯工程施工质量验收规范》（GB 50310—2002）表 6.3.6-1 的规定。

b. 自动扶梯应进行载有制动载荷的制停距离试验（除非制停距离可以通过方法检验），制动载荷应符合《电梯工程施工质量验收规范》（GB 50310—2002）表 6.3.6-2 的规定，制停距离应符合《电梯工程施工质量验收规范》（GB 50310—2002）表 6.3.6-1 的规定，对自动人行道，制造商应提供按《电梯工程施工质量验收规范》（GB 50310—2002）

表 6. 3. 6-2 规定的制动载荷计算的制停距离，且制停距离应符合《电梯工程施工质量验收规范》（GB 50310—2002）表 6. 3. 6-1 的规定。

④电气装置还应符合下列规定：

a. 主电源开关不应切断电源插座、检修和维护所必需的照明电源。

b. 配线应符合《电梯工程施工质量验收规范》（GB 50310—2002）第 4. 10. 4 条、第 4. 10. 5 条、第 4. 10. 5 条的规定。

⑤观感检查应符合《电梯工程施工质量验收规范》（GB 50310—2002）第 6. 3. 8 条的规定。

参考文献

[1] 中华人民共和国国家标准. GB 50300—2001 建筑工程施工质量验收统一标准 [S]. 北京：中国建筑工业出版社，2001.

[2] 中华人民共和国国家标准. GB 50242—2002 建筑给水排水及采暖工程施工质量验收规范 [S]. 北京：中国建筑工业出版社，2002.

[3] 中华人民共和国国家标准. GB 50243—2002 通风与空调工程施工质量验收规范 [S]. 北京：中国计划出版社，2002.

[4] 中华人民共和国国家标准. GB 50303—2002 建筑电气工程施工质量验收规范 [S]. 北京：中国计划出版社，2002.

[5] 中华人民共和国国家标准. GB 50310—2002 电梯工程施工质量验收规范 [S]. 北京：中国建筑工业出版社，2002.

[6] 中华人民共和国国家标准. GB 50339—2003 智能建筑工程质量验收规范 [S]. 北京：中国建筑工业出版社，2003.

[7] 中华人民共和国国家标准. GB/T 50328—2001 建设工程文件归档管理规范 [S]. 北京：中国建筑工业出版社，2002.

[8] 中国建设监理协会. GB 50319—2002 建设工程监理规范 [S]. 北京：中国建筑工业出版社，2002.

[9] 北京土木建筑学会. 建筑工程资料表格填写范例 [M]. 北京：经济科学出版社，2003.

[10] 蔡高金. 建筑安装工程施工技术资料管理实例应用手册 [M]. 北京：中国建筑工业出版社，2003.

[11] 建筑施工手册（第 4 版）编写组. 建筑施工手册 [M]. 4 版. 北京：中国建筑工业出版社，2003.

[12] 游浩. 建筑工程检验批项目验收速查手册 [M]. 北京：中国电力出版社，2005.

[13] 中国建筑总公司. 建筑地面工程施工工艺标准 [M]. 北京：中国建筑工业出版社，2003.

[14] 张立新. 建筑电气工程施工管理手册 [M]. 北京：中国电力出版社，2005.

[15] 中国建筑工业出版社. 现行建筑材料规范大全 [M]. 增补本. 北京：中国建筑工业出版社，2000.